KB144019

개정신판

사회과학적 논의와 연구논문 작성방법론

관광학
연구방법론

김사헌 · 한범수 공저

Principles of Tourism
Research Methodology

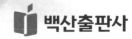 백산출판사

재개정판을 내며

이태 전 출판한 관광학연구방법론을 다시 고쳐 이제 다시 1차 개정판을 내놓게 되었다. 가르치면서 틈틈이 誤記를 바로 잡고 부족한 부분을 보완하다 보니 책의 분량도 늘어나게 되었다. 손을 많이 본 부분은 3장과 4장 그리고 7장인데, 특히 주로 계량적 방법론을 다룬 7장에서는 추측통계의 기본 개념과 확률분포, 검정통계 그리고 회귀분석의 기본원리를 대폭 추가하였다.

생각건대, 관광학 분야는 타 사회과학 분야에 비해 방법론이 취약한 것이 현실이다. 관광 학계가 과학으로서의 관광학을 표방하면서도 정작 내세울 이론이 없는 것은 바로 내세울 고 유의 방법론 부재는 물론 방법론적 필요성에 대한 몰이해에 기인한다. 주관적으로 혹은 수 필식의 논조로 과학을 연구할 수는 없다. 다수가 수긍하는 방법과 연구절차가 없이 이루어 진 연구는 연구가 아니다.

요사이 학계(특히 대학원생을 중심으로 한 논문 작성자)에 방법론적 중요성을 곡해하여 그릇된 방법(예컨대 그릇된 표본 추출과 분석방법의 오용)으로라도 고급기법을 사용하기만 하면 된다는 식의 풍조가 만연하고 있는 점은 개탄스럽기까지 하다. 계량만능 사상에 빠져 뜻도 모르면서 통계 패키지를 돌려 결과물을 단지 '프린트 아웃'만 하는 행동은 이제 당연지 사의 관행이 되어 버렸다. 이런 현상의 원인은 원초적으로는 방법론에 무지하거나 아예 무 시해버리는 관광교육자들에게 있지만, 스스로라도 각종 방법론 관련 서적을 통해 익히려고 하는 의지나 노력을 기피한 피교육자 혹은 연구수행자에게 더 있다.

이 방법론 지침서가 그러한 연구자들의 욕구를 크게 충족시켜 줄 수 있을지는 모르지만, 연구자가 필요로 하는 최소한의 기본적인 틀은 제공해 줄 수 있다고 생각되어진다. 다만 아 쉬운 것은, 필자도 계량적 방법론에 길들여져 있는 관계로 이 책에서 질적 방법론을 크게 다 루지 못했다는 점이다. 이 부분에 대해서는 독자들이 추가로 학습해야 한다고 생각된다.

변변치 못한 연구서의 개정판을 내는데 동학·후학들이 이런저런 도움을 주었다. 특히, 박 세종·송운강·김재석·박상곤·육재용 諸박사, 그리고 석사과정을 하며 내 연구실 조교를 해준 김재영, 김윤정, 손나주, 이혜련, 안현주 등 제씨에게 감사를 표한다. 끝으로 부족한 원 고를 다시 출판해주신 백산출판사의 진욱상 사장과 관계직원 여러분께도 사의를 표한다.

光敎山자락 연구실에서 저자 識

초판 서문

　　강단생활 20년만에 귀중한 안식년을 받아 놓고도 그 흔히들 가는 외국 교환교수로도 한번 못 나간 채, 제14대한국관광학회 회장 일을 하느라 이리저리 동분서주하다 보니 1년이라는 한시적인 시간은 종종걸음을 치며 도망가고 있었다. 이래서는 안 되겠다 싶어 고향 산골로 내려가 연구방법론 책을 쓰겠다고 책상에 앉은 것이 지난 2000년 오월 중순, 이제 겨우 빈약한 내용이나마 책을 탈고하게 되어 안도의 숨을 내쉬게 되었다. 나이 知天命에 들어서니 몸이 둘이라도 모자랄 정도로 왜 그리 일도 많이 생기는지 고향 옛 대한중석 관사 한 구석에 둥지를 트는 둥 마는 둥 두 달 여 동안 무려 일곱 번 서울을 드나들었으니, 나이 들면 연구생산성이 떨어진다는 이야기가 더욱 가슴에 와 닿는다.

　　몸담고 있는 대학원 등에서 연구방법론을 강의해 오면서 늘 느낀 바이지만 사회과학에서 연구방법론은 아무리 강조해도 지나침이 없는 학문 기초분야이다. 하물며 학문의 역사가 일천한 관광학에서는 더 말할 나위가 없다. 그런데도 우리 관광학 분야에서 무시하거나 등한시해 온 분야가 연구방법론이 아닌가 싶다. 다른 사회과학계에서는 심도 있는 방법론 교재 혹은 P/C를 이용한 응용방법 교재가 심심치 않게 출판되고 있으나, 관광학계에서는 그런 교재도 별로 출판되지 않고 있다. 학자나 대학이나 여기에 별로 관심을 두지 않고 있다는 증거이다. 그 결과, 학위논문 과정의 대학원생들이 논문 쓰는 철만 되면 무엇을 어떻게 분석해야 할지 쩔쩔매거나 논문형식조차 제대로 갖추지 못한 치졸한 글을 논문이라고 내놓는 연례행사가 매년 반복되고 있다. 이론도 좋고 정책도 좋지만, 먼저 무엇을 어떻게 접근해야 할지를 가르치지 않는다면 학문의 발전은 요원하다는 것이 필자의 뿌리박힌 생각이다.

　　그래서 관광학을 연구하는 동학들에게 방법론의 중요성을 일깨우고 이 교육을 강조하자는 의미에서 이런 분야에 대한 책을 써보면 어떨까 하는 생각을 오래 전부터 해온 터다. 애초에는 기존에 2-3주용 강의 목적으로 만들어 놓았던 '논문작성 형식'(thesis documentation and styling; 본서의 제3편 및 제4편)을 약간 확대하는 범위 내에서 100페이지 정도의 가벼운 책을 만들려는 계획이었으나, 하다 보니 욕심도 생기고 또 많은 동료 조언자들이 제대로 된 방법론을 쓰라고 권유하는 데 힘입어 손바람을 내다보니 100페이지는커녕 300페이지에 육박하는 책을 만들기에 이르렀다. 특히 본서의 '제2편 연구설계와 조사분석 방법'은 필자가 책을 쓰더라도 포함시키지 않기로 평소 마음먹었던 부분이다. 이미 시중에 사회과학 분석방법에 관한 훌륭한 교과서들이 많이 나와 있는데,

이를 다시 반복해 어려운 수식이나 되뇌면서 책의 부피만 늘려 책값을 올려놓는 일은 필자의 본래 의도와 맞지 않았기 때문이다. 그러나 집필 중, 책의 흐름을 위해서도 필요하다는 주위 학자들의 조언을 받아 대신 간략하게 정리하는 선에서 이 부분을 끼워 넣었다.

이 책에서는 의도적으로 복잡한 계량분석방법을 다루지 않았다. 먼 후일 이것만 별도로 다루는 책을 쓰고 싶지만 생각대로 될지 모르겠다. 현재 이 부분을 더 자세히 깊이 공부해 보고 싶어하는 독자에게는 시중의 사회과학계 분석방법론 서적을 참고하라고 권하고 싶다. 관광학에 초점을 맞춘 것은 별로 없지만 관광학 분야에 응용할 수 있는 방법론 원서는 헤아릴 수 없이 많고 국내 출판서적도 참고하기에 충분할 정도이기 때문이다.

미리 고백하건대, 이 책에서 결코 필자의 독창적 창작물이라고 내세울 만 한 것은 별로 없다. 이미 많이 연구된 기존의 방법론적 지식들을 단지 이리저리 얽고 정리해 놓은 것에 불과하다고 믿기 때문이다. 그나마 필자의 창의성이 다소 가미된 부분이 있다면 고작 '제3장 관광학의 연구방법론' 정도라고 할 수 있을지 모르겠다.

내용은 보잘것없지만 그나마 이 책은 많은 동료, 선배학자들의 도움과 조언에 힘입어 이루어졌다. 십여 번의 퇴고를 거치고 네 번의 초고 복사본 假敎材를 만들어 많은 분들의 의견을 구하면서 이들로부터 고귀한 충고와 도움을 받았다. 도와주신 모든 분들께 각별한 고마움을 표한다.

바쁜 시간을 쪼개어 초고를 읽어주시고 귀한 조언을 주신 모든 분들, 특히 경기대 김민주 교수, 오순환 박사, 고동우 박사, 세종대 김홍범 교수, 경주대 정원일·변우희 교수, 동아대 손해식 교수께 감사의 말씀을 전해 올리고 싶다. 그리고 일부 타이핑과 그래픽, 그리고 교정을 도와준 제자들, 특히 대학원생 제자 정희석, 김규민, 김재석, 송운강, 김재영 諸氏에게 감사를 표한다.

20세기 저무는 해의 동짓달

西水原 七寶山 자락이 보이는 곳에서

저자 識

Contents

Principles of
Tourism Research Methodology

차 례

제1편 사회과학·관광학의 연구방법론

제3편 관광학분야 연구논문 작성방법론

제1편

사회과학·관광학의
연구방법론

Principles of
Tourism Research Methodology

제 1 장

과학, 사회과학 및 관광학의 제관계

제1장

Principles of
Tourism Research Methodology

과학, 사회과학 및 관광학의 제관계

관광학자들은 흔히 "관광학은 종합사회과학이다" 혹은 "관광학은 응용사회과학이다"라고 관광학의 학문적 소속분과를 규정한다. 이런 주장은 틀린 말이 아니다. 그런데 관광학을 이렇게 사회과학의 한 분과로 규정하면서도 기실 내용적으로 사회과학으로서의 관광학의 성격을 규명하거나 관광학을 '과학'과 연계시키려는 관광학자들의 노력은 현실적으로 별로 찾아보기 힘들 정도로 미흡하다. 오히려 과학의 영역이라고는 전혀 볼 수 없는 '생활 실무지식'의 습득과 이의 전수에만 골몰한 채 단지 과학이란 이름으로 관광이라는 실무지식의 학문성을 '과장'하거나 '위장'해 온 것이 이제까지 우리 관광학계의 위상이었다고 본다면 지나친 편견일까?

만약 관광학이 사회과학에 속한다면 적어도 관광학은 사회과학과 패러다임을 공유해야 하며 과학다운 접근방법론을 사용해야 한다. 본서에서 먼저 과학의 문제를 제기하고자 하는 저의는 바로 여기에 있다. 관광학이 과학과 사회과학의 전통을 이어받은 학문이라고 주장한다면, 먼저 우리는 관광학을 천착하기에 앞서 '과학' 내지 '사회과학'이 무엇이고 그 성격은 어떠하며 관광학과 어떻게 관련되는지를 깊이 논구해 볼 필요가 있다.

사회과학이라고 하더라도 그것은, 이론구성 방식이나 연구방법론에 관한 한, 자연과학만큼 엄밀하지 못하다는 것이 일반론이다.[1] 그러나 자연과학만큼 엄밀

---

1) 방법론에서 사회과학은 전통주의 학자들로부터 많은 비난을 받아 왔다. 버날(J. D. Bernal) 같은 학자는, "…사회과학이 자연과학과 다를 게 없는 척하려는 시도는 아직 시기상조이며

하지는 못하지만, 사회과학에도 사회현상 속에 내재하는 인과관계를 밝혀 그 결과를 제3자에게 알리는 방법, 즉 접근방법상의 절차가 엄연히 존재한다. 밝히고자 하는 내용과 대상의 선정, 분석, 분석결과의 기술에는 학자들 간에 암암리에 수긍하고 합의하고 있는 절차와 방법이 있다는 것이다.

본서에서는 사회과학 영역에서 합의되어온 이 절차와 방법론을 간략히 살펴보며 설명하고자 한다. 이에 앞서 우리는 사회과학의 모체학문인 과학이란 무엇이고 흔히 과학의 대명사로 지칭되는 자연과학이 사회과학과 어떻게 다른가를 먼저 살펴보기로 하자.

1 과학이란 무엇인가?

1. 과학의 정의, 목표, 속성 그리고 과학주의회의론

1) 과학의 정의와 목표

과학(science)이란 용어는 원래 라틴어 '사이어'(scire: 앎, 지식)에서 파생된 단어라고 한다. 이와 같이 초기에 과학은 앎(knowledge), 즉 지식을 탐구하는 것을 뜻하였지만, 오늘날 과학은 '지식의 탐구'라는 폭넓은 의미를 잃고 단지 입증된 특정지식을 지칭하는 용어로 사용되기에 이르렀다.

학자에 따라 조금씩 다르게 정의하는 경우가 많아 한마디로 규정하기가 쉽지 않지만, 굳이 정의를 내린다면 과학이란 '자연현상 또는 사회현상에 보편타당하게 적용될 수 있는, 경험세계에서 객관적으로 검증된 법칙들의 모음 혹은 지식체계'라고 일컬어진다.

그렇다면 과학의 목표는 어디에 있는가? 한마디로 그것은 현상을 설명하고 예측할 목적으로 변수간의 인과관계를 정밀하게 진술함으로써 현상에 대한 이해를 체계화하는 데 있다. 여기서 다루는 '현상의 설명이나 예측'이라는 목표가 꼭

기껏해야 착각이겠지만, 때로는 의식적인 기만행위이다. 이러한 점을 깨닫지 못하고 사회과학을 가르치는 건 순전히 시간낭비다"라고 주장할 정도이다(Bernal, 1997: 40-41).

인간과 관계된 사회현상일 필요는 없다. 컬린저(Kerlinger, 1992: 37)는 과학의 기본목표는 '인류복지의 증진'이 아니라 '이론의 수립'에 있다고 단호히 밝히고 있다. 이론의 형성을 통해 인간은 주변을 둘러싸고 있는 현상 속에 숨겨진 사실과 법칙을 알게 되고 이를 통해 우리 인간의 지식을 향상시킬 수 있게 되며, 그 결과 얻어진 지식을 통해 부수적으로 인간은 자신의 주변환경을 개선시킬 수 있다는 것이다.

그러므로 인류복지의 증진은 과학의 '副産物'이지 과학이 일차적으로 목표하는 '主産物'은 아닌 것이다. 항간에서는 마치 과학의 주된 목표가 인간생활의 질을 개선하는 실용성에만 있는 것으로 생각하나 사실은 그렇지 않다. 과학은 인류복지 증진과는 직접적으로 관련이 없는 활동, 예컨대 돌고래나 침팬지의 서식습관을 연구한다든가 우주의 기원이나 블랙홀의 메커니즘을 연구한다든가 또는 고대 이집트 기자 피라밋의 축조방식을 밝히는 등 인간의 '지적 호기심'을 충족시키기 위한 연구가 과학적 행위의 대부분을 차지한다.

원래 영국식의 보수적 학문전통에 의하면, 과학이란 엄밀한 의미에서 자연과학(특히, 物理學)만을 지칭한다. 그래서 물리학자들은 다른 과학 분야를 경멸하는 과학자로 악명이 높은 것으로 알려지고 있다. 예컨대, 原子의 붕괴에 대한 연구로 노벨상을 수상한 물리학자 어니스트 러더퍼드가 "물리학을 제외한 다른 과학은 우표수집에 불과하다"라고 기타 과학을 한마디로 폄하한 말은 너무나 유명하다(Bryson, 2003: 152에서 재인용). 이런 사조에 따라, 보수주의적 학문전통(예컨대, 영국의 王立學術院)은 심지어 사회과학조차 과학으로 인정하기를 거부한다. 예를 들어 1663년 토마스 후크(Thomas Hooke)는 영국 왕립학술원법을 기초하면서 학술원의 설립목적을 "자연 만물에 대한 지식, 모든 공예품, 제조품, 기계적 실습, 실험에 의한 고안들을 제고하는 것"이라고 밝히고, "신학, 형이상학, 도덕학, 정치학, 문법, 수사학, 혹은 논리학에는 참견하지 않는다"라는 단서를 붙였다고 한다(Sir Henry Lyons; Wallerstein, 1977: 16에서 재인용).

그러나 오늘날 진보주의 학풍에 힘입어 과학이라는 용어의 적용범위는 점차 확대되어 가는 추세를 보이고 있다. 사회과학, 인문과학이라는 분야 용어도 이미 별 거부감 없이 쓰이고 있으며 경험과학의 전 영역에 걸쳐 '과학' 또는 '과학적'이라는 용어가 어색함 없이 사용되고 있는 실정이다. [2] 하지만, 요즈음 학계에서는 진보주의·실용주의라는 美名하에 과학의 이름을 아무 곳에나 함부로 붙이며 남용·오용하고 있어 진정한 학문으로서의 권위는 실추되고 대학은 기능인을 양성하는 거대한 技術 학원으로 전락해가고 있다는 비판을 받고 있다. [3]

2) 과학의 속성: 양적 연구방법론의 시각

과학이란 어떤 속성을 지닌 학문인가? 엄밀한 의미에서 과학은 다른 학문과는 구분되는 여러 가지 분명한 특성을 지니고 있다. 베비(Babbie, 1973: 10-20)가 정리해 놓은 이상적 과학의 특성을 참고삼아 과학이 지닌 고유의 속성을 몇 가지로 요약해보기로 한다. 다만 이것은 질적 방법론이 아닌, 양적 방법론의 시각에서 본 것이다.

(1) 과학은 논리적(logical)이다

수학의 세계와 같이, 과학은 철저하게 객관적·논리적 근거를 생명으로 삼는 학문이다. 알라신 혹은 하느님이 세상을 창조했다든지, 인생이 억겁에 걸쳐 윤회한다든지, 조상의 陰宅(묘)을 잘 쓰면 자손이 복을 입는다든지 하는 식의 주장은 증명하기가 거의 불가능한 주장이므로 과학적 진술로 인정되지 않는다.

(2) 과학은 결정론적(deterministic)이다

과학은 자연계의 어떠한 현상도 우연히 혹은 창조주의 섭리에 의해 일어난다고 보지 않는다. 생명이란 존재는 우연히 만들어지지도, 조물주의 배려로 창조되지도 않았다. 과학은 수많은 조사연구와 검증을 거친 결과, 지금부터 50억년 전 태양이 만들어지고 그리고 45억년 전에 지구가 생성되었으며 이것이 서서히 식으며 환경이 변화하여 언제인가 원시 바다가 만들어지고, 여기서 단백질을 구

---

2) 막스 베버(Max Weber) 당시는 자연과학에 대비되는 인문-사회과학을 총칭하는 개념으로 '文化科學'이라는 용어를 사용하였다. 베버 자신은 이 용어에 대해 다음과 같이 말하고 있다. "…문화과학(Kulturwissenschaften)이라고 부르기로 한다면, 우리가 의미하는 바 사회과학은 바로 이 범주에 속한다"(베버, 1997: 27).
3) 요사이 우리나라 대학에 경호학, 비서학, 연예학, 대통령학 등 온갖 이름의 학과나 과정이 생겨나고 있으며, 아무 학문에나 박사학위를 설치해놓는 행태가 그 예라고 할 수 있다.

성하는 아미노산이 생성되어 생명체가 탄생되었다는 사실을 밝혔다. 그것이 다시 자연조건에 맞게 진화한 것이 곧 오늘날 직립보행하는 인간이라는 것이다. 이와 같이 과학은 삼라만상이 어떤 환경조건의 변화, 즉 원인에 의해 결정지어진다고 본다. 결정론적 시각은 원인-결과라는 因果論的 시각과 같은 의미이다.

(3) 과학은 경험적으로 검증이 가능하다(empirically verifiable)

과학은 어떠한 경우에도 현실세계의 경험적인 자료를 통하여 구체적인 실증이 가능해야 한다. 예를 들어 신의 세계는 경험적으로 검증할 수 없는 영역이므로 과학적 연구의 대상이 될 수 없다.

(4) 과학은 객관적(objective)이며 間主觀的(inter-subjective)이다

과학은 현상을 객관적으로(沒價値的으로; value-free) 진술하는 학문으로서

■ 생명체의 탄생

약 45억 년 전 지구가 처음 생성될 당시 지구에는 오늘날과 같은 물이나 대기가 없었으며 생명체 역시 존재하지 않았다. 초기의 지구는 수소, 헬륨과 같은 가벼운 기체로 이루어져 있었다. 지구상에 있던 원소들이 모여서 분자가 되고 분자들이 모여 더 큰 분자가 되는 과정을 반복하게 되었다. 분자들은 알갱이가 되고 이들은 아주 빠른 속도로 서로 부딪치면서 생긴 열과의 반응으로 녹아 버리게 되었다. 녹으면서 철, 마그네슘과 같이 무거운 물체들(밀도가 큰 물질)은 중심 핵이 되고, 암석과 같이 가볍고 밀도가 낮은 물질들은 주로 지구의 표면, 지각을 구성하게 되었다. 고온의 지구내부 열은 화산 폭발로 생긴 기체들(헬륨가스, 수소가스 , 암모니아가스, 수증기)로 새로운 대기를 만들었다. 헬륨가스와 수소가스는 가벼워 지구 밖 우주로 날아가 버리고 수증기들은 점점 크게 뭉쳐지다가 더 이상 지탱할 수 없게 되자 비가 되어 지표에 수백 만년 동안 끊임없이 내렸다 지표면은 물로 채워져 태초의 민물바다가 생겨나게 되었다.

태초의 원시 바다가 만들어지는 동안에 여러 가지 원소들이 특별한 화학 반응과 변화를 거쳐 생명체의 바탕이 되는 단백질, 핵산같은 유기물이 합성되었고 이 유기물들이 진화하면서 최초의 생명체가 나타나게 되었다. 이때가 지금으로부터 35억 년 전쯤이라고 한다. 이 최초의 생명체들이 서로 분화된 기능을 수행하면서 점점 더 복잡한 생명체로 발전하게 되었다. 결국 이들 중 어떤 생명체들은 오랜 진화의 과정을 거쳐 육지로 올라오게 되었고 육지로 올라온 생명체들은 진화하여 더 복잡한 구조를 띠게 되었고, 결국에는 인류로 진화되었다는 것이다.

두산 세계대백과사전의 내용을 재편집

그 결과는 모든 사람이 수긍할 수 있는 진술이어야 한다. 가령 몇 명의 연구자가 서로 다른 주관을 가지고 실험을 했을지라도 결국에는 동일한 결론에 도달해야 한다. 이것을 전문용어로 '간주관적'(개인적 주관이 서로 간에도 동일하다는 뜻)이라고 부른다.

(5) 과학은 일반적 · 보편적(general and universal)이다

과학은 개별현상을 설명코자 하는 것이 아니라 어느 시기, 어디에나 적용될 수 있는 보편적(universal)이고 일반적(general)인 현상을 설명코자 하는데 그 목적이 있다. 그런 점에서 개인을 대상으로 하는 심리학자의 접근이나 특정 환자의 치료를 목적으로 하는 의사의 접근 방법과는 다르다. 과학적 발견의 목표는 일반화(generalization)에 있다. 아울러 과학적 발견은, 다른 모든 조건이 동일하다면(ceteris paribus), 미래의 어떤 다른 상황에서도 반복하여 발생할 수 있다는 점, 즉 보편성 · 재현성을 띠고 있다.

(6) 과학은 간결하고(parsimonious) 구체적(specific)이다

과학적 표현은 수학과 같이 간결해야 한다. 군더더기 표현을 덧붙여 내용을 모호하게 하거나 장황한 수사적 표현은 과학적 연구에서 배제된다. 간결성과 더불어 과학적 연구는 보다 구체적인 내용을 담고 있어야 한다. 개념의 조작화 과정을 통해 현실세계에 적용하여 증명될 수 있도록 과학적 개념은 구체성을 띠어야 한다.

(7) 과학적 이론은 언제든지 수정 가능하다(correctable)

영원불변하는 진리란 없다. 그러므로 진리라고 일컬어지는 어떤 과학적 발견도 미래의 언젠가는 새로운 이론으로 교체될 운명을 안고 태어난다. 전통 원시 사회 이래, 혹은 16세기 초에 이르기까지 서구 기독교 사회에서 천여년 이상 진리로 철석같이 믿어져오던 天動說도 1534년 코페르니쿠스(Copernicus)란 사람의 地動說 주장에 의하여 허무하게 무너지고 말았다. 물리학에서 진리같이 여겨져 오던 뉴턴의 중력이론(gravity theories)도 1927년 하이젠베르그(Werner Heisenberg)의 불확정성 원리(the principle of uncertainty)와 아인슈인(Albert Einstein)의 상대성이론(relativity theories)에 의해 보편성을 상실하고 말았다.

■ 절대 진리의 함정

　개는 색맹이라 이 세상을 컬러가 아닌 흑백으로 본다. 이 사실을 떠올리면 갑자기 궁금해지는 것이 있다. 인간과 달리 붉은색 바깥의 적외(赤外) 선과 보라색 너머의 자외(紫外) 선을 볼 수 있는 외계인이 있다면 그의 눈에는 세상이 어떻게 보일지 하는 점이다. 평생토록 2차원 평면을 기어다니는 개미는 입체공간이 있다는 것을 상상도 하지 못한다. 3차원 공간을 경험하는 인간에게는 개미가 한심하기 짝이 없다. 이처럼 우리가 절대적이라고 믿고 있는 많은 것이 사실은 인간의 제한된 감각과 인식 범위 안에서 포착한 주관적인 것이다. 이 세상은 인식 주체와 무관하게 객관적으로 '저만치'에 존재하는 것이 아니라 대부분 인간이 나름의 관점에서 구성해낸 것이다. 우리가 철석같이 믿고 있는 진리도 마찬가지다. 진리는 절대적이고 보편적이며 영원불변한 것이 아니라 잠정적이고 오류 가능성이 있는 일종의 '믿음'에 불과하다.

　코페르니쿠스는 지구가 우주의 중심이라는 생각을 뒤엎고 지동설을 주장해 말 그대로 인식의 '코페르니쿠스적인 전환'을 이루었지만, 그의 도전적인 주장이 일순간에 받아들여진 것은 아니었다. 천문학자 브라헤는 여전히 천동설을 옹호하기 위해 행성을 관측했다. 그러나 그의 제자 케플러는 동일한 자료를 토대로 지동설을 주장했고 나아가 태양 주위를 도는 행성의 궤도가 원이 아니라 타원이라는 것을 밝혀냈다. 동일한 관측을 통해 브라헤는 지구 주위를 회전하는 천체로서의 태양을 보았고, 케플러는 지구가 그 주위를 회전하는 태양계의 중심으로서의 태양을 본 것이다.

　아인슈타인의 상대성 이론은 근대 자연과학의 기반인 뉴턴의 절대시간과 절대공간의 개념을 부정했고, 하이젠베르크의 불확정성 원리는 고전 물리학의 결정론적인 사고를 무너뜨렸다. 이 이론들은 뉴턴식의 고전 물리학이 모든 현상을 설명하는 것이 불가능하다는 생각을 확산시키는 데 일조했다. 그러고 보면 언제 또 어떤 이론이 등장해 우리가 현재 진리라고 믿고 있는 이론을 반박하게 될지 모른다.

　학교에서 삼각형의 세 내각의 합은 180도라고 배운다. 이것은 유클리드 기하학에서는 성립하는 명제이지만 비유클리드 기하학에서는 그렇지 않다. 구면기하학에서 삼각형의 세 내각의 합은 180도보다 크고 쌍곡기하학에서는 180도보다 작다. 이 중 어느 하나만 옳고 나머지는 '틀린' 것으로 생각하기 쉽지만, 셋 다 나름대로 타당한 '다른' 주장이다.

　흔히 과학과 수학은 시공을 초월한 절대 진리를 담고 있는 학문이며, 논쟁의 여지가 없이 확실한 지식의 순차적인 축적 과정을 통해 발전해 온 것으로 간주된다. 그러나 역사를 보면 과학과 수학은 옳다고 당연시되던 지식을 의심하고 비판하는 과정을 거쳐 변증법적으로 발전해 왔음을 알 수 있다. 진리를 판정하는 항구적이고 초역사적인 기준은 존재하지 않으며 그 어떤 이론도 비판으로부터 자유롭지 못하다는 생각은 인문·사회과학뿐 아니라 과학과 수학에도 통용된다. 우리가 소유하고 있는 지식은 어느 정도 옳으면서 동시에 어느 정도 오류가 내포된, 그래서 수정과 개선의 여지가 있는 것들이며, 기존 지식을 반박하는 반례가 등장해 그 한계를 인식하는 것이 지식 성장의 원동력이 되어왔다.

중앙일보 2004년 5월 21일 26면. 박경미의 '과학으로 세상보기

다시 뒤이어 아인슈타인의 그 유명한 상대성이론조차도 뒤에 나온 量子理論 (quantum theories)의 출현으로 우주의 원리를 설명하는 '일반이론'이 아니라 '부분이론'에 불과하다는 사실이 밝혀졌다. 이와 같이 과학은 전 단계의 연구를 디딤돌로 하여 계속 거부되며 한 단계 두 단계씩 진보한다. 이와 같이 기존의 과학이론은 부정되고 가설들은 폐기되며 그러면서 인간의 지식 영역은 점점 확대되어 가는 성질을 지니고 있다.

3) 과학주의에 대한 회의론: 질적 방법론적 시각에서의 비판[4]

학문의 연구방법은 성격상 크게 두 가지로 분류된다. 하나는 '과학주의'를 앞세운 연구방법론으로서, 사회현상을 지배하고 있는 규칙적이고 반복적인 법칙을 발견하는 것을 목표로 삼아 과학주의(scientism) 내지 경험실증주의 (empirical positivism) 입장을 추구하는 量的 접근방법이다. 다른 하나는 인간사회의 내면적 주관적 가치를 파악하기 위한 목적으로 사회철학적 입장에 서서 현상학적 인식론적으로 접근하는 質的 접근방법이다.

이 두 가지 접근방식을 구분하는 기준은 무엇인가? 이에 대해서는 학자들 간에 일치된 견해는 없지만, 양자를 구분하는 기준은 대체로, 분석대상의 현상을 실증주의 인식론에 바탕을 두는가 아니면 현상학적 인식론이라는 논리에 바탕을 두는가, 현실을 통제화·단순화·수치화시켜 해석하려 하는가 아니면 현실을 '있는 그대로' 자연적·사회적 맥락(context) 속에서 이해·해석하려는가, 객관적인 것을 추구하는가 아니면 間主觀的(intersubjective) 사실을 추구하는가 이다. 또한 수학·통계학 등 비교적 제한된 계량 척도에 의존하는가 아니면 특정 기법에 크게 구애받음이 없이 현상학, 민속방법론, 구술사, 문화기술지, 현장조사·면접·면담, 참여관찰, 내용분석 등 상황에 따라 다양한 여러 가지 방법론을 사용하는가 등이라고 할 수 있다(조용환, 2002; 윤택림, 2005; 신경림 外, 2005). 여기서 양적 연구방식은 전통적으로 인과론적 決定論 시각에 입각하여, 문제제기-가설설정-검정이라는 절차를 통해 가설을 명시적으로 기각 또는

---

4) 본 항목은 필자의 논문(한국관광학회지 『관광학연구』 31권 1호:13-32, 2007년 2월) '관광학 연구에 있어서 질적 연구방법론의 상황과 도전: 관광학회지 논문의 메타분석' 중 일부를 재인용하여 수정 편집한 것이다.

채택하는 경향을 취한다. 요컨대, 양적 접근은 제한된 조사대상을 '객관적으로' 분석한 결과를 외삽하여 이를 사회 전체에 적용코자하는, 이른바 발견사실의 一般化(generalization)가 그 주된 목표이다. 이 접근법은 '관찰가능한' 그리고 '존재'하는 것에 대해서만 주로 연구의 관심을 두며(Goodson & Philimore, 2004: 35), 연구자와 피연구물(자)의 관계가 일방향적이라는(unidirectional) 점을 가정한다. 아울러 조사자의 조사방법이 (객관적이어서) 피조사자에게 전혀 영향을 주지 않으며 따라서 그 자료의 해석에 아무런 문제가 없다는 논리(가정) 하에 객관적인 결과를 도출할 수 있다고 믿는다.

반면에 질적 연구, 다시 말해 定性的 방법론은 "현상학적 인식론에 바탕을 둔"(조용환, 2002: 16), 인간행동의 내면 내지 존재에 관한 귀납적 탐구이다. 개인의 주관적 체험이나 인식, 혹은 존재론적 문제를 기계적·수치적으로만 다룰 수는 없기 때문에(박이문, 1991: 18), '가치중립적인 것처럼 포장된' 과학주의 내지 경험실증주의 방법론만으로는 복잡하고 내재적인 인간 가치 내지 사회 문제를 모두 파악할 수 없다는 것이 이 방법론의 대전제다.

많은 사회철학자들은 과학주의를 맹신하는 이러한 기계론적·유물론적 접근이 '과학의 物神化'에 불과하다고 비판한다(박이문, 1991; 조용환, 2002 등). 우리가 연구대상으로 삼는 인간 내면세계의 심층에 깔려 있는 '구조적, 생동적 요인'의 규명은 재쳐 둔 채, 실증주의만을 앞세운 양적 방법론은 단지 피상적·표면적으로 '존재'하는 유물론적인 현상만을 들추어내는 데 급급할 뿐이라는 것이다. 만약 이와 같이 표피적 문제만을 계량적으로 다룬다면 그것은 그냥 '技術'에 불과할 뿐이며 그 연구자들도 학자라기보다는 차라리 기술자와 다를 바가 무엇이냐는 것이 그들의 시각이다.

근래에 들어 전통적 양적방법론에 대한 비판은 더욱 거세지고 있는 편이다 (Philimore & Goodson, 2004; Smith, 1998; 조용환, 2002; 박이문, 1993 등). 즉, 의식구조, 가치관 그리고 나아가 연구자의 지위·교섭력 등 기소유 권력같은 사회적 배경 등이 연구자마다 다 달라서 연구자의 지식 생산의 결과가 '객관적'이니 '가치중립적'(value-free)이니 하고 전제하는 것 자체가 설득력이 없다는 것이다. 또 아무리 연구의 결과가 통계적으로 유의하다고 치더라도 개개의 개별 대상에겐 아무 의미도 없을 수 있다는 것이다. 스미스식 표현으로 이야기한다면

'단 한 개의 진리'라는 과학보편주의는 한쪽 사실이 때로 다른 쪽 사실 전체를 설명해줄 수도 있다는 사실을 간과하고 있는 것이다(Smith, 1998).

그렇다고 이들이 주장하는 질적 연구방식도 문제가 없는 바는 아니다. 무엇보다 관찰자의 '主觀'이 개입될 가능성이 크다는 점이다. 개인의 주관이 개입되는 한 그 관찰이 부정확할 수밖에 없으며 동일한 관찰결과를 놓고도 서로 제가끔 다른 해석을 내릴 수 있다는 문제 등이 가장 큰 취약점 중의 하나가 될 수밖에 없다. 또 질적 연구는 그 성격상 대개 특정한 집단에 관련된 경험들을 국부적으로 깊이 있게 다루므로 비록 그 특정집단에 대해서는 보다 적절한 설명이나 이론이 될 수 있을지 모르지만 그 외의 다른 집단들에 대해서는 설명할 수가 없다는 약점도 있다(조영남, 2001). 무엇보다 질적 연구의 결정적인 문제점은 양적 연구에서와 같은 '일목요연하게 정형화된' 방법론적 절차나 분석의 틀이 없기 때문에 방법론에 오래 숙달되지 않은 연구자에게는 접근하기가 어렵다는 점이다.

각 방법론이 지니는 이런 장단점들에 주목하여 덴진-링컨(Denzin & Lincoln, 2000: 162)은, 지금은 다양성이 강조되는 해방의 시대로 유일한 진리는 존재하지 않으며 모든 진리는 부분적이고 불완전하므로 특정 영역의 진리에 한정되거나 세상을 한 가지 색깔로 보는 관습을 버려야 한다고 주장하고 있다.

2. 과학의 분류 체계

과학은 크게 자연의 여러 현상에 관한 학문과 인간사회의 현상에 관한 학문으로 나누어 볼 수 있다. 전자는 흔히 **자연과학**으로 불리고 후자는 **사회과학** 혹은 **인문과학**으로 불린다.

自然科學(natural sciences)이란 자연현상 속에 숨겨진 인과성을 객관적으로 규명하고 예측하는 학문을 뜻한다. 물리학, 생물학, 화학 등이 이 부류에 드는 학문들이다. 반면에 社會科學(social sciences)이란 인간이나 인간집단의 사회적 행위를 연구대상으로 하는 학문이다. 정치학, 사회학, 경제학, 인류학, 지리학, 법학 등 인간사회의 다양한 여러 문제를 다루는 학문이 그것이다. 그 범위는 극히 넓다. 학자에 따라서는 사회과학과 분리하여, 인간생활에 관한 知的 관심을 중점적으로 다루는 학문, 이를테면 문학, 철학, 역사학, 언어학 등을 별도로 人文科學(arts sciences)이라는 집단으로 분류하기도 한다.

한편, 인간본성에 대한 과학을 자연과학과 구별하기 위해 J. S. 밀(John Stuart Mill) 같은 학자는 일찍이 '도덕과학'(moral sciences)이란 용어를 사용하기도 하였다. 또 독일의 쉴(Schiel)은 이 '도덕과학'이란 용어 대신에 '精神科學'(Geisteswissenschaften)이란 용어를 주창하였다. 한편, 『정신과학 입문』이란 저서를 통해 '정신과학'의 의미를 확대시킨 딜타이(W. Dilthey)는 도덕과학 내지 정신과학의 방법론은 자연과학의 방법론과 달라야 한다고 주장한다(폴킹혼, 1998: 제1장 참조). 이들이 사용한 '정신'(Geistes: spirit)이란 용어와 '과학'(Wissenschaften)이란 용어에서, Wissenschaften는 영어의 'sciences'보다는 폭넓은 의미이므로 오히려 'studies'로 번역되는 것이 적절하다고 주장되기도 하였다(폴킹혼, 1998: 부록 397-400 참조). 딜타이는 후년에 들어 정신과학이란 용어가 다소 부적절한 표현임을 깨닫고 정신과학이란 명칭 대신에 이따금 사회과학(social sciences), 문화과학(cultural sciences), 혹은 도덕과학(moral sciences)란 명칭을 사용하기도 하였다. 최근 들어 일부 학자들(예컨대, Herbert A. Hodges, Richard E. Palmer, Josef Bleicher 등)은 정신과학을 인문과학(human sciences)이란 용어로 번역해 사용하기도 하고 있다. 한편 심리학자 컬린저(Fred Kerlinger)는 이를 행동과학(behavioral sciences)이란 용어로 대체하자고도 주장하고 있다(컬린저, 1992).

과학은 각 분과 학문집단의 성격에 따라 여러 가지 유형으로 분류된다. 경성과학(硬性科學; hard sciences)과 연성과학(軟性科學; soft sciences), 또는 경험과학(經驗科學; empirical sciences)과 비경험과학(非經驗科學; non-empirical sciences), 경험과학과 분석과학(analytic sciences) 등이 그것이다.

경성과학은 규칙적이고 질서정연한 자연현상을 규명하는 학문으로서 물리학과 같이 반복검증이 가능한 '엄밀한 과학'(rigid sciences)을, 연성과학은 인간의 의지가 개입된 불규칙하고 무질서한 사회현상을 규명하는 보다 '가변적 학문'(variable sciences)으로 곧 인문·사회과학을 지칭한다.

과학은 또한 크게 경험과학과 비경험과학으로 분류되기도 한다. 경험과학이란 자연 또는 인간사회의 제현상 중 실험 등을 통해 인과관계를 '경험적'으로 그리고 객관적으로 검증할 수 있는 과학을 뜻하고, 비경험과학은 경험적 검증이 불가능하거나 검증할 필요가 없는 철학, 논리학 등의 과학을 뜻한다. 여기서 심리학은 경험과학이기는 하지만 실험심리학은 자연과학으로, 산업심리학 등은 사회과학으로 분류된다.

과학
- 硬性科學: 자연현상을 지배하고 있는 법칙을 발견하는 학문. 자연과학을 지칭.
- 軟性科學: 인간과 그 사회를 지배하는 현상을 규명하는 학문. 인문사회과학을 지칭.

과학
- 經驗科學
  - 자연과학: 물리학, 화학, 생물학, (심리학) 등
  - 사회과학: 경제학, 사회학, 정치학, 인류학, (심리학) 등
- 非經驗科學 — 경험적 검증 없이도 성립가능한 과학 (철학, 논리학, 윤리학, 수학 등)

그러나 우리가 이렇게 사회과학을 과학이라는 우산 아래에 넣어 분류하는 것은 어디까지나 사회과학자들의 시각이다. 초기 자연과학자들은 "확실한 지식(과학) 對 상상된 혹은 가상의 지식(과학이 아닌 것)"이라는 이원론적 체계로 생각해 왔으며, 경험과학, 비경험과학 순으로 위계적 서열이 존재한다고 생각해 왔다(Wallerstein, 1997: 19).

〔그림 1-1〕 과학의 분류체계

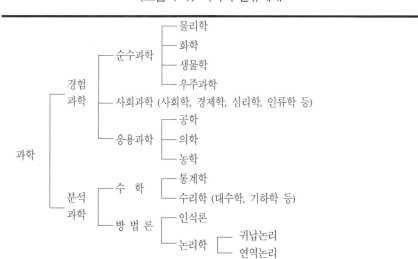

자료: 김광웅(1999: 5)의 <표>를 참고로 수정(原典: 소광희(1994), 『현대의 학문체계』, 민음사).

마지막 분류체계는 과학을 분석과학과 경험과학으로 분류한 콰인(Willard Quine)의 분류체계이다([그림 1-1] 참조). 분석과학은 경험적으로는 논증할 수 없는 이론을 다루는 과학으로서 수학과 방법론으로 이루어진 학문체계를 뜻하며, 경험과학은 경험적으로 증명이 가능한 과학으로서, 크게 순수과학과 응용과학으로 나누어진다는 것이다. 여기서 우리 사회과학은 경험과학의 일종으로서, 순수와 응용의 중간에 위치한다고 할 수 있다(김광웅, 1999: 6). 그러나 이상의 분류체계는 아직 학자들끼리도 서로 합의되지 않은, 논쟁의 여지가 남아 있는 분류체계이다. 논리학을 방법론으로 볼 수 있는지, '지식창조'를 목적으로 하는 순수과학과 '지식응용'을 목적으로 삼는 응용과학간에 명백한 경계구분이 가능한지는 여전히 논쟁거리로 남아 있기 때문이다.

2 사회과학과 자연과학: 차이와 속성들

앞에서 요약했듯이 과학은 변수간의 인과관계를 규명하고 이를 토대로 미래를 예측하는 학문이다. 과학은 실증된 인과관계를 토대로 이미 일어난 현상을 설명하기도 하고 앞으로 발생할 현상을 예측하기도 한다. 자연현상으로부터 절대적이고 보편타당한 법칙성(인과관계)을 찾아내고 예측코자 하는 자연과학자들은 이와 같이 경험할 수 있는 변수를 통해 인과성을 도출해 낸다.

반면 사회과학은 우리가 살고 있는 '사회현상'을 지배하고 있는 질서를 파악하고 이를 기술코자 하는 학문으로서, 비교적 근세(18세기 이후)에 이르러 등장한 학문이다(뒤베르제, 1996: 19-38)[5]. 사회과학은 접근방식의 차이에 따라 크게 記述的 社會科學(descriptive social science)과 分析的 社會科學(analytic social science)으로 분류된다(버날, 1997: 27). 또 한편으로는 법학자나 윤리학자들 사

---

5) 사회과학의 정의는 그 외에도 다양하게 기술된다(예컨대, 이해영, 1999: 8-11). 「사회과학은 인간 존재에 대한 해답을 제공하는 학문이다」. 「사회과학은 사회현상과 인간행태에 관한 사회법칙을 찾고자 하는 학문이다」. 「사회과학은 인간의 사고작용에 의한 이성적이고 합리적인 추론과 분석을 기초로 하는 학문이다」. 「사회과학은 현실사회에서 얼마나 적절한 지식과 정보를 제공할 수 있는가 하는 점을 중시하는 응용과학적인 성격이 강한 학문분야이다」.

이에 널리 사용되고 있는 것처럼, **規範科學**(normative science)과 **實證科學**(positive science)으로 나누어지기도 한다(뒤베르제, 1996: 54-55).

여기서 기술적 사회과학이란 "과거와 현재의 사회들, 그 사회들의 구조와 상호작용 및 발전을 기술하는 사회과학"을 뜻하며, 분석적 사회과학은 "현대사회에 특별한 중점을 두면서 사회행태의 제측면을 결정하는 기저의 관계들을 [분석을 통해] 발견하고자 하는" 학문을 말한다(버날, 1997: 27). 한편, **규범과학**이란 사회생활에서 '준수되어야 할' 규칙(달리 말해, 규범)을 연구하는 학문으로서(그런 점에서 當爲科學이라고도 불린다) 윤리학·법학 등을 뜻하고, **실증과학**이란 이와 달리 인간집단의 사회생활이 어떻게 이루어지고 있는가를 객관적으로(가치중립적으로) 증명코자 하는 여타의 학문을 뜻한다.

> ┌ 記述的 社會科學 — 고고학, 인류학, 사회학, 역사학 등
> └ 分析的 社會科學 — 경제학, 법학, 정치학, 교육학, 심리학, 철학 등
>
> ┌ 規範科學 — 윤리학, 법학 등 인간의 당위성과 관련된 가치문제를 다루는 학문
> └ 實證科學 — 경험주의적 입장을 취하는 실증론적 접근을 하는 학문

사회과학은 자연과학에 비해 과학이 이상으로 삼는 여러 가지 특성, 즉 논리성, 보편성, 인과성, 검증가능성, 객관성 등을 제대로 지니지 못하고 있다. 객관적 세계를 탐구하는 자연과학과 달리, 사회과학은 인간 혹은 인간의 주관적 사회관계를 다루는 학문이므로 자연과학처럼 엄밀하게 접근하기가 어렵기 때문이다. 사회과학이 자연과학에 비해 왜 과학적으로 접근하기가 어려운가를 좀더 살펴보기로 하자.

(1) 연구대상의 상이성

두 학문은 다루는 연구대상이 서로 다르다. 자연과학은 자연이라는 예외 없는 물리적·객관적 세계를, 그리고 사회과학은 주관을 지닌 변덕스러운 인간사회의 행태를 연구대상으로 한다.

(2) 연구대상의 가변성

인간사회는 규칙적인 자연현상보다 훨씬 복잡하고 불규칙성·예외성이 크므

로, 사회과학이 다루는 대상은 자연과학에 비해 더 가변적이다. 인간의 행동은 과학적(자연적)인 법칙에 따르기보다는 개개인의 정서나 사회의 성격, 전승된 문화 등 불규칙한 요인에 의해 크게 좌우되기 때문이다. 예를 들어 우리의 행동은 생활배경, 소속집단의 문화, 자신만의 습관과 취향 등에 의해 좌우되는 경향이 크므로 그 행동의 규칙성을 규명하거나 예측하기가 대단히 어렵다. 아무리 뛰어난 사회과학자라 할지라도 인간행태나 사회변화를 단지 유사하게 설명할 수 있을 뿐 정확히 설명할 수는 없다. 그래서 사회과학자는 단지 사회의 평균치를 기준으로 삼는, 이른바 平均法則 내지 確率法則에 의존할 수밖에 없다. 반면에 자연과학자들이 다루는 대상은 훨씬 규칙적이고 보편적(universal)이므로 보다 엄밀하고 정확한 絶對法則에 의존한다.

(3) 연구자 주관개입의 불가피성

인간은 감정적 동물이므로 연구과정 속에 연구자의 가치가 개입되지 않을 수 없다. 과학적 접근에서는 개인적 주관의 배제 즉, 가치의 중립화(value neutral)가 선결조건이다.[6] 과학에 주관성이 개입되면 그것은 이미 과학이라고 할 수 없다. 그러나 사회과학은 주관성을 지닌 인간행태를 대상으로 연구하는 학문이고, 더욱 중요한 점은 바로 연구자 자신이 연구대상인 사회의 일부분이므로 연구에 대한 가치 개입이 불가피할 수밖에 없다. 연구자가 아무리 객관적인 접근을 시도하려고 노력하더라도 연구문제를 선정하는 것 그 자체에, 자료수집 방식과 개념화 과정에, 혹은 학문에 대한 접근방식 자체에 연구자의 가치가 은연중에 스며들 수밖에 없다는 것이다(김광웅, 1989: 23; 버날, 1997: 30).

(4) 가치관의 가변성

우리 인간사회는 계속 변하기 때문에 그 사회집단이 추구하는 가치도 시대와 환경에 따라 변한다. 인간이 추구하는 영원불변의 절대가치란 없다. 예컨대, 플라톤(Plato)에 의해 신성시된 가치들, 즉 眞善美라는 가치도 사회와 더불어 끊임없이 변해 왔다. 그 가치들을 영원한 가치로 붙잡아 두려는 모든 시도(예 : 북

---

6) 연구자가 부여하는 價値(value)란 善과 惡, 正과 不正, 良과 不良, 快와 不快, 有益과 無益이라는 이해에 대하여 어느 한쪽 입장을 취하는 자세를 말한다. 따라서 가치 중립적이라 함은 이런 양 입장에 대해 가부간의 감정이나 의사표시를 하지 않는 중립적 입장을 말한다.

한의 '주체사상' 고착화 시도)는 고작해야 특정한 시기, 특수한 사회형태 아래에서 순간적으로 존속하는 가치일 뿐, 언제인가는 변하기 마련이다(버날, 1997: 39). 예를 들어 중국 당나라 때 아름다운 미인의 기준은 양귀비와 같은 통통한 자태였으나 현대 미인의 기준은 가는 허리를 가진 날씬한 자태로 바뀌어버렸다. 이동유목생활만이 진정한 생활방식으로 여기오던 몽골 징기스칸 유목민족들(훌레그 울루스)은 13세기 중엽 소아시아를 침공하면서 정주생활을 하던 현지민들의 定住 가치관을 미워한 나머지 모든 논밭과 주택을 뒤엎고 여기에 목초를 심어 자기네와 같은 유목생활을 하도록 강요하였다. 그러나 얼마 지나지 않아 징기스칸의 손자이며 元나라 창시자 世祖가 된 쿠빌라이 칸은 정책생활에 맛이 들어 1271년 현재의 북경 부근에 도읍(大都)을 정하고 정착생활을 시작하였다. 이와 같이 사회집단의 가치는 사람에 따라 시대에 따라 혹은 처해진 여건에 따라 바뀌고 변화해 간다.

(5) 지속적 타당성의 결여

사회과학은 자연과학과 비교해볼 때, '법칙의 지속적인 타당성'을 유지하기가 훨씬 더 어렵다. 사회과학은 인간사회의 변화무쌍한 현상을 다루므로 사회과학 내에서 '사회법칙'이라고 주장되는 것도 언젠가 다른 형태로 바뀌거나 변화될 운명을 지닌 가변적 현상에 불과하다. 이와 같이 사회과학이 자연과학보다 접근하기가 어렵다는 점을 노벨상 수상자 뮈르달(Gunnar Myrdal)은 다음과 같이 설명하고 있다(뮈르달, 1971: 172).

사회과학자들과 자연과학자 사이의 참으로 중요한 차이는 우리[사회과학자]들은 특정한 매체에서 빛의 속도나 소리의 속도, 또는 원자나 분자의 특정중량과 같은 常數를 절대로 가질 수 없다는 점이다. 우리는 보편적으로 타당한 에너지, 볼트, 암페어 등의 측정에 상당하는 것을 도대체 갖고 있지 않다.

우리가 발견하는 규칙성이란, 자연법칙과 같은 일정하고 일반적이며 지속적인 타당성을 갖지 못한다. 예를 들면, 우리 경제학자들은 관찰을 통해서 가령 설탕 같은 것의 소득탄력성이나 가격탄력성을 구하지만, 우리가 발견한 것은 어느 한 사회 또는 지역의 특정시점, 특수그룹의 소비자들에게만 타당하다. 탄력성이라는 개념 자체는 경제학자들이 말하는 의미의 '시장'이 없는 또는 매우 불완전한 저개발국의 현실에는 맞지 않게 되고, 따라서 분석의 유용성을 잃게 되는 것은 말할 필요도 없다.

(6) 예측의 전복 가능성

인간은 자신 혹은 사회적 행위에 대한 예측을 전복시킬 수 있는 잠재력을 지니고 있다. 다른 생명체와 달리 환경적응력과 임기응변 능력이 뛰어나기 때문에 인간은 기대되는 예측 방향과 전혀 다른 결과를 초래시킬 수 있는 능력을 지니고 있는 것이다. 의사로부터 사망 선고를 받은 불치의 말기 암 환자가 자신의 강한 의지력으로 완치되는 경우를 우리는 간혹 목격한다. 일찍이 미래학자들에 의해 화석연료의 고갈로 인한 인류 에너지源의 공황이 예견되었지만 인류는 핵 에너지를 발견하고 이의 사용방법을 터득함으로써 예상되던 재난을 슬기롭게 피해 가게 되었다. 환경파괴와 지구온난화가 심화되어 인류의 대재앙이 예견되지만, 막상 그 시기가 다가오면 인류는 또 다른 어떤 대처방법을 개발함으로써 미래예측 학자들을 당황하게 만들지도 모른다.

(7) 연구방법 적용의 제한성

사회과학은 자연과학에 비해 관찰이나 실험 등 연구방법을 적용할 수 있는 여지가 크게 제한되어 있다. 인간은 人間愛를 중시하는 윤리적 동물이므로 같은 인간을 대상으로 함부로 실험을 행할 수가 없으며 특수한 사정으로 연구대상에 접근할 수 없는 경우도 흔하다. 설령 실험(혹은 조사)이 가능하더라도 제한된 범위 내에서 제한된 성격의 실험만이 가능한 경우도 있다.

예를 들어 '중국 문화혁명에 대한 시민 의식구조 변화 연구', '북한 관광개발이 그 지역사회 이데올로기 변화에 미치는 영향에 대한 연구', '후진국 군사혁명의 사회적 반응에 관한 연구' 등의 주제는 연구자가 연구대상에 접근하기도 어렵거니와 때로는 표본 수도 제한되어 있는 경우가 있으므로(예컨대, 문화혁명, 군사혁명은 자주 발생되지 않는 현상이므로) 연구하기가 어렵거나 때로는 불가능한 주제에 속한다.

3 사회과학 대 관광학: 차이점과 지식획득의 방법

이제까지 과학과 사회과학의 속성들을 간략히 논의해 보았다. 그런데 우리가 연구대상으로 삼는 관광현상의 속성을 들여다보면 이것은 분명히 자연과학이 대상으로 삼는 자연현상이 아니라 사회과학이 연구대상으로 삼는, 이른바 사회 문화적 현상이다. 연구대상으로서의 '관광현상'은 곧 인간생활의 특정 행태라는 점에서, 그리고 관광현상에 대한 연구는 연구대상의 상이성이나 가변성, 가치 개입의 불가피성 등 사회과학이 가지는 방법론상의 특성 내지 문제점들을 공유 한다는 점에서, 사회과학이 다룰 수 있는 연구주제임에 틀림없다.

그러나 다루는 '대상이 유사하다'는 공통점과 그것이 사회문제를 다루는 '경험 과학'이라는 주장은 서로 다른 별개의 문제이다. 이는 神과 교류하는 靈媒(영 매)의 행위가 사회문제를 다루는 것으로 간주될 수 있지만 결코 과학적 행위(연 구)라고 볼 수 없는 논리와 같다. 만약 관광학이 사회과학과 같은 경험과학이라 면 관광학은 사회과학식의 접근방법, 사회과학식의 패러다임을 유사하게라도 공유해야 한다. 다시 말해 과학다운 설명과 접근방법으로 임해야 한다는 것이 다. 그런데, 과학적 설명은 엄정한 이론이나 법칙에 의해 현상을 체계적으로 이 해시키는 행위이며, 엄격한 증명을 통해 모든 제3자가 현상의 인과성을 間主觀 的으로(intersubjective) 공유·이해하는 학문이 과학이다. 그런 점에서 관광학 이 사회학이나 경제학 등과 같은 사회과학이 될 수 있는가 여부는 연구자가 관 광현상을 어떻게 접근하고 연구하는가의 태도에 전적으로 달려 있다고 하겠다.

관광현상 연구자들이 과거의 무지하고 고루한 접근방법론에 사로잡혀, 월러 슈타인(Wallerstein, 1997: 19)이 말하듯 "확실한 지식이 아닌, 상상적 지식"혹 은 어림짐작(the rule of thumb)에 근거한 상식 정도에 의존한다면 관광학은 '學' 이라기보다는 식자들간에 논할 가치조차 없는 추측이나 궤변 정도로 폄하해 버 려도 좋을 것이다.

컬린저(Kerlinger, 1992: 32-4)가 지적했듯이, 우리 인간이 지식을 획득하는 수단으로는 4가지가 있다. ① 집착(tenacity), ② 권위(authority), ③ 직관 (intuition), 그리고 ④ 과학(sciences)이 그것이다.[7] 우리가 얻는 관광학적 지

---

7) ① 집착(tenacity)에 의한 방법- 진리라고 믿는 신념으로부터 지식을 얻는 것
② 권위(authority)에 의한 방법- 성경 혹은 저명인사가 주장한 신념 등을 통해 지식을 얻는 것
③ 직관(intuition)에 의한 방법- 선험적인 지식 혹은 당사자의 판단을 통해 지식을 얻는 것
④ 과학(sciences)에 의한 방법- 경험적 검증을 거친 객관적 사실을 통해 지식을 얻는 것

식은 객관적인 연구방법에 따라 체계적이고 논리적이며 경험적 논거에 의해 도출된 ④의 지식에 근거해야 하는 것은 자명하다. 그런대도 현실을 보면, 다분히 ①, ② 혹은 ③의 방법에 의존하는 경향이 크다.

그 예를 들어보자. Gunn(1994: 4)이 주장하였듯이 호텔객실 점유율을 높혀야만 호텔의 수입을 높일 수 있다는 주장은 고루한 '집착적 지식'에서 나온 발상이다(즉, ① 집착에 의한 지식 취득). 객실만 滿室이 된다고 그 호텔이 타 호텔보다 수익이 더 높아지는 것은 아니기 때문이다. 오히려 객실 증설로 인한 자본비용 부담에 허덕이기 보다는 자본비율(이자지출 비용)은 낮으면서도 반대로 부대사업(연회, 식음료 등) 부문이 더 활성화된 동종 호텔이 타 호텔보다 수익이 더 높을 수도 있다. 또 관광과 관련하여 어떤 권위있는 기관, 이를 테면, 문화관광부 장관이나 한국관광공사 사장 등 관광정책 결정자들이 "관광은 굴뚝없는 무공해 산업"이라며 관광산업을 두둔한다고 해서 관광계 인사들이 관광업을 마치 '청정산업'인 것처럼 믿는다면(즉, ② 권위에 의한 지식 취득), 그것은 我田引水격의 틀린 지식일 수도 있다. 왜냐하면, 한 때 미풍양속이 넘치던 지역사회가 대량관광지화되면서 많은 관광객들이 몰려와 보신관광, 매춘관광, 전시효과, 불건전한 소비 풍조 조장 등을 야기하며 한 사회의 고유한 문화와 전통을 파괴하는 경우를 우리는 얼마나 많이 접하고 보아왔던가? 말 그대로 진짜 "굴뚝에서 연기가 나지 않는다"고 해서 관광은 무조건 권장해야 할 산업이라고 할 수 있을 것인가? '보이지 않는 굴뚝'에서 나는 '연기'가 건전한 사회에 더 돌이킬 수 없는 공해를 유발시킨다는 사실이 간과되고 있다는 점을 우리는 파악해야 된다. 이와 같이 우리 사회에서는 관광학적 지식을 '과학적 지식'이 아니라 집착이나 권위, 혹은 직관에 의해 얻고 있는 경우가 허다하다.

관광학이 인간현상을 연구하는 학문이라는 점에서 사회과학이 다루는 영역에 드는 것은 사실이지만, 그 접근방법이나 지향목표, 과학적인 특성의 결여로 과연 사회과학의 한 분과학문(discipline)으로 인정해줄 수 있는가에 대한 논란이 일어나고 있는 일부 이유는 바로 이러한 '비학문적 경로'를 통해 지식을 얻기 때문이다. 이것은 관광학이라는 학문의 정체성(identity)에 관한 논의주제인데, 여기에 대해서는 뒤의 제4장(제1, 2절)에서 다시 검토해보기로 한다.

 연구문제

1. 과학의 존재가치는 과연 어디에 둘 수 있는가? 과학과 '인류 복지 증진'이라는 문제와 관련하여 논해 보라.

2. 사회과학이 자연과학보다 연구하기 더 어려운 학문이라는 일곱 가지 이유 외에 또 다른 이유는 없는지 생각해 보라.

더 읽을거리

▶ 과학의 성격과, 발전, 과학의 혁명과 진보에 대해서는 토마스 쿤(Thomas S. Kuhn)이 지은 『과학혁명의 구조』(*The Structure of Scientific Revolution*)가 명저이다(1962년 초판, 1970년 2판 등 그 뒤 많은 재판본 발행). 국내에서는 여러 출판사에서 번역서를 내고 있으나 이중에서 조은문화사의 세계명저 영한 대역21(1995년 초판 1쇄) 『과학혁명의 구조』가 추천할 만하다.

▶ 현대 과학주의의 비판에 대해서는 김동일 外 12인(1997). 『사회과학방법론비판』(서울: 청람문화사) 참조. 특히 제1편의 논문중 金東一의 '사회과학방법론과 휴머니즘'을, 그리고 영문은 Philimore, J., & Goodson, L.(2004). *Qualitative Research in Tourism: Ontologies, Epistemologies and Methodologies,* London: Loutledge가 좋다.

▶ 사회과학과 관광학의 관계(특히, 국내학계의 현실과 문제점 등)에 대해서는, 필자와 8인의 연구자(2000)가 편저한 백산출판사 간행, 『관광학연구의 현황과 과제』를 권한다.

제 2 장

사회과학 연구방법론

제 2 장

Principles of
Tourism Research Methodology

사회과학 연구방법론

① 연구방법과 연구방법론

　사회과학이든 자연과학이든 연구방법은 연구의 도구요 수단이라는 점에서 연구문제, 연구가설과 더불어 연구과정상 가장 중요한 요소 중의 하나이다.

　연구방법(research method)이란 주어진 연구문제를 풀어나가는 수단으로써, 절차 내지 분석도구를 말한다. 원래 의미상, 연구결과를 얻기 위해 사용되는 특수한 행위를 뜻하는 'method'는 라틴어 *meta*(…로부터, …후에)와 *hodos*(여행)의 결합어이다. 따라서 method란 단어는 무엇을(과학에서는 지식을) 추구하는 것을 뜻한다(폴킹혼, 1998: 19-20). 일반적으로 '방법'(method)이라는 단어는 지식을 추구하기 위해 사용되는 논리적 절차를 뜻한다. 해결코자하는 문제의 성격에 따라 그리고 풀어나가는 방식에 따라 연구의 방법(method)은 한 가지일 수도 있고 여러 가지일 수도 있다.

　연구방법의 구체적 형태는 '연구기법'(research technique)이라 할 수 있다. 사회과학에서 연구방법이 연구의 절차 및 그 절차를 제시하는 형식이라고 한다면, 기법은 방법을 수행하는 특정수단이라고 할 수 있다(김찬경外, 1999: 27). 예를 들어 계량적 연구방법을 써서 문제를 해결코자 함에 있어 조사기법으로는 면접조사기법을 사용하고, 자료의 분석기법으로서는 요인분석기법과 회귀분석기법을 사용할 수 있다는 식이다.

그렇다면 **연구방법론**(research methodology)이란 무엇인가? 용어에서도 나타나듯이, 연구방법론이란 '연구방법'(methods)을 '論究'(to discuss or to study)하는 학문(a ~logy to discuss/study methods)이라고 정의할 수 있다. 원래 methodology는 방법(method)이란 용어에 라틴어 logos(logic: 理性, 論理性)를 합한 합성어로서 '방법의 논리'를 뜻한다. 다시 말해 연구방법론이란 연구의 여러 가지 방법상의 성격이나 문제점, 이에 담긴 사상(철학적 사상도 포함)을 논리적으로 밝히고 분석하는 일련의 지식체계를 의미한다.

일단의 학자들(안영섭, 1996; Deutsch, 1986 등)은 연구방법론을 거시적 연구방법과 미시적 연구방법으로 나누기도 한다. 거시적(광의의) 연구방법론이란, "왜 특정의 문제가 과학적으로 연구되어야 하고 연구될 수 있는가에 관련된, 다시 말해서 타당성의 문제를 다루는 과학철학적 문제의 차원"을 말하며, 미시적(협의의) 연구방법론이란 "그러한 문제들을 규명하는 데 있어 사용되는 도구와 절차들을 구체적으로 어떻게 사용해야 하느냐, 즉 신뢰성을 어떻게 달성할 수 있느냐를 탐구하는 것"을 말한다(안영섭, 1996: 122). 그런 점에서 본서가 다루고자 하는 방법론은 거시적 연구방법론(제1편, 제3편)과 미시적 방법론(주로 제2편, 제4편)의 혼합이라고 규정할 수 있다.

2 사회과학 연구방법론의 특성

엄밀하게 규정할 수는 없지만 사회과학 연구방법론은 성격상 크게 두 가지로 분류해 볼 수 있다. 하나는 과학주의를 앞세운 양적 연구방법론으로서, 사회현상을 지배하고 있는 규칙적이고 반복적인 법칙을 발견하는 것을 목표로 삼아 **과학주의**(scientism) 내지 **경험실증주의**(empirical positivism) 입장을 추구하는 것이다. 다른 하나는 사회철학으로서 인간사회의 가치와 윤리문제를 질적으로 파악하기 위한 목적으로 **규범주의**(normativism) 내지 **인본주의적 접근방식**(a humanistic approach)을 추구하는 입장이다.[1]

---

1) 두 접근방식의 논란에 대해서는 李奎浩(1984), 金東一 外(1997)의 연구가 권할 만하다.

사회과학
연구방법론
─ 질적(규범주의) 연구방법론 : 사회철학적인 접근, 가치와 윤리 등
　　　　　　　　　　　　　　 인간 내면 문제 파악
─ 양적(과학주의) 연구방법론 : 실증과 경험적인 방법에 의존

　　과학주의 연구방법론은 현실적인 경험사회에서 수집한 양적 자료를 통해 검증(실증)이라는 과정을 거치는 방법론을 뜻한다. 사회과학자들은 사회과학의 엄밀성, 객관성과 예측성 등을 높이기 위해 자연과학적 절차를 모방하고자 하는데, 이와 같이 사물의 인과성을 밝혀 내는 방법론으로서 자연과학적 절차를 최선책으로 삼아 추종하는 패러다임을 科學主義(scientism)라고 부른다.

　　연구자료를 수집하는 가장 일반적인 방법은, 자연과학의 경우 주로 연구실 내에 통제된 환경을 만들어 실험(experiment)을 하는 방법에 의존하지만, 사회과학의 경우는 연구실 밖에서 표본조사(sampling research)나 문헌수집을 행할 수밖에 없다. 왜냐하면 연구대상(연구 모집단)인 인간이나 인간사회의 모든 구성요소를 한자리에 놓고 파악할 수 없기 때문이다. 연구대상이 되는 모든 표본을 연구실 내로 옮겨놓을 수 없는 것이다. 과학주의를 추종하는 연구자들은 비교적 定型化된 양적 방법에 의해서만 법칙과 이론이 만들어질 수 있다고 보고, 이렇게 만들어진 이론을 과학적 이론이라 하여 기타의 방법을 이용해 만들어진 이론과 구별하고 있다.

　　그러나 과학주의, 다시 말해 엄격한 경험실증주의 방법론만으로는 복잡하기 그지없는 인간사회 내지 인간가치 문제를 다 파악할 수 없다. 그리하여 적지 않은 사회철학자들은 과학주의만을 앞세운 그러한 경험실증주의 추종현상을 "과학의 物神化"에 불과하다고 맹렬히 비판한다(차인석, 1980 : 14). 과학주의는 사회 및 인간내면의 심층에 깔려 있는 "구조적·생동적 요인"의 파악을 외면한 채 "표면적·부분적 사실"만을 정리할 뿐이며, 심하게 말하면 실증주의만을 추구하는 학문은 "技術學"에 지나지 않으며 그런 연구자들은 학자라기보다는 "技術者"에 불과하다는 것이다(이규호, 1984 : 10-28).

　　사실 사회현상이 지니는 여러 가지 복잡성 때문에 과학주의 방법만을 사용하여 사회과학을 다 연구할 수는 없다. 사회과학자의 입장에서 과학주의적 접근이 어려운 이유는 이미 앞에서도 밝힌 바와 같이 연구대상의 상이성과 가변성, 주

관적 가치 개입, 법칙 지속성의 결여와 예측의 전복 가능성 등을 들 수 있다. 그 외에도 학자들은 다음과 같은 이유를 들고 있다(이해영, 1999: 376-378 및 앞 1 장의 '사회과학과 자연과학' 참조).

① 과학주의 방법으로 연구할 수 없는 연구주제나 연구가설, 이를테면 인간 내면에 관한 문제탐구 등 질적 분석이 필요한 경우가 사회과학에서는 너무 많다.

② 비록 연구가설을 조작할 수 있다고 하더라도 연구가설을 구성하고 있는 변수를 완벽하게 현실의 경험사회에서 검증할 수 있도록 조작한다는 것이 어렵다.

③ 사회과학은 연구자가 통제할 수 없는 환경적인 요인, 즉 외부변수(외생변수)가 너무 많다.

④ 수집된 자료를 적용하여 가설을 검증하고 해석하여 경험적인 일반법칙이 될 수 있음을 증명해야 이론이 될 수 있는데, 이를 적용하고 해석하는 것 자체에 연구자의 주관성이 개입되기 쉽다.

이런 이유로 사회철학자들이 주장하듯이 사회과학은 인간의 가치관과 내면세계를 파악할 수 있는 보다 질적인 접근 즉, 규범사회과학 내지 철학적이고 解釋學(hermeneutics)적이며 認識論(epistemology)적인 혹은 민속방법론적인 (ethnomethodological) 접근이 필요하다는 것이다(Philimore & Goodson, 2004). 그러나 사회과학에 대해서 이러한 비관론만 있는 것은 아니라 낙관론도 있다. 사회현상은 변화무쌍하고 복잡미묘하나 자세히 보면 일관된 질서에 따르는 규칙성이 있으며 역사적 순환과정을 따르는 반복성과 재현성이 있다는 것이다(예: S. F. Chapin이나 W. F. Ogburn).

연구자의 주관성을 배제하기위해서는 연구하는 사회과학도간에 철학적 관점의 공통 인식이 필요하다고 본다(Denzin & Lincoln, 2000: 162). 왜 연구자간에 그러한 철학적 관점의 공유(다시 말해, 패러다임의 공유)가 필요한가? 프르제클러스키(Przeclawski, 1993: 14-15)는 사회과학자들끼리 상호 공감할 수 있는 종합적 연구결과를 얻기 위해서는 연구방법론도 같은 맥락을 유지해야 하지만 기본관점에 대한 동일한 인식과 이해도 필요하다고 주장한다. 연구자의 전공이 서로 다르더라도 최소한 기본개념과 접근방법론이 동일한 맥락을 유지하기 위해서는 철학적 관점의 공유가 필요하다는 것이다.

예를 들어 인간이란 무엇이고 인간행태에 영향을 미치는 인자는 무엇인가에 대한 철학적 인식은 크게 두 가지로 분류될 수 있다. 물질주의 철학관(唯物論)과 정신주의적 철학관(唯神論)이 그것이다.

먼저 유물론적 시각에서 접근해보자. 이 세계는 물질로 구성되어 있고 인간은 물질적 존재이며 결국 죽는다(physical and mortal being). 인간에게 영혼이니 정신이니 하는 것은 존재하지 않으며, 인간집단은 자연의 일부분으로서 진화의 법칙에서 보듯이 자연과 동일한 법칙, 규칙성의 지배를 받을 뿐이다. 인간은 무엇보다 물질적 재화와 서비스의 소비자이다. 그러므로 인간은 물질적 소비를 극대화하기 위해 열심히 일할 수밖에 없고 남는 시간에 즐거움(휴식, 놀이, 섹스,

---

과학주의 사회과학방법론의 보완책: 질적 방법론

- 참여관찰법(participation observation method) — 연구자가 조사대상자들의 세계 속으로 들어가 자연스러운 상황에서 장기간 비조직적으로 관찰하면서 행하는 연구 (인류학의 주된 연구방법)

- 비구조화 면접법(unstructured interview method) — 표준화되고 구조화된 설문지나 면접법을 쓰는 것이 아니라 조사대상 집단이 자유로이 의견을 표현할 수 있도록 유도하여 녹음기·메모지 등에 기록하여 분석하는 방법.

- 생활사 연구(life history method) — 현지연구를 통해 자료를 수집하는 방법중의 하나로 편지·자서전·사문서·공공기록 등을 검토하여 개인 혹은 집단의 행태를 연구하는 방법.

- 민속방법론(ethnomethodology) — 조사대상자의 일상적인 삶의 세계를 직접 또는 간접적으로 관찰, 그들의 살아가는 관행·기법들을 관찰 혹은 준실험을 통해서 그 사회를 파악하는 기법(사회학의 주된 연구방법)

- 불개입·무반응방법(unobtrusive method) — 연구대상자가 조사에 '반작용'하지 않도록 눈에 띄지 않게 물리적 흔적·행적 또는 보존 기록·유물 등을 관찰 조사하는 방법.

출처: 김경동·이온죽(1986) pp. 511-587을 발췌하여 정리

음식 등)을 추구하고자 한다. 유물론에서 볼 때, 관광은 즐기는 행위인 동시에 수단으로서의 소득원이다. 관광은 곧 사업인 동시에 외화획득원이다.

반면에 종교적 철학관이 내재된 유신론적 입장에서 보자. 인간은 육체와 영혼으로 구성된, 신의 섭리에 의해 창조된 존재이다. 인간의 생명은 육체적 죽음으로 끝나지 않는다. 힌두교·불교 철학에 따르면 인간의 생명은 그가 지은 행위의 業(karma)에 따라 끝없이 윤회한다. 다시 畜生으로 태어날 수도 있고 보다 고귀한 인간으로 다시 환생할 수도 있다. 인간은 원천적으로 자연법칙의 지배를 받는다기보다는 영적 존재인 신의 섭리에 의해 지배된다. 그러므로 인간은 세속적·물질적 소비에만 탐닉해서는 안되며 오히려 영적 來生을 위한 의식순화에 애쓰는 등 神의 섭리에 순종하고 그 계시를 지켜나가는 데 충실해야 된다.

이러한 관점을 여가연구에 적용한다면, 육체적으로 휴식하는 것만이 여가가 아니라 노동이나 봉사과정 중에서라도 본인이 이를 통해 정신적인 여유와 평화감, 만족감을 향유할 수 있다면 그것이 곧 여가이다. 따라서 여가에는 특별한 가시적 경계가 있는 것도 아니다. 또한 "관광이란 단순히 즐기기 위한 것이 아니라 오히려 새로운 환경과 자연의 아름다움을 접하면서 하느님의 오묘한 손길을 느끼며, 일상생활에서 오는 정신적 육체적 피로를 해소하고 삶의 활력을 얻는데 그 가치가 있다"[2]. 관광은 재화를 벌어들이는 수단이 아니라 우리 자신이 생업과 삶에 보다 더 충실해질 수 있도록 휴식하게 하는 하나의 수단이라는 것이다.

이와 같이 어떤 철학적 관점을 지니는가에 따라 사물과 사회에 대한 정의와 입장이 달라진다.

그러나 오늘날 우리나라 대학교육의 현실을 보면, 서구적 과학주의만을 신봉할 뿐 실용성(취업을 위한 적합성 등)이 부족하거나 없다는 이유만으로 철학 등 규범과학을 대학 당국이나 피교육자들 스스로 무시해버리는 경향이 강하다. 이러한 질적 내지 규범론적 방법론에 대한 교육과 연구가 부족한 관계로 사회과학도들은 이에 생소하거나 이해가 미흡한 것이 사실이다. 사회철학 분야 학문과 그 연구자들이 현실적으로 냉대받다 보니, 사회과학도들간에 적용·사용할 수 있는 가치판단적 방법론을 도외시하는 것 또한 현실이다.

---

2) 김지석(1998) 주교의 '관광사목과 한국 교회' 「지상의 나그네」 한국 천주교 중앙협의회, p. 7 에서 재인용.

3 사회과학 연구방법론의 개념과 발전

본 절에서는 연구자들의 이해를 돕기 위해 사회과학 연구의 몇 가지 두드러진 사회철학적 패러다임을 간추려 보고 이의 역사적 발전과정을 간략히 기술하고자 한다. 여기서 요약 설명하는 역사주의나 실증주의 그리고 행태주의 외에도 유사하거나 지류에 해당되는 主義들(- isms)이 많다. 이에 대해서는 독자들이 별도로 공부하며 지식을 쌓아야 할 것으로 보인다.

1. 사회과학적 방법론의 주요 패러다임

1) 역사주의(Historicism)

19세기 들어 독일학계에서 비롯된 학문적 사상체계로서, 이 사상을 펼친 당시의 철학자로서는 하이예크(F. Hayek), 포퍼(Karl Popper), 사회과학자로는 리스트(F. List), 슈몰러(Gustav von Schmoller) 등을 들 수 있다. 역사주의를 적극적으로 추종하는 일단의 학자들을 우리는 '역사학파'(historical school)라고도 부른다.

이들은 주장하건대, 사회과학의 과제는 사회가 발달하게 되는 法則을 발견하는 것이며, 이 역사적 발달의 법칙에 근거하여 미래를 예측해야 된다고 본다. 사회과학적 견지에서 역사주의를 최초로 주장한 독일 학자 리스트는 자연법 사상에 입각해 자유무역론을 신봉하는 고전파 경제사상을 강력히 비판한다. 그는 경제의 역사적 발전단계를 규명한 뒤 당시 독일의 후진성을 탈피하기 위해서는 보호무역주의가 필요하다고 역설하였다.[3] 슈몰러를 비롯한 소위 '신역사학파'

---

3) 리스트(F. List)는 경제발전단계를 수렵·목축·농업·농공업·농공상업의 5단계로 구분하고, 자유무역은 이미 5단계에 접어든 선진국 영국에게 바람직할지 모르지만 아직 겨우 4단계의 유치산업에 머물고 있는 독일에게는 바람직하지 못하므로, 독일은 오히려 보호무역주의를 써서 자국 유치산업을 보호 육성해야 된다고 주장하였다.

학자들은 경제현상이 윤리적인 요인에 의해 좌우된다는 주장을 펴기도 하였다.

그러나 이들 역사학파는 비판론자들로부터, 역사적 사실 관찰만 중요시한 나머지 역사적 자료수집에만 전념함으로써, 새로운 이론을 이끌어 내지 못했다는 비난을 받아 왔다. 즉, 베버(Max Weber) 같은 비판론자들은 역사학파들의 이런 접근이 곧 사회과학을 '객관적으로' 발전시키기보다는 오히려 '주관적으로만' 발전시켰다고 주장하면서 '가치판단으로부터의 해방'을 부르짖었다. 이것은 곧 사회과학 역사상 유명한 '가치판단 논쟁'을 불러일으켰다.

그렇지만 역사주의 사상의 등장은 뭐니뭐니해도 뒤이어 미국을 중심으로 하여 개별과학의 발달에 크게 공헌하였다. 미국을 중심으로 한 反實證主義(antipositivism)나 현상학(phenomenology), 지식사회학(sociology of knowledge) 등의 생성과 발전이 그것이다.

엄격히 말해 역사주의의 효시를 따진다면 아무래도 동양이 훨씬 앞선다고 볼 수 있다. 논자의 생각으로는 고대 중국 周나라의 孔子(孔丘)의 사상(혹은 크게 보아 儒家學派)이 역사주의의 효시라고 믿어진다. 왜냐하면, 공자는 고대 夏·殷·周의 禮·樂 그리고 기타 제도 등을 중시하고 이들 역사를 거울삼아 현실을 비판하면서 역사적 인식을 가장 강조한 최초의 역사주의 철학자라고 할 수 있기 때문이다.

2) 실증주의와 논리실증주의

實證主義(Positivism)는 19세기 중엽에 들어, 프랑스의 철학자 콩트(Auguste Comte)가 최초로 도입한 철학사상으로서, 인간의 신념체계를 신학적, 형이상학적, 실증적 신념체계로 나눈 데서 비롯된다. 실증주의는 (1) 사실이라는 모든 지식은 오로지 경험적인 실증자료에 기반을 두어야 하며, (2) 순수 논리학·수학과 같은 사상과 밀접히 관련되며, (3) 입증할 수 없는 형이상학, 신학, 무비판적 사변과 같은 '초월적 지식'(transcendant knowledge)은 과학에서 삼가야 한다는 것이 이 사상의 요지이다. 우리 동양철학 용어로 말한다면 '실사구시'(實事求是)가 바로 이 실증주의와 같은 접근방식이다.[4]

---

4) 實事求是란 중국 漢나라때 景帝의 아들로서, 하간(河間:지금의 하북성 하간현)의 왕에 봉해

실증주의는 분류상, 다시 밀(John Stuart Mill)이나 콩트의 사회실증주의(social positivism), 마하(Ernst Mach)와 에버나리우스(Richard Avenarius)의 비판실증주의(critical positivism) 그리고 그후 20세기 초에 들어서서 등장한 논리실증주의(logical positivism)로 나눌 수 있다(Encyclopaedia Britannica: 150).

실증주의는 20세기 중반에 접어들어 특히 하버마스(J. Habermas: 1929 —)로 대표되는 프랑크푸르트 학파(Frankfrut Circle)[5]의 맹렬한 공격을 받았다. 정밀성과 계량화만을 추구해온 결과, 사회현상이라는 것의 진정한 의미와 총체성을 상실해버리는 결과를 가져왔으며 권력층의 지배와 조작에 편리한 학문으로 타락해버렸다는 것이다.

유의할 점은 실증주의는 논리실증주의와 서로 사상은 비슷하나 출발이 다르다는 것이다. 論理實證主義는 19세기 중엽에 싹튼 實證主義와 달리 이보다 훨씬 늦은 1920년대 비엔나와 베를린 대학을 중심으로 한 중부 유럽의 사상가들, 소위 비엔나 학파(Vienna Circle)를 중심으로 하여 형성된 철학사상으로서, 논리경험주의(logical empiricism)라고도 불린다. 이 사상은 과거의 전통적인 접근방식인 형이상학적 방식, 즉 주관적이며 윤리적인 연구방식은 무의미하다고 보고 이를 거부, 사실에 대한 과학적 경험지식은 현실 경험사회에서 반드시 검증될 수 있어야 하며, 만약 검증될 수 없다면 그 어떤 주장이나 진술도 학문적 의미를 가질 수 없다고 본 과학주의적 패러다임이다.

이 考證學的 논리실증주의 과학관은 그 후 여러 가지 비판과 수정을 받았다. 그 중에서 중요한 것은 전체주의와 투쟁하며 한편으로 실증주의를 맹공한 철학자 포퍼(Karl Popper: 1902-94)의 反證主義(falsificationism) 주장이다. 그는 특

진, 옳게 학문을 하는 劉德을 칭송하여 이른 말 중 "修學好古, 實事求是"(학문 탐구를 즐길 뿐만 아니라 옛날 책을 좋아하며, 항상 사실로부터 옳은 결론을 얻어냈다)에서 나온 말이다. 阮元, 翁方綱, 梁啓超 등 중국 청나라 후기 고증학파가, 空論만 일삼는 宋明代 陽明學에 대한 반동으로 내세운 학문적 접근방식으로서, 공리공론을 떠나 정확한 고증을 바탕으로 과학적·객관적으로 학문을 접근하자는 주장을 뜻한다. 이 접근방식은 유형원, 이익, 정약용, 김정희 등 우리 조선 후기 실학파의 학문정신이 되었다.

5) 1914년 독일 프랑크푸르트 대학부설 '사회연구소'를 중심으로 독일 나치스 밑에서 시달리던 유대인 망명학자 집단이 주도하여, 무엇이 인간의 이성을 '도구적 이성화'하여 자율성을 억압·예속시키는가를 학문적으로 규명하는데 관심을 집중시켜온 20세기를 대표하는 사회철학의 계파. 호르크하이머와 아도르노, 그리고 하버마스로 대표된다.

히 논리실증주의가 귀납적 논리에 따라 사실에 대한 관찰에 의거하여 일반화된 명제에 이를 수 있다고 한 주장을 강하게 비판하였다. 그의 유명한 '白鳥(swan)의 예'가 그것이다(Popper, 1968: 27). 즉, 우리가 아무리 많은 백조를 관찰했더라도 '모든 백조는 희다'라는 가설은 결코 일반화될 수 없다고 그는 주장한다. 경험적 연구의 대상으로서, 이 세상의 모든 백조를 다 관찰한다는 것도 불가능하지만, 관찰된 10만 마리의 백조가 희더라도 10만 1번째 백조는 검은 白鳥일 수 있기 때문이다. 포퍼가 제시하는 대안은 '反證의 가능성'이다. 과학성의 기준은 반증이 가능한가의 여부로 결정되어야 한다는 것이다. 즉, '백조는 희다'라는 명제는 검증될 수 없지만, 만약 관찰중 검은 백조가 나타났다면 그 명제는 잘못된 명제인 것으로 '반증'된다. 단지 반증 가능한 명제는 반증될 때까지는 옳은 주장으로 받아들여지며 반증 가능한 것을 잠정적으로 과학이라고 간주할 수 있다. 과학은 완벽한 진리를 발견할 수 없으며, 이 반증절차를 통해 점차 진보해 나갈 뿐이라는 것이다.

이와 같은 비판이 이어져 옴에도 불구하고 이 실증주의 사상은 현대 수학이론을 많이 원용하여 가설을 검증하는 과학적 접근방식을 유행시켰다는 점에 대해서는 누구도 이의를 달지 않는다. 이 사상은 유럽에서 발원하여 영국을 경유, 미국으로 건너가 오늘날의 **경험주의**(혹은 실증주의)[6] 방법론의 기반을 다지는 역할을 하였다.

3) 행태주의(Behaviorism)

1913년 미국의 심리학자 왓슨(John B. Watson)이 '사물은 객관적으로 있는 그대로의 행태로 관찰되어야 한다'고 주장한 데서 비롯된 패러다임이다. 초기 심리학자들은 심리학이란 인간의 의식, 경험, 정신에 관한 학문으로서, 주된 분석 방법은 內觀(introspection: 정신을 관찰하고 기록하는 방법)에 의존해야 한다고 믿었으나, 왓슨은 "행태주의 심리학이란 '내관'을 버린 채 기존의 이론, 전통적 개념과 술어를 깨뜨리고 심리학을 향해 새로이 출발하는 자연과

---

6) 영국에서는 이러한 사상을 '경험주의'(empiricism)라고 불러오고 있고, 미국에서는 이를 '실증주의'(positivism)라고 표현한다.

학의 분과로서, 객관적이고 실험적 방법에 의존하는 학문이다"라고 주장하였
다(Encyclopaedia Britannica: 934). 그 후 이 사상은 현대 심리학은 물론 여
타 사회과학에 이르기까지 크게 영향을 미쳐 사회과학의 과학화에 크게 기여
하였다.

행태주의를 다시 시대적 발달에 따라 분류해보면, 보통 왓슨을 시발로 한 초
기의 古典行態主義(classical behaviorism; 대략 1912-30년 경), 그리고 당시 과
학철학적 조류에 영향을 받아 헐(Clark L. Hull)을 중심으로 보다 철저하게 가
설검증주의를 신조로 삼게된 新行態主義(neo-behaviorism; 1930-40년대 말), 그
리고 개념과 방법에 있어 행태주의 敎義(doctrine)를 벗어 던진 후기 행태주의
(1950년대 이후) 등으로 나누어진다.[7]

시대적 발전이 어떠하든 간에 가치중립적 입장에 서서 계량화를 수단으로 객
관적인 입증을 통하여 사회현상의 규칙성을 찾아내려 한다는 점에서, 그리고
'사회과학의 객관화'를 추구하는 사상이라는 점에서 행태주의는 논리실증주의와
유사하다.

4) 탈행태주의(Post-behaviorism)

계량화를 통해, 순수과학주의만을 추종해온 전통적 행태주의에 반발하여 행
태주의가 갖는 결함이나 모순점을 극복하자는 사상을 포괄적으로 脫行態主義라
부른다. 딜타이(Wilhelm Dilthey), 스펭글러(Oswald Spengler) 그리고 하이데
거(Martin Heidegger) 등은 행태주의가 지나치게 논리실증주의를 과신하며 인
간의 내면세계 파악을 등한시해 왔다고 비판한다. '지식은 발견되는 것이 아니
라 창조되는 것'이며 객관적인 자세나 절대적인 인간의 마음만으로 사물의 현상
을 모두 파악할 수는 없다는 것이 이들의 주장이다.

이러한 탈행태주의적 주장이 역사주의(처음 시작은 행태주의보다 빨랐지만)
나 근래의 현상학적, 해석학적 혹은 인식론적 사상이다. 이하에서는 대표적 反
實證主義 내지 탈행태주의적 접근방법론으로서의 학문사상을 간략히 요약해 보
기로 한다.

---

7) 행태주의의 시대구분 방법에는 異論이 있다. 김광웅(1999: 147-166) 참조.

■**현상학(phenomenology)**: 후설(Edmund Husserl: 1859~1938)에 의해 주창된 철학적 사상체계로서, 학문 연구에서 객관주의의 단점을 극복하고 인간의 주관성 즉, 의식을 잘 활용해 '생명'을 지닌 인간의 사회적 세계의 의미를 이해하자는 학문분과이다. 이 사상은 행태주의가 다루지 못하는 감정, 동기, 관념 등의 심리적 요인을 파악한다는 점에서 행태주의 단점을 보완하고 있다.

이 접근방식은 기존의 과학주의가 외면적 인간행태나 세계만을 관찰함으로써 인간의 내면적인 세계인 '意識'이라는 핵심을 간과해 버리는 방법론적 과오에서 탈피, 인간의 내면세계를 간주관적(intersubjective)으로 탐구하고자 한다. 현상학은 타인의 경험, 의식, 동기에 나를 투영하여 그것을 인식하고 의미를 부여하자는 주장을 핵심으로 삼는다.[8] 문화인류학에서 常用하는 연구방법인 참여관찰법(participant observation)이나 직접 인터뷰법이 바로 현상학의 충실한 연구수단에 해당된다.

■**해석학(hermeneutics)**: 해석학은 원래 중세 독일의 書誌學에서 유래하여 僞書와 眞書를 분별하는 방법으로 활용되다가 19세기 독일의 방법론 논쟁에서 딜타이(Wilhelm Dilthey: 1833~1911) 등에 의해 정신과학의 방법론으로 자리잡게 되었다. 그 후 이 전통은 베버에 의하여 사회과학의 한 방법론으로 정착하였지만 해석학 자체는 하이데거를 중심으로 철학적 방법론으로 정착되어 왔다. 기존 영미의 경험주의가 사회현상도 객관화된 현실로서 실증적 방법에 의해 설명되어야 한다는 입장을 취하는 데 반해, 해석학은 사회현상을 '이해'에 의해 해석되어야 하는 것으로 파악한다.

■**인식론(epistemology)**: 인식론은 논리실증주의나 행태주의에 대립되는 사상체계로서, 지식(knowledge)의 근원과 지식에 관한 이론 즉, 인간이 '지식을 어떻게 알 수 있는가'라는 점을 설명하고 기술하고자 하는 학문이다. 이들은 인간이 지식을 찾는 방법에는 경험주의가 주장하는 '경험'뿐만 아니라 '理性'도 있다는 것을 강조한다. 인식론에 접근하는 방법론으로는 두 가지 즉, 기술적 접근방법론과 규범적 접근방법론이 있는데, 전자는 인간의 사고 등을 자세히 묘사·

---

8) 이에 대한 참고서적으로는 尹明老·車仁錫이 공저한 『현상학이란 무엇인가』(한국현상학회 편, 重版, 심설당, 1990)가 추천할 만하다.

기술하여 인간을 지배하는 지식을 확인하는 방법이고, 후자는 인간의 신념이나 가치체계를 정당화할 수 있는 증거를 규범적으로 제시하는 방법이다.

■ **문화기술지(erhnography)**: '文化技術誌', '民俗誌' 혹은 '民族誌' 등으로 불리어지며 특정한 민족, 인종, 혹은 부족집단에 대한 현장조사, 참여조사 연구를 뜻한다. 'ethnography'와 유사한 'ethnology'는 흔히 民族學(民俗學)으로 번역된다.[9] 문화기술지는 서구사회 학자들이 비서구사회의 다양한 소수민족들을 연구하기 위해서 태동한 학문 접근 방식으로, 문화인류학과 연구방법상 유사하다. 이들 학문(민족학, 인류학 등)은 비서구 사회의 부족 중에서도 주로 문자가 없는 사회를 연구대상으로 하나, 그들을 연구하기 위해서 의존할 수 있는 문자 기록이 거의 없기 때문에, 여타의 학문과는 달리 참여관찰, 구두 인터뷰, 고고학적 발굴과 같은 방법을 이용한다. 이런 방법을 사용해서 해당 집단의 문화를 심층적으로 기술한 것이 문화기술지이다.

2. 사회과학의 역사적 발전

사회과학의 성과에 대한 비판이 일부 있음에도 불구하고 오늘날 사회과학이 장족의 발전을 해왔다는 점은 부인할 수 없다. 사회과학의 다양하고 수많은 이론 및 방법론의 발전역사를 조명하는 일은 꽤나 방대한 작업이다. 그러므로 여기서는 간략히 그 역사적 발전과정을 요약적으로 살펴보기로 한다.[10]

여기서는 시대구분을 세 시기로 보았으나 그 구분의 경계가 명확하지 않다. 한 시대에서 다음 시대로 넘어가는 단계의 획정은 논자의 주관에 따라 다를 수도 있기 때문이다.

1) 사회과학 이전 시대: 神權과 종교철학의 시대

대개 고대 그리스 시대부터 18세기 이전 시기를 '사회과학 이전 시대'라고 불

---

9) -graphy는 「…誌, …記」의 뜻이며, -logy는 「…學問; …論, …學」의 뜻이다.
10) 본 절에서는 뒤베르제(1996). 『사회과학 방법론』. 이동윤 역. 유풍출판사, 그리고 버날 (1997). 『사회과학의 역사』. 박정호 역. 한울의 두 서적을 특히 많이 참조하였음을 밝혀둔다.

러도 무방할 것이다. 왜냐하면 이 '과학 이전 시대'의 사상가 혹은 민중들의 사회적 · 종교적 표현은 전문성도 일관성도 없었을 뿐만 아니라 논리성도 결여된 점이 많았으므로 '과학'이라고 볼 수 없기 때문이다. 그러나 자연과학보다는 사회과학이 사회의 종교 · 정치 · 경제 제도상의 변화와 훨씬 밀접하다는 점에서, 그 이후에 태동된 사회과학적 사상이 이때의 전통 종교나 철학적 이데올로기와 전혀 관련이 없었다고 볼 수는 없을 것 같다.

신권에 의존하던 고대의 사회가 점차 복잡해져가고 계급제도가 발생함에 따라 당시 지식층들의 사회 분석은 "신화로부터 도덕으로"(버날, 1997: 41), 다시 말해 사회현상을 주술적, 신화적으로 해석하고 처방하는 단계에서 도덕적이고 철학적이며 합리적인 분석과 처방단계로 이행해 갔다. 고대 그리스의 철학자들이나 고대 중국의 춘추전국시대 유가학파(儒家學派), 齊나라의 직하학파(稷下學派)11), 초기 인도의 바라문교(Brāhmanism) 등이 그 예라고 할 수 있다.

중세 서양의 사회과학은 종교철학적 성격으로 특징지어진다. 이때는 기독교의 원리와 도덕의 토대아래 사실의 관찰보다는 연역적 추론에 치중하였으며, 사회과학은 도덕 혹은 철학적 성격의 거대한 규범적 탐구 내부에 다소간 스며 있는 미성숙된 학문에 불과하였다. 聖 토마스 아퀴나스(Thomas Aquinas)가 이 시기 사회과학에 대표적으로 영향을 미친 종교사상가라 할 수 있다.

르네상스 및 종교개혁시대는 그 이전 시대와 같이, 학문적으로 과학적이기보다는 여전히 철학적 경향을 유지하고 있던 시기였지만, 사회철학이 꽤 진보하여 그리스도교 만이 사회사상의 유일한 기반이라는 관념에서부터 벗어나게 된 시기이다. 자연법 사상과 법철학이 탄생한 것도 이 시기였다.

2) 사회과학의 형성기

18세기 초부터 19세기말까지 200여 년간은 철학적 사상에 못지않게 과학적 사고나 이론이 등장했다는 점에서 진정한 사회과학이 등장하고 성장한 시기라고 볼 수 있다. 18세기는 여전히 철학적 경향이 우세했던 시기이기는 하지만 과학

---

11) 중국의 전국시대 齊나라 수도 臨淄(임치)의 선대임금들의 陵, 즉 직하 부근에 食客으로 모여 연구하면서 부국강병책을 왕이나 제후들에게 건의하던 학자집단을 말한다. 墨家, 名家, 陰陽家 등이 이 그룹에 속한다.

과 철학을 엄격히 구분하는 사상이 나타나기 시작하였다. 神의 섭리적 질서라고 여겨지던 '사회법칙'이 신학적 철학으로부터 점차 해방되어, 사회법칙은 ① 역사적 법칙 ② 통계학적 법칙 ③ 물리적 세계의 법칙으로 나누어져 분화되어 나갔다 (뒤베르제, 1996: 26).

케네(François Quesnay)를 중심으로 한 중농주의학파(Physiocrats), 자율적 과학으로서의 '경제학'을 건설한 아담 스미스(Adam Smith), 사회과학의 최초 공헌자라 할 콩트, 사회과학 최초의 일반이론을 형성한 마르크스(Karl Marx) 등이 모두 이 시기의 학자들이다.

사회과학분야에서, 특히 콩트와 마르크스 두 사람은 사회과학 최대 공헌자로 평가된다. 먼저 콩트는 '사회학'이란 명칭을 『실증철학 강의』(1839)에서 최초로 사용하였으며 윤리와 형이상학으로부터 사회과학을 완전히 분리, 실증적 사회과학의 기초를 닦아 놓았다. 마르크스는 객관적 사회과학의 기초를 확립했다는 점에서 높이 평가받을 만하다. 그는 인간성 그 자체는 역사적 산물로서, 역사 그 자체가 그렇듯이 변화하며, 역사는 일직선으로 발전하는 것이 아니라 변증법적 과정(즉, 正反合의 과정)을 따른다고 주장함으로써 사회현상의 발전적 성격을 처음으로 규명한 학자로 평가된다.

3) 사회과학의 성숙기와 분열기

20세기는 미증유의 양차 대전과 대공황, 그리고 사회주의·자유주의의 양대 이념대립이라는 사회변혁을 겪은 시기이다. 또한 컴퓨터와 통신 발달 등 분석수단의 발달로 학문적 변화와 발전에 가장 인상적인 세기였다. 그 결과, 20세기는 사회과학을 성숙 단계로 접어들게 한 시기인 동시에 사회과학이 개별적 세부과학으로 분열되기 시작한 시기라고 할 수 있다. 방법론적 논쟁이나 분과학문의 발전이 비약적으로 이루어진 것도 이때이기 때문이다.

20세기초에는 전통주의에 반발하여 행태주의와 논리실증주의가 대두됨으로써 사회과학도 과학주의적 접근방법에 의해 객관성을 추구하는 과학으로 자리잡아가게 되었으며, 후반기에는 사회과학의 지나친 객관화 노력에 반발하여 현상학 등의 탈행태주의 방법론이 대두되었다. 그러나 뭐니뭐니해도 사회과학에 미친 20세기의 영향은 컴퓨터의 등장으로 인한 사회과학 방법론의 발달이다. 가설에 그쳤던 사회현상에 대한 추론은 컴퓨터의 도움으로 더욱 정밀하게 분석·파악할 수 있게 되었으며, 인터넷 정보기술의 발달은 공간적 영역을 뛰어넘어 세계 각국의 정보를 손쉽게 공유케 함으로써 모든 과학적 방법론이 비약적 발전을 가져오는 계기를 마련하였다.

한편 사회현상이 점차 복잡 다양화되고 이를 관찰하기 위한 기술의 다양화나 전문화가 불가피해짐에 따라 사회과학은 특히 20세기 중반기를 넘으면서 전문적인 세부과학으로 분화되기 시작하였다. 이런 분화현상은 크게 세 가지 요인에 의해 가속되었다는 것이 뒤베르제(1996: 36)의 주장이다.

첫째는 사회현상이 더욱 복잡하게 되어 이를 전문적으로 관찰할 전문분야 학문의 발생이 요청되었다는 것이며, 둘째는 모든 전문가에게 유익한 참조기준이 될 수 있는 공통적인 일반이론, 즉 '우주설명론'이 부재하기 때문에 각자 개별분과의 범위 내에서 부분적 이론을 건설할 수밖에 없었다는 것이다. 셋째는 대학이 전문분야별로 상호 격리되면서 사회과학의 분열을 악화시켰다는 것이다.

사실, 분과학문마다 전문용어에서부터 조차 장벽을 쌓아(예: variable을 한쪽에서는 '변수'라고 부르는 데 반해, 다른 쪽에서는 '변인'이라고 부르는 등) 상호 학문적 내왕을 어렵게 하고 있는 것이 현실이다. 우리나라의 경우에는 대학당국이나 정부 교육당국에도 그 책임이 있다. 기초 분과과학의 지속적인 발전보다는 응용기술에만 집착한 나머지, 학문분류상에도 없는 학문 아닌 학문분야가 대학 사회를 중심으로 계속 양산·분화되고 있기 때문이다.

4　사회과학적 연구의 논리와 절차

1. 사회과학적 연구의 개념요소

과학적 설명은 이론이나 법칙을 통해 현실세계를 이해·설명하고 미래를 예측하려는 데 있다. 사회과학을 이해하고 설명하기 위해서는 이론, 법칙, 가설 등 기본개념에 대한 이해가 전제되어야 한다. 여기서는 이들 개념을 간략히 살펴보기로 한다.

■**이론(theory)**: 이론은 현상을 설명하고 예측할 목적으로 변수간의 관계를 자세히 기술함으로써 현상에 대한 체계적인 견해를 제시하는 일련의 상호 관련된 개념, 정의, 명제이다(컬린저, 1992: 37). 또한 이론은 논리적으로 연결된 일련의 命題로서, "현상의 원인과 결과의 관계를 설명하거나 기술하는 일반적 진술"(이해영, 1997)이며, 대개 경험사회에서 반복하여 검증된 法則群 또는 법칙의 총체를 뜻한다.

■**법칙(law)**: 시공을 초월하여 진리라고 믿어지는 보편화된 일반성(generalized proposition)으로서, 경험적 검증을 통해 확실하게 증명된 과학적 지식을 말한다. 이론과 다른 점은, 이론이 총체적이라 한다면 법칙은 개체로서, 현상에 대한 설명력이나 예측력이 법칙의 총체인 이론의 수준에는 미달한다는 점이다.

■**일반화(generalization)**: 일반화란 과학적 연구를 통해 얻어진 지식 중에서 널리 적용될 수 있는 지식, 그러나 특정한 때나 장소에만 적용될 수 있는 지식을 뜻한다. 그 지식이 특정한 때나 장소에만 적용되는 것이 아니라 언제 어디서나 보편적으로 타당하게 적용된다면 일반화는 곧 법칙의 수준에 들게 된다. 그러므로 법칙이 일반화와 다른 점은 일반화 이상으로 보편화된 지식이라는 점이다. '한국 사람은 나이가 들면 죽는다'가 일반화된 지식의 진술이라면, '사람은 불멸할 수 없으며 결국 죽는다'라는 진술은 일반화 이상의 법칙에 해당된다.

■**명제(proposition)**: 명제와 가설은 동의어로 보통 인식되기도 하지만(안영섭, 1996: 258-260) 보다 엄격히 말한다면, 경험적으로 확증되지는 못했으나 경험적 확증의 개연성이 높은 가설을 명제라고 한다. 명제를 경험적으로 현실에 적용시켜서 입증이 가능할 수 있도록 관련개념들을 잘 조작(operationalization)시켜 놓은 것이 가설이므로, 명제란 가설보다 넓은 광의의 지식체계라 할 수 있다. 명제는 이미 그 근거가 경험적으로 충분히 알려진 지식이므로 꼭 검증의 대상이 되어야 하는 것은 아니다. 하지만 가설은 꼭 진위여부가 검증되어야 할 운명을 지닌 지식체계이다. '독신자는 기혼자보다 평균수명이 짧다'라는 명제는 이

미 그러리라고 경험사회에서 인정되고 있는 사실이므로 꼭 검증될 필요는 없는 명제이다. 그러나 그러한 진술이 학술적으로 가치 있는 진술로 인정되어 연구자의 관심 대상이 된다면 이 명제는 검증이 가능할 수 있도록 다시 개념이 조작되어져야 한다. '최근 우리나라 도시지역 가정 중 이혼하거나 별거 중에 있는 남녀는 정상적인 기혼 남녀보다 평균수명이 짧을 것이다'라는 진술은 위의 명제를 가설형태로 바꾸어 놓은 예이다.

■ **공리 · 정리(axiom, theorem)**: 유사하지만 의미가 다른 개념으로 公理와 定理를 들 수 있다. 이들 개념은 수학이나 논리학에서 많이 쓰이면서 발달된 개념인데, 公理는 명백한 진리로서 혹은 논쟁이나 추론을 통해 진리라고 모두가 받아들이는 명제로서, 증명이 불필요한 진술을 뜻한다. 한편 定理란 공리를 바탕으로 이미 증명된, 논리적으로 연역된 명제이다. 그러나 정리는 아직 이론에 편입되지 않은, 이론의 전 단계에 있는 명제에 해당된다.

■ **가설(hypothesis)**: 아직 증명되지 않은 채 입증되기를 기다리는 명제 또는 확증되지 않은 잠정적인 언명이나 추측을 뜻한다. 가설이 검증되고 이 결과가 타인의 경험들을 통해서도 거듭 입증되면 그것은 법칙이나 이론에 편입된다. 가설이 되기 위해서 명제는 여러 가지 조건을 충실히 갖추어야 한다. 연구자에게 가설에 대한 이해는 너무나 중요하므로 다음의 제3장에서 보다 자세히 다루기로 하겠다.

■ **모형(model)**: 어떤 실체(실상)를 모방하여 그 본래보다 더 단순화·추상화시켜 놓은 것으로서, 이론만큼 완벽하게 현상을 설명·예측하지는 못하지만 (이론보다는 하위개념이지만) 이론이나 법칙 형성에 밑바탕이 되는 '準理論' (quasi-theories)에 속한다. 모형을 만들기 위해서는 먼저, ① 실상에 대한 일정한 지식 보유, ② 개념의 명확한 파악, ③ 명확화된 개념을 상호 관련시켜봄으로써 일정한 가설의 도출, ④ 이론적 근거가 전제되어야 한다(김광웅, 1999: 254-5). 이상의 네 가지 조건이 충족되었을 때 이를 조직화하여 모형이 형성되는 것이다. 모형은 현실을 단순화시킨 것으로서 현실의 성질을 어느 정도 지녔으므로 실체를 대표한다고 볼 수 있지만, 지나친 단순화와 현실과의 불일치 정

도가 커 현상을 설명·예측하는 능력은 그만큼 더 떨어질 수밖에 없다.

이론에 비해 두드러진 점은 모형은 그림, 수식 등 언어적 표현을 통해 실상을 보다 간명히 표현하므로 독자의 이해가 쉽다는 것이다. 모형은 크게 ① 도식적 (또는 구조적) 모형, ② 방정식(수학적) 모형, ③ 동식물 모형으로 나누어 진다 (Ellis, 1994: 208-9).

2. 사회과학적 연구의 절차

사회과학에는 어떤 연구에서나 공통적인 연구 절차가 있다. 베비(Babbie, 1995: 101)의 연구 과정도를 참조하면서 연구의 전체 진행단계를 살펴보기로 하자([그림 2-1] 참조). 첫번째 단계는 연구문제의 선정이다. 이는 연구자의 관심 분야와 관련된 것으로서 이론에 기반을 둔 것이어야 한다. 연구문제가 선정되면 이것을 가설의 형태로 바꾸어야 한다. 뒤에서 보다 상세히 논하겠지만 연구가설 의 설정과 이의 검정을 위해서는 [그림 2-1]에서 보듯이 세 가지 요소, 즉 개념 화·연구방법·표집이 중요하다.

그 하나는 **개념화 작업**(conceptualization work)이다. 가설로 세우는 개념 즉 설명변수와 종속변수의 의미를 현실 경험세계에 적용할 수 있도록 보다 구체화 하는 작업이 필요하다. 이제 어느 연구자가 '소득이 높아질수록 사람들은 여행 을 많이 하게 될 것이다'라는 가설을 설정했다고 하자. 그러나 이 가설은 개념상 으로 볼 때 보다 구체화·명료화되지 않은 막연한 가설에 속한다. 예를 들어 구 체적으로 어떤 소득을 말하는지(예: 인당 GNP?, 인당 실질 국민소득?, 인당 가 처분소득? 월 급여? 연봉? 급여이외의 재산소득 포함?), 여행이란 무엇을 말하 는지(예: 업무여행?, 관광여행?, 국내여행? 해외여행?, 당일여행? 숙박여행?, 근거리 근교 山行도 포함?) 독립변수(소득)와 종속변수(여행)의 의미와 개념이 경험세계에 바로 적용·작업할 수 있도록 보다 구체화되어 있지 않다.

가설이 경험세계에서 가지는 이런 성격을 강조하여 흔히 가설이라는 용어를 보다 구체화시켜 '**작업가설**'(working hypothesis)이라고도 부른다. 예를 든다면, 위에서 예시한 가설은 '여행을 연간 최소 1박 이상의 여가기회 향유를 목적으로 한 국내외 여행으로 가정했을 때, 연간 인당 가처분소득이 어느 임계점(生計費

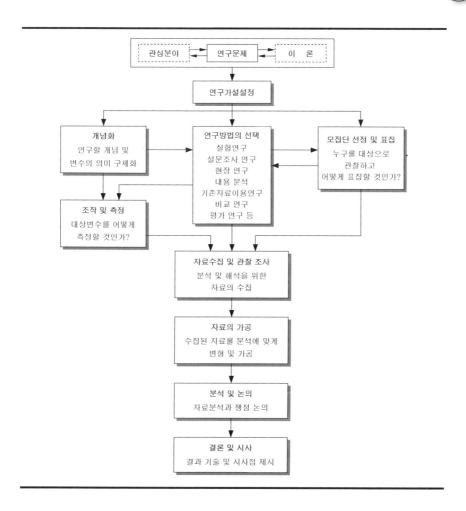

〔그림 2-1〕 사회과학적 연구의 진행 과정도

자료: Babbie(1995: 101)의 [그림 4-2]를 토대로 하여 필자가 일부 변형함.

点) 까지 증가할 때까지는 여행수요도 함께 완만하게 증가할 것이다. 그러나 이 임계점을 지나면서부터는 여행수요의 증가율이 소득의 증가율을 앞지르게 될 것이다' 등의 보다 구체화된 작업가설로 다듬어져야 한다.

다음으로 고려해야 할 요소는 연구방법 및 분석기법의 선택 그리고 조사대상의 선정 및 표본추출의 방법이다. 양자는 서로 상호관련성이 깊으므로 동시에 함께 검토되어야 한다. 서울 시민 중 20세 이상의 가구주를 무작위로 추출해서 가구조사(household survey) 형태의 설문을 할까 아니면 공항 출국장과 고속버스 터미널 등 현장에서 입회 설문조사(on-site survey)를 할까? 설문내용은 어떻게 구성할까? 소득자료와 여행빈도 자료가 수집되었다면 어떤 분석기법을 사용할까? 분산분석을 할 것인가 아니면 회귀분석을 할 것인가 등 대체적인 분석방법도 함께 고려되어야 한다.

이어 후속적으로 이루어져야 할 사항은 '변수의 조작과 측정'이다. 조사자료를 수집하는 데는 분석대상 변수를 어떻게 구체화·현실화시키느냐가 중요한 문제이다. 예컨대, 위의 가설대로 피설문자에게 '당신의 연소득과 연간 여행수요는 얼마입니까'라고 막연하게 묻는다면 이는 난센스이다. 그 보다는 예를 들어 여행수요를 방문일수(visit days)로 볼 것인지 아니면 방문박수(visit nights)로 정할 것인지 그리고 연소득은 '재산소득+연봉' 혹은 '월 급여+상여금'으로 할 것인지 연구자가 구체적으로 **조작적 정의**(operational definition)를 내린 후 설문에 임해야 정확한 측정이 가능하다.

이상에서 설명한 개념화작업 과정을 요약해보면 〔그림 2-2〕와 같다. 즉, 개념의 확인과 정의를 내린 후, 개념과 개념간의 관계파악(즉, 1차적 가설의 설정)을 한다. 이를 토대로 현실 경험세계에 적용할 수 있도록 개념을 조작, 구체화하여 작업가설화하며 이를 조사, 측정하게 된다.

이제 이 구체화된 개념과 변수를 바탕으로 연구자는 자료수집 내지 조사에 임하게 된다. 조사는 주관의 개입에 의한 편의(bias)가 발생하지 않도록 객관적이

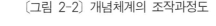

〔그림 2-2〕 개념체계의 조작과정도

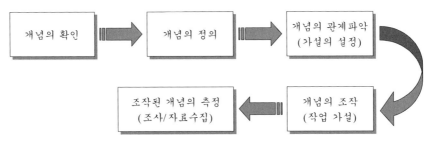

고 합리적으로 이루어지도록 해야 한다. 조사방법론에 대해서는 여기서는 논외로 하기로 한다.

일단 자료수집이 이루어지면 대개의 경우, 분석 모형에 맞게 자료를 가공하거나 변형해야 한다. 예를 들어 지역별 여행수요를 조사 분석한다고 하자. 여행수요는 지역당 연평균 방문율(visit rate : $\sum$(visit/지역인구수) 등으로 바꾸어야 하며, 만약 소득 분포가 예컨대, 연봉 250만원부터 연봉 9,500만원에 걸쳐 있는 것이 발견되었다면 여기에는 對數(logarithm) 개념을 적용하여야 한다. log를 취한 수치는 큰 수치를 작은 수치보다 더 많은 배율로 축소시켜 줌으로 대개의 경우 모형의 적합도(설명력)를 더 높여 주기 때문이다. 이런 자료변환 작업을 위해서는 SAS나 SPSS 등의 통계 패키지도 유용하지만 반자동식 패키지라 할 수 있는 EXCEL로 작업할 것을 권장하고 싶다. 자료가 변환되는 모습을 눈으로 직접 확인함으로써 추가적인 자료조작에 대한 아이디어도 얻을 수 있기 때문이다.

자료의 가공이 끝나면 연구자는 컴퓨터 패키지 등을 이용하여 분석에 들어가게 된다. 제시한 가설과 결과를 비교하여 가설의 채택이나 기각 여부를 결정하고 그 이유나 결과(이론과의 합치여부 등)를 논의하게 된다. 결론에서는 발견사실을 요약하고 중요한 시사점이나 정책건의 사항, 향후 연구과제 등을 제시하고 연구를 마감하게 된다. 결론에서 중요한 점은 앞서 제기한 연구가설에 대한 채택 여부를 밝히고 주어진 연구문제에 대한 해답을 반드시 제시해야 한다는 점이다.

3. 귀납적 논리와 연역적 논리

자연과학과 마찬가지로 사회과학도 이론형성을 해나가기 위해서는 일정한 논리와 절차에 따라야 한다. 사회과학이 과학주의를 추구하는 한, 그것은 과학의 속성 즉 논리성, 보편성, 검증가능성, 객관성의 조건을 모두 혹은 최소한 대부분 갖추어야 한다. 이중에서 이론형성을 위해 가장 중요한 것은 **논리성**이다. 어느 학자의 주장이 아무리 그럴 듯하게 들리더라도 이치에 닿지 않는다면, 다시 말해 논리성이 결여되어 있다면 그것은 개인의 막연한 상상이나 속설에 불과할 뿐이다.

사회과학에서 이론형성을 위해 사용되는 기본적 논리는 크게 귀납적 논리 (inductive logic)와 연역적 논리(deductive logic)로 나눌 수 있다. 귀납적 논리 란 특수한 사실(fact) 전제를 바탕으로 일반적인 원리나 법칙을 찾아내는, 다시 말해 현실의 경험적 세계에서 어떤 현상을 관찰·실험·분석하여 일반적 (general)으로 적용될 수 있는 보편적 진리(법칙·이론)를 찾아내는 과정을 말 한다. 반면에 연역적 논리란 귀납적 방법과는 반대로 보편적인 원리(또는 일반 적 법칙)로부터 부분에 관한 지식을 이끌어 내는, 다시 말해 '일반적'인 원리나 법칙에서 '특수한' 원리나 법칙을 도출해 내는 과정을 말한다. 종합하여 요약한 다면, 귀납적 과정은 현실적 관찰자료를 통해 이론을 형성해가는 과정을 뜻하고 (즉, 경험연구 → 이론화), 연역적 과정은 일반화된 이론의 구체적 관찰을 통해 연구자가 세운 가설의 진위를 밝혀내는 과정(즉, 기존이론 → 경험연구)을 뜻한 다.

이 과정을 다음의 〔그림 2-3〕을 예로 들어 설명해 보기로 하자. 먼저 **귀납적 방법**은 일단의 문제의식에서 출발한다. 예를 들어, '개인의 가처분 소득액과 연 간 여행일수간에 어떤 관계가 있는가?'라는 문제의식에서 출발하였다고 하자. 연구자는 이에 관한 자료(예컨대, 어느 일정 시점에서 우리나라 전국가구 중 무 작위로 추출된 1,000명의 가구주에 관한 자료)를 수집, 관찰·실험 또는 분석한 다(〔그림 2-3a〕). 이어서 그는 두 변수간에 일정한 패턴(즉, 가처분 소득증가에 따라 연간 여행일수는 완만히 증가하다가 어떤 시점에 이르면 증가율이 정체, 다시 어떤 시점이 지나면서부터는 증가율이 급상승하는 패턴)이 있음을 발견한 다(〔그림 2-3b〕). 최종적으로 연구자는 "우리나라 사람들은 일반적으로 소득이 증가함에 따라 연간 여행수요가 완만히 증가하되 그 성장률은 일정 시점에서 정 체되고 그리고 그 이후부터는 다시 급격히 상승한다"라는 결론을 '잠정적'으로 내리게 된다(〔그림 2-3c〕).

주의할 것은 귀납법의 결론은 '잠정적'일 수밖에 없다는 점이다. 예컨대, 1999 년 8월 1,000명의 가구주에 대한 조사와 여기서 얻은 결론은, 시공을 초월한 법 칙으로 일반화할 수가 없다. 반복적인 조사와 분석을 통해 동일한 결론에 이른 다면, 그때 그 결론은 일반화할 수 있는 법칙으로 인정된다.

한편 **연역적 방법**은 일반적인 원리, 즉 기존의 이론이나 명제에 유추하여 가

설을 세운다(〔그림 2-3a′〕). 예컨대 "소득이 늘면 사람들은 의식주를 충족하고
도 남는 여분의 소득을 갖게 된다. 머슬로우(Maslow)의 인간욕구 위계이론에
따르면, 인간은 기초욕구가 충족되면 좀더 지적인 욕구 쪽으로 옮겨 가다가 최
종적으로는 자기실현 욕구(놀이·여행 등)를 충족시키고자 한다."라는 일반적
으로 널리 알려진 명제(이론)를 바탕으로 이를 더 구체화시켜 "…따라서 여분의
자유재량처분 소득이 많아질수록 사람들은 여행을 통해 견문을 확대코자 하는
자아실현 욕구를 충족시키고자 할 것이다(혹은, 소득과 여행수요는 正의 상관

〔그림 2-3〕 귀납적 방법과 연역적 방법에 의한 추론 과정

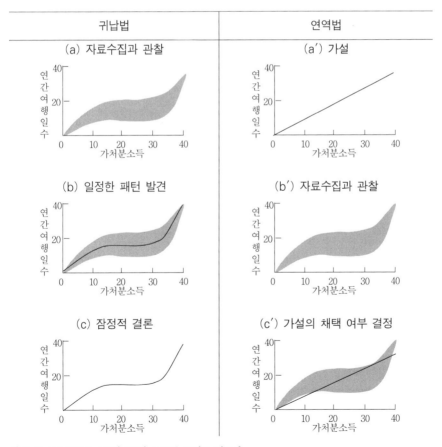

자료: Babbie(1995: 54)의 [그림 2-2]를 토대로 재구성.

관관계를 가진다)"라는 가설을 세우게 된다. 그런 후 연구자는 이 가설을 증명하기 위해 자료(즉, 우리나라 사람들 중 무작위로 다수를 추출, 조사한 자료)를 수집·관찰·분석한다([그림 2-3b′]). 분석 결과, 연구자는 그가 제기한 가설이 관찰한 자료와 일치하는 부분이 있음을 발견하게 되고([그림 2-3c′]), 이를 토대로 연구자는 가설을 채택해야 할지 기각해야 할지를 결정(즉, 기존의 명제나 이론이 맞는지 틀리는지를 평가)하게 된다. 수학적 논증이나 과학적 연구는 바로 이 연역적인 방법을 常用한다. 연역법은 "전체에 관해서 참인 것은 부분에 관해서도 참이다"는 법칙에 의거하여 보편적 원리로부터 부분에 관한 지식을 이끌어내는 방법이다. 즉 일반적 사실(이론이나 명제)로 부터 특수한 사실을 추정해내는 방법이다. 최소 두 개 이상의 전제(大前提와 小前提 이론이나 명제)를 통해 결론에 이르게 되는 3단계 논법으로 구성되기 때문에 흔히 '삼단 논법'(syllogism)이라고도 불린다.

이상의 예에서 보았듯이, 과학적 추론은 '관찰 → 경험적 일반화 → 이론화'라는 귀납적 논리 과정을 택할 수도 있고, '이론(일반화된 명제) → 가설제기 및 검증 → 이론(또는 명제)의 평가'라는 연역적 논리과정을 택할 수도 있다. 그러나 이 두 방법은 이론을 도출해내는 데 각각 약점을 지니고 있기 때문에 실제 과학주의적 연구에서는 두 방법을 모두 활용한다. 두 방법을 순환적으로 반복시키는 것이다([그림 2-4] 참조). 즉, 과학적 이론과 연구는 기존의 이론이나 법칙에서 연역하여 가설을

〔그림 2-4〕 이론 형성의 순환과정

자료: Babbie(1995: 55)의 [그림 2-3]을 재구성 (原典은 Walter Wallace의 The Logic
of Science in Sociology, Chicago: Aldine-Atherton, 1971).

이끌어내고 경험적 관찰을 통해 귀납적으로 이 가설을 검증하여 일반화시킨다. 이 결과는 다시 이론에 편입되는 일련의 순환과정을 밟게 된다.

　이와 같은 점에서 연역과 귀납이라는 논리적 추론은 연구에서 상호 보완적인 관계가 유지되도록 하는 것이 바람직하다(김광웅, 1999: 122). 연역법과 귀납법은 베비(Babbie, 1995: 55)가 이야기하듯, "이론과 연구라는 양방향을 이어주는 교량 역할"을 한다. 귀납과 연역이라는 두 방법의 상호 교호작용을 통해 이론을 발전시킨 예를 사회학과 경제학에서 한 가지씩 들어보기로 하자.

(1) 뒤르켐의 자살이론

　사회학의 창시자로 불리는 에밀 뒤르켐(Emile Durkheim)은 1897년 자살빈도에 대한 연구에 관심을 갖게 되었다. 그는 먼저 각국의 자살률에 대한 간행통계표들을 이리저리 분석해 보았다. 분석 결과, 그는 개신교를 믿는 국민들의 자살률이 가톨릭을 믿는 국민들의 자살률보다 더 높은 사실을 발견하였다(귀납적 연구방법 적용). 왜 그럴까? 이 최초의 관찰에서 그는 종교이론, 사회통합이론, 아노미(사회적 무질서)와 자살에 관한 결론을 도출하였다. 이 귀납적 결론을 토대로 다시 많은 가설이 제기되고 관찰이 이루어져 자살의 원인에 대한 이론이 더욱 일반화되기에 이르렀는데(Babbie, 1995: 55), 이는 곧 연역적 방법을 통한 이론의 정교화 과정인 것이다.

(2) 케인즈의 소비함수이론

　귀납·연역법의 상호작용에 관한 또 하나의 좋은 예가 경제학의 '소비함수론'(theory of consumption function)이다. 근대 거시경제학의 아버지로 불리어지는 존 메이나드 케인즈(John Maynard Keynes)는 1936년 그의 기념비적인 저서 『일반이론』(*The General Theory of Employment, Interest and Money*)에서 '소비성향'(propensity to consume)에 관한 경험적 검증을 통해 "대체로 보아 평균적으로 사람들은 소득이 증가하면 소비도 증가시키지만 소득이 증가한 것만큼 똑같은 비율로 소비를 증가시키지는 않는다"(Keynes, 1936: 96)라는 결론을 내렸다(귀납적 논리에 의한 추론 과정). 그는 소비지출(C)을 소득(Y)의 함수, 즉 $C = a + bY$ 라는 소비함수로 보아 소득이 증가해도 소비는 일정비율(b)로만

증가한다는 가설을 내세웠는데, 이 소비함수를 학자들은 일명 '절대소득가설'이라고 부른다.

만약 그의 이 가설이 맞는다면 미국 경제는 제2차 대전이 끝나고 평상시의 경제로 돌아가면 고용이 감소하고 실업이 대량으로 발생할 것이라는 예측도 들어맞아야 한다. 논리적으로 볼 때, 전쟁이 끝나서 전비지출(전비 시설투자)이 급격히 줄어들게 되면 투자승수 효과도 크게 줄어들어 국민소득은 감소하고 대량실업이 발생할 것이기 때문이다. 그러나 실제는 전쟁이 끝난 후에도 미국 경제는 戰時와 같은 호경기를 누리게 되었고 실업문제는 발생하지 않았다. 왜 그랬을까? 학자들 간에 이에 대한 대대적인 가설제기와 분석·검증이 이루어지게 되었다(이하는 연역적 과정). 먼저 학자들이 시계열자료(1929년-41년간의 국민소득계정 자료)를 분석해 보았더니 케인즈 소비함수론의 타당성이 인정되었다. 다시 말해, 장기적 관점에서 보니 소득증가에 따른 소비지출 증가율(한계소비성향)은 일정한 수준(b = 0.75)을 유지하고 있음이 발견되었다. 그러나 학자들이 어느 특정 연도를 기준으로 家計調査(household survey)라는 횡단면 분석(cross-section analysis)을 시도해 보았을 때는 케인즈의 주장이 틀린 것으로 나타났다. 즉, 가구당 실질소득이 예컨대 똑같이 월간 2,000불이더라도 연도별로 보면 소비율(C/Y)은 서로 다른 것으로 나타났다. 더 구체적으로 말해 소비함수가 장기적으로는 上方으로 이동한다는 것을 말해주고 있었다.

그렇다면 그 원인은 어떻게 설명해야 하는가? 여기서 케인즈의 **절대소득가설**을 딛고 나타난 새로운 소비함수이론들이 듀젠베리(J. S. Duesenberry)의 **상대소득가설**(소비가 소비행동의 상호의존성, 즉 전시효과에 의해 좌우된다는 설), 밀튼 프리드만(Milton Friedman)의 **항상소득가설**(혹은 기대소득 가설이라고도 하며, 소비 수준은 미래에 기대되는 항상소득에 의해 결정된다는 설), 안도와 모딜리아니(A. Ando and F. Modigliani)의 **라이프사이클 가설**(가계의 소비는 생애주기 즉, 청년기, 퇴직기 등의 소득변화에 따라 결정된다는 설) 등으로 발전하였다. 이와 같이 귀납→연역→귀납→연역이라는 일련의 논리적 과정을 반복해가며 오늘날 소비함수론은 더 일반화된 과학적 이론으로 발전한 것이다.

연구문제

1. 당신은 실증주의론자인가, 반실증주의론자인가? 양진영의 장·단점을 들어가며 자신의 입장을 정당화해 보라.

2. 필자는 이 책에서 귀납적 추론방법과 연역적 추론방법에 대해 두 가지 예를 들어 설명하였다. 당신은 이제 세 번째 예를 들어 그 추론과정을 설명해보라.

더 읽을거리

▶ 사회과학의 철학적 기초나 본질적 특성에 대해서는, 김진철 外(2000). 『현대 사회과학의 패러다임 위기』(세계정치경제연구소 간행)의 제1장을, 사회과학의 이탈 역사에 대해서는 제2장을 읽어볼 만하다.

▶ 실증주의에 입각한 현대 사회과학방법론이 내포하고 있는 문제점에 대한 비판서로는 김동일外 12인(1997). 『사회과학방법론 비판』(서울: 청람문화사) 이 권할 만하다.

▶ 초기실증주의와 반실증주의, 그리고 인문과학에 대한 이해와 비판서로는, D.폴킹혼(2001) 『사회과학방법론』〔Polkinghorne, D. *Methodology for the Human Sciences: Systems of Inquiry*. University of New York, 1983〕김승현外 3인역(서울: 일신사).

▶ 연구방법론의 발전과 연역 및 귀납법에 대해서는 김광웅(1999)의 『방법론 강의』(서울: 박영사)를 권한다.

제 3 장

연구문제와 가설

제3장

Principles of
Tourism Research Methodology

연구문제와 가설

① 연구문제: 그 중요성과 기술방법

논문을 작성함에 있어서 일단 주제가 결정되었다면, 연구문제(research problems)의 설정은 논문 전체의 '꽃'이라 할 수 있을 만큼 중요하다. 어떤 연구가 "연구의 목적", '연구의 필요성"만을 운운하며 정작 중요한 연구문제는 제기하지 못하고 있다면, 그 연구는 이미 실패한 논문이라고 단정해도 지나치지 않다. 또 만약 훌륭한 연구문제를 찾아냈다면, 여러 분의 논문은 이미 ⅓ 정도 완성된 것이나 다름없다고 해도 지나친 말이 아니다. 그렇다고 아무 연구문제나 다 사회과학도가 채택하기에 좋은 문제는 결코 아니다. 얼마나 과학적인 문제인가가 문제이다. 제1장에서 이미 밝힌 대로, 논리적이고 객관적이며 검증이 가능한, 그리고 구체적인 문제여야 훌륭한 연구문제라 할 수 있다(컬린저, 1992: 49).

연구문제란 연구자가 논문에서 최초로 제기하여 풀어가야 할 의문으로서, 둘 혹은 그 이상 변수들의 상호관계에 대한 강한 의구심을 말한다. 즉, 연구문제란 단어 그대로 연구할 대상에 대한 의문(questions)인 것이다. 연구문제는 마치 선승(禪僧)들의 話頭(公案이라고도 함)와도 유사하다. [1]

---

1) 선승들에게는 소위 '無'字 화두란 것이 유명한데, 예를 들면 이런 것이다. 옛날 중국 당나라 때 禪風을 일으킨 유명한 선승 趙州 선사에게 어느 제자 스님이 "개에게도 佛性이 있습니까 없습니까?" 하고 묻자, 조주 스님은 "없다"라고 대답하였다. 그런데 석가모니 부처님의 가르

우리 생활 주변에도 평소에 마음속으로 품거나 품어온 연구문제는 허다하다. 어떤 농사꾼이 "봄만 되면 왜 이렇게 허리가 아프지?" 하고 자신의 신체 이상에 대해 느끼는 의문, 초등학교 학생이 "지난번에도 안해 갔는데, 이번에도 숙제 못해 가면 선생님이 큰 소리로 야단치며 때릴까?" 하는 의구심, "아들 놈이 커서 과연 효도를 잘 할까?"하는 아버지의 소망어린 조바심에서부터 "왜 한국 관광학 은 이미 40년이 지났는데도 타 분야에 비해 학문이 이렇게 뒤쳐져 있지?"하는 어 느 학자의 푸념에 이르기 까지 모두가 연구문제에 속한다.

그러나 현실적으로는 흥미롭고 유익한 의문이지만 학문적으로는 검증할만한 가치가 없거나 혹은 기술상 검증할 수가 없는 의문은 학자들의 관심을 끄는 연 구문제가 될 수 없다. 우리 과학자들의 연구 관심이 되지 못하는 연구문제는 우 리 주변에 너무나 허다하다.

예컨대 '신은 과연 존재하는가?', '사람은 어떻게 진실이라는 것을 알게 되는 가?', '민주주의는 교육의 성취력을 높여 주는가?' 등은 흥미로운 추상적인 질문 이지만 '神'의 존재, '진실'이라는 변수, '민주주의・성취력' 이라는 변수에 대한 (객관적) 측정이 어렵기 때문에 이 연구문제들은 과학을 다루는 학자들의 입장 에서 볼 때 훌륭한 연구문제라고 할 수 없다.

또 '체벌은 아동 교육을 위해 바람직한가?', 자본주의는 사회주의보다 바람직 한 제도인가?, '건전 관광의 유도는 어떻게 해야 하는가?', '우리나라 관광진흥책 은 무엇인가?', '금강산과 설악산을 연계하여 관광개발하는 것이 좋은가?', 인천 의 맥아더 동상은 철거하는 것이 바람직한가 등은 과학이 답변하기 힘든 윤리적 인 또는 개인의 가치 판단이 개입될 수 있는 문제이기 때문에 과학자가 다루기 에 적합한 연구문제라고 볼 수 없다. 요컨대, 검증이 불가능한 문제, 도덕적이 고 윤리적 가치판단의 문제는 과학이 해결할 수 있는 영역이 아니다.

과학적인 연구문제의 좋은 예를 하나 들어보자. 러시아 출신 미국 경제학자 사이몬 쿠즈네츠(Simon S. Kuznets: 1901-1985)는 "산업혁명이 프랑스나 독일 등 타른 유럽국가에서 일어나지 않고 왜 하필이면 영국에서 일어났는가" 라는

침인 『열반경』에는 "일체중생이 모두 불성을 가지고 있다"는 말이 나온다. 그렇다면 조주 선사 가 이와 다르게 왜 "없다" 라고 답한 것일까? 바로 이것이 화두이고 조주선사에게 배우는 그 스님이 평생을 두고 풀어야할 연구문제였던 것이다.

연구문제를 제기하고, 이를 경험적으로 설득력있게 증명함으로써 1971년 노벨 경제학상을 수상하였다. 이 연구문제는 검증하기가 어렵기는 하지만 그렇다고 검증이 불가능하거나 윤리적인 가치판단 영역의 문제가 아닌 과학적인 연구 의문이었던 것이다.

다시 한번 더 강조하여 말한다면, 연구문제는 이와 같이 보통 '왜…인가?'식의 의문문의 형태로 제기된다. 이 의문문은 서로 연결된 2~3개 정도의 복수의문의 형태로 구성되어져도 좋다. 중요한 점은, 서론에서 제시된 이 연구문제는 다시 가설로 다듬어져서 검증(즉, 채택 여부 결정)이 되고, 이런 과정을 거쳐 최종적으로 결론 부분에서 반드시 확인되고 (의문이) 해답되어져야 한다는 것이다.

필자의 교육경험과 학술지 편집경험에 의하면, 논문을 작성하는 연구자(대학원생 포함)의 상당수가 문제를 전혀 제기하지 못하거나 하지 않고 있을 뿐만 아니라(그중 대부분이 '연구의 필요성'이나 '연구목적' 언급으로 일관함), 결론에서도 그 문제에 대한 해답을 내리지 않는 경우가 다반사이다. 스스로 '문제'를 제기하고 난 후 그에 대한 결론 즉, '해답'을 내리지 않는다면 그것을 과연 논문이라 불러줄 수 있을 것인가? 적지 않은 연구자들이 제시된 가설의 검증에만 급급해하는 경향이 있는데, 가설도 결국은 제기한 '문제'를 풀기 위한 과정일 뿐이라는 점을 독자들은 명심해야 한다.

이는 관광학 계통 한국 최고 수준의 학술지로 인정되고 있는 『관광학연구』지의 경우에도 예외가 아니다. 필자의 분석에 의하면(〈표 3-1〉 참조), 창간호 (1977년 창간)부터 2002년 논문집에 이르기까지 그 동안 발표된 총 401편의 논문 중 연구문제가 전혀 제시되지 않은 논문이 약 60-70%(2000-2002는 20%로 많이 완화됨)에 달하고, 서론에서 연구문제를 제기했더라도 결론에서 답을 내리지 않는 문제-결론간의 불일치 논문이 너무나 많다는 사실이 밝혀졌다.

이 분야의 많은 사회과학자들(예를 들어, Zikmund, 1997: 84-88; 컬린저, 1992: 51-55; 안영섭, 1996: 23-26 등)이 주장하는 바이지만, 논문에서의 문제제기는 연구의 단서인 동시에 곧 가설로 연결되는 내용이기 때문에(문제를 주의주장형의 서술식으로 바꾸고 검증가능하게 개념들을 조작하면 그것이 곧 가설이다) 논문의 가장 중요한 부분이라 해도 지나침이 없다.

〈표 3-1〉 관광학연구誌 게재논문의 연구문제-결론의 일치도

논문의 구성요소		기간별 논문 편수 (단위: 편, %)								
		1977-84		1985-90		1991-93		1994-99		2000-2002	
문제제기	없음	59	(77.6)	52	(70.3)	38	(67.9)	73	(61.3)	36	(20.5)
	빈약	11	(14.5)	15	(20.3)	15	(26.8)	33	(27.7)	78	(44.3)
	적절	6	(7.9)	7	(9.5)	3	(5.4)	13	(10.9)	62	(35.2)
문제와 결론 일치도	없음	57	(75.0)	35	(47.3)	29	(51.8)	70	(58.8)	53	(30.1)
	빈약	12	(15.8)	34	(45.9)	25	(44.6)	30	(25.2)	74	(42.1)
	적절	7	(9.2)	5	(6.8)	2	(3.6)	19	(16.0)	49	(27.8)
합계(401편)		76		74		56		119		176	

註: 문제제기는 내용상 연구문제가 없거나 있더라도 막연한지 분명한지를 기준으로 삼았으며, 문제와 결론의 일치도는 서론에서 제기된 문제에 대해 결론에서 해답이 기술되었는지를 기준으로 하였다. 1994년부터는 익명심사제 도입에 의한 논문임.

자료: 김사헌(1999b: 198)의 <표 4>를 재구성하고 2000-2002년 부분은 재조사함.

② 가정과 가설: 정의와 설정의 방법

1. 가정(assumptions)

가정은 수행하게 될 연구에서 증명되거나 검증되지 않는, 혹은 증명·검증할 필요가 없는 연구의 전제(premise)에 해당된다. 가정은 연구내용의 범위를 축소시켜주는 역할을 하며 연구를 용이하게 해준다. 예를 든다면, 거시경제학의 아버지라고 불리어지는 케인즈(J. M. Keynes)는 투자는 현실적으로 그 사업의 전망, 정치적인 요인, 투자자의 개인적인 성향, 이자율 등 복합적인 요인에 의해 좌우되지만, 그런 다른 모든 조건이 일정불변이라고 가정하고(이를 *ceteris paribus*라고 함) 다음과 같이 투자(I)를 이자율(i)의 함수라고 가정하였다.

$$I = f(i) \qquad (단, 다른 조건은 일정)$$

이런 식으로 좋은 연구(모형)일수록 가정이 많고 분명하다. 마치 나무의 본 줄기를 구조적으로 파악하려면 옆으로 퍼져나간 곁가지를 쳐주어하듯이, 가정이 많다는 것은 연구범위를 좁혀주게 해 연구의 핵심을 파고들게 해준다. 가정은 다른 영향요인의 작용을 배제(통제)한 채 오직 한 가지 요인만을 집중 탐구함으로써 연구의 깊이를 더해 주고 주제를 단순화시켜준다.

가정이 수반되지 않은 가설(모형)은 각종 영향요인을 통제(배제)시키지 못한다면 일종의 '불순물'이 섞인 '순수성'이 없는 試料나 마찬가지이므로, 이 시료를 놓고 연구해 보았자 그 결과는 신뢰할 수가 없을 것임은 당연하다.

예를 들어 "흡연이 인체에 치명적인 영향을 미치지 않을까?" 라는 연구문제에서 출발한 어떤 연구자가 "흡연은 수명을 단축시킬 것이다" 라는 가설을 세우고 이를 증명하려 했다고 하자. 이 때 그는 먼저 적절한 가정(예: 흡연시작 나이는 동일하며 식습관, 스트레스 정도도 모두 동일하다고 가정한다, 교통사고·지병 등에 의한 사망은 없는 것으로 가정한다, 공기의 혼탁정도는 동일한 것으로 가정한다 등)을 세워야 한다.

만약 그가 그런 가정도 없이 표본조사를 시행하여 가설을 검정했다고 치자. 그리하여 여기서 비록 "흡연자의 사망률이 그렇지 않은 사람들보다 더 높았다" 라는 결론이 나왔더라도 우리는 그의 주장을 신뢰할 수 없다. 왜냐하면, 피조사 자가 지닌 개별적인 특성(예: 일찍부터 흡연을 시작한 사람과 늦게 시작한 사람, 채식형의 사람과 육식형의 사람, 선천적으로 기관지가 약한 사람 등)이나 주변 여건(공기가 맑은 농촌 거주자와 공기가 혼탁한 대도시 거주자의 차이 등)이 무시된 채 試料가 분석되어졌기 때문에, 정말 흡연습관이 조기 사망의 직접적 원인을 제공하는지 아니면, 그의 식습관·공기의 혼탁도 혹은 신체적 취약성(기관지염 등)이 더 중요한 원인이 되는지를 모르기 때문이다.

가정에 대한 예를 한가지 더 든다면, '국민총생산의 생산요소는 노동과 자본만 있는 것으로 가정한다', '△△ 스키장에 대한 방문수요는 광고매체에 전혀 영향을 받지 않는 것으로 가정한다', '관광시장은 완전경쟁상태로서, 어떠한 방식의 인위적 여행규제(여권·비자 제한 등)도 없으며, 어느 관광사업자도 여행시장에의 入出이 자유스럽다', '여행자의 기호는 일정불변하며 전시효과 등에 의해 좌우되지 않는 것으로 가정한다' 등이 그것이다. 이는 주제 및 연구범위를 단순화시킨 좋은 가정들에 해당된다.

2. 가설의 개념, 유형과 설정 방법

1) 가설의 정의와 유형

　가설(hypothesis)은 과학적인 경험적 연구의 핵심부분에 속한다. 가설이란 혹자가 이야기하듯이 "기대감을 진술하는 것"(statement of expectations), 문제의 해결에 대한 "막연한 추측"(informed guess)이다. 부연 설명한다면, 가설은 "둘 혹은 그 이상의 변수간의 관계에 대한 추측적 진술"(컬린저, 1992: 50), "변수와 변수간의 관계를 알아보기 위해 실증단계 이전에 행해진 잠정적 언명 또는 진술"(김광웅, 1999: 208)이라고도 정의할 수 있다. 따라서 아직 사실로 증명되지는 않았지만 추구해 볼 만한 가치가 있는 추측이 곧 가설이라 할 수 있다. 가설이 命題(proposition)와 다른 점은, 명제는 비록 증명되지는 않았지만 거의 확실하기 때문에 증명이 별로 필요치 않은 '명백한 사실'인 반면에, 가설은 그 사실 여부가 의심스러우므로 꼭 증명해보여야 할(증명해보여야 할 운명을 타고난) '의심스러운 사실'이라고 할 수 있다.

　과학적 연구과정이란 결국 '문제제기 → 가설제기 → 가설검증'의 절차이므로 ① 올바른 연구문제 제기와 가설의 설정, 그리고 ② 신뢰할 수 있는 타당한 검증 방법의 적용은 연구논문의 중요한 두 축이라 할 수 있다.

　가설은 歸無假說(null-formed hypothesis: H_0) 형태를 취할 수도 있고(예: '관계가 없다' 또는 '차이가 없다' 등), 對立假說(alternate hypothesis: H_1) 형태를 취할 수도 있다(예: '관계가 있다' 또는 '차이가 있다' 등). 통계학 교과서에서는 귀무가설로 검정하는 방법을 주로 다루나 실제 우리 연구자의 입장에서는 보통 대립가설(이를 연구가설 혹은 작업가설이라고도 한다) 형식을 상용한다. 또한 가설은 변수간의 관계형태에 따라 관계형 가설(relational hypothesis)과 인과형 가설(causal hypothesis)로 나눌 수 있다. 전자는 변수간의 관계(상관관계)만을 다루는 가설을 뜻하고 후자는 변수간의 인과관계 즉, 원인변수와 결과변수간의 상호작용관계를 다루는 가설을 뜻한다.

가설 ⎧ 귀무가설(H_0: null hypothesis) ― 주장하는 바와 반대의 진술
　　 ⎩ 대립가설(H_1: alternate hypothesis) ― 연구자가 주장하는 진술

또 가설은 어떤 방식으로 표현하느냐에 따라 ① 선언형, ② 가정형의 두 가지로 나눌 수 있다. '진취적인 사람일수록 더 여행을 즐기는 경향이 있다' 라는 가설은 선언형 가설이고, '호텔종사자의 처우를 개선해주면 업무생산성은 어느 일정수준까지는 증가할 것이다'라는 가설은 가정형 가설의 예이다.

가설은 또한 그 성격에 따라 관습적, 권위적, 직관적 그리고 과학적 가설로 분류해 볼 수 있는데, 각 형태의 예를 들어보면 다음과 같다.

① 관습적 가설(속설이나 세간의 경험에 의존한 비과학적 가설)

　　 예) 까치가 울면 반가운 손님이 온다.
　　　　 곡식은 익을수록 고개를 숙인다 (배운 사람일수록 겸손하다).
　　　　 말똥에 굴러도 이승이 좋다 (아무리 고생이라 한들 죽는 것보다 못하랴)

② 권위적 가설(권위에 지배되는 비과학적 가설)

　　 예) 태초에 하느님이 우주를 창조하셨느니라 (구약성경 창세기편)
　　　　 人이 망하려면 먼저 교만해지지만 존경받을 人은 먼저 겸손해진다 (솔로몬왕의 잠언)
　　　　 인생은 끝없이 生과 死의 윤회를 반복한다 (힌두교·불교의 윤회론).

③ 직관적 가설(개인 또는 사회의 가치관이 개재된 윤리적 가설)

　　 예) 먹다 죽은 귀신은 혈색도 좋다. (먹는 것이 제일 중요하다)
　　　　 죄를 많이 지으면 죽어서도 벌을 받는다.
　　　　 매도 먼저 맞는 놈이 낫다.

④ 과학적 가설(과학자가 채택할 수 있는 가설)

　　 예) 다른 조건이 동일하다면, 근거리에서 오는 관광객보다 원거리에 서 오는 관광객일수록 그 수요는 더 소득탄력적이다.
　　　　 다른 조건이 동일하다면, 호텔 종사원의 직무 만족도는 보수수준의 다과보다 승급 등 장래성에 의해 더 좌우된다.
　　　　 대량 관광자보다 개별 관광자(배낭여행자 등)가 지역경제에 미치는 영향이 더 크다.

위의 네 가지 유형의 가설 중 물론 ①, ②, ③은 연구자가 취할 수 있는 좋은 가설이 아니다. 증명할 수 없거나, 도덕적 윤리적 감정이 개입되어 있는 가치판

단적 가설은 과학도의 연구대상이 아니기 때문이다.

2) 가설의 설정방법과 유의할 점

가설은 누구라도 세울 수 있지만 과학적인 가설을 세우기는 결코 쉽지 않다. 관련이론에 대한 해박한 지식과 방법론에 대한 훈련이 없으면 더욱 어렵다. 그 래서 가설은, (1) 본인이 관련이론(특히, 교과서가 아닌 정기 학술 저널에 발표된 논문에 나타난 이론들)을 깊이 섭렵해서 스스로 세우든지, (2) 아니면 관련 지식이 많은 자신의 선생·선배의 조언을 받는 방법이 최선이다.

요사이 학생은 물론 심지어 일부 교수들 까지도 '가설제기-가설검정'이라는 도식에 도취되어 수없이 많은 가설을 제시해놓고(어떤 학생은 세부가설까지 무려 20개 정도를 제시한 경우도 있었음) 겨우 상관성분석이나 카이자승 검정, 또는 F-검정 한두 가지를 보여주면서 "유의수준 α=0.05이므로 이러이러한 가설은 모두 채택되었다"라는 식으로 수박 겉핥기 식으로 검정 시늉을 하는 경우가 너무 흔하다. 대학원생들간에 그리고 심지어 교수·학자들간에도 열병처럼 번지고 있는 이런 '연구 저질화' 현상은 궁극적으로 관광학이라는 사회과학의 학문수준을 '통계학 연습문제 풀이' 학문 수준으로 전락시키고 있다.

한 가지 가설을 제대로 논증하기도 어려운데 어떻게 열 개, 스무 개의 가설을 제한된 시간 안에, 그리고 짧은 분량의 논문 속에서 다 이룰 수 있단 말인가? 겨우 t-통계 검정 하나만으로 "유의도 $p = 0.05$ 이므로 연령수준은 관광참여도와 유의하다", "유의도 $p = 0.01$ 이므로 성별과 유의하다" 는 식으로 수박 겉핥기 증명을 하는 것은 연구 절차의 시늉만 한 것이지 결코 제대로 된 연구라 할 수 없다. 이렇게 많은 가설로 그리고 겉핥기 검정을 한 연구는 필자의 경험으로 보았을 때 전체적 논문수준이 함량미달이었음은 말할 필요도 없고 거의 '쓰레기통에나 넣어야할 휴지조각'에 불과하였다.

진정한 논증을 위해서는 한두 개의 가설로 족하며, 온갖 방법(통계 검정 + 기존 국내외 학자들의 유사한 연구결과와의 비교분석 등)을 동원하여 내가 주장한 가설의 법칙화 가능성을 논리적으로 그리고 종횡으로 밝혀보여야 한다. 그런 심층적 연구의 결과만이 일반화(generalization)에 한걸음 다가갈 수 있고 나아가 독자들로 부터 신뢰와 인용(citation) 기회를 얻을 수 있는 것이다.

그렇다면, 연구 목차 속에서 가설을 명시적으로 위치시킨다면 어디에 포함시키는 것이 좋을까? 가설은 보통 서론(Ⅰ장)의 뒤쪽 혹은 '관계문헌 연구'(review of related literatures) (대개 Ⅱ장) 속에 넣을 수 있다. 만약 제기한 가설의 논리적 근거를 추론하고자 한다면(reasoning of hypotheses) 이는 관계 문헌연구를 논의하는 곳(Ⅱ장)에 위치시키는 것이 바람직하다. 그렇게 하는 것은, 관련연구의 충분한 검토를 통해 자연히 가설의 실마리를 찾을 수 있고, 또 가설의 논거 (rationale) 제시도 문헌연구 章에서 함께 자연스레 다루어질 수 있기 때문이다.

■ 연구에 있어 가설은 꼭 제시해야만 하는 것인가?

개경험주의가 지배하는 오늘날의 학문세계에서는 연구가설을 분명히 제시하는 것이 바람직하긴 하지만 그렇다고 논문 속에서 꼭 명시적으로 가설을 제시해야 하는 것은 아니다. 암묵적으로 연구의 내용 속에 가설이 포함되어 있어도 된다(아래 사례연구 참조). 또 가설을 제시함이 없이, 제시된 연구문제만으로 훌륭히 과학적 결과를 도출한 예는 수없이 많다. 앞의 제2장(그림 2-3)에서와 같이 면밀한 관찰을 통해 어떤 인과관계를 발견하고 결론에 이르는 귀납논리의 과정이 이를 증명해준다.

대부분의 국제 학술지에 게재된 논문들을 보면 가설이 없거나, 있더라도 내용(대부분 서론) 속에 녹아들어가 있음을 알 수 있다. 아래 표가 이를 증명해준다. 즉 『관광학연구』는 약 31%가 가설이 있는 논문이고, 미국의 *Annals of Tourism Research*는 20%만이 가설을 채택하고 있음을 알 수 있다.

관광학연구와 ATR 게재논문중 가설을 설정한 논문의 비율

발표연도	게재논문 편수 (편)		가설을 설정한 논문비율 (%)	
	관광학연구	*ATR*	관광학연구	*ATR*
1994	8	40	25.0	32.5
1995	20	45	30.0	22.2
1996	30	46	36.7	6.5
1997	28	45	39.3	24.4
1998	31	39	38.7	20.5
1999	32	39	22.0	17.9
2000	51	45	31.4	20.0
2001	34	45	29.4	11.1
계	234	344	33.3	19.2

주: ATR은 Annals of Tourism Research 임.
자료: 한범수·박세종(2003). 관광학연구지와 *ATR*지 게재논문의 가설 유형분석
『관광학연구』 27(1): p.20 참조.

③ 사례와 연습

　연구자들이 제시하는 가설을 보면, 상당수가 깊이 있고 증명 가능한 과학적 가설이 아니라 '…○○는 사회경제적 배경에 차이가 없을 것이다…', '…××는 사회환경 변수와 유의한 관계가 있을 것이다' 등의 진부하고 포괄적인 가설로 일관하는 경향을 볼 수 있다. 깊이있는 이론 탐독과 방법론 훈련을 통해 식자간에 '웃음거리'에 지나지 않은 이런 식의 모호막연한 가설은 꼭 피해야한다. 그런 점에서 연구자는 우선 연구문제와 가설 설정에 대한 훈련을 많이 그리고 충실히 해볼 필요가 있다. 아래 사례에서 행간에 숨겨져 있는 연구문제와 가정·가설을 찾아보고 이들이 어떻게 검증되고 있는지를 살펴보자.

사례 1: 賣場 照度와 소비심리

　마케팅 전문가들은 매장의 조명을 밝게 또는 어둡게 조절함으로써 판매를 촉진할 수 있다고 주장한다. 소비자의 잠재적인 구매욕구를 시각적으로 자극하는 일이 판매에 큰 영향을 주기 때문이다. ☆☆연구소 시장조사팀은 소비자들의 발걸음이 잦은 오후 2-6시 4시간 동안 서울 강동구 명일동 △△수퍼마켓에서 포항초(浦港産, 시금치의 일종)를 놓고 진열대의 빛을 두 배 정도 차이나게 한 후 판매실험을 했다. 천장의 조명을 조정해 밝은 불빛(800룩스)과 상대적으로 어두운 불빛(400룩스)의 두 종류 매장을 마련하여 똑같은 품질의 포항초 150단씩을 각각 진열해 놓았다. 800룩스란 야간 경기장보다 다소 낮은 밝은 불빛의 照度이며, 400룩스는 가정에서 책을 읽을 수 있을 정도의 빛이다. 또 실험기간 중 판매원 없이 소비자가 판단해 구매토록 유도했으며, 출입구와의 근접성에 가능한 한 영향을 받지 않도록 2시간씩 번갈아 진열대 등을 교체했다.

　실험결과, 밝은 불빛의 진열대에서는 이 기간 중 총 140단이 판매되었으나 어두운 곳에서는 이보다 13단이나 적은 127단이 팔렸다. 밝은 진열대에서 구입한 10명의 주부들에게 추가로 인터뷰한 결과, 이들은 "조명이 어두운 곳보다 밝은 곳의 시금치가 더 신선한 것인 줄 알고 구입했다"고 대부분 말했다. △△유통 관계자는 "보통 유통업체의 매장 불빛은 600룩스 안팎인데 조명에 따라 신선도 이미지의 영향을 많이 받는 채소·육류 등 초록색과 붉은색 상품은 이보다 더 밝은 800룩스 정도가 되어야 소비자의 구매욕구를 자극한다"고 결론지었다.

〈표〉 빛의 밝기에 따른 시금치 판매량 실험 결과   (단위: 묶음)

구 분	최초 진열 물량	판매수량	실험후 재고량
밝은 진열대 (800룩스)	150	140	10
어두운 진열대 (400룩스)	150	127	23

이 주제는 우리 생활주변에서 흔히 일어날 수 있는 관심사로서, 판매처의 마케팅 담당자들이 판촉활동의 일환으로 실험해 보고 결론을 내린 내용이다. 비록 이들이 과학자는 아니지만 이들의 추론과정 속에는 연구논문의 핵심적인 요소들이 다 내포되어 있다. 여기서 연구문제, 연구방법, 가설, 분석, 결론 등을 찾아보기로 하자.

■**문제제기**: 이 주제에서는 명시적으로 연구문제가 제기되지는 않았지만, 판촉담당자들은 '어떻게 하면 우리 업소의 매출액을 증대시킬 수 있을까'라는 연구과제를 가지고 '혹시 매장의 불빛을 밝게 하면 손님들의 구매욕구가 더 높아지지 않을까'라는 연구문제를 제기하였다고 볼 수 있다.

■**가정**: 본문에서, "똑같은 품질의 포항초를 진열", "판매원 없이 소비자가 (스스로) 판단해 구매토록 유도", "출입구와의 근접성에 가능한 한 영향을 받지 않도록 2시간씩 번갈아 진열대 교체"라는 진술이 가정에 해당된다. 즉, '재료의 품질은 똑같다, 소비자는 주위 여건(권유 등)이나 매장의 위치(근접성 등)에 영향을 받지 않는다,'라는 진술은 논문에서의 가정이 될 수 있다.

■**연구가설**: 여기에서 가설은, '매장의 조명을 밝게 또는 어둡게 조절함으로써 판매를 촉진할 수 있다'이고, '소비자의 잠재적인 구매욕구를 시각적으로 자극하는 일이 판매에 큰 영향을 주기 때문이다'는 가설의 논리적인 추론 부분에 해당한다.

■**연구방법**: "소비자들의 발걸음이 잦은 오후 2-6시 4시간 동안 서울 강동구 명일동 △△수퍼마켓에서 포항초를 놓고 진열대의 빛을 두 배 정도 차이 나게 한 후 판매실험을 했다. 천장의 조명을 조정해 밝은 불빛(800룩스)과 상대적으로 어두운 불빛(400룩스)의 두 종류 매장을 마련하여 똑같은 품질의 포항초 150단 씩을 각각 진열해 놓았다."라는 부분은 연구방법에 해당된다.

■**분석 및 결과**: 이 기사에서 "실험 결과, 밝은 불빛의 진열대에서는 이 기간 중 총 140단이 판매되었으나 어두운 곳에서는 이보다 13단이나 적은 127단이 팔 렸다."라는 부분은 제기한 가설의 검증 결과이고, "밝은 진열대에서 구입한 10 명의 주부들에게 추가로 인터뷰한 결과, 이들은 '조명이 어두운 곳보다 밝은 곳 의 시금치가 더 신선한 것인 줄 알고 구입했다'고 대부분 말했다"라는 부분은 검 증된 가설을 다시 ('인터뷰'라는 질적 연구를 통해) 논리적으로 재확인하여 (연 구자에게) 확증을 시키는 내용에 해당한다.

■**결론**: '매장의 조명도가 소비자의 구매욕구에 영향을 미친다'가 결론이다. '보통 유통업체의 매장 불빛은 600룩스 안팎인데 조명에 따라 신선도 이미지의 영향을 많이 받는 채소·육류 등 초록색과 붉은 색 상품은 이보다 더 밝은 800 룩스 정도가 되어야 소비자의 구매욕구를 자극할 수 있다'고 한 표현은 이 연구 의 결론을 토대로 한 정책 시사점(policy implications)에 해당된다.

이하의 두 주제도 위와 비슷하게 일상생활에서 발견될 수 있는 내용이다. 비 록 과학적인 연구는 아니지만 내용을 보면 과학적 연구가 필요로 하는 요건을 모두 갖추고 있다. 독자들 스스로 위와 같이 연구문제와 가설을 찾아내 보고 그 리고 어떤 연구방법을 써서 어떻게 분석, 결론 짓고 있는지 살펴보기 바란다.

사례 2: 기린의 목이 긴 까닭은…

지금까지의 통념을 뒤집고 '기린의 목은 암컷을 차지하기 위해 수컷끼리 싸우는 과정에서 길어졌다'는 주장(짝짓기說)이 나왔다. '기린의 목은 키가 큰 나무의 잎 을 따먹기 위해 길어졌다'는 다윈의 가설(먹이채취說)이 잘못됐다는 것이다.『디스

커버』誌 최근호에 따르면, 나미비아 윈드호크 관광환경청의 로버트 시몬스 박사는 이런 새로운 주장을 하고 있다.

　시몬스 박사는 남아프리카의 나미비아 사막 보호지에서 독수리를 관찰하던 중 우연히 기린 수컷 두 마리가 암컷을 놓고 싸우는 광경을 목격했다. 그들의 무기는 다름 아닌 길이가 1.8m에 달하고 무게 90kg이 넘는 긴 목. 기린은 이 거대하고 육중한 '목'이란 무기를 휘둘러 상대방을 가격해 항복을 받아 내려 했다. 시몬스 박사는 이런 싸움을 유심히 관찰한 결과, 승자는 항상 길고 굵은 목을 가진 기린이라는 사실을 발견하고 다윈의 가설에 대한 반론을 제기하였다.

　시몬스 박사는 기린에게 필요했던 것은 '높이'가 아니라 목의 특별한 쓰임새였다고 주장했다. 그 쓰임새는 곧 사랑을 차지하기 위한 '투쟁의 무기'라는 것이다. 더욱이 머리에 나 있는 짧고 단단한 뿔은 목을 휘둘렀을 때 상대방에게 보다 큰 타격을 주는 기능을 한다는 것이다. 만일 다윈의 말대로 먹기 위해 목이 길어졌다면, 기린은 항상 아카시아 같은 키 큰 나무만 먹이로 삼아야 했을 것이라고 주장했다. 그러나 실제 기린은 목을 구부리고 잎사귀를 따먹는 일이 태반이며 때로는 관목 등 키 작은 나무도 서슴지 않고 먹어 치운다는 것이다. 그렇다면 암컷은 싸우는 일이 거의 없는데 왜 목이 길어졌을까? 시몬스 박사는 이는 암컷이 수컷의 유전자를 많이 공유하기 때문이라고 설명한다.

■ **문제제기**: 기린의 목이 긴 원인은 다윈이 주장한대로 먹이채취 이유 때문인가? 그렇다면 왜 기린은 주로 목을 구부리고 낮은 관목 등 키 작은 나무의 잎사귀만을 대부분 따먹는 것인가? 먹이채취설이 아닌 다른 이유가 있는 것은 아닌가?

■ **연구가설**: 여기에서 가설은 기존의 이론(먹이채취설)에 대한 문제점을 파악하고 관찰을 통해 가설을 검증하는 연역적인 연구방법을 취했다고 볼 수 있다. 여기서 "기린의 목은 암컷을 차지하기 위해 수컷끼리 자주 쟁탈전을 벌이는 과정에서 길어졌다"는 주장이 곧 가설이다.

■ **연구방법**: 기린이 암컷을 놓고 싸우는 광경에 대한 관찰이 연구방법이라고 할 수 있다. 여기서는 몇회 관찰인지 여부를 밝히고 있지 않으나 기린이 자웅을 결할 때는 상대방을 제압하기위하여 주로 목을 무기로 사용한다는 사실을 충분히 확인할 수 있는 수차례의 관찰이 필요하다.

■**관찰분석 및 결론**: 암컷을 차지하는 싸움에서 이긴 기린은 목이 길고 굵다는 사실을 발견한다. 그리고 기린은 주로 목을 구부리고 낮은 곳의 잎사귀를 따먹는 경우가 태반이라는 사실을 관찰한다. 이를 통해 짝짓기 가설이 더 설득력이 있음을 발견한다.

사례 3: 사과를 많이 먹으면 폐암을 예방한다?

핀란드 헬싱키 소재 국립보건원 연구진은 지난 1966년부터 1991년까지 15-99세 남녀 9,995명을 대상으로 선호하는 식품과 암의 연관성을 조사한 결과, 사과를 많이 먹으면 폐암 발생률을 58%까지 줄일 수 있는 것으로 드러났다고 미국 역학회지 최근호를 통해 밝혔다.

사과에 풍부한 플라보노이드라는 항산화물질이 우리 몸의 세포들을 산화시키는 물질(활성 산소)을 제거, 폐암 발생을 효과적으로 감소시킨다는 것이다. 이 연구에 따르면 연구가 시작된 해에는 조사대상자 가운데 암환자가 한 명도 없었으나, 26년 후 997명이 암환자로 진단됐으며 이중 151명은 폐암에 걸렸다.

이 결과를 이들이 즐겨 먹는 식품과 연관시켜 분석해 보니 사과·양파 등 과일·채소를 즐겨 먹은 사람은 그렇지 않은 사람보다 전체적으로 20% 가까이 암에 덜 걸리는 것으로 나타났다. 과일·채소 가운데서도 사과의 폐암 억제효과가 58%로 가장 높았다. 사과의 폐암 예방효과는 젊은 사람에게 큰 것으로 밝혀졌다.

한편 18일 한국식품개발연구원 △△연구부 김××박사 팀에 따르면 실험용 쥐의 폐세포를 이용한 실험에서도 사과는 늙은 호박·황도·모과 등과 함께 담배 속의 유해물질(활성 산소)을 30-38% 억제효과가 있는 것으로 밝혀졌다. 즉 사과가 흡연자에게 유익한 과일이라는 것이다.

위의 사례는 전형적인 귀납적 방법을 통한 연구로서, 관찰을 통해 경험적 일반화에 이르고 이어서 잠정적인 결론에 도달하는 과정을 취하고 있다. 피조사자들의 폐암 발생과 식품섭취를 연관시켜보니(관찰) 사과·양파 등 과일·채소를 즐겨 먹은 사람은 그렇지 않은 사람보다 전체적으로 20% 가까이 암에 덜 걸리는 것으로 나타났다(경험적 일반화). 이러한 잠정 결론을 반복해 조사해보고 여전히 같은 결론이 나온다면 사과 등 채소를 자주 섭취하는 자는 암에 걸릴 확률이 줄어든다는 사실을 이론으로 받아들일 수 있게 되는 것이다.

연구문제와 가설은 연구논문에서 가장 중요한 핵심이기 때문에 아래에서는 컬린저(1992: 59-61) 등이 제시한 예제를 포함한 몇 가지 사례 예제를 인용해 독자들 스스로 연구문제와 가설설정을 연습해 보도록 하였다. 연구문제와 가설은 필자가 임의로 만들거나 학자들의 심리학주제 학술논문 중 우수한 문제와 가설을 골라서 제시한 것이다.

1) 여러 연구문헌에서 발췌한 일곱 가지 연구문제를 아래에 제시하였다. 이중에서 몇 가지를 골라, 이를 근거로 가설을 세워 보자.

① 시간, 비용 등 관광행위에 대한 투자를 많이 한 여행자일수록 여행거리에 민감하게 반응하는가?

② 관광업종의 조직풍토가 경영성과에 영향을 미치는가?

③ 교재에 대한 평판도는 그 교재 집필에 들인 공과 비례하는가?

④ 관광업계는 여성 응시자를 차별하는가?

⑤ 여행자의 소득은 관광지까지의 심리적 거리와 반비례하는가?

⑥ 과거의 부정적 관광경험은 시간의 경과에 따라 긍정적으로 바뀌는가?

⑦ 원거리 관광지 방문 관광자일수록 여행목적의 수는 비례적으로 늘어나는가? 만약 그렇다면 기존 여행비용모형(Travel Cost Model)은 원거리 방문자의 관광목적지 가치를 그만큼 더 과도하게 평가하게 되는 것인가?

2) 여덟 가지 가설이 아래와 같이 제시되어 있다. 이들의 검증 가능성에 대해 논해 보라. 이들 대부분은 연구에서 실제로 검증에 사용된 가설들이다.

① 관광종사자 집단의 응집력이 클수록 그것이 구성원에게 미치는 영향력은 더 커진다.

② 자원의 보완성이 큰 관광자원일수록 이용자의 거리 마찰력은 체감한다.

③ 혁명운동의 성공 전후에 성공적이었던 혁명지도자는 혁명 전에는 낮은 수준의 개념적 복잡성을 보이고 성공한 후에는 높은 수준의 개념적 복잡성을 보인다.

④ 역할갈등은 개인이 가진 기대감의 함수이다.

⑤ 시간이 어느 정도 경과하면, 관광자의 부정적 여행경험은 긍정적인 여행
경험인 것처럼 회상된다. 그러나 긍정적이었던 여행경험은 시간이 지나도
그대로 긍정적 여행경험으로 존속, 회상된다.

⑥ 똑같은 조건의 관광목적지라도 원거리 여행자가 선택할수록 더 우등재로
간주하며 근거리 여행자가 선택하면 더 열등재로 간주된다.

⑦ 영토가 작은 나라일수록 큰 나라보다 관광객의 해외배출력이 더 크다.

⑧ 생생한 정보는 그렇지 않은 정보보다 더 잘 기억되며 차후의 추정에 더
영향을 끼친다.

3) 변수 여러 개를 문제와 가설로 내세우는 접근(多變數的 접근)은 행동연구에서 보편
화되어 있다. 아래에서 다수의 변수로 구성된 문제를 어떻게 가설화해야 할지 생각
해 보자.

① 특정 관광자원에 대한 인지도는 그 자원과 거주지와의 물리적 거리와 인
지자의 학력수준에 비례하는가?

② 자존심, 교육적 재능, 가족 배경이 관광종사자의 직업적 재능에 영향을
미치는가?

③ 커뮤니케이션, 도시화, 교육, 농업은 70년대 우리나라의 정치발전에 어떤
영향을 미쳤는가?

④ 가족 전통과 가정의 학습환경은 정신적 능력과 어떤 관련이 있는가?

⑤ 흡연과 사회경제적 지위는 폐질환 사망에 어떤 영향을 미치는가?

⑥ 국회의원 후보자의 선거운동 비용, 지역 활동, 과거의 공적이 선거에서
투표결과에 영향을 미치는가?

⑦ 性역할에 대한 고정관념, 性的 보수주의, 반대의 성관념, 사람간의 폭력의
승인은 강간과 성 폭력에 대한 태도에 어떤 영향을 미치는가?

⑧ 한국 공무원 서열은 사회계층, 출신지역, 성별과 어떤 관련이 있는가?

⑨ 가정환경, 교실 분위기, 동료집단 환경은 학생의 과학·수학 성적 및 태
도에 어떤 영향을 주는가?

⑩ 자극노출에는 인지적 효과와 정서적 효과 두 가지 효과가 있는데, 그것은
또한 호감, 친숙도, 개인확신과 정확성에 영향을 주는가?

 연구문제

1. 각자 관광관련 학술지에서 연구문제가 과학적이라고 생각되는 사례를 2건씩 찾아내고 왜 그것이 좋은 문제인가를 설명해 보라.

2. 여러분 각자가 여가·관광과 관련하여 논문을 쓴다고 가정하고 이에 맞는 가설을 가상적으로 세워 보라. 또 그 논리적 근거에 대해서도 기술해 보라.

더 읽을거리

▶ 연구문제, 가설 등 논문작성의 기본이 되는 국내외 저서는 많다. 예를 들어 컬린저(F. N. Kerlinger)가 1985년에 쓴 (1992). 『사회·행동과학 연구 방법의 기초』. 〔F. N. Kerlinger, *Foundation of Behavioral Research*. 1985〕. (고흥화 外 역, 서울: 성원사), 그리고 김광웅(1999), 『방법론 강의』(중판), 박영사 정도가 좋다.

부록

Principles of Tourism Research Methodology

소논문에 있어서 연구문제, 가설, 개념의 조작방법

관광관련학과 교수의 연구생산성과 그 결정요인:
우리나라 관광학의 학문적 정체성 확립방안에 대한 시사

Research Productivity of Academic Professionals and its Determinants: Toward the Identification of Tourism Academics in Korea

ABSTRACT

This paper probes into the research productivity of Korean academic professionals and it's determinants. Considered factors as explanatory variables are age, years served, status, final degrees and locality of the involved professors in 4-year universities in Korea. Research productivity that constitutes dependent variables in this study was measured by the written numbers of periodic journals, proceedings and related books. Saddle-typed productivity relationship between productivity and age(or years served) was not proved, but asymptotically upward increasing relationship was identified. However, those group who took Ph.D degree overseas were found showing saddle-typed productivity. As far as status was concerned, assistant professors were observed most productive, while full professors were shown the least productive.

핵심용어 : 관광교육, 대학교수, 연구생산성, 재직연수, 최종학위

---

* 이 논문은 한국학술진흥재단 2001년도 선도연구자 지원사업에 의해 이루어진 필자의 연구로서, 한국관광학회 학술지『관광학연구』제26권 2호(통권 39호: 2002년 10월 간행)에 실린 학술지형 소논문이다. 연구문제와 가설을 어떻게 설정하고 이에 대응하여 개념을 어떻게 조작하고 있는지를 독자들은 자세히 살펴보아주기 바란다.

I. 서 론

국내외를 통틀어 관광학 교육의 역사는 줄잡아 40여 년을 헤아리고 있다. 우리나라도 1964년 4년제 대학에 최초로 관광학과가 개설된 이래 학생 수나 학과의 수, 교수진의 수적인 면에서 큰 성장을 이룩하였다. 특히 90년대에 들어서는 4년제 및 2년제 대학이 급격하게 늘어나기 시작해 2000년 현재에 이르러서는 학과수가 전문대학 184개 학과(52개 전공), 4년제 대학 87개 학과가 되기에 이르렀다.

그러나 국내외를 막론하고 관광학은 여러 가지 요인 때문에 긴 교육 역사에 걸맞을 만큼 학문적 진전을 이루지는 못했다는 것이 전문가들의 평가이다(김민주, 2000; 조명환, 2001: 17-23; 김사헌, 2002: 103-114; Ritchie and Goeldner, 1994: XIII-XVI). 관광학을 사회과학 분야로 보아야 할지 아니면 자연과학 분야 혹은 양자의 종합으로 보아야 할지 그리고 관광을 과연 분과과학(a discipline)으로 볼 수 있는지, 아니면 어학이나 기능을 연마하는 技術 정도에 불과한 것인 지 관광학 자체에 대한 正體性(identity) 논의가 최근 많이 이루어지고 있는 것도 바로 이런 이유와 무관하지 않다(Tribe, 1997, 2000; Leiper, 2000). 외국의 관광관련학자들간에도 관광학의 수준을 일컬어 "frivolous", "side-line" "peripheral", "incipient", "pre-paradigmatic", "indiscipline" 식으로 표현하는 것도 바로 같은 맥락에서라고 판단된다.

관광학이라는 학문의 정체성을 확립하는 방안으로서는 여러 가지를 생각해 볼 수 있다. 개념의 틀을 구성하고 방법론을 정립하는 등 기초연구와 더불어 관광학 이론체계의 저변을 넓히고 지식을 심화시키는 것 등이 그것이다. 이러한 역할을 담당하는 것은 오로지 고등 교육자이며 연구자인 교수의 몫이다. 학자들이 주장하듯이(정진환, 2001), 교수는 대학의 가장 생산적인 요소이며, 대학이라는 조직을 여타의 다른 조직과 구별짓는 원천이며, 지식기반사회에 있어서 교수의 역할은 곧 그 국가 사회의 국제경쟁력을 판가름하는 기본 척도가 된다.

그렇다면, 대학의 주된 생산요소이며 학문생산의 주체인 대학교수는 누구인가? 범위를 더 좁혀서, 관광학지식의 생산주체인 관광분야 대학교수는 누구이며 어떤 특성을 지닌 집단인가? 그 인적 배경은 무엇이고, 어떤 배경을 가진 교수가 얼마나 더 연구생산성을 올려 정체성 혼동 속에 있는 관광학계에 이바지하고 있는가? 바로 이 문제가 본 연구의 출발점이며 제기하는 연구문제이다.

교수의 연구생산성을 규정짓는 요인에 대해서는 관련학자들에 의해 꽤 논의되고 있다. 비록 우리나라 대학이야 말로 "각종 비리의 온상"이며(장정현, 1996: 211-254; 안

재욱, 1997: 46), "한번 교수는 영원한 교수"(오세정, 2001)라는 식의 비아냥거림이 있을 정도로 교수사회의 신뢰성이 실추되고는 있지만 어느 집단에서나 다소의 예외나 부작용은 있기 마련이다. 일본의 有本章·江原武一(2000: 190-201)은 국제 사례조사를 통해 교수의 연구생산성이 높은 나라는 그렇지 않은 나라에 비해, 연령대별로 50대 교수가 더 많고, 대학원교육 담당 교수의 비율이 더 높으며, 교수 평균 연구시간 수가 더 많음을 발견하였다. 또 교수 평가에 연구를 주요 잣대로 사용하는 곳, 국제 세미나 등 국제 교류가 많은 곳, 상근직 교수가 많은 곳, 그리고 교수 연간 총수입과 연구비 수혜교수 비율이 높은 곳이 타국에 비해 연구생산성이 높다는 사실도 밝혀냈다. 한편 대학원교육 담당 교수의 비율과 관련하여, 송혁순(2001)은 사례조사를 통해 박사과정인력 유무가 대학교수의 연구생산성을 보다 더 높여 준다는 사실을 확인하였다. 즉, 박사과정 1명 증가당 교수의 논문은 2편, 저서는 0.6권 증가한다는 것이다.

한편, 이성호(1992: 120-127)는 소속 대학·학과의 지적 분위기, 지도교수의 성향, 연구동기(내적 또는 외적 동기), 직급, 연령, 전공 분야 등이 우리나라 교수 연구생산성의 주요한 요인이라고 주장한다. 여기서 연구의 내적 동기는 개인의 순수한 학술적 흥미, 연구지향적 성격을 뜻하고 외적 동기는 승진, 재임용 등의 동기를 뜻하는데, 그는 외적 동기보다 내적 동기가 더 생산지향적이라고 설명한다. 또 자연과학 전공자가 사회과학 전공자보다, 그리고 사회과학 전공자가 인문과학·예술계 전공자 보다 일반적으로 생산성이 높고, 직급이 높을수록 즉, 교수로서의 경력이 많을수록 누적된 연구업적이 많으며 출판율도 높아진다고 주장하고 있다.

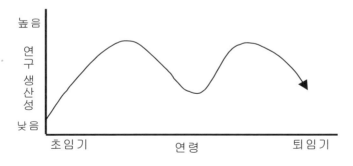

〔그림 1〕 교수의 연령 증가에 따른 연구생산성 변화

자료: 이성호(1992) p. 126의 그림5-1 참조(原典: Bayer and Dutton, 1977).

특히 이성호(1992: 126) 인용하였듯이, Bayer와 Dutton(1977: 259-282)은 〔그림 1〕과 같이 연령에 따른 연구생산성이 "말 鞍裝型"(a horse saddle type)을 이룬다고 주장한다. 즉, 초임 후 초기 10년간은 연구생산성이 높아지기 시작하고 정점에 이르렀다가 감소되기 시작하며, 다시 정년 퇴임기가 가까워 오면서 또 한번 상승곡선을 그려 정점에 이르게 된다는 것이다.

이들이 거론하지는 않았지만, 그 외에도 학부의 전공이나 현재 거주지역, 학위취득 여부, 특히 교육여건과 관련하여 최종학위자가 어떤 연구환경(지식접촉 빈도, 대학원 교육에의 참여 등)에서 최종학위를 취득했는가도 연구생산성에 영향을 미친다는 것이 본 연구자가 제기하는 주장이다. 특히 거주지역(여기서는 수도권과 비수도권)은 지적 정보 획득이나 접촉빈도의 차이를 나타내주므로 정보의 획득이나 접촉 빈도가 더 높다고 사료되는 수도권 소재 대학교수들이 비수도권 보다 연구생산성이 높을 것이라는 점이다. 또 본 연구자의 생각으로는 국내에서 학위를 취득한 교수집단이나 해외에서 학위를 취득한 집단간에 연구생산성에 별 차이가 없을 것으로 추정된다. 그 이유는 외국의 관광계 대학의 역사가 국내대학보다 오히려 짧은 경우가 많아 이론이나 연구 방법면에서 국내와 큰 차이를 보이고 있지 않다고 보기 때문이다. 다만 외국어(대부분 영어)를 매체로 하여 관광교육을 받았으므로 해외 영문학술지에의 접근이 용이할 것이므로 해외 학술지에 대한 투고 생산성은 국내학위 교수집단보다 더 높을 것으로 사료된다.

II. 연구 방법

1. 연구 자료의 성격과 범위

본 연구는 표본조사가 아니라 관광학계 교수 전체 모집단을 대상으로 하였다. 먼저, 관광분야 교수 모집단을 확정하기 위해서는 모집단의 성격이나 범위를 劃定해야 한다. 왜냐하면 관광이라는 학문의 범위 자체가 모호하여 어디까지를 관광학으로 보아야 할지가 문제이기 때문이며 '대학'이라는 조직에 대한 성격이나 범위규정도 필요하기 때문이다. 먼저 본 연구에서는 다음과 같이 조사 대상 집단의 성격을 규정하고자 한다.

첫째, 관광학이라는 학문분야의 범위이다. 종합학문이라는 이유때문이기는 하지만 관광학 분야는 경제학, 사회학, 지리학 등 기존의 정립된 단일 사회과학에 비해 학과 혹은 학부의 명칭이 지나칠 정도로 다양화되어 있는 것이 우리나라의 현실이다. 본 연구에서 조사해본 우리나라 4년제 대학교의 학과 혹은 학부의 명칭을 보면, 관광경영학과, 관광개발학과, 관광레저개발학과, 관광학과, 호텔경영학과, 호텔관광경영학과, 호텔레저경영학과, 호텔외식경영학과, 국제관광학과, 관광문화학과, 문화관광학과, 관광통역학과, 관광영어(일어, 중국어)통역학과, 외식사업학과, 외식조리학과, 조리외식학과, 호텔외식경영학과, 호텔조리식당경영학과 등 다양하게 구성되어 있고, 전공학부별로도 관광대학, 관광학부, 경영관광정보학부, 관광통상정보학부, 호텔관광학부, 호텔외식학부, 호텔관광경영학부, 관광호텔외식경영학부, 국제관광통상학부 라는 명칭을 가진 조직내에 관광관련 전공들이 뒤섞여 개설되어 있는 실정이다. 이와 같이 범위와 명칭이 다양하므로 먼저 어디까지를 관광분야의 학문범위로 볼 것인가가 중요한 문제가 된다.

관광학이 포괄하는 학문적 범위에 대해서는 아직 충분히 연구된 바 가 없어 다소 자의적인 기준에 의존할 수 밖에 없다.[1] 이와 관련하여 본고에서는 부득이 관광관련 학부(또는 단과대학)에 소속되어 있더라도 어학(통역)관련 전공이나 학과만을 제외한 여러 전공(또는 학과), 즉, 관광, 여가, 호텔, 호스피탈리티, 외식조리, 이벤트(국제회의 등) 분야를 '관광학' 분야로 간주하기로 가정한다. 문제는 이상의 학과나 학부에 소속되어 있지 않더라도 관광분야에 관심을 가지고 관련강의를 하거나 연구물을 생산하는, 소수이긴 하지만 예외적 집단이 존재할 수 있다는 점인데, 본 연구에서는 이들을 파악하기가 어려워 분석대상에서 제외시켰다.

둘째는 '大學'이라는 조직의 범위이다. 주지하듯이 우리나라에서 관광학을 교육하는 대학기관은 2년제 대학과 4년제 대학 두 종류가 있고 4년제 대학도 개방대학, 4년제 학력인정 각종학교 등으로 나누어져 있다. 이 중에서 필자는 관광교육을 실시하는 4년제 대학 모두를 대상으로 삼았다. 그 이유는 본 연구의 핵심 주제가 교수의 '연구생산성'에 있는데 반해, 우리나라 대부분의 전문대학이 연구보다는 교육·취업에 소속교수의 역할을 두는 쪽으로 편향되어 있어 연구시간이나 동기부여가 상대적으로 적은 전문대학 교수집단의 연구생산성을 4년제 대학 교수집단의 그것과 동등한 잣대로 비교하는 것은 무리가 있다고 판단되었기 때문이다.

셋째, 專任敎授(보수 전액을 받는 정규 임용교수)이외의 외래교수, 초빙교수, 대우교수, 강의교수(외국인 포함), 시간강사 등 비정규직 성격의 교강사진은 모두 제외시켰다. 주지하듯이, 각 대학들이 인건비 절약을 주된 목적으로 교수제도를 편법 운용

---

1) 필자가 전제조건으로 내세운 관광학의 범위가 있으나 이것도 자의적이라는 평가를 면할 수 없을 듯 하다. 졸고(2002) pp. 85-86 참조.

하는 사례가 비일비재하고(장정현, 1996: 175), 임용대학 당국이 이들에게 현실적으로 강의와 취업알선만을 요구할뿐 '연구실적물 생산'은 요구하지 않는 것이 관례이기 때문이다. 더우기 이들은 한국학술진흥재단 '학술연구자정보'란이나 대학내 홈페이지에 대부분 등재되어 있지도 않아 이들의 연구활동 내지 기타 인적 정보를 획득하기 어렵기 때문이기도 하다.

이상의 세 가지 전제하에 교수 모집단에 대한 정보를 우리나라 관광관련학회의 회원 인명록과 韓國學術振興財團 홈페이지(www.krf.or.kr)의 '學術研究者情報'란을 이용하여 구득하였다. 관련학회 회원 인명록은 비교적 역사가 오랜 사단법인 韓國觀光學會의 「한국관광학회 회원명부」, 大韓觀光經營學會 및 韓國觀光레저學會 학회지 말미에 첨부된 회원주소록, 그리고 각 관광관련 대학교의 학과(학부, 대학 포함) 홈페이지를 이용하였다. 이렇게 범위를 획정하여 조사해 본 4년제 대학교수 연구자수(모집단)는 총 275명에 이르는 것으로 밝혀졌다.

2. 변수의 선정과 조작

연구자의 신상에 대한 주된 정보원은 한국학술진흥재단이 운영하는 홈페이지의 '학술연구자 정보란'이다. 그러므로 연구의 범위나 내용은 부득이 이 정보가 주는 범위에 의해 제약될 수 밖에 없다. 교수모집단 275명에 대한 학술 및 개인신상 정보는 학술진흥재단 홈페이지와 개인 홈페이지 정보를 최대한 활용하여 다음과 같은 자료를 추출하고 필요에 따라 이들을 분석가능하게 변수조작을 행하였다.

1) 연구 생산성

교수집단의 研究生産性은 본 연구의 유일한 종속변수이다. 연구생산성과 관련하여, 교수집단에 의해 생산되는 다양한 종류의 연구실적물들을 어떻게 평가할 것인가는 무척 신중을 기해야 하는 과제이며 한편 논란의 소지가 큰 문제이기도 하다. 교수의 연구생산물은 일반적으로 전공영역의 저서(교과서, 학술연구서, 번역서, 편저서 등)와, 논문(공인된 출판사를 통한 논문, 비평 등) 그리고 연구보고서, 학술회의 발표논문, 특허, 전시 및 발표회(작품, 토론, 세미나, 강연회 등), 학술상 수상 실적 등을 말한다. 본 연구의 대상이 되는 교수들의 전공분야는 주로 사회과학에 속하므로 평가의 대상은 특허나 전시회, 발표회가 아닌 연구 생산물, 이를테면, 전공영역의 저서(역서, 편저서 포함)나 논문, 보고서 등에 국한하는 것이 대학 연구 업적 평가의 관례이다. 본 연구에서는 모호하여 평가하기가 어렵고 객관성을 증빙하기가 어려운 각종 연구용역보고서, 강연회 자료 등을 제외한 공식출판된 연구논문(정기학술지 논문, 대학 논문집, 연구소 논문 등), 학술 저서·역서·편저서, 학술회의 발표논문(proceedings) 만을 연구생산물로 정의하고자 한다.

　이렇게 범위를 정하더라도 문제는 이들 실적물들을 어떻게 가중치를 주어 평가 할 것인가 하는 점이다. 예를 들어 이 분야학자들에 의하면, <표 1>에서 보듯이 논문 과 저서의 가중치를, 논문을 1로 볼 때 이론연구서를 3배 내지 7배, 편저서를 1배 -2.5배, 그리고 교과서를 1.5배-3배 높게 평가해야 한다고 주장하기도 한다(이성호, 1995: 185). 그러나 여기서 무엇을 '이론연구서', "교과서" 혹은 '편저서'로 볼 수 있을 것인가? 엄격한 익명심사를 거친 논문과 그렇지 못한 논문(예: 校內論文集 등)을 과 연 同級으로 간주할 수 있는가? 가중치를 부여하는데 있어 주관성이 개입될 소지가 큰 이러한 문제를 해결할 수 있는 방안이 없다면 연구실적 평가는 오히려 문제의 해 결은 커녕 문제를 더 생산하는 결과만 낳을지도 모른다.

<표 1> 연구업적 평가에서 저서와 학술지간의 비중에 대한 선행연구 결과

연구자(연구년도)	편저서	교과서	이론연구서	학술지논문
Glenn & Villemez(1970)	10	15	30	4-10
Knudsen & Vaughan(1969)	2	3	6	1-2
Cartter(1966)	2	3	6	1

주: 이성호(1995). p. 185의 <표5-10>을 인용하여 재편집.

　유감스럽게도 교육 선진국들에 비해 우리나라 학계에는 아직 학술지의 평가제도가 제대로 정착되어 있지 않으며 이제 겨우 걸음마 단계에 들어서 있다.[2] 따라서 우리 학계에서 각종 국내외 논문이나 학술발표회 논문집, 저서·역서 등을 어떻게 가중평 가해야 하는가 하는 문제는 또 하나의 큰 연구과제라 아니할 수 없다.

　이에 본 연구에서는 가급적 이 문제를 우회하여 접근하고자 한다. 예를 들어 저서 와 논문은 기본적으로 성격이 다르므로 분리해서 평가해보는 방법 등이 그것이다. 본 연구에서는 기존의 학술진흥재단 登載學術誌(또는 등재후보학술지)는 그 지적인 수준 이 이미 객관적으로 인정되었으므로 A급으로 인정하며(외국의 정기학술지는 대부분 익명심사가 정착되어 있다고 보아 A급으로 환산) 기타 학술지는 同級으로 간주하였

---

2) 비록 1998년 말부터 한국학술진흥재단이 야심적인 '등재학술지' 평가인증제도를 도입하여 운용 하고 있지만, 아직 많은 학술지들에 대한 평가가 진행중에 있을 뿐만 아니라 각 대학 또는 기관들 의 이해와 협조 부족으로 이 평가기준이 한국 대학사회에 완전 정착되어 있지는 않았다.

다. 다만, 최근 논문집 引用指數(impact factor) 연구 결과(김사헌, 1999: 189-211)를 바탕으로 대한관광경영학회, 한국관광레저학회, 한국호텔경영학회가 발행하는 학회지를 차상급 학회지로 인정하고 加點을 주는 대안을 취하였다. 기타 논문들은 모두 동일한 급의 논문으로 간주하되, 다만 학위논문(임용시의 당연한 요건이므로 제외), 신문이나 대중잡지에 발표된 에세이(essay) 성격의 논단, 발표기관이 명시되지 않았거나 발표기관이 학술관련기관이 아닌 유사논문은 모두 평가대상에서 제외하였다. 아울러 저서·역서 중 전공과 관련이 없는 서적(시집, 수필집, 소설, 일반교양도서 등), 동일한 저서의 개정증판, 각종 자격시험 대비용 문제집, 외국어 회화용 또는 讀本 등은 연구실적물에서 제외하였다.

평가대상 생산물의 생산시점과 관련하여, 모든 연구실적은 4년제 대학 임용시 부터 2002년 6월말 현재까지 생산된 업적만을 대상으로 하였다. 아울러 만약 2년제 대학이나 연구소에서 4년제 대학으로 전직하였을 시, 4년제 대학에 전직한 날부터 생산되기 시작한 연구업적만을 대상으로 하였다. 다만, 논문이든 저서·역서이든 공저자(공역자)와 단일 저서·역서 모두 동일 가중치를 주었다는 점이 본 연구의 최대 한계점이다. 학술진흥재단 정보나 연구자 개인의 정보가 이를 분명히 밝히지 않고 있어 개개인 실적물의 원본을 일일이 조사해보기 전에는 이를 밝혀낼 방법이 없었기 때문이다. 이상의 연구생산성 변수를 제시해보면 다음과 같다.

(1) 연구 논문: 한국관광학회지(관광학연구), 대한관광경영학회지(관광연구), 한국관광레저학회지(관광레저연구), 한국호텔경영학회지(호텔경영학연구), 기타 연구(각종 정기학술지, 연구소 논문집, 교내 논문집)

(2) 학술발표 논문집: 국내외 학회(학술단체) 발표논문집, 연구소 발표논집 등

(3) 국제학술지: SSCI급을 포함, 익명심사제를 취하는 국제학술지(편집위원이 국제적으로 분포된 국제공용어 학술지)

2) 개인 속성관련 변수

개인 신상관련 변수는 본 연구의 종속변수(연구 생산성)를 규정짓는 설명변수이다. 여기서는 한국학술진흥재단 학술연구자 정보를 바탕으로 이를 다음과 같이 설정하였다.

(1) 나이: 학술연구자 정보란에 기재된 나이

(2) 임용년도: 4년제 대학 관광관련학과에 최초로 부임한 년도

(3) 재직기간: 4년제 대학 관광관련학과에 부임하여 재직한 년수(轉職 포함)

(3) 직위: 4년제 대학 관광관련학과에서의 현재 직위(정규직 전임강사 이상)

(4) 학부의 전공: 대학 재학시의 관광전공 여부

(5) 박사학위 여부 및 국내외 수여대학교 구분: 박사학위 취득 유무 및 박사학위 수여국 구분

(6) 학교소재 지역: 7대 광역도시 및 9개 道중 대학이 소재하는 지역

Ⅲ. 연구 생산성의 결정요인: 개별 속성변수와의 제관계

이상의 자료 조사를 토대로 연구생산성과 개인속성변수에 대한 記述統計와 이들 변수간의 상관성 혹은 인과관계를 분석해 보았다. 이미 위에서 밝힌 바대로 모집단은 275명이었으며, 학술진흥재단 연구자정보란에서 스스로 정보공개를 거부하거나, 공개하였더라도 정보가 부실하거나(대부분 연구실적 미등록), 연구자 정보란에 등재하지 않았거나, 개인(대부분 소속대학) 홈페이지에 조차 올리지 않은 교수, 혹은 아예 홈페이지조차도 없는 無情報者는 변수의 종류에 따라서 적게는 16명에서 많게는 32명에 이른다. 따라서 이러한 硏究限界集團(marginal research group)을 제외한 분석 가능한 유효 모집단은 적게는 243명, 많게는 265명에 이른다.3) 이들 변수들의 단순 기술통계는 <표 3>과 같다.

1. 개별속성 변수에 대한 기술적 통계

우선 연구대상 집단의 평균 나이는 46.9세(1955년생)이다(<표 3> 참조). 이를 연령대별로 보면, 30대가 20.7 %, 40대가 51%, 50대가 18.5%, 그리고 60대가 9.5%인 것으로 밝혀졌다. 재직연수로 보면, 10년 미만 재직자가 63.8%, 10년 이상 20년 미만 재직자가 27.6%로 전체 교수의 약 91%가 19년 이하였고, 평균은 8.5년인 것으로 나타났다(<표 2> 및 <표 3> 참조). 이는 나이 40세 전후가 되어야 교수직을 얻게 되

---

3) 그러나 분석이 가능한 이들 243명-265명이 유효 표본이라고 할 수는 없다. 왜냐하면 표본이란 모집단의 대표적 특성을 그대로 지닌 집단을 말하는데, 이들의 경우 비공식적으로 조사해본 바에 의하면, 유효집단과 달리 연구활동이 전혀 없거나 거의 연구를 하지 않는 限界集團(marginal group)에 속하는 것으로 파악되었기 때문이다.

는 근래의 추세를 그대로 반영하고 있는 듯하다. 특히 한국교수의 평균연령이 45.3세 (사회과학 46.2세)라는 조사 결과(有本章·江原武一, 2000: 31)에 비하면 약 0.7세가 높은데, 이는 적지 않은 학교가 업계경력이 있는(나이가 든) 현장종사 경험자를 선호 하여 채용하는 경향에 기인하지 않은가 사료된다.

<표 3>을 보면 직급은 조교수 31.7%, 정교수 26.4% 순으로 많으며, 교수들의 약 71%가 學部 재학시절 관광계열을 전공한 것으로 밝혀지고 있다.

<표 2> 구간대별 나이 및 재직연수

나이 혹은 재직연수	나이		재직 연수	
	명	%	명	%
1-9	-	-	148	63.8
10-19	-	-	64	27.6
20-29	-	-	18	7.7
30-39	48	20.7	2	0.9
40-49	119	51.3	-	-
50-59	43	18.5	-	-
60 이상	22	9.5	-	-
計	232	100.0	232	100.0

<표 3> 교수 개인신상 변수들에 대한 기술통계

변수 구분	총계(N)	정보 불명	유효 수	평균 또는 %
나이	275	16	259	1955.9(46.9세)
임용년(재직연수)	275	32	243	1994.2(8.5년)
교수의 직급	275	10	265	100.0
전임강사			58	21.9
조교수			84	31.7
부교수			53	20.0
정교수			70	26.4
학부 때의 전공	275	22	253	100.0
관광관련			180	71.1
비관광			73	28.9
박사학위 여부	275	23	252	100.0
박사학위자	국내 취득		151	59.9
	해외 취득		80	31.7
석사학위이하			21	8.3

한편 본 연구의 관심사중 하나인 학위 취득사항을 보면, 박사학위 취득자가 91.7%, 비취득자(거의 석사학위 취득자로 판단됨)가 8.3%인 것으로 나타났다. 박사학위 취득자 총 231명중 65.4%(151명)가 국내에서 학위를, 34.6%(80명)가 해외에서 학위를 취득하였다. 약 1/3이 해외 박사학위 취득자인 셈이다. 해외 취득자 80명의 학위 취득 국가를 보면, 미국 57명(71.3%), 일본 11명(13.8%), 영국 3명, 호주 2명, 기타국(중국, 필리핀, 스페인, 오스트리아) 각 1명의 순으로 전체 해외학위자의 71.3%가 미국에서 박사학위를 취득하였다. 2002년 6월 현재, 한국학술진흥재단에 신고된(www.krf.or.kr 참조) 23,998명의 박사학위 출신국 분포가 미국(57.4%), 일본(16.4%), 독일(8.3%), 프랑스(4.9%), 영국(3.4%)의 순인 것과 비교하면, 우리 관광학계는 박사학위 취득이 심히 미국편향적임이 드러나고 있다. 이는 관련 연구(송혁순, 2001)의 결과와도 일치한다.

2. 연구 생산성의 기술통계와 분석

한편 본연구의 주된 관심사인 교수집단의 연구생산성을 보면, 다음 <표 4>와 같다. 위의 연구방법에서도 설명하였듯이, 연구업적물은 국내논문을 관광관련 4대 학술지와 기타 학술지, 그리고 국제 학술지로 분류하였으며, 아울러 국내외 학술발표대회 발표논문집, 그리고 저·역서(편저 포함)로 구분하였다.

먼저 이들 연구매체에 발표된 총 게재회수를 조사하고 이를 有效集團數(관련정보가 없는 자를 제외한, 정보가 파악된 교수만의 수)로 나누어 인당 평균생산성을 구하여 보았다. 분석 결과, 교수들은 재직기간 동안 人當 1.86권의 저서와 인당 8.77편의 논문(프로씨딩은 제외)을 쓴 것으로 나타났다. 이는 평균 재직기간이 8.5년인 것을 감안하면 겨우 인당 년평균 1.03편의 논문을 썼다는 계산이다. 이 8.77편의 논문중 대부분인 6.38편(72.7%)을 거의 심사제 학술지가 아닌 기타 학술지(주로 교내 논문집)에 게재하였고, 그 외에 1.84편만을 국내 4대 학술지에, 그리고 0.55편을 국제 학술지에 게재하였다. 국내 4대 학술지에 게재한 1.84편중 0.93편은 한국관광학회지(관광학연구)에, 0.34편은 한국호텔경영학회지(호텔경영학연구)에, 0.31편은 대한관광경영학회지(관광연구)에 그리고 0.27편은 한국관광레저학회지(관광레저연구)에 게재하였다.

이 게재회수로 본 학회지 순위는 연전 筆者(1999: 189-211)가 조사한 학회지별 인용지수(impact factor) 순위와 정확히 일치한다는 점이 흥미롭다.[4] 그러나 <표 4>의 맨 끝

---

[4] 각 학회지 게재 논문 1편당 피인용 지수(imapact factor)는(1994-1999년 기간), 관광학연구 0.713, 호텔경영학연구 0.542, 관광연구 0.432, 관광레저연구 0.217편의 순이었다.

縱欄에 나타나 있듯이 모든 標準偏差(즉, 개개 교수간 편차)가 너무 커서 평균을 가지고 모집단 전체의 특성을 살피는 데에는 무리가 따르는 것으로 보인다.

<표 4> 연구매체별 재직기간동안 총게재회수 및 인당 평균 게재회수

연구물 종류	총 게재회수	재직동안 인당 평균 게재회수 및 표준편차
4대 정기학술지		
관광학연구	219	0.93 (1.86)
관광연구	72	0.31 (1.03)
호텔경영학연구	79	0.34 (0.93)
관광레저연구	63	0.27 (0.97)
기타 학술지	1499	6.38 (7.5)
국제학술지	129	0.55 (1.43)
프로씨딩	272	1.16 (2.37)
저서 및 역서	438	1.86 (3.21)

주: 유효 집단수(N)은 235명임. 괄호 안의 숫자는 표준편차 σ임.

3. 교수 연구생산성의 결정요인

1) 나이(재직연수)와 연구생산성의 관계

앞의 기술통계에서도 나타났듯이 우리나라 관광학계 교수의 평균연령은 46.9세, 재직한 연수는 평균 8.5년에 해당된다. 나이와 재직연수는 상관성이 극히 높은 것으로 나타났으므로($r = 0.615$) 본고에서는 이들 중에서 주로 한 가지 변수(재직연수)만을 검토해보기로 한다. 먼저 각종 연구생산성과의 상관계수를 구해보면 <표 5>와 같다. 즉, 나이 혹은 재직연수와 각종 연구업적간의 상관성은 기타 학술지의 경우만 -0.594로서 재직기간이 높아감에 따라 게재빈도가 낮아지는 관계를 보일뿐 특이한 관계를 보여주지 않고 있다. 다만 관광학연구지의 경우, 재직연수가 늘어갈 수록 투고율이 다소 낮아져가는 경향을 보여준다($r = -0.317$).

종류별 생산량을 합계한 총생산량과 재직연수간의 상관관계를 구해본 것이 <표 6>이다. 재직기간 동안의 생산물과 재직연수와의 상관성은 正의 관계를 보이며 약 47-50 %의 상관성에 이른다. 재직기간이 늘어갈 수록 생산물의 총량은 누적되므로 당연히 정상관성을 띨 수밖에 없다. 그래서 논자는 이 업적량을 다시 재직연수로 除한 '재직 연간 평균생산성'을 구해보았는데, 그 결과가 <표 6>의 제2행이다. 이를 보면, 상관성이 크게 높지는 않지만, 연간생산성은 오히려 재직기간 증가에 따라 감소해가는 경향이 있음을 보여준다.

<표 5> 나이·재직연수와 각종 연구생산성의 상관계수

	관광학연구	관광연구	호텔경영	관광레저	기타학술지	국제학술지	프로씨딩	저역서
나이	-0.047	-0.143	0.005	-0.019	-0.244	0.122	0.135	-0.155
재직연수	-0.317	-0.163	-0.122	-0.166	-0.594	0.010	-0.015	-0.296

<표 6> 재직연수와 연구논문 및 저서 생산성간의 상관계수

연구 생산성 구분	논문 단순 합계	논문가중 합계	논문/저서 단순 합계
재직기간 생산성 총계	0.503	0.467	0.500
인당 연간 생산성 총계	-0.172	-0.199	-0.160

주: 단순합계는 논문(proceedings 포함) 생산량을 가중치없이 합계한 수치이며, 논문가중합계는 등
재학술지인 『관광학연구』와 국제학술지에만 일반학술지의 2배 가중치를 준 수치임.

여기서 論者는 나이(재직연수)의 증가에 따라 연구생산성은 '말 안장형'의 추세를 보인
다는 Parson-Platt의 가설을 확인해보기 위해 연령별 연구생산성의 추세를 살펴보았다.
이것이 아래 〔그림 2〕이다. 〔그림 2〕는 1인 표본을 제외하고 2인 이상의 표본만을 대상으
로 하였으며 재직연수와 연구논문 가중총계의 평균치와의 관계를 살펴본 것이다. 〔그림
3〕은 논문 생산성 평균치(인당 평균 12편)를 상회하는 업적에 대해서만 근무연수와 대비
시켜 본 것이다. 이들 회귀선 추세치를 보면 비록 설명력이 낮기는 하지만(R2=0.2736),
추세선에서 볼 수 있듯이 근무연수에 따른 연구생산성은 '말 안장형'이라기보다는 증가율
이 점차 체감하는 우상향의 곡선형태를 띄고 있음을 나타내주고 있다. 즉 퇴임기까지 쇠퇴
기가 없이 생산성은(비록 증가율은 떨어지고 있지만) 완만한 증가세를 보이고 것으로
나타났다.

이 현상을 보다 면밀히 알아보기 위해 교수집단의 범위를 박사학위 취득자로 국한시키
고 이를 국내 취득자와 해외취득자로 구분하여 위의 가설을 검토해 보았다. 이 관계 그림
과 추세선을 나타낸 것이 〔그림 4〕와 〔그림 5〕이다. 이들 그림에서도 역시 동일하게 2인
이상 표본사례만을 대상으로 하고 각 근무연수 집단의 논문 생산성(가중 생산성)의 평균
치를 사용하여 추세분석을 해 보았다.

국내 학위자의 경우를 보면, 역시 위의 〔그림 2〕에서와 같이 생산성은 근무연수 증가에
따라 점진적 우상향 곡선을 취하고 있으며, 재직연수가 약 20년 정도를 상회하면서 오히려
연구업적은 더욱 증가하는 것으로 나타나고 있다(곡선 적합도=69.1%). 반면, 해외 학위
취득자의 경우 '말 안장형'에 가깝게 나타나고 있는데, 재직 9년경에 최저점에 도달했다가

재직 13-14년에 최고점에 달한 후 다시 급격히 하향하는 현상을 보이고 있다(곡선 적합도
=59.8%). 즉, 국내 학위자의 생산성은 시간이 갈수록 계속 증가하는 반면에 해와 학위자
의 생산성은 '말 안장형'의 굴곡성을 강하게 나타내고 있는 것이다.

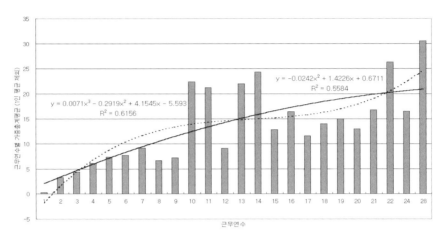

〔그림2〕 재직연수별 논문생산의 가중총계 평균의 관계(1인 표본 제외)

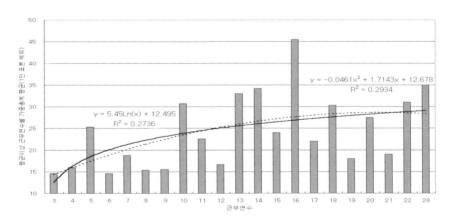

〔그림 3〕 평균이상 생산성을 보인 교수들의 재직연수별 논문 가중평균 생산성 추이

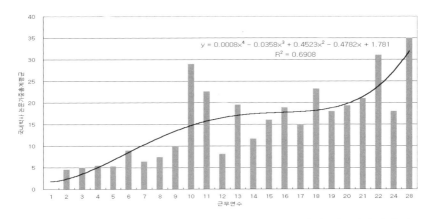

〔그림 4〕 국내 박사학위 취득자의 재직연수별 논문가중총계 평균생산성 추이

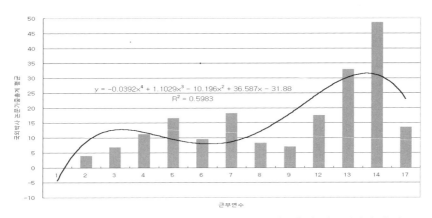

〔그림 5〕 해외 박사학위 취득자의 재직연수별 논문가중총계 평균생산성 추이

2) 직급과 연구생산성의 관계

이성호(1992:124)의 연구에 의하면, 교수들의 직급이 높을수록 누적된 연구업적이 많으며 출판율도 높다고 한다. 그러나 연구업적을 단순 누적시킨다면, 직급이 높을수록 교수로서의 재직 연수도 대개 늘어나므로 연구업적 또한 많아짐이 당연하다. 본 연구에서도 교수인당 누적치(누적 평균치)로 계산했을 때는 전임강사에서부터 교수로 직급이 높아 갈수록 연구생산성은 높아가고 있으며, 특히 기타학술지에서의 생산성은 크게 증가하는 것으로 나타나고 있다(〈표 7〉과 〔그림 6〕 참조).

그러나 이들 각자의 생산성을 재직연수로 나눈 연평균으로 보았을 때는 전혀 다른 결과가 빚어지는 것으로 나타났다. 즉, 관광학연구지와 호텔경영연구지의 경우, 부교수의 기여도가 가장 높으며 기타학술지와 저역서의 경우 조교수가 가장 많은 생산성을 보이고 있다. 반면, 프로씨딩과 국제 학술지는 조교수의 기여도가 가장 높은 것으로 나타나고 있다. 전반적 생산성(논문 가중치 생산성)을 보면, 연평균으로 계산해 전임강사는 1.41편, 조교수 1.81편, 부교수 1.46편, 정교수 1.06편으로 조교수의 생산성 기여도가 가장 높은 반면(정교수의 1.7배), 정교수의 기여도가 가장 낮게 나타나고 있다. 분산분석을 해보아도 이들 집단간에는 통계적으로 유의한 차이가 있는 것으로 나타나고 있다($F = 15.4, p = 0.000$). 正敎授의 연구생산성이 이렇게 상대적으로 최하위를 나타내는 이유는 일단 정교수로 승진되면 더 이상 재임용 실적심사를 받지 않아도 되므로 연구생산성을 높여야 할 外的 動機가 사라졌기 때문이 아닌가 사료된다.

<표 7> 직급과 연구매체별 연구생산성의 관계

직급	평균	관광학연구	관광연구	호텔경영연구	관광레저연구	기타학술지	국제학술지	프로씨딩	저역서
전임강사	누적평균	0.17	0.09	0.07	0.11	1.13	0.46	0.98	0.57
	연간평균	0.08	0.04	0.03	0.04	0.37	0.19	0.39	0.17
조교수	누적평균	0.65	0.15	0.24	0.22	5.69	0.57	1.15	1.68
	연간평균	0.11	0.03	0.04	0.03	1.00	0.13	0.24	0.29
부교수	누적평균	1.30	0.40	0.60	0.42	6.94	0.54	1.60	2.08
	연간평균	0.16	0.03	0.06	0.03	0.69	0.07	0.18	0.19
교수	누적평균	1.51	0.57	0.43	0.32	10.45	0.60	0.95	2.83
	연간평균	0.09	0.04	0.03	0.02	0.63	0.04	0.07	0.19

주: 모집단(이하 괄호안 숫자는 유효수)은 전임강사가 58(47), 조교수 84(74), 부교수 53(50), 정교수 70(65)임.

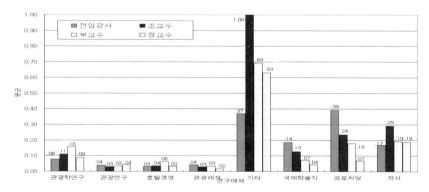

〔그림 6〕 재직연수 반영후의 직위별 연평균 생산성

3) 최종학위와 연구생산성의 관계

이성호(1992, 1995) 등이 지적하지 않았지만 최종학위(박사학위) 여부 그리고 어떤 연구풍토에서 이를 취득했는가도 연구생산성에 영향을 미친다고 판단된다.

국내외 박사학위자와 석사학위자를 연구매체별로 그 생산성을 分散分析으로 비교해 보았을 때 이들 간에는 분명히 통계적으로 유의한 차이가 발견되었다(F=6.3 , P=0.001). 이들 간의 연구생산성을 비교해본 것이 <표 8>이다. 먼저, 누적 평균으로 보나 연간 평균으로 보나 최종학위로 석사학위를 취득한 집단은 박사학위를 취득한 집단보다 연구생산성이 엄청나게 낮은 사실을 알 수 있다. 한편 박사학위 집단의 경우에는 논자가 제기한 가설과 다르게 해외에서 학위를 취득한 집단이 관광학연구지 (1.04배), 프로씨딩(2.1배), 특히 국제학술지에서 훨씬 더 높은(5배) 생산성을 보인 반면, 3대 학술지 및 기타학술지 그리고 저·역서에서 압도적인 약세를 보이는 것으로 나타났다. 이것이 시사하는 바는 해외학위 취득자일 수록 심사학술지에 글을 싣는 것을 더 선호하는 반면 국내학위 취득자는 비심사지 이를테면 교내 논문집(기타 학술지의 거의 2/3가 교내 논문집임)이나(2.4배) 익명심사와 관련이 없는 개인 저역서 지향적(1.5배)이라는 해석을 내릴 수 있을 것 같다. 아울러 해외학위 취득자는 국내학위 취득자보다 국내외 학회 등에서의 발표활동이 국내학위 취득자에 비해 훨씬 더 (2.1배) 높다는 것을 의미하고 있다.

<표 8> 최종학위별 연구매체별 연구생산성

최종 학위별		평균	관광학 연구	관광 연구	호텔경 영연구	관광레 저연구	기타 학술지	국제 학술지	프러 씨딩	저역서
박사학위 취득자	국내취득	누적평균	0.92	0.33	0.38	0.35	8.06	0.22	0.81	2.13
		연간평균	12.60	4.55	5.23	4.75	110.85	3.00	11.14	29.26
	해외취득	누적평균	1.18	0.35	0.31	0.19	4.14	1.35	2.14	1.71
		연간평균	13.16	3.87	3.41	2.17	46.13	15.02	23.84	19.04
석사학위 취득자		누적평균	0.20	0.00	0.15	0.00	2.85	0.05	0.15	0.65
		연간평균	0.45	0.00	0.34	0.00	6.48	0.11	0.34	1.48

주: 석사학위자 총수(괄호안 숫자는 유효수)는 21(20), 국내 박사학위 취득자는 151(142), 해외 박사학위 취득자는 80(72)임.

4) 지역별 연구생산성

본 연구에서는 조사대상자의 거주지 파악이 어려운 관계로 대학의 소재지를 조사자 거주지의 대리변수(proxy variable)로 파악하였다. 본 조사에서는 대학 소재지를 市郡이 아니라 市道別로 파악하였기 때문에 이 광역지역을 교수집단의 거주지로 간주하기에 큰 무리가 없을 것으로 보인다.

<표 9>는 거주지별 연구매체별 연구생산성을 나타내주고 있다. 해당란의 왼쪽 숫자는 연구실적물 수를, 괄호안의 숫자는 지역 교수 인당 평균생산성을 나타내 준다. 여기서 발견할 수 있는 사실은 관광학연구지에는 전북, 서울 및 수도권 출신 학자의 기여도가 높고, 관광연구지는 대구/경북권, 관광레저연구지는 부산/경남권, 기타 학술지는 전북, 전남/광주 그리고 충북권, 국제 학술지는 수도권, 프로씨딩은 서울과 전남/광주 그리고 저·역서는 전북, 경기도, 부산/경남 순으로 기여도가 높은 것으로 나타나고 있다. 일부 지역의 경우, 표본수가 적어 대표성에 문제가 있다고 판단되나(예: 전북, 전남/광주 및 충북) 학술지에 따라 다소 지역편향성을 띄고 있는 것이 분명해 보인다. 즉, 관광학 연구지와 호텔경영학 연구지는 비교적 전국성이 강한 반면, 관광연구지는 대구/경북권 교수에게, 관광레저 연구지는 부산/경남권 교수에게 집중되고 있는 현상을 보이고 있다.

앞의 분석결과를 놓고 볼 때 이는 학위자의 지역별 분포와도 무관해 보이지 않는다. [그림 7]이 최종학위자의 지역별 분포를 막대 그래프로 나타내 본 것이다.

예상과 어긋나지 않게 서울권, 충남/대전권에 해외 박사학위 취득자가 집중되어 있으며, 경기도, 강원도, 충북, 부산/경남, 대구/경북, 전남북 및 제주도 등 거의 대부분 지역이 국내에서 학위를 취득한 계층이 압도적 비중을 차지하고 있다. 또한 석사학위 취득자는 대부분 강원도, 충남/대전, 경기, 서울 순으로 몰려 있는 것으로 나타나고 있다. 서울권이 국제학술지나 프로씨딩 생산성이 높은 것도 이와 무관하지 않은 것으로 보인다.

<표 9> 지역별 연구매체별 연구생산성

지역	교수수 (유효수)	관광학 연구	관광 연구	호텔경영 학연구	관광레저 연구	기타 학술지	국제 학술지	프로 씨딩	저서 역서
서울	50(41)	66(1.61)	9(0.22)	27(0.66)	0(0.00)	246(6.00)	29(0.71)	75(1.83)	68(1.66)
경기	44(42)	54(1,29)	6(0.14)	13(0.31)	1(0.02)	328(7.81)	32(0.76)	35(0.83)	141(3.36)
강원	32(27)	12(0.44)	2(0.07)	5(0.19)	0(0.00)	135(5.00)	6(0.22)	22(0.81)	27(1.00)
대전/충남	36(32)	12(0.38)	1(0.03)	3(0.09)	2(0.06)	146(4.56)	18(0.56)	25(0.78)	40(0.78)
충북	10(6)	8(1.33)	0(0.00)	7(1.17)	2(0.33)	70(11.67)	4(0.67)	6(1.00)	10(1.67)
대구/경북	37(35)	25(0.71)	47(1.34)	16(0.46)	15(0.43)	241(6.89)	23(0.66)	52(1.49)	59(1.69)
부산/경남	37(31)	17(0.55)	5(0.16)	3(0.10)	37(1.19)	134(4.32)	14(0.45)	37(1.19)	74(2.39)
전남/광주	9(7)	6(0.86)	2(0.29)	0(0.0)	0(0.0)	77(11.0)	3(0.43)	13(1.86)	6(0.86)
전북	4(2)	5(2.50)	0(0.00)	0(0.00)	0(0.00)	35(17.50)	0(0.00)	1(0.50)	8(4.00)
제주	16(12)	4(0.33)	0(0.00)	5(0.42)	6(0.50)	87(7.25)	0(0.00)	6(0.50)	5(0.42)
總計	275	219	72	79	63	1499	129	272	438
平均	(235)	0.87	0.28	0.31	0.25	5.92	0.51	1.08	1.73

주: 숫자는 연구실적물 수를, 괄호안 숫자는 지역교수 인당 평균생산성을 나타냄.

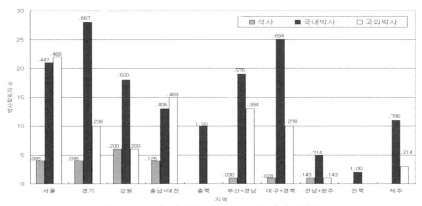

〔그림 7〕 국내외 박사학위 취득자의 지역별 분포

Ⅳ. 요약, 논의 및 시사

이상에서 4년제 대학 관광관련전공 교수는 어떤 특성을 지닌 집단인가를 교수의 연구생산성이라는 측면에서 파악해 보았다. 교수의 연구생산성을 규정짓는 요인은 소속 대학이나 학과의 학문적 분위기와 지도교수의 성향, 연구동기, 직급, 연령, 전공 분야, 대학원과정 개설 여부 등 여러 가지가 있을 수 있다. 그러나 본 연구는 자료 제약조건상 다른 변수는 일정하다고 놓고, 재직기간, 직급, 학위취득 상황, 거주지역 만을 중심으로 교수 연구생산성 결정인자들을 파악해 보았다.

그 결과, 재직연수에 따른 연구생산성은 '말 안장형'이라기 보다는 증가율이 점진적으로 체감하는 우상향의 곡선형태, 즉 퇴임기까지 생산성은 완만한 증가세를 보이고 있는 것으로 나타났다. 그러나 이를 국내외 박사학위취득자끼리 비교해보았을 때, 국내 학위자의 생산성은 재직연수 증가에 따라 점진적 우상향 곡선을 취하고 있으며, 재직연수가 약 20년 정도를 상회하면서 오히려 연구업적은 더욱 증가하는 경향을 보인 반면 해외 학위자의 생산성은 재직기간 13-14년을 정점으로 '말 안장형'의 굴곡 현상을 강하게 나타내고 있는 것으로 파악되었다.

한편, 직급별로 보면, 연구생산성(가중 논문생산성)이 전임강사 1.41편, 조교수 1.81편, 부교수 1.46편, 정교수 1.06편으로 조교수의 생산성 기여도가 가장 높은 것으로 분석되었다. 또 박사학위 집단의 경우에는 논자가 제기한 가설과 어긋나게 해외에서 학위를 취득한 집단이 관광학연구지와 프로씨딩 그리고 특히 국제학술지에서 훨씬 더 높은 생산성을 보인 반면, 3대 학술지 및 기타학술지 그리고, 저역서에서 압도적인 열세를 보였고 반대로, 국내학위 취득자는 대개 익명심사를 하지 않는 교내 논문집이나 개인 저역서에서 두드러진 강세를 보이는 것으로 파악되었다. 앞으로 대학마다 교수 논문의 질을 점차 강조해가는 추세이므로 학위별 차이 현상은 점차 해소되리라 여겨진다. 아울러 서울을 필두로 일부지역에만 해외박사가 몰려 있는 것으로 파악되었으며, 이는 게재학술지의 지역편향성에도 영향을 미치는 것으로 평가되었다.

본 연구의 한계점으로는 共著者를 파악할 수 없어 이들의 연구생산성을 단일 저자인양 계산했다는 점, 동일 학회지 투고논문 수준의 질적 차이 문제(특히, 한국관광학회지의 익명심사제 이전과 이후 논문의 동일시 문제)를 해결하지 못했다는 점을 들 수 있다. 특히, 학술진흥재단에 정보를 등록하지 않았거나 개인 홈페이지 정보 자체가 없는 '限界集團'을 본 분석에서 배제했다는 점은 교수의 전체 평균생산성을 과대평가시켰을 가능성이 크다. 왜냐하면 본 연구의 사례조사를 통해볼 때, 한계연구집단의 생산성이 정보제공집단의 그것보다 심히 낮았기 때문이다. 또한 본 연구는 대학원 과정 설치 유무 등 대학마다 지닌 고유한 연구풍토에 대한 검토를 捨象하므로써 우리나라 대학의 실상을 的確히 반영했다고는 할 수 없다.

그러나 이런 한계점에도 불구하고 위의 여러 발견사실을 종합적으로 판단해볼 때, 아직까지 관광분야 교수집단은 연구의 질보다는 양적 요건을 충족시키는데 급급하며, 내적 연구 동기보다는 승진·재임용 등의 외적(제도적) 동기에 좌우되고 있다는 인상을 지울 수 없다. 특히 이런 현상은 국내학위 취득자의 경우에 심하게 나타나고 고령자일 수록(재직연수가 많을수록) 더 심해지고 있는 듯하다. 학문의 질적 早老現象은 해외학위 취득자의 경우도 마찬가지이다. 재직기간 14년 정도 이후부터 연구생산성이 급격히 감소하는 것이 단적으로 이를 증명해주고 있다. 최근 敎育人的資源部 국정감사 자료에 의하면, 대학원생수는 크게 늘어나고 있는데(2002년 현재, 262,867명이 在籍), 일반대학원 전임교수를 한 명도 뽑지 않았거나 심지어 대학원 전용시설조차 전혀 확보하지 않고 있는 대학이 거의 대부분이라는 사실이 밝혀졌다(교수신문, 2002: 1면). '세계적 수준의 대학원 육성'이라는 거창한 표어와는 달리 우리의 실제 교육·연구 여건은 오히려 퇴보하고 있는 것이다. 교수집단 및 관계기관의 대대적인 각성과 개혁노력이 필요해 보인다.

관광이라는 학문의 정체성을 회복하고 학문을 발전시키는 일은 단시간에 이루어지지 않는 장기과제이다. 비심사 논문집이나 검증되지 않은 저서 출판의 선호 등 형식적 요건 충족이나 자의적 목표 추구에만 급급해서는 학문의 발전은 요원하다. 앞으로 대학당국이나 관련기관들이 질적 연구생산성을 고취시키는 제도의 조기도입을 서둘러야 하기도 하지만 보다 근본적으로는 소속 교수집단 각자가 대학교수로서의 역할과

사명을 스스로 인식하고 순수 연구의욕을 발현해 연구생산물의 질 향상, 나아가 관광학의 이론발전에 이바지하여야 할 것으로 보인다.

참고문헌

김민주(2000). 우리나라 관광경영학 연구의 추세와 방향모색. 『관광학연구의 현황과 과제』(김사헌外 8인 공저) 백산출판사.

김사헌(1999). 우리나라 관광학술지의 연구논문 성향 분석. 『관광학연구』23(1): 189-211

김사헌(2002). 『관광학연구방법강론』. (개정판) 백산출판사.

송혁순(2001). 대학교수의 연구 생산성. 연세대 교육대학원 석사학위 청구논문.

안재욱(1997). 『한국의 사립대학교』. 자유기업센터

엄정인(2001). 교수 평가제도의 실태와 개선방향. 「대학교육」, 대학교육협의회, 제114호.

이성호(1992). 『한국의 대학교수』. 학지사

이성호(1995). 『세계의 대학교수』. 문이당.

장정현(1996). 『한국의 대학교수 시장』. 내일을여는책 출판사.

정진환(2001). 교수 임용제도의 실태와 개선방향 「대학교육」 대학교육협의회, 제114호.

조명환(2001). 우리나라 관광학 교과과정 체계화 방안. 「학술연구 발표논문집」 제48차 한국관광학회 학술발표대회. 한양대학교. 2. 17

교수신문. 2002년 9월 30일자. 1면

有本章・江原武一(2000).『대학교수의 자화상: 세계 대학교수 국제 비교 연구』. (김정휘・이주한 역). 교육과학사.

Bayer, A. E. and Dutton, J.(1977). Career Age and Research Professional Activities of Academic Scientists. *Journal of Higher Education*. 48(May/June). 259-282.

http://www.krf.or.kr/newkrf/researcher

Leiper, N.(2000). An emerging discipline. *Annals of Tourism Research*. 27(3): 805-809.

Ritchie, J. R. B. & Goeldner, C. R.(1994). Introduction. In J. R. Brent Ritchie and Charles R. Goeldner(eds.). *Travel, Tourism and Hospitality Research: A Handbook for Managers and Researchers*. John Wiley & Sons, Inc. XIII-XVI

Tribe, J.(1997). The indiscipline of tourism. *Annals of Tourism Research*. 24(3): 638-657.

Tribe, J.(2000). Indisciplined and unsubstantiated. *Annals of Tourism Research*. 27(3): 809-813.

제 4 장

관광학의 연구방법론: 正體性논의와 방법론적 반성

Principles of
Tourism Research Methodology

관광학의 연구방법론: 正體性논의와 방법론적 반성

1 관광학의 학문적 정체성과 사회과학에서의 위치

관광학은 독자적인 분과학문으로서의 '學'(a discipline)인가, 아니면 단순히 어느 학문분야에서나 흔히 가질 수 있는 현실적 관심사(예를 들어, 오늘날의 환경오염·주택문제 등)로서의 '硏究分野'(a study field)에 불과한 것인가? 학문 선진국이나 혹은 우리나라에서 관광학의 위치는 '分科學問'과 '硏究分野'라는 양극단 중 어떤 쪽에 가까운가? 아직 출발점을 벗어나지 못한 패러다임 이전 단계의 수준인가 아니면, 한 단계 나아가 學으로 가는 발전의 길목에 있는 것일까? 만약 발전도상에 있다면, 學이라는 목표점에 도달하기 위해 학자·교육자들은 어떤 노력을 경주해야 할 것인가1)?

21세기의 시작과 함께 우리가 기울여야 할 이러한 노력의 방향과 초점이 무엇인가를 이 장에서 논의해 보는 것은 관광학의 正體性(identity)과 발전 가능성을 가늠할 수 있는 방법 중의 하나라고 생각된다.

1. 개별 분과과학인가 연구분야인가?

주지하듯이, 관광은 여러 가지의 다양한 요소로 구성되어 있는 복합현상이

---

1) 예컨대, 共有 패러다임의 구축, 개념체계의 정립, 연구방법 및 연구방법론의 확립 등이 그러한 노력 중의 일부가 아닐까?

다. 그것은 경제현상이고 심리현상이며, 사회현상이고 또한 문화현상이기도 하다. 관광은 또한 인간, 교통기관, 자원 매력성, 서비스 및 시설물, 그리고 정보망이라는 5대 요소로 구성된 한 개의 시스템이라고 정의되기도 한다(Gunn, 1988). 내적으로는 관광발생지역, 목적지역, 관광자, 교통로 그리고 외적으로는 물리적·문화적·사회적·경제적·정치적·공학적 광역환경으로 구성된 시스템이라고 일컬어지기도 한다(Leiper, 1979: 404). 이렇게 복합현상이다 보니 관광현상과 관련되지 않는 분과과학은 거의 없다고 할 수 있을 정도로 많다. 사회학, 인류학, 심리학, 경제학, 경영학, 법학, 지리학, 건축학, 지역계획학, 역사학, 철학, 생태학, 정치학 등이 그것이다.

이와 관련하여 관광이라는 학문에 대해 그 학문적 위상, 이른바 관광이란 학문이 과연 개별 分科科學(a discipline)인가 아니면 단지 한 관심사로서의 일개 연구분야(a field; a study area) 수준에 불과한 것인가에 대해 찬반론이 산발적으로 전개되어 왔다(예컨대, Tribe, 1997, 2000; Leiper, 2000; Echtner and Jamal, 1997; Pearce and Butler, 1993; Morley, 1990; Jafari, 1989, 1990; Dann, Nash and Pearce, 1988).[2]

엄격히 말할 때, '個別 分科科學'(discipline)이라 함은 개념·지식·방법론 측면에서 독자적인 구성체계가 확립되어 있는 독립학문으로서, 기본개념이 명확하고 개념간의 상호 연결 네트워크(network)가 확립되어 있을 뿐만 아니라, 개념의 축소가 더 이상 불가능한 학문이어야 한다는 조건 등을 모두 갖춘 학문을 말한다(Hirst, 1974). 나아가 학문적 전통이 서 있으며, 관련 학술지 등 학자사회(a scholastic community)와 의사소통 네트워크가 확립되어 있고 고유의 가치관 내지 신념체계가 정립되어 있는 학문(King and Brownell, 1966 in Tribe, 1997)을 뜻한다.

이와 달리, '硏究分野'(a study field)라 함은 독자적 학문 구성체계를 갖추지 못한 채 기성학문의 한 관심사(예컨대, 주거문제, 환경문제, 교통혼잡 등)로만 존재하며, 단지 이 관심사를 조사·설명하기 위해 필요한 이런 저런 개별 분과과학을 빌리는, 분과과학으로 정립되지 않은 미성숙의 학문을 뜻한다.

---

2) 본고에서는 관광연구를 편의상 '관광학'이라고 부르겠다. 그렇다고 관광학이 확연한 분과과학(a distinct discipline)이라는 입장은 아니다.

그런데 관련학자들의 논의를 면밀히 살펴보면, 관광학도 독립된 분과과학이
라는 주장(예컨대, Leiper, 1981, 2000; Goeldner, 1988; Morley, 1990 등)은 논
리적이기보다는 다분히 자의적이라는 느낌이 강하게 전달된다. 반면에, 관광학
은 분과과학이 아니라 단지 관심사로서의 '한 연구분야'(a field of study)에 불
과하다는 주장에는 상당한 논리성이 뒷받침되고 있다. 예컨대, 토마스 쿤
(Thomas Kuhn, 1970)의 '과학혁명론'(the scientific revolution) 내지 과학철학적
입장에서 분과과학의 성립조건을 조목조목 검토한 엑트너·자말의 연구
(Echtner and Jamal, 1997)나 지식철학(the philosophy of knowledge)적 입장에
서 관광인식론(the epistemology of tourism)을 예의 검토 제시한 트라이브
(Tribe, 1997, 2000)의 주장을 통해 이 문제를 생각해볼 수 있다.

엑트너·자말에 의하면, 미국의 이론물리학자이며 사회학자인 쿤의 과학철학
적 시각에서 볼 때 관광학은 '개별 분과과학 이전단계'(pre-sciences) 또는 '패러
다임 이전 단계'(a pre-paradigmatic phase)의 학문에 불과하다는 것이다. 개별
분과과학으로 발전키 위해서는 쿤式의 과학혁명(Kuhnian scientific revolution)
즉, 연구자 집단이 학문적 경계를 뛰어넘어 함께 개별 分科科學的 鑄型(matrix)
을 만드는 집합적 노력이 필요한데, 관광학 연구는 성질상 그렇게 되기 힘들다
는 것이다. 3)

한편 관광인식론적 입장에서, 허스트(Hirst, 1974)와 킹 그리고 브라우넬
(King and Brownell, 1966)이 주장한 분과과학이 되기 위한 조건들을 냉철하게
검토한 트라이브(Tribe, 1997)도 단호하게 "관광은 분과과학이 아니다"(the
indiscipline of tourism)라는 입장을 취하고 있다. 이들의 논의를 종합해 보면 관

---

3) 쿤에 의하면, "과학 패러다임 이전 단계 학문(a pre-paradigmatic science)이란, …기본문제에
대해 〔학자들〕 전체 의견이 불일치하며 기본문제(fundamentals)에 대한 논란이 지속적으로
이어지는 성격을 지닌 학문이다. 그 분야 연구자수 만큼이나 이론이 무성하고 그래서 각 이론
가는 전부 새로 시작할 수밖에 없고 자기 고유의 접근방식을 정당화시키지 않을 수 없
다"(Echtner and Jamal, 1997: 875에서 재인용). 과학 이전 단계 학문(a pre-science)이란
전형적으로 다양하고 비조직적으로 연구가 이루어지며, 무작위적으로 사실 수집이 이루어지
고, 기본적인 법칙과 가정들이 없고, 모범이 될 수 있는 본보기와 모형이 없으며, 합당한
연구방법(legitimate methods) 여부에 대한 논란이 크게 제기되는 등의 징조를 보이는 학문을
뜻한다(Kuhn, 1970). 이런 점에서 보면, 국내외를 막론하고 관광학이 이 부류에 들지 않나
싶다.

광학이 명실상부한 분과과학으로 거듭나기 위해서는 아직도 많은 노력이 필요한 학문으로 보인다.

2. 무엇이 관광학인가: 관광학의 실상과 범역

위에서 살펴본 바, 관광현상에 대한 연구가 독자적인 '學'(a discipline)이라고 하기보다는 각 개별 분과학문들이 흔히 가질 수 있는 한 관심사로서의 '研究分野'(a field of study)에 불과하다는 주장이 학자들간에 더 설득력 있게 제기되어 왔다. 그러나 이미 4년제 대학수준에서 이 주제를 전문적으로 다루는 독립적인 學科가 오래 전부터(우리나라의 경우, 1960년대 초부터) 존재해 왔다는 사실에 비추어 볼 때, 학적 구성요건을 갖추었는가에 관한 자격시비 문제를 차치한다면, 편의상 관광현상에 대한 전문적인 연구와 교육 그 자체를 '觀光學'이라고 불러주는 데 그리 인색할 필요는 없어 보인다.

英美도 우리가 생각하는 것만큼 관광학(교육)의 역사는 그리 길지 않다. 예를 들어, 미국에서 관광교육에 관한 한 가장 오랜 역사를 지닌 교육기관은 미시간 주립대학교(Michigan State University)인데, 농과대학에 메킨토쉬(Robert McIntosch)를 교수로 영입하여 1963년 최초로 관광강좌를 개설하였다(Pearce, Morrisson and Rutledge, 1998: XXii-XXiii)[4]. 그러다가 1969년에 가서야 4개 관광관련 과목을 개설하는 수준에 불과했다(상게서). 현재에도 영미에는 '觀光學科'(Department of Tourism)라는 독립된 명칭을 쓰는 學科가 없을 뿐 아니라 최근에 들어서야 'tourism'이란 용어를 타용어(예컨대, park, recreation, leisure, travel, hospitality, hotel, services 등)와 병기하여 학과 명칭으로 삼고 있는 실정이므로, 좁게 볼 때 英美國家에는 순수한 '관광학'이나 '관광학과'란 명칭이 존재하지 않는다고 해도 지나치지 않을 것이다.[5]

---

4) 다만 협의로 볼 때, 호텔분야는 관광학이 아니라는 점에서 예외로 간주한다. 호텔학과(Hotel School)는 꽤 역사가 긴데, 스테틀러 호텔 체인 사장인 스테틀러(Statler)의 재정지원을 받아 뉴욕의 코넬대학교에 1922년 개설되었다(Pearce, Morrisson and Rutledge, 1998: XXii).

5) 예를 들어, 텍사스 A & M 대학교의 Department of Recreation, Park and Tourism Sciences, 미시간 주립대학교의 Department of Park, Recreation and Tourism Resources 등도 1990년대 초에 접어들어서야 학과 명칭 뒤에 'tourism'이란 용어를 덧붙이기 시작했다.

그러나 우리나라에서는 상황이 다르다. 産官學界를 막론하고 우리는 보통 廣義의 관광개념을 사용한다. 여행 및 교통업(항공·버스·선박·열차 관련업), 호텔숙박, 리조트, 콘도미니엄, 한·양식 식당업 및 조리업, 사진업 심지어 외국어 교육(영어·일어·불어·독어·중국어 등)에 이르기까지 관광객이용과 다소라도 관련되면 모든 현상을 다 '육성해야 할' 觀光 내지 觀光産業 이라고 부른다. 그래서 이런 분야에 대한 연구나 교육 그 자체를 통칭하여 '관광학'이라고 부르는 것이 우리의 현실이다.

실상이 이렇다 보니 무엇이 그리고 어디까지가 관광이고 관광학인지 분간할 수 없는 것이 또한 우리나라 觀光의 개념이며 觀光學의 실상이다. 사회과학 분야인지 아니면 자연과학 분야인지 '소속을 부여할 수 없는 학문'(studies not to be anchored)이 곧 우리나라 관광학의 현 위치인 것이다. 학문명칭에 '관광'이란 접두사만 붙이면 모든 것이 다 관광학이라고 보는 경향이므로 관광이라는 학문의 正體性을 도무지 찾아 볼 수 없다. 그러다 보니, 관광교육이라 하면 어떤 배경과 어떤 빈약한 학문적 소양을 가진 사람이라도 마치 부담 없이 '여인숙 드나들 듯' 캠퍼스를 드나들며 가르칠 수 있는 그런 '싸구려 학문'(garbage studies)으로 전락해 버린 것이 우리나라에서 관광이라는 학문의 냉엄한 현실이라고 비판한다면 지나친 비하일까?

비단 관광학뿐만 아니라 거의 모든 학문에 걸쳐 이런 질적 하향화현상을 부채질한 것은 우리나라 학계나 교육당국의 沒學問性과 現實安住主義라 할 수 있을 것 같다. 항상 교육목표를 취업에만 연관시키기 때문에 대학마다 학문지식은 얕아도(심지어는 없어도) 실무지식과 업계연고가 있는 관광업계 종사자들의 영입만을 선호한 결과, 높은 과학적 지식을 소유하고 있거나 과학적 연구에 탁월한 學者보다는 취업에 도움이 될 技能人만을 대학이 환영하다보니, 대학은 어느새 기능인 양성자 집단(마치 중장비학원의 강사나 영어회화 학원의 강사와 知的 구분이 되지 않는 그런 교육자 집단)이 되어버린 것이나 마찬가지이다.[6] 그러다 보니 우리의 대학교육이나 학계는 그럴싸한 간판(학과 명칭 등)만으로 학생들

---

6) 참고로 한국관광공사(1994: 79)가 우리나라 4년제 대학 교수를 대상으로 한 설문조사에 의하면, 호텔·여행사 등 실무경력 출신자가 무려 44퍼센트에 달하는 것으로 밝혀졌다(20개 대학의 표본 교수진 91명을 대상으로 설문조사 자료).

을 유혹하는, 학문과는 거리가 점차 더 멀어지는 기관으로 전락할 수밖에 없게 되었다.[7]

　세계적 관광학 저널인 『관광학보』(*Annals of Tourism Research*)의 발행인 겸 편집장인 자파리(Jafar Jafari) 교수는 일찍이 관광학의 학문적 사상(주의)이 "옹호주의(advocacy platform), 경계주의(cautionary platform), 대안주의(adaptancy platform), 지식기반주의(knowledge-based platform)"로 발전해왔다고 주장한 바 있다(Jafari & Ritchie, 1981: 13-34; Jafari, 2001: 28-41). 즉, 그는 관광산업은 고용·소득 향상 효과가 높으므로 무조건 육성해야한다는 "옹호주의" 초기 사상으로 부터 시작하여, 관광은 고용의 계절성, 관광소득의 높은 외부 누출율, 환경파괴, 고유문화의 상품화로 인한 가치 상실 많은 부작용이 있는 것이 사실이므로 보다 신중하게 경계하며 접근해야 한다는 회의론적 사상인 "경계주의"에 이르게 되었다는 것이다. 이어서, 기존 관광의 문제점이나 부작용을 직시하고 이의 해결책으로서 새로운 代案(생태관광, 녹색관광, 책임관광 등)을 모색하고자 하는 사상인 "대안주의"를 거쳐 마지막으로 관광이 어차피 세계적인 거대산업이 된 것을 직시하여 이를 보다 그 장단점을 편익-비용 분석을 통해 파악하는 등 보다 이론적·학술적으로 체계있게 파악하자는 최근의 "지식기반주의"로 까지 발전해왔다고 주장한 것이다. 자파리 교수의 이런 발전단계에서 보면, 우리나라에서의 '관광'이란 현상에 대한 인식은 學界 혹은 官界를 망라하여 아직 후진국식의 초기단계인 "옹호주의(advocacy platform)" 수준에 그대로 머물고 있다는 사실을 누구도 부인할 수 없다.

　그렇다면 관광이라는 학문의 정체성을 찾기 위해서, 그리고 자파리式의 "지식기반주의(knowledge-based platform)" 단계로 올라서기 위해서 우리는 무엇부터 그리고 어떻게 접근해야 할 것인가? 이를 위해서는 무엇보다 학문으로서의 개념의 틀과 고유한 연구방법론의 확립, 연구대상과 범위(각론 체계 포함)의 획정이

---

7) 오늘날 한국 기초과학의 枯死와 나아가 대학의 정체성 위기가 비단 대학사회의 '실용위주 교육'이라는 빗나간 교육목표에만 있는 것은 아니다. 정책당국의 교육에 대한 몰이해와 근시안적 안목에도 크게 기인한다. 기초학문의 육성보다는 당장 써먹을 수 있고 소위, 장사가 되는 (수요가 몰리는) 분야의 학과(예를 들어, 경호학과·조리학과·바둑학과·연예관련학과 등)를 신청하고 교육당국은 이를 흔쾌히 승인해준다. 그리하여 한국의 대학은 '대학'이 아니라 '학원'과 유사한 거대한 기능인 양성 집단으로 전락해버린 감이 있다.

선행되어야 한다. 이 중에서 개념의 틀을 확립하기 위해서는 먼저 관광학의 학문적 성격과 범역을 명확히 획정하는 일로부터 출발해야 한다. 논자의 자의성이 개재되었다는 비판을 받을 가능성을 무릅쓰고 논자는 다음과 같이 관광학의 범역을 규정해 보고자 한다.

(1) 관광학은 구속적인 일상(committed pursuits)과 대칭되는 개념으로서의 여가현상, 특히 여가목적으로 자신의 定住地를 일시 벗어나는 인간 이동과 관련된 제현상을 연구하는 학문으로서, 학문적 소속은 사회과학이다.

(2) 관광학은 그 포괄하는 영역을 기준으로 觀光學(狹義의 순수 관광학)과 관광관련학(또는 관광응용학)으로 구분할 수 있다. 이론의 여지가 있지만 이제까지의 관행과 관련하여, 양자를 모두 포괄한 개념을 '廣義의 관광학'이라고 부를 수도 있다(〈표 4-1〉 참조).

〈표 4-1〉 관광학의 영역과 분류

분 류	정의 및 포함 영역	접근 방법
관광학 (순수 관광학)	사회·문화·경제현상으로서의 여가현상과 관광이동 현상을 조사, 파악, 예측하는 사회과학적 성격의 학문으로서, 主客(hosts and guests)의 행태, 客을 대상으로 한 사회경제적 행위 분석, 주변사회·문화·환경에 미치는 영향·효과 및 정책을 연구.	기성의 사회과학적 분과과학(사회학·경제학·심리학·문화 인류학·지리학·정치학 등)의 접근방법과 동일하게 과학적 연구 방법 사용. 연계학문적 방법으로는 다학문적 또는 간학문적 접근방법의 사용.
관광 관련학 (관광 응용학)	관광경영학 등과 같이 위의 현상에 간접적(2차적)으로 관계하는 實務的 技術的 事業的 성격의, 민간 섹터의 운영을 중점적으로 다루는 학문(예: 여행업, 리조트업, 숙식업의 경영, 외식조리업 등). 관광개발 등과 같이 위 연구대상의 현상개선을 위해 하드웨어적(物理的) 방법을 교육·연구하며, 공공섹터를 주로 다루는 학문(예: 관광지 계획, 개발 및 설계·조경 등)	경영학, 회계학, 도시계획학, 건축학, 조경학 등의 접근방법과 동일하게 技術的 접근방법을 쓰며 특별한 가설 검정에 매달리지 않고 직관적, 선험적 지식을 주로 사용. 연계학문적 방법으로는 교차학문적 접근이 기술적 깊이를 위해 바람직.

주: 이들 외에 언어관련학(예: 관광통역학, 관광영어, 관광일어) 등은 관광관련학이라 보기 어렵다. 언어 자체는 학문이라기보다는 技術에 불과하며, 관광현상에 한정 혹은 차별화된 고유한 언어(예컨대, 관광영어)가 따로 있는 것은 아니기 때문이다.

간판만 바꿔 학생유혹…

시장원리에 의해 대학의 학사구조가 개편되고 운영됨에 따라 기초학문이 고사위기에 처해 있는 가운데, 상당수의 대학들이 학과(부)의 명칭을 바꾸고 성격을 변화시키는 방식을 선택, 기초학문의 붕괴가 현실화되어 가고 있다는 우려의 목소리가 높다.

내년부터 새로운 학과(부)명으로 신학기를 시작하는 학교만 해도 전국 4년제 대학중 K대, G대, D대 등 무려 50여개 대학이다. …

…경제학과가 디지털 경제학과로, 화학과가 응용화학과로, 물리학과가 컴퓨터응용물리학과로, 문예창작학과가 미디어문예창작학과로 …철학과는 영상철학과로 바뀔 예정이다. … H대 물리학과의 한 교수는 단도직입적으로 "학과 명칭이 바뀌게 된 가장 큰 이유는 학생들이 안 오기 때문"이라면서 "대부분의 사립대는 수지타산을 생각하며, 수지가 맞지 않는 학과는 존속시킬 필요가 없다는 생각을 한다. 개인적으로 보기에 지금 대학은 확실히 취업양성소로 전락했다"며 실용성만을 추구하는 현실을 비판했다.

…이와 더불어 C교수는 "근래에 두드러지기 시작한 기초학문분야의 위기는 교육인적자원부가 주도적으로 시행한 학부제에 많은 부분 책임이 있다"며 비판의 목소리를 높였다. 그에 의하면, 경쟁력을 높이고 수요자중심의 교육을 활성화시킨다는 미명아래 시행된 학부제는 학문의 질을 형편없이 떨어뜨렸으며, 순수 기초학문들은 폐강되거나 폐강의 위기에 처하도록 만들었다.

- 교수신문 2001년 11월 26일 8면에서 -

2 관광학 접근방법론상의 몇 가지 쟁점

관광학이란 학문을 어떻게 접근할 것인가에 대해서는 학자들 서로간에 견해가 다를 수 있다. 본 절에서는 이중 몇 가지 중요한 쟁점, 즉 학문연구의 상호연계성(inter-linkage)에서 어떤 접근방법을 쓸 것인가, 관광학이 과학인가 아닌가, 그리고 어떤 연구방법을 써야 할 것인가라는 세 가지 관점에서 논해 보고자 한다.

1. 개별과학적 접근인가 통합학문적 접근인가?

주지하듯이 관광학은 사회·문화·경제·환경 등 복합적인 현상들의 규명과 관련되는 학문이다. 그렇다면, 학문의 상호연계성(disciplinary inter-linkage)이라는 측면에서 관광현상 연구는 어떻게 접근하는 것이 바람직한가? 이에 대해서는 크게 두 가지 대립된 시각이 있다. 통합학문적 시각으로 접근해야 될 것인가 아니면 개별과학적 입장에서 접근해야 될 것인가가 그 쟁점이다. 먼저 학자들 (Meeth, 1978; 鹽田正志, 1974; 김사헌, 1999a)의 견해를 통해 이들 접근방식을 분류하고 그 장단점을 살펴보도록 하자.

① 交叉學問的 접근방식(cross-disciplinary approach)

교차학문적 접근방식은 특정 학문분야의 입장에서 어떤 연구대상 이슈를 관찰하는 접근방식으로서, 이 방식은 최소한 두 학문이 상호 연계되어 현상을 관찰하면서도 각 母學問의 근간은 그대로 유지시키는 접근방식이다. 농업경제학 (agricultural economics), 법철학(philosophy of law), 사회심리학(socio-psychology) 등이 이런 분류방식에 속한다고 할 수 있겠다.

② 多學問的 접근방식(multi-disciplinary approach)

다학문적 접근방식이라 함은 어떤 연구대상을 놓고, 학문적 공통성에 관계없이 여러(적어도 셋 이상의) 학문분야를 제휴시켜 문제를 규명하는 방식이다. 이 방식의 특징도 각 모학문의 주체성이나 사상을 그대로 간직한 채 각 학문분야별로 그 분야의 지식만큼 기여하는 방식이다. 예를 들어 '환경보전'이라는 문제를 놓고 생물학, 임학, 사회학분야 학자들이 모여 공동연구를 수행한다면 이는 다학문적 접근방식이다. 이 방식에서는 받아들이는 피교육자 각자가 각각의 인접학문에서 제공된 지식을 스스로 통합하여 소화하고 체계화하지 않으면 안 된다.

③ 間學問的 접근방식(inter-disciplinary approach)[8]

다학문적 접근방식이 개념, 방법론 등 학문 자체의 독립성은 계속 유지시키면서 대상문제 해결에 필요한 지식을 제공하는 것이라면, 間學問的 접근방식은 각 학문의 개념과 사상을 이미 '이슈' 자체에 의도적으로 통합시켜 버렸기 때문에 개별 학문의 독립성은 거의 찾아볼 수 없는 방식을 뜻한다. 이 방식에서는 주어진 지식을 다학문적 접근에서처럼 피교육자 스스로가 통합해야 할 의무는 없다. 이미 지식 또는 교육자체가 통합되어 제공되기 때문이다. 대신 이러한 지식을 종합하여 전수시켜 줄 책임은 오로지 관련분야 교육자 또는 학자에게 있다.

④ 汎學問的 접근방식(trans-disciplinary approach)

한편 범학문적 접근방식은 위의 어떤 방식보다도 통합강도 면에서 최고도로 통합되고 또 그 통합이 이미 '조직적으로 제도화'(예: 대학 학과 설립 등)된 상태를 가리킨다. 위의 간학문적 연구방식은 출발 자체가 학문적 사상으로부터 출발하여 기능적 통합에 도달하는데 반해, 이 방식은 문제나 이슈로부터 출발하여 주어진 문제의 해결과정에 도움이 되는 여러 학문적 지식을 조직적으로 수용, 소화시킨 방식이다. 에너지 연구·교통학·조경학·환경학·관광학 등이 여기에 속한다고 볼 수 있다.

이렇게 학문의 접근방식을 학문간 통합도 내지 제휴정도에 따라 나열해 보았지만 학자들간에도 관광연구의 접근방법을 여러 가지 시각에서 서로 다르게 분류하기도 한다. 예를 들어, 레이퍼(Leiper, 1981: 69)는 관광학에 대한 학문적 접근방식을 '定說的 접근방식'(orthodox approach), '異說的 접근방식'(heterodox approach)으로 분류하고 있다.[9] 여기서 정설적 접근방식이란 다학문적(또는 복합학문적) 접근방식을 의미하고, 이설적 접근방식이란 간학문적 내지 범학문적

---

8) 이 용어는 근래에 우리나라에서 여러 가지로 번역되고 있다. 보통 '綜合學問的'이라고 번역되나, 그렇게 되면 前記한 '多學問的'(multi-disciplinary)이란 단어와의 구별이 모호해진다. 참고로 李奎鎬는 이를 '綜學的'이라고 번역하고(李奎鎬, 1977: 12), 日本學者들은 이를 '學際的'이라 번역한다. 혹자는 이를 '多學際的'이라 번역하나 '際'란 접두사가 이미 間(inter)이란 의미를 내포함을 명심해야 할 것 같다.

9) 여기서 어의상으로 이미 '定說的'(orthodox)이란 단어는 '좋고 정통적'이라는 의미를, '異說的'(heterodox)이란 단어는 '나쁘고 이단적인'이란 의미를 은연중 시사하는 듯하여 표현의 가치 중립상 좋지 않은 용어로 보인다.

접근방식을 의미한다고 볼 수 있다. 한편, 鹽田正志(1974: 60)는 이를 '위로부터의 관광학'과 '아래로부터의 관광학'이란 표현으로 접근방식을 구분한다. 의미상으로 볼 때 전자는 통합학문(종합사회과학) 접근으로서의 관광학을, 후자는 개별과학적 접근으로서의 관광학을 뜻하고 있다. 이를 미스(Meeth, 1978)의 분류방식과 연결시켜 본다면, 개별과학적 접근은 교차학문적 또는 다학문적 접근과 유사하고, 통합학문적 접근은 간학문적 내지 범학문적 접근을 의미한다고 볼 수 있다.

관광현상을 파악하는 연구방식으로서 어떤 방식을 취할 것인가는, 각 방식이 나름대로의 장단점을 갖고 있기 때문에, 어느 방식이 좋다 혹은 나쁘다고 단정적으로 말할 수는 없다. 그러나 여기서 이들 접근법들이 지닌 장단점에 대해 잠시 생각해 보기로 하자.

교차학문적 내지 다학문적(혹은 정설적) 접근방식은 어떤 장단점을 갖는가? 이 접근방식은 母科學, 즉 독립된 분과과학(a discipline)으로 이미 정립되어 있는 旣成學問을 그 뿌리로 삼고 있으므로 특정분야에 관한 한, 지식의 깊이(개념, 이론, 방법론의 깊이)가 있음을 자랑한다. 그러나 한 주제를 개념과 방법론이 서로 다른 이질적 시각에서 분석하는 것이므로, 레이퍼의 표현을 빌린다면(Leiper, 1981: 71) 학문적 지식체계 자체가 "지리멸렬"(fragmented)해지기 쉽다. 지식 자체는 산발적으로나마 흡수되고 있으나 이들을 구슬에 꿰듯 서로 연결시키지 못함으로써 전체성(a wholeness)을 잃기 쉽다는 것이다. 이런 약점을 일컬어 鹽田은 "나무를 보고서도 숲 전체를 보지 못할 위험을 내포한다"고 지적한 바 있다(鹽田正志, 1974: 279).

반면 간학문적 내지 범학문적(또는 이설적) 접근방식은 어떤 장단점이 있는가? 鹽田(鹽田正志, 1974: 279-280)은 이 방식이 관광현상이라는 숲 전체를 走馬看山式으로 두루 파악하는 데는 유익하나 나무에 비유되는 개별현상에 대한 관찰을 지나쳐버림으로써 지식의 깊이를 상실하게 된다는 문제점을 가진다고 주장한다. 이 개념들의 장단점을 간략히 그림으로 표시한 것이 〔그림 4-1〕이다. 여기서 양쪽 시각에 대한 학자들간의 상반된 주장(선호도), 즉 개별과학적 접근을 해야 한다는 주장과 통합학문적 접근을 해야 한다는 주장을 서로 비교해 보도록 하자.

〔그림 4-1〕 학문의 연계성에 따른 장단점 비교

1) 개별과학적 접근 옹호론

관광학은 비교적 신생 학문분야이기 때문에 아직 개념이나 방법론, 이론 측면에서 스스로 과학인양 독자적인 접근을 할 수 없으므로 기성학문의 이론과 접근 방법론을 충분히 차용하는 접근방식을 써야 한다는 주장이다(Dann, Nash and Pearce, 1988; Goeldner, 1988; Jafari, 1990; Pearce, 1993; Pearce and Burtler, 1993; Cooper et al, 1993; Witt, Brooke and Buckley, 1991). 이러한 주장의 논리적 근거는, 앞에서도 지적하였지만, 통합적 접근의 맹점인 '지식의 깊이 결여'라는 문제점을 해결해 줄 수 있다는 점에서 찾을 수 있다.

그러나 특정 전공학문의 입장에서 전체가 아닌 개별현상만 관찰하게 되면, 관광학은 특정학문의 패러다임 내에 갇혀서 '관광은 사업이다'(경제현상이다), '관광은 심리현상이다', '관광은 곧 마케팅이다' 하는 式으로 편협한 "學問帝國主義"(an academic imperialism) (Leiper, 1990: 17)에 갇혀버릴지도 모른다는 우려의 소리도 있다. 이런 지리멸렬화(fragmentation)는 궁극적으로 관광이라는 학문의 이론적 발전을 방해해 왔으며 앞으로도 방해할 뿐이라는 주장이 그 예이다(Jovicic, 1988).

2) 통합학문적 접근 옹호론

관광은 여러 가지 요소가 종합된 복합현상인 이상, 이론이나 방법론이 어떤 몇몇 기성학문에서만 나올 수는 없으므로 보다 종합적 시각에서 접근되어야 한다는 주장이다(朴龍虎, 1983; Leiper, 1981, 1990; Echtner and Jamal, 1997; Przeclawski, 1992). 그러기 위해서는 통합학문에 걸맞은 명칭(예컨대, tourology, travelogy 혹은 tourismology)을 만들고,[10] 기본개념과 접근방법론적 이해를 共有하기 위해 과학철학적 이해가 전제되어야 한다는 것이다(Przeclawski, 1992; Echtner and Jamal, 1997).

물론 이 통합론은 하나로 펜 '구슬 목걸이'를 만들 수 있다는 점을 자랑할 수 있지만 반대로 '지식의 깊이'라는 학문적 본성을 상실할 수 있게 된다는 것이 약점이다. 관광이라는 학문이 "경박하다"(frivolous), 혹은 "진지하지 못하다"(unserious)는 등의 비판이나 인식이 이미 관심 있는 영미 학자들에 의해 오래 전부터 제기되었을 뿐 아니라, 이미 우리나라에서도 '관광경영학과, 관광개발학과, 호텔경영학과' 혹은 '관광대학'식의 통합교과과정적 접근방식 때문에 "부정적 이미지 조성", "설득력 부족", "학문적 전문성 실추" 등 학문의 천박성(shallowness)이 이따금 운위되고 있는 것이 현실이기 때문이다(차길수, 1995: 97; 김정근, 1990: 11; 김사헌, 1996a: 226).

통합학문적 방식의 또 하나 문제점은 관광학을 어떤 科學類에 넣어야 하느냐(where to house a tourism discipline) 하는 문제이다. 관광학을 사회과학이라는 우산 속에 넣을 수 있는가? 그렇다면 '관광학'의 영향권 내에 있는 관광경영(또는 관광사업론), 관광개발, 호텔·레스토랑 경영(hospitality and restaurant management) 등도 과연 사회과학의 범주에 들 수 있는가가 쟁점이 될 수 있다.[11]

---

10) 일본의 森谷哲也(1982: 박용호[1983]에서 재인용)는 "travelogy"를, 리이퍼(Leiper, 1990)는 "tourology"를, 조비식(Jovicic, 1988) 등은 "tourismology"를 주장한다. 박용호(1983: 12-13)는 'tourismology'란 용어를 최초로(1977년) 사용한 사람이 "어떤 관광기업가 단체의 회의 의장직을 맡고 있는 'Ergun Goksan'"(典據: Canadian Travel Courier, 1977. 4. 21)이라고 기술하고 있으나 어느 나라, 어떤 배경의 학자(또는 사업가)인지 분명하게 밝히지 않고 있다.

11) 허스트(Hirst, 1974)의 분과과학 기준에서 보면, 위락, 마케팅, 경영 등은 교통, 교육 등과 함께 연구할 '대상'은 될지언정 연구할 '방법론'(a way of studying)은 아니다. 경제학, 사회학, 심리학, 지리학, 정치학 등의 분과과학에서 대부분의 개념과 이론 및 방법론을 차용해 오기 때문이라는 것이다(Tribe, 1997: 649).

이상에서 살펴보았듯이 관광학을 접근하는 방식들은 나름대로의 장단점을 갖고 있기 때문에 보는 시각에 따라 관점을 달리할 수 있다. 지식의 깊이를 선호하는가 학문의 체계화를 선호하는가는 보는 이의 시각에 따라 다르기 때문이다.

2. 관광학, 科學인가 技術인가?

이미 앞에서도 정의하였듯이, 과학이란 '자연현상 또는 사회현상에 보편 타당하게 적용될 수 있는, 경험세계에서 객관적으로 검증된 法則群, 이론 혹은 지식체계'이다. 이렇게 과학을 정의한다고 했을 때, 관광학은 과연 科學(sciences)인가 아니면 技術(craft; skill)인가? 먼저 이를 논하기에 앞서 관광학의 학문적 존재가치 내지 존립근거(a rationale)를 규명하는 작업이 선결되어야 할 것 같다. '관광학'이라는 학문의 존재가치는 정당화 될 수 있는가? 먼저 논자는 관광학이라는 학문의 존재 필요성 내지 존재의 논리적 근거는 제시될 수 있다고 생각하는데, 이는 다음과 같은 이유에서이다(이하의 주장은 김사헌, 1999a: 20-21 참고).

관광학이라는 학문분야는 크게 보아, 인간의 일(work) 문제를 주로 다루는 '일의 과학'(work sciences)이 아니라 그 대칭학문으로서, 인간의 여가현상을 다루는 '여가과학'(leisure sciences)이라고 규정할 수 있다. 그것은 인간의 물질적 풍요를 추구하는 외면적 물질 지향적 과학이 아니라 인간의 '삶의 질' 류의 정신적 풍요를 추구하는 내면적 정신후생과학(mental welfare sciences)에 속한다. 그것은 인간의 의무감과 생리적 필요성으로 짜여진 '얽매인 일거리'(committed pursuits)를 연구하는 학문이 아니라 인간의 자유의사(a free will)에 바탕을 둔 '얽매이지 않은 일거리'(uncommitted pursuits)를 연구하는 학문이다. 마르크스(Karl Marx)도 그의 저서 『자본론』에서 밝혔듯이, 노동이 인간의 물질생활 문제를 규정하는 '필수 영역'(the realm of necessity)이라고 한다면, 여가는 노동에서 오는 피로 해소와 정신적인 안정을 제공하며 더 차원 높은 지적 가치를 추구할 수 있게 하고, 자유롭고 인간다운 삶을 가능케 하는 '자유 영역'(the realm of freedom)이다. 관광학은 바로 이 인간의 '자유영역'을 다루는 학문이다.

이어서, 관광학이 科學인가 아니면 技術인가라는 문제를 검토해보려면, 우선 우리 관광학 교육의 현실을 먼저 직시해 볼 필요가 있다. 피상적이긴 하지만 대학의 명칭을 한번 살펴보자. 현실적으로는 국내 대학들의 학과 명칭이 말해 주듯 '觀光學科'라는 명칭을 사용하고 있는 곳은 별로 찾아볼 수 없고(2000년 현재, 단지 2개교), 관광개발학과, 호텔경영학과란 명칭을 사용하는 대학이 7개교 정도, '문화관광학과'라는 명칭을 사용하는 대학이 2개교, 그리고 대부분은 압도적으로 '관광경영학과'란 명칭을 사용하고 있다. 피상적인 관찰이긴 하지만 이는 대부분 '관광관련학'을 하고 있지 '관광학'을 하는 곳은 거의 없다는 증거이다.

비록 독자적으로 '관광학'이란 명칭을 사용하고 있다손 치더라도 쿤(Kuhn, 1970) 식의 과학철학적 입장에서 본다면, '관광학'이라는 학문이 과연 독립 분과 과학이 될 수 있는가에 대해서는 회의론이 제기됨을 앞에서 밝혔다. 하물며 관광경영학이나 호텔경영학 혹은 관광개발학이란 학문이 과학의 이름아래 존재할 수 있는가? 관광경영학을 '관광학+경영학'이란 交叉學問的 접근방식을 쓰는 학문으로 보아야 하는가? 만약 경영학에 관광 혹은 호텔이라는 접두어를 붙인다면, 엄격히 볼 때 그것은 경영학의 한 분과(各論)일 뿐 독자적인 분과학문이 될 수 없다고 주장해도 설득력이 있다. 이것은 마치 노동경제학이 경제학의 일 분과(각론)일뿐 독자적인 지식체계를 가진, 이를테면 개념, 이론, 방법론적인 측면에서 독자성을 지닌 개별과학(an independent discipline)이 아니라는 점과 다르지 않기 때문이다.

그런 점에서 보면 경영학도 독자적인 사회과학이 아니라 응용사회과학의 한 부류에 불과하다. 경제학·심리학·사회학 등에서 이론을 차용해 이를 현실적 연구목적에 맞게 적절히 가공시킨 학문이 경영학이란 학문이다. 그래서인지 모르나 미국의 동부의 명문 아이비-리그(Ivy League) 대학들엔 학부에 경영학과가 없고 대학원에만 MBA(Master of Business Administration) 라는 학위를 개설하는 대학원들이 대부분이다. 학부에서의 기초 사회과학적 지식을 토대로 대학원에서 탐구해야할 학문이라는 점을 암시하고 있는 것이다.

"경영이란 곧 운영하는 '기술'을 뜻하고, 이 운영의 바탕을 이루는 조직화된 지식이 곧 科學이다"라는 주장에서 시사되듯이(Koontz and Weihrich, 1988: 8-9), 경영학이 연구할 '대상'은 될지언정 연구할 '방법론'은 아니다. 그리고 경영학은 개념과 이론 및 방법론을 대부분 다른 분과학문(disciplines)에서 차용해

오는 응용학문이라는 허스트(Hirst, 1974)의 주장에서 알 수 있듯이, '응용실천적, 技術的' 성향이 강한 현실처방적 연구분야로서, 결코 개별과학으로 인정해줄 수 없는 경영학을 기초 모학문으로 삼는다는 점에서 '관광경영학'은 더더욱 독립된 분과과학으로 인정하기 어렵다.12) 경영학이 여러 사회과학을 '물 타기'한 학문, 예컨대 30%만 사회과학적인 색채를 지닌 학문이라고 하자. 다시 여기에 가령 20%만 사회과학적인 성격을 지닌 관광학을 혼합시켜 '관광경영학'이라는 새로운 학문을 만들어낸다고 칠 때 그것의 사회과학적 농도는 몇 %가 될 것인가? 당연히 그 경영학의 30% 수준에도 못 미칠 정도로 농도가 아주 희석되어 사회과학의 냄새가 거의 사라진 '바탕없는' 학문이 되어버리는 것이다.

그럼에도 불구하고 오늘날 우리나라 4년제 교육기관들이 관광경영학 분야(전공) 개설 붐을 일으키고 있는 것은 무슨 이유에서 일까? 그것은 대학의 學問性(disciplinarities)과는 전혀 관계가 없는 '환상'(최고경영자가 된다는 환상)에 매료되기 때문이라는 점도 주요 이유 중의 하나일 것이다.

관광경영이라는 학문은 말할 것도 없고 호텔경영, 관광개발이라는 학문도 아직 분과학문 영역에 도달하지 못한 패러다임 이전 단계의 학문들(pre-paradigmatic studies)이라는 점은 마찬가지이다. 이론은 취약하면서 應用的·技術的 성향만 강한 학문들끼리 서로 결합하게 됨으로써(예: 관광학+경영학, 관광학+개발학, 호텔학+경영학 등) 관광학은 더더욱 분과과학 내지 이론과학으로서의 正體性과는 거리가 멀어질 수밖에 없는 것이다.

경영학은 "제조업지향적 지식체계에 불과하므로 서비스경영을 위주로 하는〔학문특성으로 삼는〕호텔경영학의 正體性은 존재한다"는 식으로 호텔경영학의 존립근거를 주장하는 학자들도 있지만(예컨대, 차길수, 1995: 99-101), 호텔경영학이든 관광경영학이든 학문이 독자적인 지식체계(즉, 개념, 이론, 방법론 등)가 형성되어 있는가, 다시 말해 과학으로서의 요건을 제대로 갖추고 있는가라는 현실적 문제인식에서 보더라도 이들을 분과학문으로 인정하기에 부족한면이 많다. 설사, 이들을 전부 관광학이라는 한 울타리 속에 넣더라도 새로운

---

12) 경영학이 인접학문의 힘을 빌리는 종합학문이라는 점에 대해서는 거의 모든 경영학자들이 동의한다. 예를 들어 정수영(1996: 7), 한의영(1988: 22-23) 등을 참조. 경영학이 그러한데 開發學(실제 '개발학'이란 어의적으로 말이 안 되는 표현이지만)의 경우도 두말 할 필요가 없다.

접근방법론과 개념체계에 바탕을 두지 않은 채 현재와 같은 소위 '돈되는 학문'으로서의 현실적 '효용성' 내지 '적용성'에만 급급한다면 금세기나 다음 세기에도 관광학이나 관광경영학은 科學에 미치지 못하는 技術分野 수준 정도에 그냥 머물러 있게 될지도 모른다.

학문 발전을 위해서는 '전공 편식' 경향도 반성해야할 문제이다. 관광학이니 관광경영학이니 하면서 마케팅 일변도의 교육과 관련논문 양산, 교과내용상 '에센스' 중의 하나가 되어야 할 '생산관리' 부문과 '방법론' 분야의 철저한 기피 등 학문편식 자세는 이 분야학자들이 깊이 반성하고 개선해야 될 과제이다(김민주, 2000; 고동우, 2000).

교육과정이 "단순한 방법론이 아닌 원인규명을 중심으로, …표출된 사실보다는 그 저변에 흐르는 사상을, 현실적용보다는 이론측면을, 기술적이기보다는 개념적으로, 현실 지향적이기보다는 미래지향적으로, 특정문제에 대한 답을 제시하는 것이 아니라 문제 해결능력을 배양할 수 있는 지식체계를 제공할 수 있는 전문교육〔이론교육〕이어야"(Mill, 차길수 1995: 103에서 재인용) 진정한 분과학문이 될 수 있을 것이다.

결론적으로 우리 관광학도는 ─소위 講壇派, 非講壇派를 망라하여─ 알게 모르게 관광학을 한낱 외화벌이용 '技術' 정도 수준으로 격하시키려는, 혹은 상아탑에서 다루어야 할 존엄스러운 학문의 수준을 스스로 폄하시키려는 기능주의자들의 현실 안주 자세와 沒學問性(ignorance of disciplinarity)을 경계해야 한다. 학문 연마의 목적은, 나아가 대학교육의 목적은 즉각 적용할 수 있는 '돈되는 기술'(lucrative skill)의 습득에 있는 것이 아니라 전공분야에 대한 심오한 '지적 훈련'(mental training)에 있다. 그리하여 현실적 문제가 주어졌을 때 이를 분석·규명하여 현상을 어느 누구보다도 더 쉽게 타개·개선시킬 수 있는 능력을 개발시키는 데 있다고 할 것이다.

만약 교육의 주된 목적이 끊임없는 탐구를 통한 이론적 지식의 개발이 아니라 目前의 기술연마라는 果實 획득에만 있었다면 애초부터 철학, 역사학, 수학 등 기초과학은 상아탑에 존재할 필요조차 없었을 것이며, 진작 대학은 그 간판을 내리고 '△△기술연수 학원' 등으로 이름을 바꿔버렸을 것이다. 어느 학자(Athiyaman, 1997: 221)의 냉소적 비유대로 이론개발에는 관심없이 그냥 "해머로 데이터만 두드려대듯이"(data-hammering), 현실만을 두드려댄다면(reality-hammering) 관광학의 과학화는 요원할 것이다. [13]

3. 관광학 접근방법론상의 쟁점: 定量的 접근 對 定性的 접근

사회과학에서도 자주 논급되어온 방법론적 쟁점 중 하나는 사회현상을 수치화시킨 定量的 方法(일명, 計量的 方法)을 써야 할 것인가 아니면 定性的 方法(일명, 質的 方法)을 써야 할 것인가 하는 점이다. 前者는 사회과학도 자연과학의 연구방법과 다를 바 없으며 진정한 과학이 되기 위해서는 자연과학이 추구하는 방법을 따라야 한다는 입장으로서 영미중심의 경험주의 혹은 실증주의(positivism) 철학(특히 Hempel의 과학철학)에 깊은 뿌리를 두고 있다. 이들의 주장은, 모든 현상은 경험법칙에 의해 지배되고 있으므로 자연과학이든 사회과학이든 그 구조나 기능에 대한 서술만으로는 과학적 탐구가 될 수 없고 그것이 어떤 원인에 의해 나타났는지 객관적으로 파악하고 그 원인이 어떤 결과를 낳게 되는지 예측하는 것이 곧 과학적 탐구라는 것이다. [14] 따라서 정량적 접근방식은 **실증주의** 또는 심리학의 **행동주의**(behaviorism)와 상통한다고 할 수 있으며 과학의 방법은 객관적 자료에 의한 계량적 검증에 따라야 한다는 소위 "方法論的 一元論"(소흥렬, 1991: 24)에 속한다고 볼 수 있다.

반면에 後者, 즉 정성적 방법론은 사회과학은 인간행동·행태에 관한 탐구이므로 개인의 주관적 체험문제 혹은 "존재론적 문제"(朴異汶, 1991: 18)를 수량적으로 다룰 수는 없다고 본다. 科學主義, 다시 말해 엄격한 경험실증주의 방법론만으로 복잡하기 그지없는 인간사회 문제와 인간가치 문제를 다 파악할 수 없다는 것이다. 그리하여 적지 않은 사회철학자들은 과학주의만을 앞세운 이러한 계량주의를 '과학의 物神化'에 불과하다고 맹렬히 비판한다. 우리가 연구대상으로

---

13) 어린이 손에 해머를 들려주면 그 아이는 뭔가 두드릴 것을 찾는다. 이를 설린(R. C. Serlin)은 '해머의 법칙'(곧 law of hammer)라고 불렀다. Serlin, R. C. (1987). Hypothesis testing, theory building, and the philosophy of science. *Journal of Counselling Psychology* 34(4): 365-371(Athiyaman, 1997: 221에서 재인용).

14) 蘇興烈(1991: 24)은 이를 '因果主義'(causalism), 이 주의를 추구하는 학자를 '인과주의자'(causalist)라고 부르고 있다.

삼는 사회 및 인간 내면의 심층에 깔려 있는 '구조적, 생동적 요인'을 파악하는
것은 도외시한 채 수박 겉 핥기 식으로 피상적 표면적 사실만을 들추어내는 데
급급하다는 것이다. 만약 이와 같이 표피적 문제만을 계량적으로 다룬다면 그것
은 技術學에 불과하며 그 연구자들도 학자라기보다는 技術者와 다름없다는 것
이 사회철학자들의 시각이다.

물론 그렇다고 정성적 연구방식도 문제가 없지 않다. 무엇보다 관찰자의 '主
觀'이 개입될 가능성이 크다. 개인의 가치관이 개입되면 그 관찰은 부정확할 수
밖에 없으며 동일한 관찰결과를 놓고도 서로 다른 해석을 내릴 수 있는 것이다.
또 질적 연구는 그 성격상 대개 특정한 집단에 관련된 경험들을 국부적으로 깊
이 있게 다루므로 비록 그 특정집단에 대해서는 보다 적절한 설명이나 이론이
될 수 있을지 모르지만 그 외의 다른 집단들에 대해서는 설명할 수가 없다는 약
점도 있다(조영남, 2001). 마지막으로, 질적 연구방식의 결정적인 문제점은 양
적 연구에서와 같은 '일목요연하게 정형화된' 방법론적 절차나 분석의 틀이 없기
때문에 방법론에 오래 숙달되어 있지 않은 연구자에게는 접근하기가 어렵다는
점이다(본장 말미의 부록 김사헌, 2007 논문을 참조).

그리하여 덴진-링컨(Denzin & Lincoln, 2000: 162) 등의 사회철학자들이나
사회문화론자들은 사회현상분석에 보다 질적인 접근방법을 가미해야 한다는(또
는 최소한 방법론적 二元論을 추구해야 한다는) 것인데, 예를 들어 사회철학을
하는 학자들은 현상학(phenomenology)이나 해석학(hermeneutics), 문화기술지
(ethnography) 등을 주장하고 있고, 문화 인류학자들은 '에믹적 접근방법'(emic
approach: 音素的 접근)을 옹호 하고 있다(Walle, 1997: 531, 1998: 61)[15].

그렇다면 관광학은 어떤 접근방식을 취해야 할 것인가? 우리나라의 관행은,

---

15) Kenneth Pike 는 1954년 『인간행동구조의 통합이론에서의 언어』란 저술에서 에믹과 에틱적
접근방법을 처음 구분하였다. 그는 모든 사회연구는 phonetic(音聲的)과 phonemic(音素的)
이란 두 가지 언어적 관점으로 구분될 수 있다고 주장한다. 즉, Phonetics는, 어떤 설정된
기준에 따라, 외부인에게 들리는 음성을 객관적으로 그리고 과학적으로 기록하여 이를 엄정
한 방법으로 연구하는 언어학의 한 분과인데 이를 약칭해서 etics(엄격한 객관적 연구)라고
부르고, Phonemics는 음성과 같은 관찰가능한 외적 현상이 아니라 연구대상의 마음속에 존
재하는(따라서 객관적으로 검증할 수 없는) 현상을 연구하는 언어학 분과를 의미하며, 이를
약칭해서 emics(연구의 객관성은 부족하지만 원주민들 생활 속에 들어가 그들 스스로의 관
점에서 문화적 현상을 파악하는 연구)라고 부른다(Walle, 1998: 61에서).

한국관광학회지에 투고되는 논문들을 놓고 볼 때, 최근 들어 정량적인 접근방법
이 주류를 이루고 있다(표 4-3 과 본장의 부록 참조). 이러한 방법론에 대해
일각에서 반성론도 일고 있지만(김사헌, 1999b, 2007; 오익근, 1999), 대안으로
서의 정성적인 방법론에 대한 학자들의 관심결여와 이해부족이 무엇보다 당면
문제라 할 수 있다.

　관광학은 앞서 말했듯이, 사회·문화·경제 등 다원적 현상을 규명하는 복합
학문인 동시에 간학문적 내지 초학문적(통합학문적) 접근방식을 취하는 학문이
다. 따라서 방법론 또한 어느 한 가지(특히, 정량적 방법)에만 국한될 수는 없
다. 관광객이나 관광목적지 원주민의 의식세계는 결코 양적 지표만으로는 파악
할 수 없는 인간 내면적이고 주관적인 요소, 초월적인 측면 등 질적 내용을 담
고 있기 때문이다(윤택림, 2005: 15-8).

　예를 들어 독시(Doxey)란 학자는 관광지가 목적지로서 발전해감에 따라 원주
민의 관광객에 대한 태도변화는 ① 환영단계(euphoria), ② 냉담 단계(apathy),
③ 의심단계(annoyance), ④ 적대적 단계(antagonism)의 4단계로 발전해간다는
忿怒指數(irridex: an index of the level of irritation)를 제안한 바 있다
(Cleverdon, 1982: 188 재인용).

　이때 적대감의 발전단계를 파악하고 싶은 어떤 연구자는, 정량적으로 가령 원
주민과 관광객이 다투거나 싸운 회수를 연도별로 조사했다고 하자. 그러나 이
계량적 수치 조사만으로 관찰자가 관광객과 원주민의 감정관계를 다 파악했다
고 볼 수 있을까? 싸우지 않았다고 해서 '서로 감정이 좋거나 무관하다'(환영 또
는 냉담 단계에 와 있다)라고 결론을 내릴 수 있을까? 그들 내면세계와 질적으
로 깊이 접촉해보지 않고서는 관광객에 대한 그들의 감정변화를 제대로 파악할
수 없는 것이다. 요컨대, 양적 표현만으로는 현상 전체를 다 파악할 수 없으며
표면적·부분적·지엽적 내용만 이해하는데 그치는 것이다.

　그래서 연구대상의 성격에 따라 양적 질적 방법론을 혼용하는 방법론적 二元
論을 취해야 한다고 학자들은 주장한다. "사회현상은 실증주의적, 현상학적, 그
리고 구조주의적인 방법에 의해 서로 보충·보완하는 가운데에 다각적으로 조
명될 수 있으며"(朴異汶, 1991: 22), "다양한 연구기법의 합목적성을 우리 모두
인정할 필요가 있으므로"(Walle, 1997: 535), 관광학 분야도 계량화가 가능한

물리적인 현상과 계량화가 불가능한 현상을 분리하여 적합한 방법론을 적용해야한다는 것이다. 人間內的 세계와 가치관이 개재된 현상 혹은 구조적인 현상에 대해서는 그에 적절한 방법, 이를테면 질적인 방법론을 적용하는 지혜가 필요한 것이다(〈표 4-2〉참조).

〈표 4-2〉 양적 및 질적 연구의 비교

비교 기준	양적 연구방법	질적 연구방법
자료의 성격	숫자	말, 글
연구 환경	인공적-실험	자연적-현지조사
연구의 초점	행동	의미
자연과학 모형과의 관계	자연과학이 모형	자연과학이 모형 아님
접근방식	연역적	귀납적
연구 목적	과학적 법칙화	문화적 양식화
인식론적 입장	사실론	관념론

자료: 윤택림(2005)의 표 1을 재구성(元典은 Hammersley.1992).

③ 관광학의 연구방법론, 어디까지 왔나?

1. 관광학 교육 및 연구의 과거와 현재

국내외를 통틀어 관광학 교육의 역사는 줄잡아 40여 년을 헤아린다. 미국의 경우, 최초의 관광교육은 1963년 미국 미시간 주립대학교 농업자원학과에 메킨토쉬(McIntosh)가 처음으로 관광학관련 과목을 개설하고 최초의 관광학개론서 *Tourism: Principles, Practices, Philosophies*를 1972년에 발간한 것으로 알려지고 있다(Goeldner, 1999, 2001: 106).

한국에서의 대학 관광교육의 시작역사는 다른 어느 나라와 비교해도 뒤지지 않는다.〔그림 4-2〕에서 보듯이 1964년에 최초의 4년제 관광학과가 경기대(서울)에 개설된 이래 세종대(前身 수도여자사범대학을 포함할 경우), 동아대, 제주대, 강원대, 관동대, 한양대, 대구대 순으로 개설되기 시작하였다. 그리하여 1985년경에 13개 학과이던 것이 1990년에 26개 학과, 1995년에 36개 학과, 2000

년에 무려 90개 학과에 도달하였다(조명환, 2001). 특히 1990년대에 10년간 무려 70개의 학과가 신설되었다.

그 동안 경제수준이 향상되고 더불어 사회적으로 학문수요가 어느 정도 있었다손 치더라도 10년 동안에 70개의 학과가 증설되었다는 것은, 골드너(Goeldner, 2001: 102-105)가 이야기하듯이 "폭발적(explosive)"인 현상임에는 틀림없으며 이는 아무래도 기형적인 현상이라 아니할 수 없다. 특이한 것은 〔그림 4-2〕에서도 역력히 나타나듯이 초기에는 '관광개발학과'의 개설이 두드러지다가 곧 대부분 '관광경영학과'로 改稱하는 경향을 보였고, 그 뒤부터는 '경영'이란 접미사를 붙인 학과가 대종을 이루게 되었다는 점이다. 이는 60-70년대의 '경제개발' 붐에 편승하여 '개발' 관련학과가 선호되다가 80-90년대에 들어 경제가 '개발'보다는 급증된 관련기업(주로 여행사, 호텔)의 '경영'적 사고를 요구를 반영한데서 비롯되지 않았나 여겨진다.

〔그림 4-2〕 한국 4년제 대학 관광관련학과 개설연도 추이(1960-85)

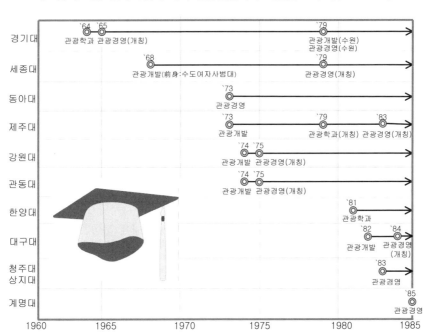

한편, 학술연구의 발전은 학술지의 발전을 통해서도 가늠해 볼 수 있을 것 같다. 가장 오랜 역사를 지닌 관광관련 학술지는 2000년 현재까지 55년의 역사를 지닌 유럽 중심의 '국제관광 전문학자 학회'(AIEST: Association Internationale d'Experts Scientifiques du Tourisme)가 발행하는 *The Tourist Review* 이다. 영어권 학술지로 가장 오랜 역사를 지닌 잡지는 미국 여행관광연구학회(TTRA: Travel and Tourism Research Association)가 발행하는 *Journal of Travel Research*(1972년 창간)이고 이어서 *Annals of Tourism Research*(1973년 창간)의 순이다. 80년대에 들어서는 *Tourism Management*(1980년 창간) 이후 수많은 관광관련 학술지들이 "폭발적"(Goeldner, 2001: 102)으로 창간되어 여가나 호스피탈리티관련 학회지까지 포함한다면 2000년 현재 약 50여종의 심사학술지(refereed journals)가 발행된다고 한다(Weiler, 2001: 83).[16] 그러나 이 숫자는 보수적인 추계이다. 미국 퍼듀대학의 모리슨(Morrison)이 조사한 바에 의하면 (영어권 저널에 한정), 2007년 현재 관광이론 및 자원관련 학술지 40종, 호스피탈리티 및 식음료 학술지 27종, 여가·위락관련 학술지 16종으로서, 영어권 학술지만도 도합 83종(1999년 총 65종에서 27.8% 증가)에 이른다는 것이다(책 뒤의 부록 참조).

이어서 국내 학술지의 성장을 살펴보자. 〈표 4-3〉이 그것을 보여준다. 우선 학회 수로 보면 1970년대 1개에서 2003년 현재 20여 개에 이르는 것으로 나타났다. 대부분의 학회가 학술지를 발행하므로 2000년 현재 학술지수 만도 약 20여 종으로 추정된다. 다만 일부 학회를 제외하고, 자칭 전국규모 학회를 표방하고 있음에도 불구하고 실질적으로는 地緣 또는 學緣 중심으로 운영되는 '同好人研究會' 성격의 소규모 학회(학회지 발행부수 200~300부 이내)가 많으므로 학회 수 또는 학회지 수라는 피상적인 수치만을 놓고 우리나라 학술단체나 학술지의 규모를 일반화하기는 어렵다. 다만 분명한 것은 90년대에 들어 겨우 10여년이라는 짧은 기간 동안에 성격이나 내용이 비슷비슷한 학회의 수나 학술지 수가 15개로 갑자기 늘어난 점인데, 동종·유사 명칭의 학회가 많다는 점에서 학술수요와 관계없이 학회와 학회지가 '亂立'되었다는 비난을 면할 수 없어 보인다.

---

16) 웨일러(Weiler)의 말대로 학술지가 대부분 연평균 4회 발행의 季刊임을 감안하면 일년에 약 200여 편의 논문집(journal issues)이 발행되고 있다는 이야기이다.

〈표 4-2〉 우리나라 관광관련 학회 설립 및 학회지 간행 현황 (2007년 5월 현재)

학회 및 학회지명	설립 연도	학회지 창간연도	학회지 간행주기	비고
한국관광학회/관광학 연구	1972	1977	연간/격월간	
/International Journal of Tourism Sciences		2000	반년간	자매영문지
한국여가레크레이션학회/여가레크레이션연구	1984	1984	연간	
대한관광경영학회/관광연구	1986	1991	연간/반년간	
한국관광산업학회/Tourism Research	1986	1987	연간	
한국관광레저학회/관광레저연구	1989	1989	연간/반년간	
한국관광지리학회/관광지리학	1991	1991	연간	2002閉會發刊
한국관광개발학회/관광개발논총	1991	1992	연간/반년간	2002閉會發刊
한국호텔경영학회/호텔경영학연구	1993	1993	연간/반년간	
한국농촌관광학회/농촌관광연구	1993	1994	반년간	2005명칭변경
한국공원휴양학회/한국공원휴양학회지	1998	1992	반년간	
한국관광정책학회/관광정책학연구	1995	1995	연간	
한국여행학회/여행학연구	1995	1995	반년간	
관광품질시스템학회/관광품질시스템연구	1995	1995	반년간	2002閉會發刊
한국관광정보학회/관광정보학연구	1996	1997	반년간	
한국관광경영학회/관광경영학연구	1997	1997	반년간	
한국외식경영학회/외식경영연구	1998	1998	3분기간	
한국공원휴양학회/한국공원휴양학회지	1998	1999	반년간	
한국호텔관광학회/호텔관광연구	1998	1999	3분기간	
한국문화관광학회/문화관광연구	1998	1999	4분기간	
문화관광연구학회/문화관광연구	1999	1999	—	
한국국제컨벤션학회	2000			
한국관광식음료학회/관광식음료경영연구	2001			
한국관광연구학회/관광연구저널	2003	2003	반년간	개발·지리통합

주: 연간/반연간은 연 발행회수 1회에서 2회로 중간에 발행회수가 바뀐 경우를 뜻한다. 대한관광경영학회의 前身은 1992년(제2집) 까지 영남관광학회, 그리고 한국관광개발학회는 1994년(제3집) 까지 강원관광개발학회였으나 체제가 크게 바뀐 바 없으므로 편의상 최근 명칭으로 통일한다. 한국관광지리학회와 한국관광개발학회는 2002년 봄 '한국관광지리개발학회'란 명칭으로 통합되었다가 다시 한국관광연구학회로, 그리고 한국관광농업학회(관광농업연구)는 2005년 6월 한국농촌관광학회(농촌관광연구)로 변경함.

자료: 김사헌(1999b) 및 한국학술진흥재단 홈페이지(www.krf.or.kr)자료를 재편집.

국내외를 포괄하여 볼 때, 40여 년이란 관광학의 역사는 결코 짧은 기간이 아니다. 그런 긴 시간을 놓고 볼 때, 관광학 연구의 성과는 그 시작의 역사만큼 걸맞게 축적된 것으로 볼 수 없다는 것이 전문가들의 비판이다(Ritchie and Goeldner, 1994: 서론). 관광이라는 현상의 복합적 성격, 관광관련 기관수는 많은데 비해 규모가 영세한 점, 제조업 등 타산업에 비해 연구비 지원이 저조한 점(그래서, 기초연구가 부족하다는 점), 교육 하부구조의 부족(공식 교육의 결여)으로 인한 조직적 연구의 부재가 바로 관광학을 발전시키지 못한 요인들이라는 것이다.

우리나라의 경우도 지식 축적 부족의 원인은 이와 유사하다. 앞에서도 지적했지만, 이론은 팽개친 채 실용성(어학·현장실습 등 취업목적의 학문)만을 앞세워 온 교육계의 세속적 풍토, 교수요원들의 학자로서의 자질 문제(교수요원 채용제도에 의해 비롯된 문제), 관광업계의 영세성과 운영의 비합리성(중소기업 규모의 영세한 社勢와 연고위주의 사원채용) 그리고 산학협동과 R & D에 대한 인색 내지 무관심, 정부 등 제도권 기관들의 무관심, 교수들의 창의적 연구노력 부족 등이 복합적으로 작용하여 관광학을 발전시키지 못했지 않나 평가된다. 그러나 이것은 어디까지나 다른 사회과학분야 학문들과 비교한 상대적이고 질적인 수준에서의 평가이다. 그 동안 관광학분야가 양적으로는 크게 성장했다는 점을 누구도 부인할 수 없다.

2. 관광학 연구방법론의 현황과 추세

그렇다면 관광학의 학문적 수준이나 연구방법론은 그 동안 얼마나 많은 진전을 이룩하였는가? 이를 알아보는 방법으로는 여러 가지가 있을 수 있으나 이 분야 전문학술지의 수준이나 연구방법론을 내용분석(content analysis)을 통해 파악해 보는 것도 좋은 방법 중의 하나이다. 먼저 한국 관광학계의 대표적 정기 학술지라 할 수 있는 『관광학연구』誌(Journal of Tourism Sciences)의 게재논문들을 통해 이를 알아보도록 하자.

〈표 4-3〉은 처음 학회지가 발간된 1977년부터 최근호에 이르기까지 414편의 논문을 접근방법별과 방법론적 우수성 정도별로 구분해 놓은 것이다. 우선 접근

방법별로 보면 경험적 연구가 크게 유행하게 된 것을 알 수 있는데, 초기의 10%대에서 최근에는 89%대 수준에 도달한 것이 그것이다. 이와 반대로 記述的·규범적 접근과 처방적 접근은 크게 줄어든 것으로 나타났다. 기술적 연구나 규범적 연구가 결코 낮은 수준의 접근방법이란 뜻은 아니지만, 사회과학을 표방하는 관광연구의 성격으로 볼 때 이는 어느 정도 진전된 현상으로 받아들여진다. 그러나 『관광학연구』誌가 심사제로 전환된 뒤 경험적 연구는 폭발적으로 신장된 반면, 규범적·질적 연구는 거의 사라진 점이 우리 학문의 균형발전상 과연 바람직한 현상인가 하는 문제는 한번 깊이 반성해볼 필요가 있다(김사헌, 2007: 13-32 참조).

또 구체적 통계기법 사용측면에서 보면 연구방법상의 발전도 크게 있어온 것으로 나타나고 있다. 즉, 회귀분석, 판별분석 등 고급통계기법을 사용한 논문은 초기의 1%대에서 46%대로 비약적으로 높아졌으며 반대로 분할표(contingency tables)나 빈도수(frequency)를 사용한, 방법론적으로 기초적 수준의 논문들은 초기의 83%대에서 14%대로 크게 감소한 것으로 나타났다.

이런 극적 발전은 특히 1994년 이후 논문부터 두드러진 것으로 나타났는데, 이는 이 시기부터 엄격한 익명심사제(blind refereeing system)가 도입되었기 때문인 것이 아닌가 여겨진다.

연구방법 측면에서 국내 학술지를 해외 유수 학술지와 비교해 놓은 것이 〈표 4-4〉이다. 여기서 보면 『관광학연구』지는 서구 학술지와 비교할 때 '이론 및 문헌연구'가 겨우 18.7%에 지나지 않은 것으로 나타났고, '사례연구'는 크게 적은 반면 설문지를 이용한 조사나 면접·현장조사는 오히려 많은 것으로 파악된다. 이를 보더라도 국내연구자들은 이론 연구보다는 면접조사 등 현장조사연구에 더 많이 매달린다는 것을 알 수 있다.

한편 해외 관광계통 전문학술지로서는 가장 오랜 전통을 지닌 학술지 *Annals of Tourism Research*의 논문을 중심으로 연구방법을 양적 및 질적 접근방법으로 분류해 놓은 것이 〈표 4-5〉이다. 즉, 게재된 141편의 논문들을 분석해 볼 때, 定性的 分析類의 기술적 분석이 약 50%, 정량분석이 19.2%, 비교분석이 22% 정도를 차지하고 있다. 이를 더 구체적으로 자료수집 방식에 따라 분류해 보면, 참여관찰(14.2%), 질적 방법(12.1%), 문헌 리뷰(20.6%)를 크게 정성

〈표 4-3〉 기간별 관광학 연구誌 논문의 접근방법 및 방법론의 우수성(1977-2001)

방법론별	기간별 논문 편수 (단위: 편, %)									
	1977-84 (N=81)		1985-90 (N=74)		1991-93 (N=56)		1994-95 (N=28)		1996-2001* (N=175)	
접근방법별										
規範的	3	(3.7)	—	(00.0)	1	(1.8)	1	(3.6)	4	(2.3)
記述的	42	(51.9)	41	(55.4)	4	24	(42.9)	2	(7.1)	5	(2.9)
經驗的	8	(9.9)	13	(17.6)	0	20	(35.7)	24	(85.7)	156	(89.1)
處方的	28	(34.6)	20	(27.0)	1	11	(19.6)	1	(3.6)	10	(5.7)
방법의 우수성										
빈약	63	(77.7)	54	(73.0)	6	26	(46.4)	8	(28.6)	13	(14.3)
보통	12	(14.8)	8	(10.8)	3	23	(41.1)	12	(42.9)	36	(39.6)
우수	6	(7.4)	12	(16.2)	7	7	(12.5)	8	(28.6)	42	(46.2)

주: 기간은 논문 합계 편수가 비슷해지도록 구분하였으나, 익명심사가 시작된 시기(1994년) 이후의 구간은 다시 2인 심사제 시기(1994-95)와 3인 심사제 시기(1996-2001년 현재)로 구분하였다. 방법론적 세련도는 표, 백분율, 빈도수 등만을 이용한 경우에는 세련도가 빈약한 것으로, t, F, χ^2 등 각종 검정 통계, 분산, 상관성, 요인분석 등은 '보통'으로, 회귀분석, 판별분석, 정준상관분석, 다변량분석, 컨조인트분석 등의 고급기법을 사용한 경우는 '우수'로 보았다.
　방법의 우수성은 1990-99년 기간의 자료임(표본수 N=91).
자료: 김사헌(1999b: 198)의 <표 3> 및 <표 4>를 재조정.

〈표 4-4〉 국내외 학술지의 연구방법별 비교(1996-98)　　　단위: 논문편수(%)

연구방법	관광학 연구	ATR	JTR	TM
이론·문헌연구	11(18.7)	32(28.8)	21(21.7)	30(26.1)
사례연구	2(3.4)	23(20.7)	18(18.6)	38(33.0)
역사적 접근	0(0.0)	6(5.4)	2(2.1)	3(2.6)
설문지법	19(32.2)	6(5.4)	23(23.7)	14(12.2)
면접,현장조사	16(27.1)	17(15.3)	21(21.6)	14(12.2)
기타	11(18.6)	27(24.3)	9(12.4)	16(13.9)
합 계	59(100.0)	111(100.0)	94(100.0)	115(100.0)

주: ATR은 미국의 Annals of Tourism Research, JTR은 미국의 Journal of Travel Research, TM은 영국의 Tourism Management誌이다.
자료: 박호표(1999: 265)의 <표>를 유사항목과 통합하여 재구성.

〈표 4-5〉ATR 게재논문의 연구방법론 분류 (1981-86)

분석 방법	자료수집 방법						
	공표통계	설문지	인터뷰	관찰	질적 방법	문헌 리뷰	計(%)
記述분석	11	1	3	19	7	29	70(49.6)
비교분석	19	3	7	1	1	-	31(22.0)
내용분석	-	-	4	-	9	-	13(9.2)
요인분석	1	1	5	-	-	-	7(5.0)
회귀분석	15	2	3	-	-	-	20(14.2)
計(%)	46(32.6)	7(5.0)	22(15.6)	20(14.2)	17(12.1)	29(20.6)	141(100.0)

주: 記述分析은 백분율 분석을 포함하며, 비교분석은 백분율 차이 분석, 교차표 분석, 유의성 검증 비교분석을 포함한다.
자료: Dann, Nash and Pearce(1988)의 <표 5> 및 <표 6>을 필자가 통합함.

적 접근방식으로 간주할 때, 정성적 방법이 약 47%, 정량적 방법(공식통계 및 설문지이용 분석방법)이 38%, 기타(인터뷰를 이용한 방법)가 15.6%에 이르러 정량 對 정성적 방법간에 어느 정도 균형이 유지되고 있음을 알 수 있다.

그러나 표면상으로 드러난 것과는 달리 국내 관광학 연구의 내용을 들여다보면 아직 한국 관광학계에는 연구방법 면에서 산적된 문제가 많다고 학자들은 지적한다. 이를테면, 외국학술지와 같이 다양한 연구방법을 쓰지 못하고 주로 현지 표본조사에만 너무 의존(한국관광학지의 경우도 1994-2001년간 총 234편중 약 68%인 159편에 해당)하고 있으며, 표본조사 연구의 경우, 표본수가 적어도 95% 정도의 신뢰성을 갖게 하려면 최소한 380매 내외 정도가 되어야 하나 이를 충족시키지 못하는 연구가 70%(〈표 4-6〉 참조) 정도나 된다는(한범수·김사헌, 2001) 점 등이다. 또 정확한 연구방법에 대한 이해 없이 통계기법을 기계적으로만 사용하고 있고 표본조사도 비확률 표본추출(non-stochastic sampling)에 너무 의존하는 관계로, 자료의 신뢰성에 문제가 있다는 주장도 있다(오익근, 1999: 29; 한범수·김사헌, 2001). 수준이 객관적으로 어느 정도 인정되는 한국 관광학회지 논문조차도 표본추출법을 언급치 않은 논문 54.1%를 포함한다면, 비확률 표본추출법을 쓴 연구가 무려 78%에 달한다는 사실은 이런 주장을 뒷받침하고도 남음이 있다(〈표 4-7〉 참조). 또 특정분야(호텔분야 및 마케팅 분야)

에 대한 연구에 너무 편중되어있고, 타학술지에 대한 인용도도 외국에 비하여 지나치게 낮다는 문제점도 지적된다(김사헌, 1997, 1999b).

〈표 4-6〉 관광학 연구지 게제논문의 총설문지수, 유효표본수 및 그 비율

구 분	표본조사 설문지 매수(단위:매)						계
	미언급	100이하	100-200	200-300	300-400	400이상	
총설문지매수 (%)	30 (18.9)	4 (2.5)	12 (8.8)	29 (18.2)	22 (13.9)	62 (37.7%)	159 (100)
유효표본매수 (%)	5 (10.7)	8 (5)	22 (13.9)	41 (25.1)	22 (13.2)	61 (30.8)	

주: 익명심사제도 이후의 『관광학연구』誌 1994년 18권 1호부터 2001년 25권 1호 (통권 34호)까지의 총 게제논문 234편 중 표본조사에 의존한 159편을 모집단으로 함.
자료: 한범수·김사헌(2001)의 〈표 7〉 참조

〈표 4-7〉 관광학 연구지 게재논문의 표본추출방법   (단위: 편수, %)

구분	미언급	확률 표본추출법				비확률 표본추출법		계
		단순무작 위추출법	체계적 추출법	층화 추출법	군집 추출법	편의 추출법	할당 추출법	
빈도	86	19	10	3	3	25	13	159
비율	54.1	11.9	6.3	1.9	1.9	15.7	8.2	100

주: 익명심사제도 이후의 『관광학연구』誌 1994년 18권 1호부터 2001년 25권 1호 (통권 34호)까지의 총게제 논문 234편중 표본조사에 의존한 159편을 모집단으로 함.
자료: 한범수·김사헌(2001)의 〈표 6〉 참조

무엇보다 관광학 분야의 학문적 발전을 가로막는 요인은 학문의 폐쇄성에 있다. 종합과학이라는 관광학 자체의 성격이기도 하고 '회원들'끼리만 참여하는 우리나라 학회들의 전반적 특징이기도 하지만, 관광에 관한 연구는 관광계학과 소속 교수들의 전유물이 되고 있는 것이 현실이다. 그 결과, 사회학, 경제학, 인류학, 지리학, 심리학 등 기초 사회과학분야 쪽에서의 기여도는 거의 없다고 보아도 과언이 아니다.

이런 현상은 외국 학술지와 비교연구를 통해보면 극명하게 나타난다. 『관광

학연구』와 *Annals of Tourism Research*의 논문투고자를 각각 전공 소속별로 대비해본 결과가 〈표 4-8〉이다. 관광분야 전공자가 국내학회지(관광학연구)는 81%, 미국학회지(Annals of Tourism Research)는 39%로서, Annals of Tourism Research 에 비해 『관광학연구』는 관광이외 사회과학 전공자의 기여가 비교가 안될 정도로 낮게 나타나고 있는 것이다. 『관광학연구』의 경우, 비관광 전공자 19%중에서도 경영(정보)·회계계열 전공 연구자가 6.5% 포인트, 원예·조경·임학(13명)이나 도시·교통·건축·토목(13명) 등 비순수 응용과학이 5.2% 포인트를 차지한다는 점도 우리나라 관광학의 발전에 기초 사회과학분야 쪽에서의 기여가 거의 없다는 사실을 시사해준다(김사헌, 2003: 268). 코헨(Eric Cohen), 그래번(Nelson Graburn), 스미스(Valene Smith), 로젝(Chris Rojeck), 어리(John Urry), 피어스(Douglas Pearce), 릭터(Rinder Richter) 등 관광학과 소속 교수가 아니면서도 많은 이론개발로 관광학 발전을 선도하고 있는 외국의 사례는 우리들에게 他山之石이 되고도 남는다.

또 한 가지 우리 관광학 분야의 특징은 학회지 인용도가 그리 높지 않다는 점이다. 학문분야의 질적 발전은 곧 논문수준의 발전을 뜻하며, 그 수준이란 보통 인용율(citation impact factor)을 통해서 우회 평가된다. 〈표 4-9〉는 한국관

〈표 4-8〉 학술지 투고자의 관광전공 여부 비교

학술지 명	게재 총 호수(통권)	총 저자수	관광전공(학과) 소속자수	관광이외 타전공학과 소속
관광학연구	21호(1994-2002)	494명	399(80.8%)	95(19.2%)
Annals of Tourism Research	31호(1995-2002)	555명	217(39.1%)	338(60.9%)

주: 1) 관광학연구는 18권 1호(1994)부터 26권(2호)까지 통권 21호이며, Annals of Tourism Research는 22권 1호(1995)부터 29권 4호(2002)까지 통권 31호이다.
　　2) 관광학전공(학과)는 관광학, 관광경영, 관광개발, 호텔경영, 외식조리, 문화관광, 관광통역 등을 의미하며, Annals of Tourism Research는 tourism, leisure, recreation, travel 또는 hotel and hospitality 전공 등을 지칭한다.
　　3) 비관광 전공자수는 경영(정보)·회계 32명(6.5%), 원예·조경·임학 13명(2.6%), 도시·교통·건축·토목이 13명, 경제·무역 전공자가 12명, 컴퓨터·행정 2명의 순이다.
　　4) 1회 이상 동일 게재자도 누적하여 환산함.
출처: 관광연구 및 *ATR* 각호를 토대로 필자 작성. 김사헌(2003:268)을 재인용.

광학회가 발간하는『관광학연구』게재 논문의 각 학술지 인용도를 분석해 본 것이다. 게재논문에 대한 익명심사제 도입이후를 전반기(1994.8-1999.2)와 후반기(999.8-2002.6)로 나누어 상호 비교해 보았다. 전반기 132편의 게재논문 중에서『관광학연구』가 타인 논문을 인용한 평균 편수는 74 편(자기 논문은 6편)으로 인용도는 편당 평균 0.561편(자신의 논문을 포함한 인용도는 0.682편)으로 극히 저조하였다. 타 학회지 인용도는 이보다도 훨씬 낮았지만, 대개 호텔경영학연구, 관광레저연구, 관광연구의 순을 보여주고 있다.

후반기에 들어서는 전체 164편의 게재논문중『관광학연구』의 여타 논문을 인용한 평균 편수는 1.324편(자기 논문은 0.421편)으로 인용도는 편당 합계평균 2.36편으로 크게 신장된 것으로 나타나고 있다. 타학회지에 대한 인용도도 미세하게 증가하였지만 한국관광학회 학회지 인용도는 전반기에 비해 거의 3.5배 수준으로 신장한 셈이다.

이런 발전은『관광학연구』지가 학진의 '등재학술지'로 인증되어 그 위상이 인정된 사실에 연유하지 않나 여겨진다. 근년에 들어 한국관광학회지만이 타학회지에 비해 인용도가 꽤 격상된 것은 사실이지만, 여타 학회지들을 포함하여 해

〈표 4-9〉 韓觀 관광학회지의 투고논문 인용도

발행일 및 논문편수	저자가 관광학연구지에서 인용한 각종 학술지				
연도. 월 논문수	관광학연구	호텔경영학연구	관광연구	관광레저연구	기타 학술지
94.8-99.2 132	74(6)	9(1)	3(0)	1(6)	7(1)
	타인 0.561	타인 0.068	타인 0.023	타인 0.008	타인 0.053
논문편당 인용율	자기 0.121	자기 0.008	자기 0.000	자기 0.045	자기 0.008
	합계 0.682	합계 0.076	합계 0.023	합계 0.053	합계 0.061
99.8-02.6 164	318(69)	21(7)	10(10)	3(1)	15(12)
	타인 1.939	타인 0.128	타인 0.061	타인 0.018	타인 0.091
논문편당 인용율	자기 0.421	자기 0.043	자기 0.061	자기 0.006	자기 0.073
	합계 2.360	합계 0.171	합계 0.122	합계 0.024	합계 0.164
94.8-02.6 296	392(85)	30(8)	13(10)	4(7)	23(13)
	타인 1.324	타인 0.101	타인 0.044	타인 0.014	타인 0.078
전체 논문편당 인용율	자기 0.287	자기 0.027	자기 0.034	자기 0.024	자기 0.044
	합계 1.611	합계 0.128	합계 0.078	합계 0.037	합계 0.122

주: 괄호 속 숫자는 자신의 논문을 인용한 회수임., '타인'은 타인의 논문을, '자기'는 자신의 논문
 ·인용도임. 인용율은 총 인용회수를 게재논문 편수로 나눈 수치임.
출처: 한국관광학회지『관광학연구』각 연도(1994-2002)를 토대로 계산.

외 학술지들과 비교해 볼 때 우리 학문분야는 아직도 인용도가 만족할 수준이라고 평가할 수 없을 듯하다. 예컨대, 미국 관광학술지의 경우, 평균적으로 정기학술지 참조율은 40% 이상(저서는 20% 이하임)에 이르고 있기 때문이다 (Doren, Holland and Crompton, 1984: 246 참조).

국내 학술저널 논문들의 학회지 논문 참조율이 이와 같이 전반적으로 저조하고 학회지간의 격차가 큰 원인은 무엇인가?

첫째는 학회지의 언어 매체와 관련된 것인 바, 아마 가장 결정적이고 구조적인 요인이 아닌가 싶다. 주지하듯이 다른 많은 국내 학술지들과 더불어 관광관련 학술지도 사용언어가 국제적 공용어(英語)가 아닌 한글이기 때문에 외국학자들이 접할 수 없다. 겨우 소수의 '한국인 학자들' 끼리만 읽고 참조할 수 있는, 독자의 범위가 극히 제한된 학술지인 것이다. 국내 학회지들이 세계적인 학술지(예컨대, Social Science Citation Index級의 학술지)의 대열에 끼어 들 수 없는 주된 이유도 여기에 있다.[17]

둘째는 학회의 난립으로 인한 학회규모의 영세화(가입 회원수의 영세성) 경향에서 그 원인을 찾을 수 있을 듯하다. 가뜩이나 언어 장벽으로 외국학자들을 제외한 국내학자만으로 잠재독자가 제한되어 있는데다가, 1990년대에 들어 지연·학연에 바탕을 둔 관광분야 학회들의 난립(앞의 표 4-2 참조) 현상이 다른 학술지를 접할 기회를 제한시켜버렸다는 점이다. 다시 말해 학회난립이 각 학회 회원규모의 영세화를 촉진하고 이것은 다시 학회 논문집 발행부수의 영세화와 타학회지에 대한 접촉기회 감소(나아가 참조율 감소)로 이어졌다는 것이다.[18]

셋째는 논문을 게재하는 관광학자들의 비과학주의적인 연구성향에 기인하는 것으로 보인다. 타 연구자들에게 선행연구로서 좋은 참고가 될 법한 이론성 논문보다는 소위 '실용성'을 추구한다는 명분 아래 검증이나 논리성이 결여된 '내 주관대로' 식의 정책처방성 논문만 양산한 결과, 관련학자들간에 참조인용할 만한 매력을 연구자 스스로 만들어내지 못했다는 것이다.

---

17) 2000년 현재 국제과학논문 인용색인지수(SCI)에 의하면 한국학자 발표논문이 해외학자들에 의해 인용되는 횟수는 겨우 세계 61위인 것으로 밝혀졌다.

18) 각 학회의 논문집 발행 부수가 이를 증명해준다. 한국관광학회는 한 號當 평균 1,200-1,300권을, 기타 학회는 대개 한 호당 평균 200-400권을 발행한다.

넷째는, 우리나라 관광학자들이 깊이 있는 연구보다는 '겉치레식의 논문'을 쓰는 경향이 만연하고 있다는 점에서 찾을 수 있을 것 같다. 조사과정에서도 확인되었지만 대부분의 연구자들이, 방법론이 복잡하고 내용이 압축되어 비교적 이해가 어려운 국내외학술지 논문보다는 쉬운 교과서류의 저작물들을 더 즐겨 참고하고 있다는 점을 주목할 필요가 있다. 연구자들로 하여금 이러한 '인용할 가치가 결여된' 논문을 생산하게 만드는 풍토는 이제까지 대학사회의 교수초빙이나 승진, 재임용 등을 위한 연구업적 평가가 그리고 교육부·학술진흥재단 등 제도권 기관의 학술업적 평가가 논문의 質보다는 '몇 편'이라는 양적 잣대에만 의존해 왔던 점과도 무관하지 않은 듯하다. 질에 관계없이 양만 대충 채우면 승진이나 재임용이 되는데 굳이 시간을 써가며 좋은 논문을 써야할 필요가 없는 것이다.

 연구문제

1. 관광학이 '技術學에 불과하다'는 주장의 진위여부를 다른 분과학문과 비교하며 검토해 보라. 당신은 관광학이 과학이라고 생각하는가 기술학이라고 생각하는가?

2. '학문의 편식' 문제와 관련하여 관광학계에서는 어떤 분야가 가장 많이, 또 가장 적게 연구되고 있는지 시중의 교과서와 논문(한국 관광학회지의 경우)을 중심으로 알아보라.

3. 관광학 연구방법면에서, 관광학계가 앞으로 보완하고 지향해야 할 과제는 무엇인지 토론해 보자.

더 읽을거리

▶ 필자를 포함 9인의 학자들이 쓴, 김사헌外(2000) 『관광학연구의 현황과 과제』(서울: 백산출판사)는 오늘날 관련분과과학(심리학, 사회학, 경제학, 지리학, 경영학 등)의 입장에서 본 관광학의 현주소를 파악하는데 유용하다.

▶ 관광이 진정한 과학이 되기 위한 조건과 과제에 대해서는 Kuhn, Thomas S.(1995). 『과학혁명의 구조』(The Structure of Scientific Revolutions. Chicago: University of Chicago Press, 1970)세계명저 영한대역 21 (서울: 조은문화사)를 참고할 만하다.

▶ 관광과 같은 문화연구를 위한 질적 방법론으로는 윤택림(2005) 『문화와 역사 연구를 위한 질적 연구방법론』(서울: 도서출판 아르케)이 한국사례를 많이 적용해서 일반인도 쉽게 이해할 수 있다. Philimore & Goodson(2004)이 쓴 Qualitative Research in Tourism, (New york: Routledge)도 관광학의 질적 분석을 연구하는 데 유용한 저서이다.

관광학 연구에 있어서 질적 연구방법론의 상황과 도전:
관광학회지 논문의 메타분석

Status and Challenges of Qualitative Tourism Research:
A Meta Analysis of Korean Tourism Periodicals

金 思 憲*

Kim, Sa-Hun

ABSTRACT

Based on Denzin and Lincoln's moment analysis of qualitative researches and that of Philimore and Goodson's application on tourism periodicals, author investigates into Journal of Tourism Sciences(JTS), one of prime Korean tourism periodicals, while comparing it with Annals of Tourism Research(ATR) and other western tourism periodicals. He first reviews the concept, characteristics and differences laid within quantitative and qualitative methods. According to 1996 to 2006 JTS articles most of the writers were found relying on questionnaires study unlike those writers of ATR. Qualitative articles were found so few and simple methodologically that it makes us hard to say that Korean journal articles are over the quantitative threshold. The remote and immediate causes underlying this are discussed.

핵심용어(Key words): 질적 연구방법(qualitative research method),
양적연구방법(quantitative research method),
메타분석(Meta-analysis), 관광학연구(tourism research)

---

* 이 논문은 한국관광학회가 발행하는 『관광학연구』 제31권 제1호(통권 59) '질적 연구 특별논단' pp. 13~32에 실린 필자의 논문임.

I. 서 론

현대과학은 그 대부분이 서구사회의 산물에 속한다. 16세기가 서구 기독교의 분열과 함께 근대과학이 처음으로 시작된 시기라면, 18세기는 '신의 섭리적 질서'라고 여겨져 오던 '사회법칙'이 신학적 철학으로부터 해방되고 근대 사회과학이 등장한 시기이다(뒤베르제, 1996: 26). 자연세계에서 보편적 진리 내지 법칙의 발견을 목적으로 한 지식의 체계적 집대성을 과학이라 한다면, 사회과학은 그 과학 중에서도 인간사회의 복잡다기한 현상과 가치문제를 과학적 형식을 빌려 탐구하는 학문에 속한다.

우리가 관심을 두는 사회과학의 연구방법은 성격상 크게 두 가지로 분류된다. 하나는 '과학주의'를 앞세운 연구방법론으로서, 사회현상을 지배하고 있는 규칙적이고 반복적인 법칙을 발견하는 것을 목표로 삼아 과학주의(scientism) 내지 경험실증주의(empirical positivism) 입장을 추구하는 量的 접근이고, 다른 하나는 인간사회의 내면적 주관적 가치를 파악하기 위한 목적으로 사회철학적 입장에 서서 현상학적 인식론적으로 접근하는 質的 접근방법이다.

이 두 가지 접근방식을 구분하는 기준은 무엇인가? 이에 대해서는 학자들 간에 일치된 견해는 없지만, 양자를 구분하는 기준은 대체로, 사회현상을 실증주의 인식론에 바탕을 두는가 아니면 현상학적 인식론이라는 論理에 바탕을 두는가, 현실을 통제화·단순화·수치화시켜 해석하려 하는가 아니면 현실을 '있는 그대로' 자연적·사회적 맥락(context) 속에서 이해·해석하려하는가, 객관적인 것을 추구하는가 아니면 間主觀的(intersubjective) 사실을 추구하는가이다. 또한 수학·통계학 등 비교적 제한된 계량 척도에 의존하는가 아니면 특정 기법에 크게 구애받음이 없이 현상학, 민속방법론, 구술사, 문화기술지, 현장조사·면접·면담, 참여관찰, 내용분석 등 상황에 따라 다양한 여러 가지 방법론을 사용하는가 등이라고 할 수 있다(조용환, 2002; 윤택림, 2005; 신경림外, 2005). 여기서 양적 연구방식은 전통적으로 인과론적 決定論 시각에 입각하여, 문제제기-가설설정-검정이라는 절차를 통해 가설을 명시적으로 기각 또는 채택하는 경향을 취한다. 요컨대, 양적 접근은 제한된 조사대상을 '객관적으로' 분석한 결과를 외삽하여 이를 사회 전체에 적용코자하는, 이른바 발견사실의 一般化(generalization)가 주된 목표이다. 이 접근법은 '관찰가능한' 그리고 '존재'하는 것에 대해서만 주로 연구의 관심을 두며(Goodson & Philimore,

2004: 35), 연구자와 피연구물(자)의 관계가 單方向的(unidirectional)임을 가정한다. 아울러 조사자의 조사방법이 (객관적이어서) 피조사자에게 전혀 영향을 주지 않으며 따라서 그 자료의 해석에 아무런 문제가 없다는 논리(가정)하에 객관적인 결과를 도출할 수 있다고 믿는다.

반면에 질적 연구, 다시 말해 定性的 방법론은 "현상학적 인식론에 바탕을 둔"(조용환, 2002: 16), 인간행동의 내면 내지 존재에 관한 귀납적 탐구이다. 개인의 주관적 체험이나 인식, 혹은 존재론적 문제를 기계적·수치적으로만 다룰 수는 없기 때문에(박이문, 1991: 18), '가치중립적인 것 같이 포장된' 과학주의 내지 경험실증주의 방법론만으로는 복잡미묘하고 내재적인 인간 가치와 그 사회 문제를 다 파악하기에는 역부족이라는 것이 이 방법론의 대전제다.

많은 사회철학자들은 과학주의만을 앞세운 이러한 기계론적·유물론적 접근이 '과학의 物神化'에 불과하다고 비판한다(박이문, 1991; 조용환, 2002 등). 우리가 연구대상으로 삼는 사회 및 인간 내면의 심층에 깔려 있는 '구조적, 생동적 요인'을 규명하는 것은 도외시한 채, 실증주의를 앞세운 양적 방법론은 단지 피상적·표면적으로 '존재'하는 유물론적인 사실만을 들추어내는 데 급급할 뿐이라는 것이다. 만약 이와 같이 표피적 문제만을 계량적으로 다룬다면 그것은 技術學에 불과할 뿐이며 그 연구자들도 학자라기보다는 차라리 技術者와 다를 바 없다는 것이 그들의 시각이다.

근래에 들어 전통적 양적방법론에 대한 비판은 거세지고 있는 편이다(Philimore & Goodson, 2004; Smith, 1998; 조용환, 2002; 박이문, 1993 등). 즉, 의식구조, 가치관 그리고 나아가 연구자의 지위·교섭력 등 기소유 권력같은 사회적 배경 등이 연구자마다 다 달라서 연구자의 지식 생산의 결과가 '객관적'이니 '가치중립적'(value-free)이니 하고 전제하는 것 자체가 설득력이 없다는 것이다. 또 아무리 연구의 결과가 통계적으로 유의하다고 치더라도 개개의 개별 대상에겐 아무 의미도 없을 수 있다는 것이다. 스미스식 표현으로 이야기한다면 '단 한 개의 진리'라는 과학 보편주의는 한쪽 사실이 때로 다른 쪽 사실 전체를 설명해줄 수도 있다는 사실을 간과하고 있는 것이다(Smith, 1998).

그렇다고 이들이 주장하는 질적 연구방식도 문제가 없는 바는 아니다. 무엇보다 관찰자의 '主觀'이 개입될 가능성이 크다는 점이다. 개인의 주관이 개입되는 한 그 관찰이 부정확할 수밖에 없으며 동일한 관찰결과를 놓고도 서로 제가끔 다른 해석을 내릴 수 있다는 문제 등이 가장 큰 취약점 중의 하나가 될 수밖에 없다. 또 질적 연구는 그 성격상 대개 특정한 집단에 관련된 경험들을 국부적으로 깊이 있게 다루므로 비록 그 특정집단에 대해서는 보다 적절한 설명이나 이론이 될 수 있을지 모르지만 그 외의 다른 집단들에 대해서는 설명할 수가 없다는 약점도 있다(조영남, 2001). 무엇보다 질적 연구의 결정적인 문제점은 양적 연구에서와 같은 '일목요연하게 정형화된' 방법론적 절차나 분석의 틀이 없기 때문에 방법론에 오래 숙달되지 않은 연구자에게는 접근하기가 어렵다는 점이다.

각 방법론이 지니는 이런 장단점들에 주목하여 덴진-링컨(Denzin & Lincoln, 2000: 162)은, 지금은 다양성이 강조되는 해방의 시대로 유일한 진리는 존재하지 않으며 모든 진리는 부분적이고 불완전하므로 특정 영역의 진리에 한정되거나 세상을 한 가지 색깔로 보는 관습을 버려야 한다고 주장하고 있다.

본고에서는 연구방법론적 측면에서, 사회과학의 한 분과인 관광학의 경우 아직 별로 성행되고 있지 않은 질적 접근이 과연 수용 가능인지, 가능하다면 그 연구대상은 무엇인지를 탐색·진단해보고, 메타분석적 방법(meta analysis)을 이용해 우리나라와 해외 관광관련 정기학술지에 나타난 질적 연구의 수준과 현황을 분석해 보고자 한다. 이를 통해 향후 우리 관광 연구자들의 指向과 과제가 무엇인가를 모색해보기로 한다.

II. 관광학 연구에서 질적 연구는 무엇인가: 해외 학술지의 경험

관광현상이 양적으로 분석되어져야할 문제인가 아니면 질적으로 접근해야하는 문제인가를 답하기는 무척 어려워 보인다. 어느 한쪽에 손을 들어주기 위해서는 관광연구 혹은 관광학이란 도대체 무엇인가라는 인식론적 물음에 대한 답이 먼저 내려져야 하기 때문이다. 요사이 호텔, 외식조리, 식음료, 레져스포츠 등으로 까지 학과 내지 전공영역이 확장되어 관광이라는 학문의 영역이 너무나 광범위화고 모호해져가고 있는 현실을 감안한다면, 더더욱 이 문제는 풀기 어려운 學問觀의 문제로 비화되어 가고 있는 것아 보인다.

따라서 이 문제를 전면적으로 정면 접근하기 보다는 먼저 학문의 영역을 일정한 가정하에 단순화시키는 것이 문제 파악의 한 방법이 될 수 있을 것 같다. 논자는 먼저 여기서 관광학을 '사회과학'의 한 分科라고 전제하기로 한다.[1] 그리고 근간에 학자들

---

1) 호텔식음료, 외식조리 혹은 레저스포츠 연구가 사회과학 쪽 학문인가 자연과학 학문인가에 대해서는 서로 의견이 다를 수 있지만, 필자는 관광학이 5대 사회과학과 접근방법과 관심사가 상당부분

간에 관광학이 과연 '學'(a discipline)이냐 아니면 패러다임 이전에 위치한 낮은 단계의 '연구 분야'(a field of study)에 불과한 것이냐 라는 문제를 놓고 의견이 분분하지만(예컨대, Echtner & Jamal, 1997; Tribe, 2000, 2004; Leiper, 2000 등), 논자는 편의상 관광연구도 사회과학의 한 '分科科學'이라고 가정키로 한다.

이렇게 전제한다면, 관광학은 여가를 목적으로 定住地를 일시적으로 이탈하는 인간, 대상으로 하는 목적지사회, 그리고 이들 상호간의 사회·문화 작용을 탐구하는 사회과학이라고 할 수 있을 것이다. 관광이 여행자의 심리, 사회문화적(특히, 저개발된 사회와의) 접촉, 공간적인 이동, 경제적 영향을 특성으로 하는 현상이라는 점을 수긍한다면, 관광학은 이 영역을 다루는 심리학, 사회학, 지리학, 문화인류학 그리고 경제학의 관심사와 부분적으로 중첩되지 않을 수 없다[2]. 여기서 경제학과 같은 양적 지표를 분석대상으로 하는 학문과는 당연히 관련된다고 보지만, 관광학은 그 외에도 심리학이나 사회학, 문화인류학같이 양적 접근방식뿐만 아니라 질적 접근방식도 많이 사용하는 여타 학문과도 깊은 연관을 맺고 있다는 점에 우리는 주목할 필요가 있다. 말하자면, 관광학은 量의 문제에만 관심이 머무는 학문이 아니라 質의 문제에도 많은 관심을 할애할 수밖에 없는 학문이라는 것이다.

여행자의 심리나 여행 동기, 여행자의 여행후 의식변화, 관광객을 배출하는 소속사회 및 집단의 배경 등 행위자(actors)와 그 소속집단(사회) 내면에 대한 연구, 그리고 접촉하게 되는 목적지사회(host communities)와의 상호작용에 관한 탐구는 양적이라기보다는 명백히 질적인 영역의 문제이다. 일례로, 요즈음 해외학자들간에 많이 연구되고 있는 관광객의 고유성(authenticity)과 비고유성(inauthenticity)의 인식여부 문제, 순례(pilgrimage)와 통과의례(rites of passage)의 문제, 관광객의 시선(tourist gaze)에 관한 테제, 관광객배출 사회의 근대성-탈근대성(modernity-postmodernity) 논의, 그리고 탈포드주의(post-Fordism) 및 맥디즈니化(McDisneyization) 사회와 관광의 관계, 목적지사회 문화의 상품화(commoditization of culture)에 대한 시각, 유산관광(heritage tourism) 문제, 主客간의 조우(host-guest encounters)와 그 영향, 목적지 사회의 생태·생업·전통과 관광산업과의 관계 등 이런 모든 주제들은 결코 계량적 척도를 사용해 분석되어져야 될 이슈들이라기보다는 오히려 보다 질적으로 천착되어야만 그 현상을 제대로

공유하고 있다는 사실에 입각하여, 관광학을 사회과학의 한 분과로 규정하고자 한다.

2) 자파리(Jafari) 교수, 쉘돈(Sheldon) 여사 등 다른 관련학자들도 동조하고 있지만, 필자는 이를 '5대 사회과학'이라고 주장한 바 있다(졸고, 2003: 40-8).

이해할 수 있는 주제에 속하는 것이다(졸고, 2006: 82-213 참조).

마침 질적 연구로 유명한 덴진-링컨(Denzin & Lincoln, 1998)이 질적 접근을 통한 사회연구를 시기(moment)별로 구분하여 그 성격을 정리해놓은 것이 있다. 릴리-러브(Riley & Love, 2000)가 최근 이를 관광분야 학술지들의 기투고논문에 적용하여 분석해놓은 것이 있어 우리들에게 질적 관광학연구의 현주소를 생생하게 파악해 볼 수 있도록 해주고 있다.

먼저 덴진-링컨(Denzin & Lincoln, 1998: 13)은 사회연구의 역사를 질적 연구의 성격에 토대하여, ① 전통의 시기, ② 근대 국면 시기, ③ 장르의 모호 시기, ④ 표현의 위기 시기, ⑤ 제5 요소의 시기로 구분해 놓고 있다.

요약하면(Denzin & Lincoln, 1998; Philimore & Goodson, 2004), 첫 번째로, '전통의 시기'란 實證主義가 지배하는 시기로서, 연구자를 독립적, 객관적 전문가로 인정하면서 현지 주민의 다양한 목소리보다는 비인격적 획일적 기술방식하에 연구자측 지배문화의 우수성을 관행적으로 유지시키는 연구시기를 말한다. 民族誌學(ethnography) 등이 방법론으로 등장하지만 방법론적 문제에는 크게 관심을 두지 않는 단계이다. 두 번째로, '근대 국면 시기'라 함은 질적 연구가 형식화된, 엄밀한 의미에서의 '질적 연구의 황금 시기'에 해당된다. 脫실증주의(post-positivism) 성향을 보이며, 엄밀한 과학적 접근보다는 다양한 복수의 현실을 인정함은 물론, 방법론적으로도 폭넓게 현상학, 민족지학, 인터뷰방식이나 '대화식 분석법' 등 여러 가지 다양한 질적 분석법을 사용한다. 이 단계는 서구에서 대체로 1970년대 들어서부터 시작된 것으로 알려지고 있으며, 관광의 경우는 발렌 스미스(Valene L. Smith) 여사가 중심이 되어 1974년 멕시코市에서 미국 인류학회가 주관한 관광인류학 세미나자료를 『主와 客: 관광인류학』(Hosts and Guests: The Anthropology of Tourism)을 편집·출간한 1977년경이라고 할 수 있다(Smith & Brent, 2001: 7).

세 번째는, '장르가 모호해진 시기'인데, 이는 다른 학문분야의 여러 방법론을 필요에 따라 여기저기서 혼합채용하기 때문에 분과학문간 경계가 모호해져버린 단계로, 덴진-링컨에 의하면 1980년대 전후의 시기, 더 넓게는 1990년대 중반까지의 시기가 여기에 해당된다. 이 단계에서는 방법론적, 인식론적, 존재론적 이슈에 관심을 할애하면서, 참여관찰 등 전래의 질적방법 외에도 기호학(semiotics), 사진자료 광고매체, 개인의 日記 등 실로 여러 가지 방법을 원용하는 시기를 말한다. 네 번째는 '표현의 위기 시대'인데, 지식 창조자로서의 연구자의 역할이나 연구결과의 '엄정한' 일반화(generalization) 주장에 대해 의문을 제기하고 이를 거부하는 시대이다. 연구자마다 개인의 이력이나 사회적 배경이 다 다르므로 똑같은 주제를 놓고도 해석을 다르게 할 수 있으며, 따라서 결코 똑같은 연구 결과를 도출할 수 없다는 것이다. 방법론적으로는, 기존의 틀에 얽매이지 않고, 개인적 설명, 자서전이나 일기, 체험담 등 연구 대상자의 생생한 '진짜' 경험담·의견을 듣고자 한다. 연구는 '이러이러하여야 한다'는 식의 고정된 관념 자제가 '파괴'되어 버리는 시기라고 할 수 있다.

마지막으로, '제5의 시기'는, 현대의 급격한 사회변화로 기존의 전통적 연구방식(객관적 자료에 의한 해석 그리고 사실의 일반화, 전문가로서의 권위 등)과 장황한 담론을 거부하고, 대신 특화되고 局地的이고 범위가 제한된(인종, 연령, 계층, 성별 등) 관심사에 초점을 두는 연구방식을 취하는 시기이다.[3] 일찍이 자말-홀리쉐드(Jamal & Hollinshead, 2001)가 "보다 더 해석적이고 질적인 연구로 나아가기 위해서는, 우리는 보다 정태적이고 양적이며 실증주의적 지식과 결별하여 동태적이고 경험적이며 되새김적(reflexive) 접근방식으로 나아가야 한다고 주장했는데, 이 주장에서의 단계가 바로 '제5시기'에 해당되는 것으로 보인다.

릴리-러브(Riley & Love, 2000)는 유수의 관광관련 4개 국제 정기학술지 즉, *Annals of Tourism Research*(ATR), *Journal of Travel research*(JTR), *Tourism Management*(TM), *Journal of Travel & Tourism Marketing*(JTTM)에 그간 개재된 질적 투고논문들에 이 덴진-링컨(Denzin & Lincoln, 1998)의 시대구분을 적용하여 관광학 연구의 질적 시대를 구분지은 바 있어 우리에게 많은 시사점을 던져주고 있다. 물론 관광학 연구가 타 사회과학에 비해 아직 일천한, 성숙되지 않은 학문이므로 이를 덴진-링컨 모형에다 맞추어 넣고 타사회과학과 직접 비교한다는 것은 '무리'라는 주장(Philimore & Goodson, 2004: 18-20)이 일리가 없는 바 아니지만, 이러한 시도가 관광학 분야 투고논문들 중 질적 논문의 비율과 그 질적 수준이 현재 어느 단계에 와있는가라는 최소한의 大要를 파악하는 데는 유용한 정보를 제공해주고 있다.

먼저 위의 4개 관광학술지에 투고된 논문들 중에서 질적 논문의 비율을 알아보면 〈표 1〉과 같다. 즉, 전체 논문 중 질적 논문비율이 ATR 誌가 18% 내외로서 가장

---

3) 예를 들어, 최근에 Haworth Hospitality Press에 의해 출간된 바우위(Thomas Bauer)와 맥커쳐(Bob McKercher)가 편저한 *Sex and Tourism: Journey of Romance, Love, and Lust*(2003), 그리고 고든 웨이트(Gordon Waitt)와 케빈 마크웰(Kevin Markwell)의 *Gay Tourism: Culture and Context*(2006) 같은 지식 생산물들이 그런 부류에 속하지 않는가 여겨진다.

높고, JTR(1990-1996년: 5.0%)이나 TM(1990-1996년: 6.3%)등의 질적 논문
비율은 아직 크게 낮은 것으로 나타나고 있다. 다만 1990년대에 들어 이들 학술지의
질적 논문 비율이 완만하게나마 증가하고 있다는 것은 고무적인 현상으로 보인다.

〈표 1〉 주요 국제학술지의 게재논문 중 질적 논문 비율(특집호 포함)

(단위: %)

학술지명	1980-1984	1985-1989	1990-1996
JTR	3.0	4.5	5.0
ATR	18.7	13.0	18.5
TM	0.8	0.0	6.3
JTTM	-	-	5.2

주: 각 학술지의 창간연도는 각각 JTR=1970, ATR=1973, TM=1980, JTTM=1992년임.
자료: Riley & Love(2000)의 p.174 그림 1-a의 막대그래프를 수치로 환산시킴.

그러나 총 135편의 질적 논문들을 논문저자의 소속 학과별로 분석해 본 바에 의하
면, 질적 논문의 48.9%가 인류학자 및 사회학자들에 의해 이루어졌고,
30.3%가 관광관련학과(tourism, recreation, leisure & hospitality) 소속 학자
들에 의해, 그리고 16.3%가 경영학과 소속의 학자, 나머지가 지리학(0.6%) 및 기
타(0.6%) 출신 학자들에 의해 투고되었다는 점에 우리는 주목할 필요가 있다(Riley
& Love, 2000: 177의 표 3 참조). 질적 논문의 절반에 육박하는 몫이 사회학자 혹
은 문화인류학자들에 의해 채워지고, 정작 관광연구의 중심에 서야 할 관광학자들은
그 논문들의 3분의 1만을 메워줄 뿐이라는 사실은, 관광연구방법론상으로 볼 때, 오
히려 學外의 학자들이 관광이론 형성의 주역을 담당하고 있다는 점을 말해주고 있다.
이는 관광관련 학과 소속학자들이 아직 방법론상 양적 기법 쪽으로 편향되어 있다는
점을 시사하기도 한다.

사실 그 동안 발표되고 인용된 많은 질적 논문들 내지 이론들이 에릭 코헨(Eric
Cohen)이나 딘 맥카넬(Dean MacCannell), 데니슨 나쉬(Dennison Nash), 크
리스 로젝(Chris Lojek), 존 어리(John Urry) 같은 사회학자들, 그리고 발렌 스미
스(Valene Smith), 그레햄 단(Graham Dann), 빅터 터너(Victor Turner), 루
이스 터너(Louis Turner), 넬슨 그래번(Nelson Graburn) 같은 문화인류학자들에
의해 이루어져왔다는 현실을 두고 볼 때, 이는 틀린 지적이 아니라고 여겨진다.

〈표 2〉는 이들 국제학술지에 게재된 여러 질적 논문들을 덴진-링컨式의 발전단계
별 비율로 나타낸 것이다. ATR을 제외한 학술지들(JTR, TM, JTTM)의 질적 논문
생산은 양적으로도 상당히 적지만, 그 수준도 아직 1단계 내지 2단계, 즉 전통적/근
대적 단계에 머물고 있음을 알 수 있다. 또 가장 오랜 발행 역사를 지닌 ATR(1973
년도 창간)의 경우에도, 비교적 많은 질적 논문을 생산해온 것은 사실이지만, 덴진-
링컨式의 발전단계로 볼 때는 아직 상당수의 논문이 1-2단계(전통-근대적 단계)에
머물고 있으며 단지 약 16% 정도만이 3단계(장르 모호기)에 접어들고 있음을 보여
주고 있다. 다시 말하면, 소수의 지식생산물만이 實證主義의 문턱을 완전히 넘어서
서, 현상학, 민족지학, 참여관찰, 인터뷰 등 '장르를 초월한' 연구방법으로 질적 연구
를 수행해가고 있는 것으로 해석된다.

〈표 2〉 주요 국제학술지 질적 논문의 발전단계별 비율

(단위: %)

학술지명	① 전통적 단계	② 근대적 단계	③ 장르 모호기	④ 표현위기 단계	⑤ 제5의 단계
JTR	1.9	21.9	0.0	0.0	0.0
ATR	47.9	39.3	16.0	0.9	0.0
TM	1.9	11.0	0.9	0.0	0.0
JTTM	0.0	5.1	0.0	0.0	0.0

주: 특집호를 포함한 비율임.
자료: Riley & Love(2000)의 p.179 그림 3의 막대그래프를 수치로 환산시킴.

Ⅲ. 우리나라 관광학 연구에서의 질적 접근의 상황과 도전

우리나라에서는 최초로 1972년 한국관광학회가 창립되고, 그 학술지인 『관광학』
(1985년부터 '관광학연구'로 개칭)이 뒤늦게 1977년 年刊으로 창간호를 발행하였
다. 그 이후 이렇다 할 관광관련 경쟁학회의 등장 없이 한국관광학회가 독주하다가
1980년대 후반에 들어 大邱와 釜山의 관광학자들을 중심으로 두 개의 학회(1986
년: 대한관광경영학회; 1989년: 한국관광레저학회)와 그 학술지(관광연구; 관광레
저연구)가 창립·창간된 것이 1980년대까지의 우리나라 관광관련 학회 및 학술지의
주요 역사이다.

그러나 1990년대에 들어서 2년제 및 4년제 대학에 많은 수의 관광관련학과들이

설립인가된 것과 발맞추어 1990년대 초반부터 관광관련 학회·학회지의 설립·창간 붐을 일으켰다. 유사 학회지들이 창간·폐간·통합을 반복하며 난립되기 시작하였다. 논자의 조사에 의하면, 2005년말 현재까지 소위 '나홀로 학회'를 포함하여 23개 정도의 학회 및 학회지가 설립·창간되었으며, 5개 학회·학회지가 폐회·폐간 및 통합을 거쳐 현재는 대략 19-20개 정도의 학회들이 같은 수의 학회지를 발간해오고 있다(졸고, 2002의 〈표 4-2〉 참조).

이 중에서 1998년 후반에 한국관광학회지(관광학연구)의 '한국학술진흥재단 登載候補誌' 彼選定(2001년에 등재지로 피선정)을 시작으로, 2002년도 이후 한국관광레저학회지(관광레저연구), 대한관광경영학회(관광연구), 한국외식경영학회지(외식경영연구), 한국호텔경영학회지(호텔경영학연구) 등 5개 학회지가 등재지(관광학연구, 관광레저연구)로 혹은 등재후보지로 선정되었다. 이들 여러 학회지들 중 그 설립역사나 한국학술진흥재단 등재지화 시기 그리고 보다 중요한 논문 피인용지수(citation impact factor) 측면에서 볼 때, 한국관광학회가 발간하는 『관광학연구』는 자타가 인정하는 대표적 관광학술지에 속한다(졸고, 2003).

이하에서는 시공간적 제약으로 인해 대표적인 학회지 하나(한국관광학회지)만을 중심으로 질적 분석의 수준이 어디에 와 있는지를 파악해보고자 한다. 먼저 1996년 2월호(19권 2호: 통권 제21호)부터 2006년 10월호(30권 5호: 통권 제 57호)까지 3분기별(1996-1998, 2000-2003, 2005-2006)로 나누어 관광학연구지에 게재된 409편의 논문을 연구방법별로 분류·조사해 그 편수 및 비율을 적시해 놓은 것이 〈표 3〉이다.

이 표에서 보면, 『관광학연구』誌의 논문 중 이론 및 문헌연구는 대체로 10% 이내, 사례연구 및 내용분석 그리고 2차 자료 및 기타방법은 10% 내외에 머물고 있으며, 그 비중도 점차 낮아져가는 경향을 알 수 있다. 반면에 설문지 조사방식을 이용한 1차자료 사용은 2000년대 이후 급증하기 시작하여 전체 논문의 3/4 수준에 까지 이르고 있다는 점이 특이한 현상에 속한다. 이론이나 사례연구, 내용분석, 역사적 접근 혹은 면접/현장조사를 했다고 해서 그것이 전부 질적 연구라고 단정할 수는 없더라도 연구방법상 설문지 조사에 의존하는 비중이 전체의 3/4을 능가하고 있다는 사실은 대부분의 『관광학연구』 논문이 '설문지 작성방식'이라는 양적 분석 접근법에 집착하고 있음을 증명해주고 있다.

1차 자료에만 대부분의 연구자가 매달리는 이런 편향현상은 비단 한국관광학회지 논문들에 국한되지는 않는다. 또 다른 연구(박상곤 外, 2004)에 의하면, 『관광레저

연구』나 『호텔경영연구』 등 다른 학회지들의 논문에서는 이런 1차 자료 의존도가
77.5% - 85.5%로 오히려 더 심한 것으로 지적되고 있다. 각 학회지들의
2001-2004년간 게재논문 308편의 분석자료 구득방법은 〈표 4〉와 같다

〈표 3〉『관광학연구』및 ATR 誌의 연구방법별 변화(1996-2006)

(단위: 논문편수,%)

| 연구방법 | 관광학연구 | | | ATR |
	1996-1998	2000-2003	2005-2006	(1996-98)
이론·문헌연구	11(18.7)	2(0.9)	8(6.1)	32(28.8)
사례연구, 내용분석	2(3.4)	12(5.5)	10(7.6)	23(20.7)
역사적 접근	0(0.0)	7(3.2)	1(0.1)	6(5.4)
면접,현장조사	16(27.1)	1(0.5)	5(3.8)	17(15.3)
설문지법	19(32.2)	159(72.6)	95(72.5)	6(5.4)
2차자료 및 기타	11(18.6)	38(17.3)	12(9.2)	27(24.3)
合 計	59(100.0)	219(100.0)	131(100.0)	111(100.0)

주: ATR은 미국에서 발행되는 *Annals of Tourism Research*임.
출처: 1996-1998 자료(관광학연구 및 ATR)는 박호표(1999)의 '한국과 외국의 관광학연구 동향에
관한 비교연구'『호텔경영학연구』 8(1): 248의 표를 참조하였으며, 2000-2003 자료는『관광
학연구』 23권 2호(2000년 2월호), 24권 1호(2000년 6월호), 24권 2호(2000년 10월호),
24권 3호(2001년 2월호), 25권 1호(2001년 6월호), 25권 2호(2001년 10월호), 25권 3호
(2001년 12월호), 25권 4호(2002년 2월호), 26권 1호(2002년 6월호), 26권 2호(2002년
10월호)이다. 2005-2006 자료는 29권 2호(2005년 10월호), 29권 3호(2005년 12월호)
및 30권 1호(2006년 2월호), 2호(2006.4), 3호(2006.6), 4호(2006.8) 및 5호
(2006.10)에 게재된 논문들을 토대로 분류함.

〈표 4〉우리나라 관광관련 학술지 논문의 분석자료 구득방법(2002-2004)

(단위: 논문수, %)

학회지명	1차 자료	2차 자료	문헌조사	기타	전체
관광학연구	137(71.4)	3(1.6)	27(14.1)	25(13.0)	192(100.0)
관광레저연구	65(85.5)	0(0.0)	5(6.6)	6(7.9)	76(100.0)
호텔경영연구	31(77.5)	0(0.0)	5(12.5)	4(10.0)	40(100.0)
전체	233(75.6)	3(1.0)	37(12.0)	35(11.4)	308(100.0)

자료: 박상곤 外(2004)의 표 6-2 참조.

최근의 자료는 아니지만 박호표(1999)가 조사한 같은 〈표 3〉의 1996-1998년간
ATR 통계와 대비해보면 우리나라 관광학회지들이 얼마나 양적 조사방법(특히 설문

조사) 쪽으로만 편향되어 있는지를 실감할 수 있다. 즉 ATR의 경우, 111편의 논문 중 설문지 조사 의존도는 겨우 6편(5.4%)인 반면, 이론·문헌 연구는 28.8%, 사례연구·내용분석은 20.7%, 그리고 면접·현장조사는 15.3%에 달하고 있다. 이와 비교해 본다면, 우리나라 관광학연구 투고논문들의 설문조사 등 1차자료에의 의존도가 얼마나 '기형적'이라 할 정도로 높으며 조사방법상 다양화되지 못하고 있는가를 여실히 알 수 있다.

여기서 논자가 제기하고자 하는 심각한 문제는, 연구방법상의 편향성 문제 외에도, 설문조사 방법상의 신뢰성·타당성 여부이다. 객관타당하고 신뢰할 수 있는 설문조사가 되기 위해서는 통계청의 인구센서스나 각종 표본조사와 같이 시간과 비용, 정교한 표본·조사 설계가 뒷받침되는 것이 전제 조건이다. 그러한 어려움 때문에 ATR 등 많은 외국 학술지의 경우, 좀처럼 對人 설문조사식 접근법을 사용하려 하지 않는 듯하다. 그렇지만 우리나라의 경우, 언제부터인가 설문지 조사의 기본원칙을 무시한, 비과학적·비통계학적으로 접근하는 경향이 학계에서 통용·용인되어 너나없이 '손쉬운' 설문조사 방법에 매달리는 경향이 지배해온 것으로 밝혀진 바 있다(한범수·김사헌, 1999). 과거 8년간 게재된 159편의 논문을 정밀 검토한 연구에서, 저자들은 다음과 같이 결론짓고 있다.

> 익명심사제도가 도입된 이후에 발표된 관광학 연구논문 중 상당수의 논문들이 조사설계 과정에서 적지 않은 오류를 범하고 있을 것이라는 필자들의 연구가설은, 모집단 159편의 논문을 몇 가지 기준을 갖고 분석한 결과 상당수의 연구자들이 1차 자료 수집시 중대한 통계학적 오류를 범하고 있음을 증명할 수 있었다. 관광학자들이 설문조사를 통한 1차 자료 중심의 연구를 주된 연구수단으로 이용하고 있지만, 학술연구로 수용할 수 없을 만큼 1차 자료의 수집과정이 과학적이지 못하고 더구나 이런 과정의 중요성을 관광학자들이 간과하고 있는 것으로 나타났다(한범수, 김사헌, 1999: 29).

여기서 "비과학적" 또는 "조사설계상의 적지않은 오류"라고 함은 1994-2001년간의 설문조사 논문 159편에서, 언제 설문지 조사를 했는지 밝히지 않은 논문이 31편(19.5%), 설문조사 장소를 밝히지 않은 논문이 34편(21.4%)이고, 더욱 중요한 것은 표본추출방법을 밝히지 않은 논문이 무려 86편(54.1%)에 이르며 표본추출방법을 밝힌 논문(73편)이라 하더라도 확률 표본추출법(35편: 47.9%) 보다는 손쉬운 便宜(任意)추출법이나 任意割當추출법 등 비확률 표분추출법(38편: 52.1%)에 더 의존하고 있다는 사실을 말한다. 또 이는 조사의 유효표본수 조차 언급하지 않은 논문(5편: 10.7%)을 포함해 적정 유효표본수(신뢰수준 95% 이상, 최대 허용오차

0.05 이하)에 미치지 못하는 표본으로 '대충' 조사한 논문이 거의 절반(76편: 47.8%)에 이른다는 사실도 의미한다(한범수·김사헌, 1999: 21-29 참조).

'실증분석'이라는 美名下에 "'誤謬'를 재생산하는 愚"(상게논문: 31)를 범하고 있는 논문이 상당수에 이른다는 것이다. 그러면서도 이렇게 '비과학적·비통계학적' 개연성이 높은 설문조사에 매달리는 연구자의 비율이 해가 갈수록 증가하고 있는 사실(〈표 5〉 참조)은 관광학 연구가 관광현상을 과학적으로 규명하기는 커녕 '非學問化'되어 사회와 학계를 欺瞞할 우려를 점점 더 높혀 주고 있어 보인다. 참고로 표에서 가장 최근 기간인 2005-2006년 기간의 설문조사 논문이 72.5%이지만, 가장 최근호는 설문조사 논문 비율이 무려 83.3%(18편 중 15편)에 까지 치솟고 있다.

〈표 5〉 관광학연구誌 게재논문 중 설문조사의존 논문의 비율 증가 추이

(단위: 편, %)

발표연도(통권번호)	게재 논문수	설문지 논문수	설문논문 비율
1994(18)-1997(24)	86	53	61.6
1998(25)-1999(29)	63	41	65.0
2000(30)-2001(34)	85	65	76.5
2005(51)-2006(57)	131	95	72.5
합계 및 평균	365	254	

자료: 한범수·김사헌(1999) 17쪽의 표를 최근호인 30권 5호(2006년 10월)까지 연장함.

연구방법을 질적으로 좀 더 자세히 살펴보기 위해 관광학연구 논문들의 자료수집방법과 분석방법을 서로 교차시켜본 것이 〈표 6〉이다. 양적 분석방법에서 또 하나의 주요한 자료수집 방법은 이미 타 기관·연구자가 조사해 놓은, 소위 '2차 자료'(secondary data)에 의존하는 방법이다. 표에서 보면, 旣조사된 관공서나 기관의 공표통계인 2차 자료를 이용한 논문(12.2%)은 양적으로 크게 낮은 것으로 나타나고 있다. 이들 자료를 이용한 논문들은 분석방법으로 주로 回歸分析이나 記述統計分析에 의존하고 있는 것으로 나타나고 있다. 比率·等間 등의 척도로 된 자료를 이런 통계분석 기법에 적용하는 것은 통계학의 가정과 이론에 맞다.

앞에서도 지적하였지만, 2005-2006년간의 총 논문 131편중 1차 설문지 조사에 의존한 논문은 전체 논문의 3/4에 이른다. 이들 설문지 통계는 거의 대부분 피설문자의 지각·만족도 등 '주관적 느낌'을 리커르트(Likert) 3점, 5점 혹은 7점 척도로 순

위·서열화시킨 順位尺度(ordinal scale)로 변환시킨 것이므로 이의 분석을 위해서는 순위의 비교통계(순위상관분석)등 非母數統計(non-parametric statistics)를 쓰는 것이 통계학의 상식이다. 그러나 이 표에서 보면 1차 설문지(그 중 거의가 순위 척도 사용)를 이용한 연구의 상당수가 비율·등간 척도 자료를 사용해야하는(연속 확률분포를 가정하는) 構造方程式(27편), 回歸分析(23편) 그리고 要因·群集分析(21편) 방법을 취하고 있어 연구방법론 측면에서 기본적으로 통계학의 기본가정에 어긋난다. 신뢰성이나 타당성을 상실하고 있다는 것이다.

반면에 조사방법상 질적 접근에 가까운 기법들, 이를 테면 인터뷰/면접 조사, 역사적 접근, 관찰, 면접·현장조사, 문헌고찰(대부분이 내용분석) 방식을 취한 논문들은 소수에 지나지 않는 것으로 나타나고 있다. 즉, 2000년 이후 시기를 기준으로 해보면, 2000-2003 기간과 2005-2006 기간 모두 각각 20편 내외에 지나지 않는 것으로 밝혀지고 있다. 자료수집방법만으로는 질적 논문인가의 여부를 명확히 구분하기가 모호하므로, 설령 이 모두를 질적 방법류의 연구라고 양보하여 가정하더라도 질적 연구 논문은 2000-2003기간에 22편(10.0%), 2005-2006 기간에 24편(18.3%) 등 총 46편(13.1%)에 불과해 보인다. 이하에서는 이들 논문만을 중심으로 덴진-링컨(Denzin & Lincoln, 1998) 식의 질적 기준에 맞추어 그 단계 수준을 파악해보기로 하자.

〈표 6〉 관광학연구誌 논문의 연구방법: 자료수집 및 분석의 방법(2005-2006)

분석 방법	자료수집 방법 (단위: 논문편수, %)						계(%)
	공표 통계	1차 설문지	인터뷰 /면접	관찰	문헌 고찰	기타 질적 방법	
기술적 분석	4	9	2	1			16(12.2)
비교분석	2	4				1	6(4.6)
내용분석					8	6	14(10.7)
요인/군집분석		21	1				21(16.0)
회귀분석류	6	23					29(22.1)
구조방정식		27					27(20.6)
기 타	5	11					16(12.2)
계(%)	17(13.7)	95(72.5)	3(2.3)	1(0.1)	8(6.1)	7(5.3)	131(100.0)

주: 분석방법이 복수로 중복되는 경우, 주된 방법(최종의 방법)을 대표 분석방법으로 봄.
출처: 관광학연구지 29권 2호(2005년 10월호), 29권 3호(2005년 12월호) 및 30권 1호(2006년 2월호), 2호(2006.4), 3호(2006.6), 4호(2006.8) 및 5호(2006.10)에 게재된 논문들을 토대로 분류함.

논문들의 분석방법을 살펴보면, 먼저 2000년대 이후 '이론·문헌 연구'는 겨우 10여 편에 불과한 것으로 밝혀지고 있다. 조광익(2002: 26-3), 김규호·김사헌(2002: 26-2), 최인호(2005: 29-3), 황희정(2005: 29-3), 김희영·김사헌(2006: 30-1), 이훈(2006: 30-1), 임은미(2006: 30-3), 이인재·이훈(2006: 30-4) 같은 연구가 이 부류에 속한다.4)

이들 이론 내지 문헌조사 연구가 과연 질적 연구라는 기준에 부합하는가 하는 점은 논란의 여지를 남겨놓고 있으나, 관광학회지 투고 논문 중 질적 논문이 양적으로 워낙 零星한 관계로 본고에서는 이를 질적 논문으로 간주하여 살펴보기로 한다. 이 중에서 임은미(2006: 30-3), 이인재·이훈(2006: 30-4)은 문헌 연구이면서도 내용분석을 조사기법으로 사용하였기에 질적 논문에 근접한다고 하겠다. 위의 논문들 중에서도 철학자 미셸 푸코(M. Foucsult)의 '규율권력'을 여가와 관광에 적용하여 관광공간도 "권력으로부터 자유로울 수 없다"는 조광익(2002: 26-3)은 질적 논문들이 추구하는 해석학적 접근을 시도하고 있다는 점에서 덴진-링컨의 '근대주의' 국면에 접근하고 있다고 보이나, 그 외의 논문들은 질적 논문의 1단계인 '전통 시기'에 소속시키는 것이 타당해 보인다. 예를 들어, 임은미(2006: 30-3)에서 보듯이, 의도적으로 관광상품 개발이라는 목적하에 노스탈지어(향수)라는 '수단'을 분석해가는 형식 등은 다분히 실증주의를 잠재적으로 전제·고수하는 '전통시기'의 범주에 든다고 하겠다.

사례·비교연구/내용분석도 질적 연구의 한 방법이다. 이 기법을 채용하는 우리나라 관광학자들이 비교적 많은 관계로, 이런 유사 질적 연구는 본관광학회지 투고논문에도 적지 않게 나타나고 있다. 즉, 차석빈·우경식(2000: 23-2), 고동우(2000: 24-2), 나정기(2001: 25-1), 한범수·김사헌(2001: 25-2), 정의선·김경숙(2002: 26-3), 최석호(2003: 26-4), 김진동·김남조(2003: 26-4), 오익근(2003, 26-4), 오미숙(2003, 26-4), 한범수·박세종(2003: 27-1), 부소영(2003: 27-2), 조광익·박시사(2006: 30-2), 최석호(2006: 30-3), 김난영외(2006: 30-3), 윤상헌(2006: 30-3), 박시사(2006: 30-4) 등이 그러한 연구에 속한다.

비록 이들 연구의 대다수가 내용분석이지만, 필모어-굿선(Philimore & Goodson, 2004: 10-12)이 질적 연구의 발전단계상 '전통적 단계'에 해당되는 근거

---

4) 論文 名을 모두 구체적으로 밝히기는 양이 너무 많으므로, 여기서는 참고문헌에 기재하지 않고, 다만 독자들이 참조할 수 잇도록 著者名과 揭載年度 및 圈-號만을 밝히기로 한다. 예를 들어, '(2002: 26-3)'란 '2002년 26권 3호'를 뜻한다. 이하 모두 같다.

로 내세우고 있는 "선행적으로 미리 결정된 연구계획에 의해 연구를 추진하며, 수단화하려 할 뿐 아니라 질적 자료를 은연중 계량화하려는 의식이 엿보인다"고 지적하였듯이, 양적 논리가 연구의 바탕을 지배하고 있다는 점에서 초기 질적 단계를 벗어나지 못하고 있어 보인다. 차석빈·우경식(2000: 232), 나정기(2001: 25-1), 한범수·김사헌(2001: 25-2), 정의선·김경숙(2002: 26-3), 한범수·박세종(2003: 27-1), 부소영(2003: 27-2) 등의 연구가 특히 그러하고, 2002년 월드컵을 주제로 연구한 김진동·김남조(2003: 26-4), 오익근(2003, 26-4)에서도 그런 경향을 논문의 행간에서 감지할 수 있다.

역사적 연구는 지속적인 투고노력으로 관광학계에서는 거의 독보로 여겨지는 한경수(2001: 24-3; 2002: 25-3; 2002: 26-3; 2005: 29-2), 과거의 우리 전통문화를 관광학에 접목시키고자 노력한 오순환(2000: 24-2; 2001: 25-2; 2003: 26-4) 외에는 이렇다 할 논문들이 생산되지 않아, 질적 측면에서의 역사적 연구는 아직 걸음마 단계를 벗어나지 못하고 있어 보인다. 한경수(2001: 24-3; 2002: 25-3; 2002: 26-3; 2005: 29-2)는 여행과 관광이라는 용어와 행위의 등장을 중심으로, 오순환(2000: 24-2; 2001: 25-2; 2003: 26-4)은 전통 종교·축제와 놀이·풍류사상을 중심으로 여가·관광의 역사적 의미를 찾으려고 노력하였다는 점에서 양자 모두 질적 연구의 범주에 드는 것은 사실이나 다만 조사방법이 "다양한 질적 분석법"이 아닌 문헌 분석에 국한하고 있다는 점에서, 필모어-굿선(Philimore & Goodson, 2004: 10-12)의 '전통적 단계'에서 벗어나지 못하고 있어 보인다.

질적 양적 연구의 차이는 "단순한 연구기법의 차이가 아니라, 보다 근본적인 연구 논리의 차이"라는 조용환(2002: 93-4)의 주장대로, 양자의 차이는 근본적으로 본다면 어떤 패러다임을 견지하는가의 차이라고도 할 수 있다. 질적 연구의 논리를 따르면서도 양적 연구기법을 활용할 수 있는 것이다. 그러므로 본고에서 단지 그 사용한 기법만을 잣대로 삼아 양자를 구별 짓고 그 단계를 판단하는 것은 무리가 있음을 부인할 수 없다.

IV. 結論 및 示唆點

이제까지 한국관광학회가 발행하는 정기 학술지 『관광학연구』를 중심으로 질적 연구의 추이를 덴진-링컨(Denzin & Lincoln, 1998) 식의 기준을 놓고 방법론적으로 연구의 흐름을 살펴보았다. 표 분석에서도 보았듯이 우리나라 관광학 연구의 대부분이 '계량주의' 내지 '실증주의'라는 패러다임에 압도적으로 지배되고 있음을 알 수 있었다.

질적 방법론이 양적 방법론보다 더 우월하다거나 또는 그 반대로 양적 방법론이 더 우월하다고 단정적으로 평가할 수는 없다. 이 분야 학자들(조용환, 2002: 15-6; Denzin & Lincoln, 2000: 162)이 말한 대로, 질적 연구는 양적 연구의 요소를, 양적 연구는 질적 연구의 요소를 공유하고 있어 서로 간의 도움을 필요로 한다. 다만 양적 접근법이라 하더라도 그것은 과학적이어야 한다.

양적 연구는 그 실증주의적 접근방법이 누가 보아도 타당하고 신뢰가 간다면 질적 연구에 뒤질 것이 없다. 오히려 그동안 개발되어 온 정교한 통계기법과 그리고 분석 결과의 간단·명료성은 오리무중일 정도로 막연하게 여겨지는 질적 연구방법을 압도하고도 남음이 있다. 그러나 우리나라 관광학 연구의 양적 접근법에 관한 한, 우리를 우울하게 하는 것은 그 접근방식에도 여러 가지 다양한 技法이 있음에도 불구하고 상당수의 연구자들이 오로지 설문지 조사에만 매달리고 있고 그것도 '비과학적'이고 '비통계학적'인 조사·분석 기법을 아무 거리낌 없이 사용하여 방법론상의 신뢰성·타당성을 무시한 연구물을 적지않게 생산하고 있다는 점이다. 신뢰할 수 없고 타당하지도 않은 '요식행위' 연구를 할 바에야 차라리 아무 연구도 하지 않는 것이 최선의 방법일지도 모른다.

다만 다소 다행스러운 점은 질적 연구에 근접하는 관련 연구들이 그래도 근래에 들어 학회지 논문비율로 볼 때 10% 내외 정도로는 이루어지고 있어 관광학회지 나아가 우리나라 관광학 발전의 가능성을 열어주고 있다는 점이다. 비록 이들 질적 연구가 구미의 학술지, 특히 ATR처럼 아직 좀 더 다양한 질적 방법론을 쓴다거나 그리하여 보다 높은 수준의 질적 단계에 이르게 된 것으로 보이지는 않지만, 질적 접근방식 발전의 가능성을 열어주고 있다는 점에서는 희망적이라고 판단된다. 결론적으로 말한다면, 아직 수적으로 보더라도 다양한 질적 기법들을 채용하는 사례가 매우 영성(零星)하고 대부분의 연구에서 '양적 논리', '실증·실용 패러다임'이 학회지 논문들을 강하게 '지배하고 있다'는 점에서, 우리 학계는 연구논문들의 방법론에 관한 한, 아직 덴진-링컨(Denzin & Lincoln, 1998, 2000) 혹은 릴리-러브(Riley & Love, 2000) 식의 질적 단계 중 어느 단계에 와 있는가를 운위할 시점이 아닌 것으로 보인다.

관광학회지 논문이 방법론상 질적 궁핍에서 벗어나지 못하고 있는 데는 여러 가지 원인이 있어 보인다. 우선 학문 내지 학회지의 폐쇄성에서 찾을 수 있다. 즉, 우리나라에는 서양과 같이 사회학이나 문화인류학 같은, 관광연구에 적실한 기초 사회과학 연구가 홀대를 받거나 활성화되지 않았다는 점도 遠因이지만 관광학회지가 이들을 포함한 여러 기초사회과학 이론들을 두루 섭렵·포용하지 못하고 있다는 점에서도 그 원인의 일부를 찾을 수 있을 것 같다는 것이다.

또 하나의 중요한 遠因은, 논자가 학회지 권두언(30권 2호)에서 일부 지적한대로 무엇보다 대학을 학문하는 곳이 아니라 취직 실습하는 곳으로 간주하여 기초학문 내지 기초이론보다는 소위 '실용학문'만을 선호하도록 부추겨온 교육계 안팎의 유물론적 환경이라고 할 수 있다.

가깝게는 그 近因을 바로 우리 관광학계 내지 학문 내부에서 찾아 볼 수 있다. 즉, 2000년대에 들어 교육할 인적 자원의 감소와, 통폐합 학과 인원을 '인기'학과인 관광 관련학과에 배정하거나 신설하면서 학과 및 학자들의 급격한 팽창·양산된 점, 그리고 '실용학문'이라는 세속적 인기에 영합하여 관광이라는 전공영역을 경쟁적으로 광대화·난립시킨 점, 이에 따른 관광학 교육의 부실화와 무자질 석박사 학위논문의 양산, 교수·학자들의 안이한 교육 및 연구자세 등과 직접적으로 관련이 있다고 할 수 있다.

또 아울러 연구주제의 폐쇄성(특히, 供給中心的·에틱적 주제)에서 오는 原因도 생각해 볼 수 있을 것 같다. 학계·학자들 대부분이 아직껏 관광사업 혹은 관광마케팅 등 공급중심적 사고에 젖어 관광대상의 개선, 재방문 등 판매전략에만 몰두하다보니 현장조사식의 연구에만 치중할 수 밖에 없다는 것이다. 오늘날 국제적으로 관광연구 주제의 흐름이 "경제지향적 연구는 쇠퇴하고 사회문화적 이슈, 지역사회 발전, 및 환경 연구가 부상하고 있다"는(Xiao and Smith, 2006: 497) 지적이나, 관광학이 "옹호"(advocacy)-"신중"(cautionary) 주의를 지나 "代案主義"(adaptancy platform)나 "지식추구주의"(knowledge-based platform)로 가고 있다는 자파리(Jafari, 1981, 2001)의 지적으로부터 유리된 채, 우리 학계는 과거의 주제에만 동면하듯 집착하고 있다는 점을 되새겨야 하지 않을까?

연구의 수준을 올려 관광학연구지가 우리 관광학계를 선도하려면, 원론적으로는 학자들 모두가 각자 심기일전하여 우량 논문을 생산하는데 매진해야 하지만, 관광학의 '非學問化' 경향을 제도적으로 막는 길은 거의 전적으로 학회지의 어깨에 달려 있다고 해도 과언이 아니다. 학문을 올바로 선도해야 할 학회지의 입장에서는 제도적으로 방법론상 객관성·신뢰성이 결여한(의심되는) 논문들이 '익명심사'라는 '그물망을 손쉽게 빠져나갈 수 없도록 조사방법이나 분석방법 등 방법론에 관한 신뢰도와 타당도를 중심으로 철저하게 심사 · 검증 하는 등 특단의 보완책이 뒤따라야 할 것으로 보인다.

참고문헌

뒤베르제, M.(1996). 사회과학방법론: 이론과 실제, Duverger, M. *Methodes des Sciences Sociales*. Paris: Presses Universitaires de Frances. 1964(이동윤 역). 유풍출판사.

박상곤 · 김상태 · 박석희(2004). 「관광통계 수요조사 및 관리운영 방안」. 한국문화관광정책연구원 보고서.

박이문(1991). 사회현상이라는 개념.『사회과학방법론』(김광웅 外 편저). 박영사.

＿＿＿＿(1993).『과학철학이란 무엇인가?』. 서울: 민음사.

박호표(1999). 한국과 외국의 관광학연구 동향에 관한 비교연구.『호텔경영학연구』, 8(1), 243-269.

신경림 · 조명옥 · 양진향 外(2005).『질적연구밥법론』. 이화여자대학교 출판부.

윤택림(2005).『문화와 역사연구를 위한 질적연구밥법론』. 아르케.

조용환(2002).『질적 연구: 방법과 사례』. 교육과학사.

조영남(2001). 질적 연구와 양적 연구.『초등교육 연구논총』, 대구교육대학교, 17(2).

김사헌(2003).『관광경제학』개정판. 백산출판사.

＿＿＿＿(2006).『국제관광론: 국제관광 현상의 사회문화론적 해석』. 백산출판사.

＿＿＿＿(2002).『관광학연구방법강론』. 백산출판사.

＿＿＿＿(2003). 한국 관광학 연구 30년의 회고와 향후 과제.『관광학연구』, 27(1), 247-275.

한범수 · 김사헌(1999). 관광학 연구논문의 조사설계 방법에 대한 비판적 고찰.『관광학연구』, 25(2), 13-33.

Denzin, N. K., & Lincoln, Y. S.(1998). *The Landscape of Qualitative Research: Theories and Issues*. Thousand Oaks, CA: Sage.

Denzin, N. K., & Lincoln, Y. S.(2000). *Handbook of Qualitative Research* (2nd. ed.), Thousand Oaks, CA: Sage.

Echtner, C. M., & Jamal, T. B.(1997). The disciplinary dilemma of tourism studies. *Annals of Tourism Research*, 24(4), 868-883.

Goodson, L., & Philimore, J.(2004). The Inquiry Paradigm in Qualitative

Tourism Research. In Philimore, J. & Goodson, L.(eds), *Qualitative Research in Tourism: Ontologies, Epistemologies and Methodologies,* London: Loutledge.

Jafari, J.(2001). Scientification of Tourism, In Valende Smith and Maryann Brent (eds.), *Host and Guest Revisited: Tourism Issue,* New York: Cognizant Communication Corporations of the 21st Century, 2001

Jafari J. & Ritchie, B.(1981). Towards a Framework for Tourism Education: Problems and Prospects. *Annals of Tourism Research* 8; 13-34.

Jamal, T., & Hollinshead, K.(2001). Tourism and the Forbidden Zone: The Under-served Power of Qualitative Inquiry. *Tourism Management,* 22(1), 63-82.

Leiper, Neal(2000). An Emerging Discipline. *Annals of Tourism Research,* 27(3), 805-809.

Philimore, J., & Goodson, L.(2004). Qualitative Research in Tourism In Philimore, J. & Goodson, L.(eds), *Qualitative Research in Tourism: Ontologies, Epistemologies and Methodologies,* London: Loutledge.

Riley, R. W., & Love, L. L.(2000), The State of Qualitative Tourism Research. *Annals of Tourism Research,* 27(1), 164-187.

Smith, V.(1998). War and Tourism: An American Ethnography. *Annals of Tourism Research,* 25(1), 202-227.

Smith V. & Brent, M.(2001) *Hosts and Guests Revisted: Tourism Issues of the 21st Century.* New York: Cognizant Communicayion Corporation.

Tribe, John(1997 or 2004). The Indiscipline of Tourism. *Annals of Tourism Research,* 24(3).

_____(2000). Indisciplined and Unsubstantiated. *Annals of Tourism Research,* 27(3), 809-813

_____(2004). Knowing about Tourism: Epistemological Issues, In Philimore, J. & Goodson, L.(eds.), *Qualitative Research in Tourism: Ontologies, Epistemologies and Methodologies,* London: Loutledge.

Xiao, H. & Smith, S.(2006). The Making of Tourism Research: Insights from a Social Sciences Journal. *Annals of Tourism Research* 33(2): 490-507

제2편

연구설계와
조사분석 방법

*Principles of
Tourism Research Methodology*

제5장

변수의 측정과 척도

제5장

Principles of
Tourism Research Methodology

변수의 측정과 척도

앞의 제1편에서는 사회과학의 성격논의와 더불어 연구문제와 가설을 어떻게 구성할 것인가에 관하여 설명하였다. 이제 이 제2편에서는 설정된 가설을 어떻게 검증할 것인가에 초점을 맞추도록 한다.

먼저 가설을 검증하기 위해서는 가설에 나타난 변수의 개념을 분명히 할 필요가 있다. 먼저 개념을 현실에 적용할 수 있도록 조작화해야 할 것이며, 변수의 측정척도를 명확히 파악해야 한다. 한편 측정은 신뢰도와 타당도가 높아야 하므로 이에 대한 사전 주의가 요망된다. 이제 이 준비된 측정변수를 염두에 두고 자료의 수집에 임하여야 한다. 대부분의 사회과학적 연구는 여러 가지 이유로 인해 모집단이 아닌 표본조사를 통해 검증할 자료를 수집하게 된다. 여기서 어떤 자료수집 방법, 어떤 표본추출 방법이 적합한 것인가에 대한 치밀한 준비와 실행이 필요하다.

끝으로 조사한 자료를 토대로 가설 검증을 위한 분석에 임하게 된다. 자료의 분석방법은 너무나 다종다양하여 이 책에서 전체를 다 소화할 수는 없으므로 7장에서 측정척도의 속성에 따라 간단히 소개하는 수준에 그치도록 한다. 구체적인 적용기법이나 사례에 대해서는 사회과학 분석방법에 관한 교과서들을 자세히 참조하면 좋을 것이다.

1 변수란 무엇인가

　변수(變數; variable)란 "하나의 개념을 대표하는 상징"(채서일, 1999: 122) 또는 연구자가 "특별히 관심을 가지고 측정하기를 원하는 어떤 속성을 지닌 집합"을 말한다(Babbie, 1982: 32). 연구문제가 설정되면 이를 가설화하고 검증하여야 하는데 이때 변수는 가설을 검증 가능한 형태로 만드는 개념적 도구이다.[1]

　변수는 기존의 통속적인 명칭으로서가 아니라, 먼저 명확히 **개념적으로**(conceptually) 정의되어야 하고, 그런 후 현실에 적용할 수 있도록 다시 **조작적으로**(operationally) 정의되어져야 한다(채서일, 1999: 196 참조). 예를 들어 연구자가 「우리나라 중산층의 여가욕구」라는 주제를 놓고 연구한다고 하자. 여기서 주요 개념은 '여가욕구'와 '중산층'이라는 개념이다. 가령 '중산층'이란 개념을 조작적으로 정의한다고 하자. 먼저, '중산층'이란 개념은 통속적으로 '돈이 어느 정도 있는 사람' 또는 '재력이 충분하고 학식이 어느 정도 있는 사람', '우리나라 전체 임금 소득자중 평균소득자' 등 여러 가지로 정의될 수 있다. 그러나 여기서 '어느 정도'란 표현만으로는 현실적으로 명확하고 검증 가능한 가설을 만들 수가 없다. 따라서 연구자는 자신의 연구문제와 연구목적에 비추어 '중산층'의 개념적 정의를 보다 정확하게 내려야 한다. 예를 들어 연구자는 중산층을 '경제적으로

---

1) 그 동안 심리학계에서는 變數(variable)를 '變因'이라고 번역해 왔다(사실, '변인'이란 용어는 한글사전에도 없다!). 필자의 견해로는 이미 기존 전문분야에서 널리 통용되고 있는 용어를 무시하고 새로이 용어를 만들어내는 것은 온당치 못한 분파주의적 자세라고 생각한다. 만약 어떤 개념이나 학술용어(academic jargon)가 특정 전공학문 분야에서 이미 만들어져 관행적으로 사용되어 오고 있다면 우리는 그 전공분야의 개념이나 용어를 전적으로 존중하고 수용해야 한다. 저마다 고유성을 내세워 타학문의 개념이나 용어를 마음대로 造語한다면 사회과학 분과들은 전문개념이나 용어상의 차이로 인한 상호 의사소통의 어려움으로 점점 더 고립될 수밖에 없다. '변수'란 전문용어는 이미 數學分野에서 오래 전부터 常用되어 왔으므로 우리는 그 명칭을 그대로 존중하고 따라야 한다. 가령 통계학에서 평균의 散布度를 이미 分散(variance)이라고 용어화하고 있는데, 이를 제멋대로 '變散'(기존 심리학 분야에서 사용)이라고 다시 용어를 바꾸어놓는다면 이를 다루는 타분야 연구자나 학생에게는 얼마나 혼동이 되겠는가?

자립하고 있는 계층'이라고 정의할 수 있다. 그러나 이 개념적 정의는 현실적으로, 측정 가능한 변수가 되기에는 아직도 모호한 점이 많다. 보다 구체적으로 적용할 수 있는 '조작적 정의'가 필요한 것이다. 구체적으로 '부동산 소득을 포함하여 전체소득이 연간 ○○○만원 이상'(혹은 연봉○○○만원 이상), 또는 학력수준을 기준으로 '4년제 대졸 이상의 계층' 등으로 재정의되어야 하는데, 이러한 과정을 변수의 조작적 정의(operational definition of the variable)라고 부른다.

2 변수의 종류

변수는 그 역할이나 자료의 성격에 따라 몇 가지로 분류될 수 있다. 담당하는 역할에 따라 분류해 본다면 변수는 종속변수와 독립변수, 매개변수와 조절변수, 외생변수와 내생변수, 통제변수 등으로 나눌 수 있다.

1. 종속변수와 독립변수

과학적인 인과관계 분석에서 가장 많이 사용되는 개념으로서, 인과관계상 다른 변수를 변화시키는 원인자의 역할을 하는 변수를 독립변수(independent variable), 이 독립변수의 영향을 받아 변화되는 즉 종속적 지위에 있는 변수를 종속변수(dependent variable)라고 한다. 독립변수는 종속변수의 원인을 제공한다는 점에서, 원인변수(causal variable)라고도 하며, 종속변수는 독립변수의 변화에 의해 결과되었다는 점에서 결과변수(resulting variable)라고도 가끔 불린다.

2. 매개변수, 조절변수 및 통제변수

매개변수(intervening variable)란 독립변수와 종속변수와의 관계를 설명하는데 개입되는, 다시 말해 어떤 변수의 영향을 받아 다른 변수에 그 영향을 전달하는 매개자 역할을 하는 변수이다. 예를 들어 어떤 스키 리조트 관광지의 ㎢당 이용자수 즉, 이용밀도는 이용자의 '혼잡지각'이라는 매개변수를 통해 '이용만족도'라는 종속변수에 최종적인 영향을 준다(〔그림 5-1〕 참조). 그러나 만약 '혼잡도 지각'이라는 매개변수를 고려하지 않은 채 이용밀도만을 사용한 분석은 올바른 인과관계 즉 만족도 여부를 파악할 수 없게 만든다. 독립변수와 종속변수 사이에 매개변수가 개입되어 있을 때 이를 고려하지 않는다면 양 변수간의 인과관계는 왜곡될 수도 있기 때문이다.

또 하나의 예를 든다면 다음 〔그림 5-2〕에서와 같이 가임 여성(fertile woman)의 연령이 출산 자녀수에 미치는 영향에 대한 연구를 생각해볼 수 있다. 여기서 가임 여성의 '교육수준'이라는 매개변수를 고려하지 않는다면 기울기 값은 0.005만큼의 영향(간접효과)이 과소평가(자녀를 덜 낳게 되는 것처럼 왜곡되는 효과)된다.

또 하나의 변수는 **조절변수**(moderating variable)이다. 이 변수는 독립변수와 종속변수간의 관계를 변화시키는 일종의 원인변수인데 제2의 독립변수라고도 할 수 있다. 이 변수는 주로 주변상황(기후, 개인의 선호, 환경 등)을 지칭하기 때문에 **상황변수**(situational variable)라고도 불린다. 〔그림 5-1〕에서는 조우횟수(number of encounter)나 개인선호도(preferences), 주변상태의 차이가 조절변수이다. 예컨대 이용밀도가 높더라도 조우횟수(접촉횟수)가 낮다면, 그리고 혼잡에 너그러운 관광자라면 혼잡도를 크게 지각하지 않게 된다. 이와 같이 조우횟수나 개인선호 등이 바뀜에 따라 결과변수가 받는 영향력이 변화한다면 이 변수들은 조절변수에 해당된다.

마지막으로, '통제변수'(controlled variable)를 들 수 있다. 통제변수도 제2의 독립변수(X_2)로서, 만약 적절히 통제하지 않으면 연구대상인 X_1이라는 독립변수가 Y라는 종속변수(결과변수)에 미치는 영향력을 교란시키는 역할을 하는 변수이다. 따라서 독립변수 X_1의 종속변수 Y에 대한 영향의 정도를 정확히 파악하려면 독립변수(X_2)를 통제(제외시키거나 일정한 수준에 묶어버림)해야 한다. 이때 통제된 X_2 변수를 통제변수라고 부른다. 〔그림 5-2〕에서 매개변수인 '여성의 교육수준' 변수를 통제(예컨대, 여성의 교육수준이 대졸자인 것으로 가정하고 대졸 이상의 가임 여성만 조사대상으로 함)한다면 '연령'이라는 독립변수

(X_1)가 '가임 여성의 자녀수'라는 종속변수에 미치는 영향의 정도는 보다 극명하게 드러날 수 있다.

〔그림 5-1〕 관광지 이용밀도와 만족도의 인과관계

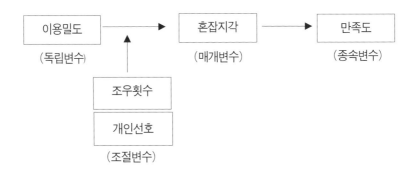

〔그림 5-2〕 가임여성 연령이 자녀수에 미치는 영향(경로분석도)

가임여성의 자녀수 = 0.34 + 0.059 (연령) － 0.16 (교육수준)
교육수준 = 7.6 － 0.032 (연령)

직접효과 = b₁=0.059

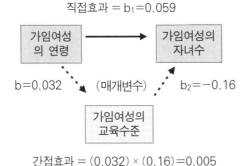

간접효과 = (0.032) × (0.16)=0.005

註: 남태평양 피지섬의 가임 여성 4,700명에 대한 출산력 조사내용을 분석한 것임.
자료: Wonnnacott and Wonnacott(1990: 424) 참조.

3. 외생변수와 내생변수

　外生變數(exogenous variables)란 연구의 대상이 되는 변수(즉, 독립변수, 종속변수 등) 이외의, '體制(system) 바깥'에 존재하는 변수를 말한다. 국가경제를 한 체제로 본다면 국제적인 여건변화가 외생변수이며, 지역경제를 한 체제로 본다면 중앙정부의 정책이 외생변수가 된다. 외생변수는 비록 연구대상 영역 밖에 존재하더라도 결과변수(종속변수)에 불가항력적으로 영향을 미칠 수 있는 변수이다. 예를 들어 1991-2000년의 10년간의 기간을 대상으로 '인당 소득수준변화'라는 독립변수와 '연간 해외여행 총 일수'라는 결과변수간의 인과관계를 파악한다고 하자. 이때 1997-98년 당시의 우리나라 IMF관리체제 사태(혹은 국제금융위기 사태)라는 변수는 시스템 외에서 불가항력적으로 발생된 외생변수라고 할 수 있다. 이 국제금융위기 사태는 해외여행이라는 결과변수에 어떤 식으로든 영향을 미쳤으나 연구자는 이 변수를 시스템 내의 독립변수 마냥 마음대로 조절할 수 있는 것은 아니었다. 이런 외생변수(전쟁, 국제금융 불안, 국제유가 상승, 국내 정변 등)들을 통제하거나 제거시키지 못한다면 원인변수와 결과변수간의 관계는 심히 왜곡될 수 있다.

$$\text{가구당 연간 해외여행 일수} \; = \; f \, (\text{가구당 소득수준})$$

　　　　(종속변수)　　　　　　↑　(독립 변수)
　　　　　　　　　　　　　국제금융
　　　　　　　　　　　　　위기사태
　　　　　　　　　　　　　(외생변수)

　외생변수와는 달리 시스템 내에서 발생·변화하는 변수를 內生變數(endogenous variables)라고 한다. 내생변수는 연구대상 시스템 내에서 발생하기 때문에 연구자가 통제 할 수 있는 변수이다. 예컨대 한국인의 가구당 소득수준은 내생변수이므로 이 변수에서 연소득 2,000만원 미만자는 제외하든지 혹은 재산소득까지 포함시키든지 하는 등 연구자는 연구가설에 맞게 변수를 마음대로 통제·조정할 수 있다는 것이다. 예컨대 연봉 2,000만원을 기초생활급으로 보고 이 이하 계층은 연구대상 변수에서 제외하는 것, 학력변수를 고졸 이상 자로 묶는 것, 만 20세 미만자는 독자적인 경제력이 없는 피부양 세대(dependent generation) 로 간주하여 연구모집단에서 제외하는 것 등은 해당변수를 통제시킨 예이다.

③ 측정과 척도

1. 측정 척도의 종류

연구하고자 하는 대상의 개념을 정의하고 다시 이를 현실적 경험세계에 적용 하여 현상을 파악할 수 있도록 변수조작(operationalization of variables)을 마쳤 다면, 이제 연구자는 이를 측정(measurement)해야 한다. 과학적 연구에서 측정 이란 "일정한 규칙에 따라 대상이나 事象에 숫자를 할당하는 것"(Kerlinger, 1985: 545), 혹은 "관찰대상의 속성을 어떤 기준에 따라 분류하는 행위"라고 할 수 있다(Babbie, 1982: 73).

몸무게가 60kg, 키가 170㎝, 나이가 30세… 하는 것이 곧 관찰대상의 속성에 대한 측정이다. 1951년, 스티븐스(S. S. Stevens)는 「수학, 측정 그리고 정신 물리학」(Mathematics, Measurement and Psychophysics)이란 논문에서 처음으 로 측정 척도를 名目尺度(nominal scale), 序列尺度(ordinal scale), 等間尺度 (interval scale) 그리고 比率尺度(ratio scale)로 구분하였다(Bailey, 1994: 63).

1) 명목 척도(nominal scale)

성, 인종, 혼인여부, 종교분류 등을 구분하기 위하여 숫자를 부여하는 척도로 서 일종의 '文字 尺度'라고 할 수 있다. 예를 들어 성별 구분에서 남자를 1로 여 자를 2로 표시했다면, 이 구분은 명목척도이다. 여기서 숫자는 단지 속성을 구 분한다는 의미 외에는 아무 뜻도 없다. 즉, 2(여자)가 1(남자)보다 두 배 많거 나 두 배 더 크다는 의미는 아니고 단지 성별구분상의 편의를 위해 고유번호를 붙였을 뿐이다.

　이와 같이 명목척도는 연구대상 변수의 '속성의 구분'이라는 점 외에는 아무런 정보도 제공해 주지 못하는, 가장 낮은 수준의 정보만을 제공해주는 척도이다. 성격의 구분, 지역의 구분, 직업의 구분 등도 그 예이다. 명목척도는 아래에 기술하는 서열척도와 함께 범주형 척도(categorical scale)라고도 불리며 주로 질적 측정이나 빈도분석을 위해 이용된다.

2) 서열 척도(ordinal scale)

　'순서척도'라고도 부르며, 측정대상의 순위관계를 밝혀 주는 척도이다. 명목 척도보다는 정보제공 면에서 약간 상위의 척도이다. "…보다 큰", "…보다 작은", "우위의", "보다 지배적인" 등 대상의 순서를 나타내는 척도이다. 예를 들어, 해외여행자 누구에게나 출국세를 부과해야 한다는 주장에 대해 '찬성한 다'(1), '그저 그렇다'(2), '반대한다'(3), 혹은 현재의 관광서비스에 대해 '극히 만족한다'(5), '약간 만족한다'(4), '그저 그렇다'(3), '약간 불만이다'(2), '아주 불만이다'(1)라고 표시한다면 이 숫자들은 서열척도이다. 여기서 숫자는 양이나 크기를 의미하지 않고 단순히 순서만 (수학적으로는 등호, 부등호 관계)만 나타 내므로 숫자간에는 간격이 동일하다고도 할 수 없다. 예를 들어, 약간 만족(4)이 약간 불만(2)의 2배 크기라는 의미는 아니다.

　이 척도는 낮은 수준의 정보제공량에도 불구하고 심리학(관광학 포함) 등의 행동과학연구에 많이 채택되며, 종종 마치 등간척도인양 가정한 채 사용되고 있다. 그러나 이 척도는 범주와 범주 사이의 거리가 동일하다고 말할 수 없으며 진정한 '서열'이라는 것도 증명될 수 없는 경우가 많다.[2] 그러므로 이런 자료에서 추론한 관계를 그대로 해석하는 것은 큰 오류를 유발할 수 있다. 요사이 연구자들이 이 서열척도로 조사한 자료를 가지고(척도를 등간척도로 변환시키려는 최소한의 노력마저도 없이) 마치 이를 등간·비율척도인양 회귀분석 등 모수통계(母數 統計: parametric statistics)를 함부로 사용하는 경우가 많다. 엄밀히

---

2) 서열척도에서는 a>b, b>c 라고 해서 꼭 a>b>c 가 될 수 있다고 말할 수는 없다. 예를 들어 상대방에 대한 사랑의 強度가 아내>남편, 남편>자식 이라고 해서 "아내>남편>자식" 이라고 할 수 있는가? 즉, 자식의 어머니에 대한 사랑이 보다 더 깊을 수도 있을 것이다.

말해 이런 척도로는 산술평균 혹은 표준편차, t통계치 등도 계산해서도 안 된다. 고작 중앙값, 순위상관 계수 파악 등의 기초통계 파악만 가능할 뿐이다.

3) 등간 척도(interval scale)

측정대상의 속성에 대하여 '더 크다', 혹은 '더 작다'라는 서열을 매길 수 있을 뿐만 아니라 각 범주간의 거리(크기)를 비교할 수 있는 척도로서, 비율척도 다음으로 변수에 대한 정보를 많이 제공해 주는 척도이다. 등간 척도는 말 그대로 측정치의 각 간격이 '등거리'이므로 간격을 더하거나 뺄 수가 있다. 예를 들어 2 +3=5이며, 8-2=6이라고 표현할 수 있다.

나이, 여행거리, 주가지수 등은 양적 정보에 대한 등간 척도화가 가능한 변수이다. 이 등간척도 자료를 이용해서 평균값, 표준편차, 상관계수 등의 모수 통계(parametric statistics)를 구할 수 있다.

4) 비율 척도(ratio scale)

투표율, 신문구독률, 키, 무게, 부피, 소득 등 절대 零點이 존재하여 비율계산이 가능한 척도를 말한다. 비율척도는 등간척도처럼 산술적인 계산도 가능하면서 절대적 의미의 0(零)도 포함할 수 있는 척도이기 때문에 다른 어떤 척도 보다 정보의 제공량이 많은 '최고급 척도'라고 할 수 있다. 정보량이 많기 때문에 연구자들은 이 척도를 분석에 가장 이상적인 척도로 삼는다. 길이, 질량, 부피, 속도 등 자연과학에서 사용하는 척도의 대부분은 이 비율척도이다.

이 비율척도는 명목, 서열, 등간 척도의 개념을 모두 포괄하고 있다는 점에서 가장 정보수준이 높으며 보다 정교한 각종 통계적 분석방법을 모두 적용할 수 있기 때문이다.

이상의 각종 척도를 그 성격과 적용 분석기법을 중심으로 비교해 놓은 것이 〈표 5-1〉이다. 이 표에서 보듯이 최소한 등간척도 내지 비율척도 정도가 되어야 다양한 통계적 분석(모수통계 분석)이 가능하게 된다. 즉, 정통 통계학에서는 등간·비율 척도로 구성된 이른 바 메트릭 변수(metric variables)로 이루어진 **모수통계**만을 통계학의 연구대상으로 간주해오며 분석기법을 개발해온 결

　과, 대부분의 통계기법이 이 모수통계를 전제로 하여 발달해왔으며, 때문에 분
석기법면에서도 논리적으로 세련되고 다양한 것이 이 모수통계이다.

　　모든 통계는 母數統計(parametric statistics)와 非母數統計(nonparametric
statistics)로 나누어지는데, 모수통계는 모집단(population)의 분포가 정규분포
라고 가정하고 이로부터 추출된 표본도 정규분포를 한다는 가정에서 출발한
다. 또한 모수통계는 그 분산(variance)도 동질적이라고 가정하며 측정치들은
연속적이고 등간격의 수치자료(척도)라고 가정한다. 반면에 이런 '정규분포'
가정이 확보되지 못한, 定規性(normality)이 위반된 통계를 비모수 통계라고
하는데, 정규분포와 무관하다는 의미에서 비모수통계를 '분포무관 통계(分布
無關 統計: distribution-free statistics)'라고도 부른다.

〈표 5-1〉 척도별 특성과 분석 가능한 방법 및 적용의 예

성 격	비모수통계 척도 (類目 척도; 불연속 척도; 질적 척도)		모수통계 척도 (연속 척도; 양적 척도)	
	명목척도	서열척도	등간척도	비율척도
범주화 여부	○	○	○	○
서열화 여부	×	○	○	○
등거리 여부	×	×	○	○
절대 영점 존재여부	×	×	○	○
비교가능방법	확인, 분류	순위 비교	간격크기 비교	절대크기 비교
유의성 검정	x^2 검정	순위상관계수	t, F 검정	t, F 검정
적용가능 분석법	빈도분석, 비모수 통계, 교차분석	서열상관분석 비모수통계	모수통계 분석	모수통계 분석
적용 예	성별분류, 찬반, 종교분류, 주민번호 분류 등	선호순위, 만족도 학교성적 석차, 사회계층화 등	주가지수, 거리, 온도, 광고인지도 등	무게, 소득, 나이, 청취율, 구매율, 투표율,

　　따라서 연구자들은 연구의 성격상 불가피하게 표본 수나 분포의 경우 수가 작
아 어쩔 수 없이 비모수 통계기법에 의존하는 경우를 제외하고는 모수 통계분석
기법을 사용하여야 하며 그러기 위해서는 어떤 척도를 사용해야 할 것인지를 미

리 염두에 두고 설문지를 설계·작성하여야 한다. 그러나 오늘날 모수통계나 비모수통계의 기본가정이 무엇인지 모르는 연구자들이 많아 非메트릭 자료(예: 5점 척도나 7점 척도로 된 "매우 그렇다, 그렇다, 보통이다…" 식의 서열 척도 자료 등)를 마치 메트릭 자료인양 착각한 채 함부로 모수통계 분석(예: 회귀분석, t 검정 등)을 행하는 모습을 도처에서 볼 수 있다. 이런 접근은 아무리 결과가 그럴싸하더라도 큰 편의(偏倚: bias)와 논리적 오류가 야기되므로 분석결과의 신뢰성이나 정당성은 인정받을 수 없다.

2. 척도의 변환: 질적 자료를 양적 자료로 변환시키는 문제

자연과학에 비해 사회과학은 대부분 만족도, 지각수준, 불안감, 선호도 등 조사대상자의 질적 속성을 평가하는 설문척도를 많이 사용한다. 당연히 이러한 질적 척도는 비모수통계의 적용 영역에 속하고 따라서 적용할 수 있는 통계분석 기법은 극히 제한될 수밖에 없다. 그렇다면 이런 질적 속성을 이용한 자료를 모수통계 분석기법을 쓸수 있도록 질적 자료를 양적 자료로 전환시킬 수 있는 방안(代案)은 없을까? 완벽하지는 않지만 어느 정도 이를 수량개념화시킬 수 있는 기법들이 있다. 일본에서 개발된 數量化技法(quantification technique)과 서스톤 척도(Surston measures) 등이 그것이다.

수량화기법은 일본의 수리통계학자 하야시 치키오(林知己夫)가 더미변수 dummy variable) 기법이 개발되기 전인 1940년대 말과 1950년대 초에 걸쳐 개발한 기법이다(자세한 것은 盧炯晋, 1990: 8-13을 참조). 질적 자료를 이용하여 회귀분석을 하는 기법을 "수량화 Ⅰ류", 질적 자료로 판별분석을 하는 기법을 "수량화 Ⅱ류", 그리고 주성분분석이나 인자분석을 하는 기법을 "수량화 Ⅲ류", 多次元尺度法(MDS)을 구하는 법을 "수량화 Ⅳ류" 등으로 명명하고 있다(盧炯晋, 1990, 1999). 그런데, 사실은 이 수량화기법이란 것은 바로 최근 많이 이용되는 '더미변수'(假變數: dummy variable)를 이용한 기법에 불과하다. 이 기법을 부록(Ⅰ)에 예시하여 놓았으니 참고하기 바란다.

더미변수는 "좋다, 나쁘다", "하고 싶다, 안하고 싶다", "남자, 여자" 식으로 2분법으로 구성된 모든 질적 변수(명목·서열 척도 변수)를 회귀분석에 포함시킬 수 있는 유용한 기법이다. 즉, 종속변수(이는 logit 분석이라는 기법에 속함) 혹은 독립변수에 '0'과 '1'이라는 숫자로 변환된 변수의 속성을 넣어 질적 특성을 양적으로 추정하는 기법이다. 이 기법에 대해서는 각종 계량경제학(econometrics) 교과서에 자세히 설명되어 있으므로 독자들 스스로 공부해 이해하기 바란다.

마지막으로 서스톤 척도법(Surston measures)을 이용하여 편법적으로 서열척도를 등간척도화시키는 방법을 들 수 있다. 이 척도는 피조사자가 어떤 대상의 속성을 평가할 때는 주관적으로 그 절대적 속성을 평가하는 것이 아니라 다른 여러 속성들과의 '비교'를 통하여 평가한다는 가정하에, 속성의 상대비교를 통해 평가된 집단의 비율 차이로부터 등간척도를 찾아내는 방법이다. 이 방법 역시 관련 조사방법론 교과서를 참고하기 바라며 여기서는 생략키로 한다.[3]

이와 같이 비록 제한적이긴 하지만 非메트릭 자료를 메트릭 자료로 전환시켜 모수통계기법을 사용할 수 있는 수단들이 있다. 그럼에도 불구하고 이러한 노력도 기울이지 않고 연구자가 각 기법의 가정과 전제를 무시한 채 아무 통계기법이나 마구잡이식으로 사용한다면 결과의 타당성이나 신뢰성은 물어볼 필요도 없다 하겠다.

3. 측정의 신뢰성과 타당성

사회과학 연구조사에서는 흔히 연구대상이 되는 개념(속성)이 주관적이고 추상적인 경우가 많다. 이것을 객관적인 수치로 표현(측정)하는 과정에서 오는 오류의 발생은 거의 필연적이다. 오류 발생의 대표적인 원인으로서, 학자들은 대체로 다음 몇 가지를 들고 있다(채서일, 1999: 237-238; 김찬경外, 1999: 232-233).

① 측정시점에 따른 측정 대상자(응답자)의 상태 변화: 조사시 응답자의 기분, 건강상태 등에 따라 응답에 차이가 날 수 있다.

② 응답자의 성격 차이: 매사 긍정적인 사람과 극단을 피하려는 사람 등 피조

---

3) 개략적인 설명으로는 채서일(2000), 『마케팅조사론』(학현사)을 참조해도 된다.

사자의 성격 차이에 따라 동일항목의 질문에 대해서도 응답은 서로 달라질
수 있다.

③ 외부 환경의 차이: 응답시 주변 환경이 다를 때에도(예: 시끄럽거나 조용
한 경우) 응답 결과는 차이가 날 수 있다.

④ 측정도구나 방법의 차이: 측정도구에 익숙한 정도, 설문지가 모호하거나
조사자의 의도가 불명확한 경우에도 응답에 차이가 날 수 있다.

⑤ 측정하고자 하는 속성이 아닌 다른 속성을 잘못 측정함으로써 오류가 발생
될 수 있다.

⑥ 측정자 태도의 차이: 측정자의 친절성, 외모 등 측정자에 대한 호감도에
따라 피조사자의 답변 호의도는 바뀔 수 있다.

이상의 원인에 의해 발생되는 오류는 아래와 같이 크게 체계적 오류
(systematic error)와 비체계적 오류(nonsystematic error)로 나누어 볼 수 있다.

오
류
├─ 체계적 오류 ─ 측정 도구가 잘못 만들어져 측정시 마다 일정한 방식
│   이나 방향으로만 나타나는 오류
└─ 비체계적 오류 ─ 크기와 방향이 무작위적으로 나타나는 오류

즉, 체계적 오류는 일정한 방향으로만 편향되는 것이고 비체계적인 오류는 무
작위적으로 발생하는 오류이므로, 이들을 실제치와 가감하면 그것이 곧 측정치
가 된다.

$$측정치 = 실제치 \pm 체계적\ 오류 \pm 비체계적\ 오류$$

1) 신뢰도(일관성)와 타당도

측정치가 정확하려면 측정의 신뢰도(reliability)와 타당도(validity)가 높아야 한
다. 신뢰도란 서로 비교가 가능한 독립된 측정방법에 의해 동일한 대상을 측정하
는 경우(예: 한 사격수가 동일한 총으로 동일한 과녁에 사격을 했을 경우), 결과
가 유사하게 나오는 정도를 말한다. 이런 점에서 신뢰도는 일관성(consistency),
안정성(stability), 정확성(accuracy), 혹은 예측가능성(predictability)이란 개념과도 유

사하며 측정치의 '분산 정도'란 말과도 비슷한 개념이다.

예를 들어 어떤 사수가 구형 권총과 신형 권총으로 쏘아 〔그림 5-3〕과 같은 과녁 탄착군(彈着群)을 형성했다고 하자. 탄착군을 보면, 구형 권총(A)은 과녁에서 많이 빗나가고 신형 권총(B)은 과녁 중심을 많이 관통하였다. 이때 구형 총은 '신뢰도가 낮다'라고 말할 수 있으며 신형 권총은 안정적으로 일관되게 과녁 중심 주위를 맞추었으므로 '신뢰도가 높다'고 해석할 수 있다.

〔그림 5-3〕 탄착군에 대한 신뢰도 타당도

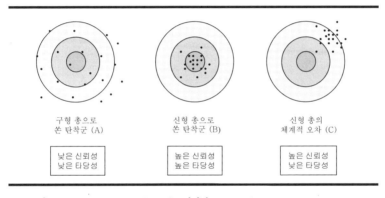

구형 총으로   신형 총으로   신형 총의
쏜 탄착군 (A)   쏜 탄착군 (B)   체계적 오차 (C)

낮은 신뢰성 / 낮은 타당성   높은 신뢰성 / 높은 타당성   높은 신뢰성 / 낮은 타당성

자료: Zikmund(1997: 345) 또는 컬린저(1992: 565).

한편, 타당도는 연구자가 파악하고자 하는 개념이나 속성을 얼마나 정확히 측정(혹은 설명)하였는가를 나타내는 지표이다.[4] 그림에서 C의 경우, 彈着群이 한쪽으로만 집중 형성되어 있어 신뢰도(일관성, 안정성)는 높다. 그러나 이는 사수가 목표하는 바(과녁의 중앙 관통)가 아니므로 타당도는 형편없이 낮다는 것을 알 수 있다. 여기서 그림 C는 체계적 오류가 발생된 경우이며, 그림 A는 비체계적 오류가 발생된 경우에 해당된다.

이어서, 신뢰도와 타당도의 상호관계에 대해 생각해 보자. 이들은 서로 비례

---

4) 이 타당도 개념은 회귀분석에 있어서는 決定係數(R²: coefficient of determination)와 같은 개념이다. 결정계수는 추정회귀선(표본개념)이 母회귀선(모집단 개념)을 얼마나 설명해 주었는가, 다시 말해 총변동(total variation) 중 회귀선에 의한 설명변동(explained variation)을 나타내는 지표이므로 사수가 과녁을 얼마나 정확히 맞추었는가와 같은 논리이다.

하는가? 꼭 그렇지는 않다. 신뢰도가 낮으면 타당도도 물론 낮다. 그러나 신뢰도가 높다고 해서 타당도도 따라 높아지는 것은 아니다([그림 5-3]의 탄착군 C 참조). 그러나 대개의 경우, 타당도가 높으면 일반적으로 신뢰도도 높게 나타난다. 그러므로 타당도를 높이는 일이 측정에서는 중요하다. 이제 [그림 5-4]의 예를 살펴보자. ① 상한의 왼쪽 확률분포도(분산도)는 측정치가 중앙에 몰려 있어(분포도가 뾰쪽하게 높게 나타난 그림을 나타냄) 신뢰도가 높음을 알 수 있다. 또 ① 상한 오른쪽의 과녁은 탄착군을 나타내는데, 비록 탄착군이 좌측에 몰려 신뢰성이 있지만 과녁 중앙(참값: 실제치)과는 거리가 멀다. 즉, 타당도는 매우 낮다.

이런 식의 추론으로 그림의 ①-③상한을 종합해 보면 다음과 같다.

① 상한: 신뢰도↑ 타당도↓, 측정치의 신뢰도가 있지만 엉뚱한 것을 일관되게 측정하였다.
② 상한: 신뢰도↓ 타당도↓, 일관성도 없고 측정치도 참값에서 거리가 멀다.
③ 상한: 신뢰도↑ 타당도↑, 측정치가 참값에 가까우며 일관성도 있다.

여기서 ③ 상한이 신뢰도와 타당도가 가장 높은, 이상적인 측정치임을 보여준다. 일반적으로 측정의 신뢰도를 높이기 위해서는 대개 다음과 같은 조치가 취해져야 하는 것으로 알려지고 있다.

첫째, 측정문항이 모호하지 않게 해야 한다. 무엇을 묻는지 알기 쉽고 명확한 문구를 사용해야 한다.

둘째, 측정항목의 수를 늘려야 한다. 측정코자 하는 속성에 관한 유사항목 수를 늘림으로써, 측정값들의 평균치는 결국 측정코자 하는 속성의 실제값에 가까워지게 된다.

셋째, 예비조사를 충실히 한다. 개념이나 속성에 대한 측정문항을 본 조사 전에 예비적으로 실시해 봄으로써 필요하거나 불필요한 문항, 모호한 어구 등을 보정할 수 있다.

넷째, 측정척도의 크기를 늘린다. 대개 5점 척도보다는 7점 척도가 신뢰도가 더 높다고 이야기된다. 그렇다고 척도 크기를 너무 늘리면 피조사자의 혼동으로 정확한 평가가 어려워진다.

다섯째, 측정자의 태도와 측정방식에 일관성이 유지되게 한다.

〔그림 5-4〕 측정확률 분포로 본 신뢰도와 타당도의 비교

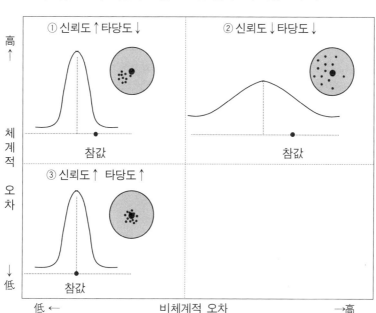

자료: 김찬경 外(1999: 234)의 [그림 5-7]을 참고로 수정 작성.

2) 신뢰도와 타당도의 측정 및 평가

그렇다면 어떤 측정결과가 신뢰할만하고 타당한지 여부를 측정(또는 평가)해 주는 방법은 무엇인가? 중요한 몇 가지를 간단히 요약해 보자.

(가) 신뢰도의 측정방법

① 재검사법(test-retest method): 동일한 측정도구를 사용하되 측정시기를 달리 하여 최초 측정치와 재측정치가 동일한지 여부를 검사하는 방법

② 半分法(split-half method): 동일한 측정대상을 놓고 여러 개의 문항을 만든 후, 이들 문항들을 무작위적으로 두 집단으로 나누어(半分하여) 측정, 두

집단간의 상관관계를 구하는 방법. 예를 들어 '관광행위의 건전성'이란 개념을 측정한다면 건전성 항목을 10여 개씩 두 집단으로 만들어 각각 같은 조사대상자에게 같은 시기에 측정해보고 이들 측정한 결과(상관관계)가 서로 같은가를 파악해 보는 방법이다.5) 이 반분 신뢰도는 항목의 동질성에 대한 신뢰도이므로 내적 일관성(internal consistency)이라고도 부른다.

③ 크론바하 알파계수(Chronbach's α coefficient): 하나의 측정변수에 대해 여러 개의 항목으로 구성된 척도를 이용할 경우, 위의 반분신뢰도를 구하고 이것의 평균치를 구한 것이 크론바하(Chronbach)가 개발한 α계수이다. 일반적으로 집단을 측정대상으로 할 때는 α계수가 0.6 이상, 개인을 측정대상으로 할 때는 0.8 이상일 때 신뢰도가 높다고 말한다.

(나) 타당도의 평가

타당도 평가의 대표적 방법으로는 미국심리학회와 미국교육연구학회가 만든 세 가지 분류 즉, 내용타당도(content validity), 기준타당도(criterion-related validity) 그리고 구성타당도(construct validity)를 들 수 있다.

- **내용 타당도(content validity)**: 내용 타당도란 측정도구를 구성하는 항목들이 측정코자 하는 개념을 과연 대표하고 있는가를 나타내는 지표이다. 다시 말해 가장 대표성 있는 항목들이 측정도구로 표집되었는가를 의미한다. 그 판단, 즉 내용타당도의 평가는 수치로 나타내기 힘들며 오로지 평가자의 '판단'(judgement)에 의존할 수밖에 없다.

- **기준 타당도(criterion-related validity)**: 기준 타당도는 측정도구(예: 甲호텔 입사시험 문제)와 측정결과(예: 입사한 사원의 실제 근무성적)와의 상관관계를 통해 예측이 정확한가를 나타내는 정도를 말한다. 호텔 입사사원 시험에서 A사원이 B사원보다 입사시험 성적이 높았으나 실제 A사원의 근무성적이 B사원보다 훨씬 못했다면 예측에 실패한 것이며, 따라서 입사

---

6) 이때 측정치의 표본 문항수는 한쪽이 최소한 8-10개 이상, 전체 항목수는 16-20개 이상이어야 한다고 본다(채서일, 1999: 248).

시험문제의 기준타당도는 낮았다고 평가할 수 있다. 그런 점에서 기준 타당도는 예측 타당도(predictive validity)라고도 불린다.

■ **구성 타당도(construct validity)**: 측정도구가 연구하고자 하는 구성개념(construct)을 과연 정확히 측정하였는지 여부를 나타내는 타당도이다. 가령 A회사가 '근무능력 제고'라는 목표를 위해 영어회화 능력시험으로 사원을 채용하였다고 하자. 이때 '영어회화 능력'이 과연 '근무능력'을 정확히 측정한 지표였는가가 곧 구성 타당도이다. 구성 타당도를 평가하는 방법으로는 수렴 타당도(convergent validity), 판별 타당도(discriminant validity), 요인 분석(factor analysis), 논리적 구성 타당도(또는 이해 타당도: nomological validity) 등이 있다.

연구문제

1. 연구자들이 명목·서열 척도 등 비메트릭 자료를 모수통계에 함부로 적용하는 오류 사례를 학위논문 등에서 한 건씩 찾아보라.

2. 신뢰도와 타당도의 상호관계에 대해 더욱 자세히 알아보라.

3. 신뢰도와 타당도를 높일 수 있는 방법에 대해 다른 관련 교과서를 통해 더욱 구체적으로 알아보라.

더 읽을거리

➡ 변수의 측정과 척도에 대해서는 대부분의 연구방법론 책들이 잘 언급하고 있다. 한 두권 권한다면, 채서일1999)『사회과학 조사방법론』.(제2판) 학현사의 제7장(측정) 및 8장(신뢰성과 타당성), 그리고 金光雄(1999)『방법론강의』(중판). 박영사의 제 12장(측정), 제 13장(척도) 정도를 읽는 것이 좋다.

　　질적 데이터의 수량화기법에 관해서는 노형진(1990)의 『다변량해석-질적 데이터의 수량화』가 좋다.

➡ 영어로 된 참고서는 필자가 아는 범위내에서, Zikmund, W. G.(1997). *Business Research Method*.(5th ed.). The Dryden의 제4편 Measurement concepts 그리고 Babbie, E. R.(1995). *The Practice of Social Research*.(7th ed.). Wardsworth Publishing 정도로 충분하다.

제 6 장

분석자료의 수집과 표본 추출

제 6 장

Principles of
Tourism Research Methodology

분석자료의 수집과 표본 추출

1 분석자료의 종류

1. 1차 자료와 2차 자료

조사대상이 될 자료원의 종류는 크게 1차 자료(primary data)와 2차 자료 (secondary data)로 나눌 수 있다. 1차 자료는 연구목적을 위해 연구자가 '직접 조사'하여 얻은 양적 질적 자료를 말한다. 질문지조사 자료, 면접자료, 참여관찰에 의한 자료, 등이 여기에 해당된다. 2차 자료는 연구자 이외의 조사자나 조사기관이 자체의 특정 목적 수행을 위해 이미 조사해 놓은 것으로서, 연구자가 직간접적으로 이용할 수 있는 자료를 말한다. 정부간행물 자료, 조사기관들의 설문결과 분석, 학술지, 신문잡지 등에 이미 발표된 자료들이 여기에 해당된다.

이 자료들의 특성은 구득비용, 구득 용이성, 정보의 유용성 면에서 생각해 볼 수 있다. 먼저 1차 자료는 직접연구자가 조사해야 하므로 구득비용(경비, 인력, 시간)이 높은 반면, 본인이 스스로 설계하여 수집된 자료이므로 특정연구 목적을 수행함에 있어 유용성이 높다. 반대로 2차 자료는 구득 비용은 적으나 연구의 유용성이나 구득기회는 제한되어 있다. 다시 말해, 정부기관 등 공공기관에서 공개발표되는 자료(통계연보, 신문 등)는 획득이 용이하고 구득비용도 극히 저렴한 편이지만 연구자의 연구목적에 맞지 않게 구성되어 있는 경우가 다반사이다. 그러나 공공기관이라 할지라도 비공개 성격의 자료는, 구득비용의 다과는 접어두더라도, 접할 기회가 극히 제한되어 있다.

비록 이들 2차 자료가 직접적인 유용성은 떨어지지만 충분한 표본수와 합리적인 조사방법을 사용하는 등 공신력이 높기 때문에 자료로서의 신뢰도나 타당도는 연구자가 직접 조사한 1차 자료에 비할 바가 안될 정도로 훌륭하다.

자료수집의 바람직한 방향은 우선 연구문제·연구가설에 비슷하게라도 부합되는 2차 자료원을 먼저 충분히 조사해 그 사용가능성을 확인해 보고 그래도 안되면 1차 자료를 만들어 내는 것이다. 최근에는 인터넷에 의한 검색이 일반화되고 있으므로 2차 자료를 접할 기회는 과거보다 훨씬 넓어졌다.

관광학분야 연구자들의 경우, 2차 자료원은 조사해 보지도 않고 처음부터 1차 자료(설문조사 자료 등)에만 매달리는 사례가 많은데, 이는 연구비용이나 노력 면에서 큰 낭비라 아니할 수 없다. 심지어 어떤 학자는 설문조사를 과신한 나머지 무려 30페이지짜리 설문지를 만들어 배포하여 피조사자를 당황케 하거나 노여움을 불러일으키게 하는 경우를 필자는 보았다. 이런 경우 응답의 기피나 무성의한 응답은 불을 보듯 뻔하다.

1차 자료만 과신하는 것은 금물이다. 비록 연구목적에 정확히 부합되는 자료가 아닐지라도 이들 2차 자료를 대리변수(proxy variable: surrogate)로 적절히 활용한다면 훌륭한 측정자료가 될 수 있다. 유능하고 노련한 연구자일수록 설문조사보다는 이 2차 자료를 보다 더 잘 이용하는 경향이 있다.

이하에서는 우리나라 학자 혹은 연구자들이 어떤 자료를 많이 이용하고 있는가를 살펴보기로 하자.

연구자들이 1차 자료에만 매달리는 현상은 최근의 한 연구보고서(박상곤 外, 2004)에서 극명하게 나타나고 있다. 이 보고서에서는 최근에 발표된 총 308편의 관광관련 학술지 논문, 즉『관광학연구』186편,『호텔경영학연구』40편,『관광레저연구』76편 등을 조사하였는데, 연구자 본인이 조사한 1차 자료가 전체의 75.6%에 달하고 있는 것으로 나타나고 있다. 2차 자료는 겨우 1%, 문헌조사는 12%에 머물고 있어 우리나라 연구자들이 얼마나 임기응변적으로 자체 조사에만 의존하는가를 한 눈에 알 수 있다.

학회지별로도 이와 유사하게 대부분 1차 자료(71%~86%)에만 의존하고 있

는 것으로 나타나고 있으며, 그나마 『관광학연구』誌 논문의 1/4 이 문헌조사
를 활용하고 있는 수준이다. 연도별로 보아도 2001년 이후 연구자 직접조사가
꾸준히 증가하고 있는 반면, 각종 2차통계(승인관광통계)는 거의 사용되고 있
지 않는 허점을 보이고 있는 것으로 밝혀지고 있다(박상곤外, 2004).

〈표 6-1〉 분석자료의 성격별 구득방법(2001-2004)

자료성격		빈도(편)	비율(%)
1차자료(연구자 조사)		233	75.6
2차자료(기존관광통계)		3	1.0
문헌조사		37	12.0
기타	원자료	3	1.0
	가공통계	31	10.1
	현황자료	1	0.3
	소계	35	11.4
합계		308	100.0

자료: 박상곤 外(2004)의 표 6-1 참조

〈표 6-2〉 학회지별 분석자료의 구득 방법(2001-2004) 단위 : 편(%)

학회지명	1차 자료	2차 자료	문헌조사	기타	전체
관광학연구	137(71.4)	3(1.6)	27(14.1)	25(13.0)	192(100.0)
관광레저연구	65(85.5)	0(0.0)	5(6.6)	6(7.9)	76(100.0)
호텔경영연구	31(77.5)	0(0.0)	5(12.5)	4(10.0)	40(100.0)
전체	233(75.6)	3(1.0)	37(12.0)	35(11.4)	308(100.0)

자료: 박상곤 外(2004)의 표 6-2 참조

2. 메트릭 자료와 비메트릭 자료

메트릭 자료(metric data)는 등간척도나 비율척도로 측정된 계량적 수치 자료
를 뜻하고, 非메트릭 자료(non-metric data)는 계량적 자료 이외의 것, 즉 명
목·서열척도로 된 자료를 총칭한다.[1] 2차 자료는 경제통계 등 대부분이 메트
릭 자료이다. 따라서 계량적인 성향의 연구라면, 공공기관에서 발행되는 2차 자

료만을 사용하더라도 훌륭하게 분석할 수 있다. 반면에 어떤 연구자가 관광객의 '의식구조'(attitudes), '지각'(perception)이나 '감정'(feeling) 등 질적 측면을 측정코자 한다면 이들 연구에 필요한 것은 비메트릭 자료이다. 대개의 경우, 이러한 비메트릭 자료는 구성하기도 힘들고 通時的인 조사가 힘들므로 공공기관의 정기간행물에서는 접해 보기가 그리 쉽지 않다(단, 통계청이 현재 발표해 오고 있는 『한국의 사회지표』는 예외).

3. 횡단면 자료와 종단면 자료, 패널 자료

시간을 기준으로 볼 때, 횡단면 자료(cross-sectional data)는 어떤 특정 시점에서 조사된 개별적 특성에 관한 자료를 뜻하고, 종단면 자료(longitudinal data)는 시간요소를 도입해 동일한 조사대상(자)에 대하여 시간의 변화에 따른 속성의 변화 추이를 측정한 동태적 자료이다. 가령 어느 조사자가 2007년 10월 현재 우리나라 도시 주민들의 '여가 중요도에 대한 인식'을 조사했다면 이는 횡단면 자료이고 반면에 1987년부터 2006년까지 20년간 우리나라 국민의 '여가 중요도 인식'을 조사했다면 이 자료는 종단면 자료이다. 종단면 자료는 시계열자료(time-series data)라고도 불린다.

횡단면 자료는 데이터를 한 번 수집하는데 비용이 많이 들기는 하지만 어떤 특정 시점에서 대개 한두 번만 조사하면 된다. 또한 횡단분석 자료는 조사가 한 회에 그치므로 종단면 자료에 비해 측정문항 수나 수록 정보도 풍부한 편이다. 반면에 종단면 자료는 성격상 매월 혹은 매시기 연속해서 조사해야하므로 측정 비용이 많이 들고, 따라서 측정문항수가 적어질 수밖에 없으며 측정내용도 다양할 수 없는 것이 흠이다.

근래에 들어 횡단면과 시계열을 결합한 패널조사자료(panel survey data)도 등장하고 있는데, 이 자료는 개별적 횡단면적 여러 특성을 몇 년에 걸쳐 시계열적으로 조사한 자료이다. 즉, 횡단면 조사와 종단면 조사를 결합한 형태이다. 예를 들어 우리나라의 한국노동연구원은 1998년부터 매해 15세 이상 5,000여 가

---

1) 원래 metric이란 수학의 벡터場(vector space)에서 '길이'를 뜻하는 수치 개념이다. 미국을 제외한 전세계 각국이 거리를 재는 단위로서 미터법(metric system)을 사용하고 있다.

구의 가구원 13,000 여명의 경제활동 및 노동시장 이동, 소득활동 및 소비, 교육 및 직업훈련, 사회생활 등 여러 항목을 1년 간격으로 여러 해 조사해오고 있으며, 중앙일보나 동아일보 등 주요 일간지들도 거의 매년마다 정치성향, 일반여론, 국민의식 변화 등을 표본조사해오고 있는데, 이것이 바로 패널 통계자료이다.

패널 자료는 표본수가 커 추정의 효율성이 크고 동태적 변화추이를 밝혀낼 수 있으며 또 시계열 자료가 갖는 통계학적 단점, 이를 테면, 다중공선성(多重共線性: multicollinearity)이나 추정량의 편의(bias) 등을 감소시킬 수 있다(Baltagi, 2001: 5-7). 그러나 상당한 예산과 시간이 소요되는 단점이 있어 일반 개인이 조사를 행하기에는 무리가 크다.

〔그림 6-1〕 횡단면 자료와 종단면 자료

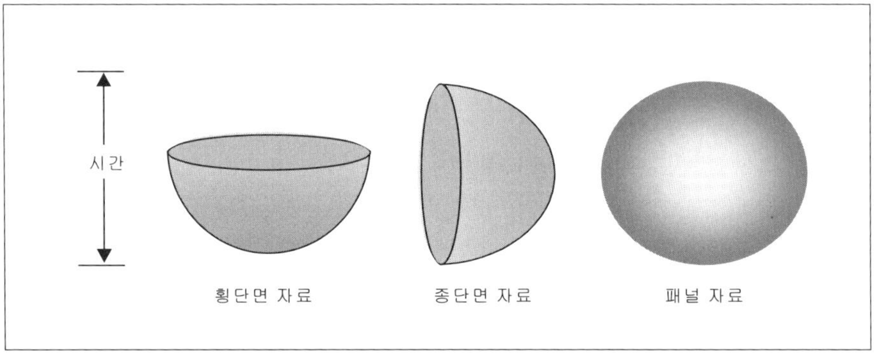

2 자료수집 방법

설정된 가설을 검증하려면 대상변수에 대한 자료를 수집하여야 한다. 수집할 資料源(sources)은 크게 1차 자료원(primary sources)과 2차 자료원(secondary sources)으로 나눌 수 있다.

여기서 우리의 관심의 대상이 되는 것은 연구자가 직접 생산해야 할 1차 자료원이다. 1차 자료원의 획득은 아래와 같은 방법에 의해 이루어진다. 이에 대해서는 이미 시중의 각종 사회조사방법론 관련서적이 충분히 설명하고 있으므로 여기서는 중요한 것만을 중심으로 간략히 요약만 해보기로 한다.

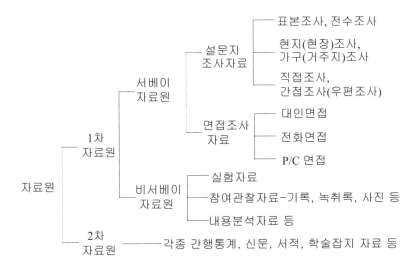

1. 1차 자료원을 통한 수집

1) 서베이 對 비서베이(survey vs non-survey)

개념적으로 살펴볼 때, 서베이(survey)는 우리말 사전에 의하면 '調査'이지만 그렇다고 영어식 조사의 동의어인 'investigation', 'examination'이나 'probe'는 아니다. 서베이는 "대표적 개별표본과의 의사소통을 통해 1차 자료를 수집하는 하나의 방법"을 뜻한다(Zikmund, 1997: 202). 따라서 서베이는 '조사'가 아니라 그냥 원어 그대로 '서베이'라고 부르는 것이 차라리 정확한 표현이다.[2]

서베이는 조사목적에 따라 여러 가지 방식으로 나눌 수 있는데, 크게 보면 설

---

2) 서베이를 '설문조사'라고도 번역하는데, 이것도 적절한 표현이 아니다. 서베이는 설문조사뿐만 아니라 '면접조사'(interview)도 포함하기 때문이다.

문지 조사(questionnaire survey)와 면접조사(interview)로 다시 나눌 수 있다. 서베이는 모집단에 대한 정보를 적은 비용으로 빨리 그리고 효율적으로 얻을 수 있다는 장점이 있지만, 표집(sampling)하는 과정에서 여러 가지 오류(예컨대, 표본을 잘못 추출할 오류, 설문지의 잘못 표현으로 인한 오류, 응답자의 오류 등)가 발생될 가능성이 크다.

非서베이(non-survey)는 질문지 등 '도구를 통한 표본과의 의사소통'에 의하지 않는 비통계적 자료수집 방법으로서, 큰모집단 보다는 작은 소규모주민사회 등 연구대상이 작은 집단을 대상으로 하는 질적 조사방법이다. 대체적으로 실험(experiment)이나 참여 관찰(participation observation), 서술 생애사(narrative of life history), 내용분석(content analysis) 등이 여기에 속한다(〈표 6-3〉 참조). 연구의 성격에 따라 비서베이 방법은 유용한 조사수단이기도 하지만 아직 사회과학도에게 그리 익숙한 방법은 아니다. 예컨대, 실험은 자연과학, 특히 생물학, 의학, 그리고 실험심리학 분야에서 활발히 적용되었으며 사회과학분야에 소개되기 시작한 것은 빨라야 20세기에 들어와서부터이다.

〈표 6-3〉 서베이와 현지조사(참여관찰 등)의 차이점

비교 기준	서베이(survey)	현지조사(field work)
연구대상	표본, 모집단	주민, 지역사회
연구기술 방법	질문지	참여관찰, 심층인터뷰
자료 제공자	응답자	피관찰자
연구대상의 접촉	사적 접촉의 不在	직접적·대면적 접촉
연구집단의 규모	현대 대중사회, 대집단	소규모 사회, 소집단
자료의 성격	양적 자료(수치화 자료)	질적 자료(비수치 자료)
연구의 결과의 구득방법	통계 처리에 의존	의미의 해석에 의존

자료: 윤택림(2005)『문화와 역사연구를 위한 질적연구밥법론』아르케 p.27의 표를 토대로 재구성.

2) 설문지 조사(questionnaire survey)

설문지 조사는 사회과학분야에서 가장 널리 이용되는 자료수집 방법이다. 모집단에 대한 전수조사(census)는 많은 비용이 소요되므로 표본조사에 의존하는 것이 관례인데, 피조사자에 대한 직접설문조사와 간접설문조사(우편조사 등)에

의한 방법을 들 수 있다. 또한 현장조사(field survey: on-site survey)와 가구조사(household survey) 등 조사대상별로도 나누어 볼 수도 있다. 설문지 조사의 생명은 설문지 작성·표본추출·표본조사의 신뢰도와 타당도에 있으므로 이에 대한 충분한 기술 터득이 중요하다고 하겠다. 시중에 이에 대한 학습서가 많이 나와 있으므로 여기서는 깊은 논의를 피하기로 한다.

3) 면접조사(interview survey)

면접조사는 對人면접법(person-to-person interview), 전화면접법(telephone interview), 컴퓨터 등 기타 매체에 의한 면접법 등이 있다. 일반적으로 전화·우편·컴퓨터 등을 이용한 면접은 사전에 미리 질문의 형식이나 내용을 만든 후 면접하는 방법('체계적 방법'이라고도 함)을 쓰고 대인면접법은 체계적 및 비체계적 방법을 혼용한다.

대인면접법은 복잡한 질문을 다룰 수 있고 표본통제가 가능하며 방대한 양의 자료수집이 가능하다는 장점이 있는 반면, 면접자의 자의성 개재로 인한 측정오류가 발생될 가능성이 크다는 단점이 있다. 전화면접법은 조사를 빨리 할 수 있고(비용절약이 가능), 표본의 무작위화가 용이(전화번호부 수록 인명록의 무작위 추출)하며 조사자와 직접 얼굴을 맞대지 않으므로 면접 도중 발생할 수 있는 오류를 줄일 수 있다. 그러나 조사할 수 있는 정보의 양이 제한되고 응답자를 통제할 수 있는 방법이 한정되어 있으므로 대인면접에서와 같은 많은 정보를 취득하기가 어려운 단점이 있다.

면접조사 기법의 일종이지만 **초점집단 인터뷰**(focus group interview)라는 질적 연구방법도 있다. 이 방법은 연구자가 토론집단을 인위적으로 구성하여 연구자가 논의주제를 제공하고 집단으로 토론하는 내용을 관찰·녹취 기록하여 논의내용을 분석하는 기법이다(윤택림, 2005: 81-3).

4) 실험(experiment)

실험은 자연과학에서 상용되는 자료수집 방법으로서, 연구자가 외생변수를 엄격히 통제한 상황에서 독립변수를 조작하여 이것이 종속변수에 미치는 영향의 크기나 정도(즉, 인과관계)를 밝히고자 하는 방법이다. 연구자가 인공적으로 환경을 조성한 연구실험실에서 행하는 실험을 실험실 실험 (laboratory experiments), 자연적인 환경상황에서 행하여지는 실험을 현장실험(field experiments), 또는 유사실험(quasi experiments)이라고 부른다. 현장실험은 실험실 실험보다 실용성이나 실행가능성은 더 뛰어나지만 인과관계의 명확한 규명이라는 점에서는 실험실 실험보다 대개 신뢰도가 떨어진다.

한편, 독립변수가 적용된 집단을 실험집단(experimental groups), 그렇지 않은 집단을 통제집단(control groups)이라고 부른다. 가령 '커피를 자주 마시는 사람일수록 암에 걸릴 확률이 낮다'는 가설을 세우고 이를 실험하기 위해 하루에 커피 열 잔 이상씩 마시는 집단과 전혀 마시지 않는 집단으로 구분해 조사한다고 할 때, 커피를 마시는 조사집단은 실험집단이고 마시지 않는 조사집단은 통제집단에 해당된다.

실험은 변수간의 인과성을 검증할 수 있는 가장 과학적인 연구방법 중의 하나라고 한다. 그럼에도 불구하고 사회과학에서는 그리 활발히 사용되고 있지 않는 것은 무슨 이유에서일까? 그 이유는 이미 제1편에서도 지적했지만 사회과학적 변수들(예컨대, 가족, 인종, 교육계층 등)을 조작·통제하기가 어려우며 인간을 실험대상으로 삼을 수 있는가 라는 윤리적인 문제가 제기된다는 점에 있지 않나 싶다.

5) 관찰(observation)

관찰법은 조사목적에 필요한 현상들을 관찰하고 이를 기록·분석하는 방법이다. 관찰법은 관찰 가능한 모든 현상을 대상으로 삼기 때문에 넓게 보면, 실험도 관찰의 한 방법이라 할 수 있다. 그러나 관찰법은 자료수집상 제약이 많으므로 설문지 조사·면접 등 다른 주된 자료수집 방법의 보조기능으로 사용되고 있는 것이 현실이다. 문화인류학에서 상용되는 관찰기법으로서, **참여 관찰법**(participant observation)을 들 수 있는데, 이는 조사자가 조사대상 현장에서 상당기간 직접 참여·생활함으로써 현지인의 속성을 몸소 생생하게 체험하여 조사목적을 달성코자 하는 자료수집 방법이다(〈표 6-4〉 참조).

관찰법은 현장의 상태를 생생하게 파악·기록할 수 있고 설문지가 아닌 행동의 관찰을 통해 정보를 취득함으로써 설문응답 과정에서 발생될 수 있는 오류를 줄일 수 있다. 또한 피관찰자의 연령이나 학력, 지능 등 사회환경적 제한조건에 구애됨이 없이 측정이 가능하다는 장점을 지닌다. 그러나 관찰된 사건의 해석에 있어 관찰자의 주관성 내지 편견이 개입될 수 있다는 점, 그리고 관찰의 시간이 어느 정도 길어야 하고, 관찰하고자 하는 현상이 발견되지 않으면 발견될 때까지 인내하며 계속 관찰하며 기다려야 한다는 약점이 있다. 무엇보다 연구자가 어떤 악조건에도 불구하고 항상 관찰현장에 있어야 한다는 점이 큰 제약점 중의 하나이다. 몇 년 전에 교육방송(EBS)의 취재진이 시베리아 호랑이의 생태를 관찰하고 이를 생포하는 장면을 촬영해와 방송해서 주목을 끈 적이 있다. 거의 모습을 드러내지 않는 호랑이의 생태를 관찰키 위해 PD와 취재진은 추운 시베리아의 겨울 산 속에서 6개월을 떨며 보냈다고 한다.

〈표 6-4〉 참여관찰의 목적과 주요 수행기술

참여관찰의 목적과 연구수행의 주요 기술	
참여관찰의 목적	참여관찰의 技術
상황에 따른 관찰과 참여의 균형	현지민 언어를 습득할것
분명한 목적의식	분명한 목적의식을 지닐 것
광범위한 시각에서 초점 맞추기	기억력을 잘 쌓아 활용할 것
내부인과 외부인의 입장	현지민에게 천진함 유지하기
자기성찰	기록 철저(메모지, 녹음기)
	배회하며 인내하기
	거리두기, 자신의 편견 접기

자료: 윤택림(2005)의 <표 3> 및 <표 6>을 통합하여 재구성.

6) 내용분석(content analysis)

내용분석이란 "메시지가 지닌 특징을 객관적이고 체계적으로 확인함으로써 진의를 추론하는 기법"이다(김광웅, 1999: 475). 내용분석에는 1차 자료를 이용하는 방법과 2차 자료를 이용하는 방법이 있는데, 사회과학에서는 피조사자와 직접 대면하지 않는 간접적이고 2차적인 자료에 대한 수집 방법이 주로 많이 사용된다. 이 방법은 각종 문헌, 신문, 잡지, 공식 기록문서, 서한, 작문, 사진, 연

설문 등의 각종 자료의 내용을 구체적으로 그리고 세밀하게 조사하여 내용 속에 함축되어 있는 메시지를 분류하거나 빈도수를 측정하여 이들 속에 담겨진 어떤 속성을 파악해 내는 방법이다. 직접적인 인터뷰나 연설, 대화를 현장에서 녹취하여 분석하는 경우도 있는데, 이는 (서베이를 통한) 1차 자료를 수집하여 분석하는 예이다.[3]

이 방법은 주로 언론학에서 많이 유행되는 기법 중의 하나인데, 관광학 분야에서도 지난 수십 년간 학술지의 전반적 성격이나 그 변화를 파악하는 수단으로 자주 이용되어 온 바 있다(예컨대, 김사헌, 1996a, 1999b; 김정근, 1990; 조민호, 1997 또는 Wood, 1995; Sheldon, 1991; Dann et al, 1988).

2. 2차 자료원을 통한 수집: 문헌연구 자료

학술연구에서는 2차 자료원, 특히 문헌연구 자료의 수집이 제일 중요하다고 해도 과언이 아니다. 연구문제나 가설을 세우는데 필요한 기존 연구자료, 선험적 연구에 대한 자료, 그리고 제기된 연구문제 혹은 가설을 증명하고 밝히는데 필요한 논증자료 등 논문에 관련된 모든 비통계적 자료가 이에 해당하기 때문이다.

연간 수천 수만 건씩 쏟아져 나오는 정보의 바다 속에서 자신에게 필요한 연구논문 자료를 쉽게 조사·수집하기란 결코 용이하지 않다. 그러나 노련하고 훌륭한 연구자일수록 이런 2차 자료를 잘 수집하고 요리할 줄 안다.

최근 각종 인터넷 탐색 엔진의 발달로 각 대학 도서관이나 국립 도서관들이 제공하는 국내외 연구물을 원문 그대로 볼 수 있게 되었다. 그만큼 문헌자료의 수집 자체가 과거에 비해 거의 혁명적으로 수월해 졌다. 문헌연구 자료의 조사는 분명 연구자의 능력에 달려 있는 사항이지만 자료의 수집 자체는 조금만 관심을 기울인다면 그리 어려운 일이 아니다. 국내 대학 도서관을 기준으로 문헌연구 자료의 수집이라는 측면에서 몇 가지 정보를 제시해보면 다음과 같다.

---

3) 위의 분류에서는 내용분석법을 편의상 '1차 자료원'이며 '비서베이 자료'로 분류하였으나, 만약 신문, 잡지 등의 내용을 분석한다면 이 기법은 2차 자료원으로 분류되어야 하며, 또 현장에서 연구자가 직접 조사대상을 면접한다면 서베이 자료로 분류될 수도 있다.

먼저 한국교육학술정보원에서 제공하고 있는 전국대학 학술연구정보서비스 (RISS: http:// www. riss4u. net/)를 이용한 정보 검색 및 수집이다. 이 인터넷 검색 엔진에서는 전국 대학에서 자체적으로 소장하고 있는 학술정보(학술지명, 학술지논문, 학위논문, 단행본 등)의 통합검색을 행할 수 있다. 또 이 RISS에서는 통합검색의 경우 우리나라 전국 420여개 대학도서관이 소장한 거의 모든 정보를 단 한 번의 검색으로 모두 확인할 수 있으며, 소장기관을 확인하여 국내외 문헌복사 서비스를 바로 신청할 수도 있다. 이 싸이트에서는 국내 1,100개 학회 및 대학부설연구소 발행 학술지에 수록된 논문 64만건, 해외학술지에 수록된 논문 1,500만건, 국내 100여개 대학이 소장한 석·박사 학위논문 20만건, 내국인의 해외 취득 박사학위논문 2만건, 국내 420여개 대학/전문도서관이 소장한 620만건에 이르는 단행본 및 비도서 자료(CD-ROM, 비디오 등)의 검색(일부 원문복사 서비스도 가능)이 가능하다. 그리고 국내 35,000여종과 해외 67,000여종의 학술지 검색 및 권호별 소장 정보 확인도 가능하다. 이 서비스의 가장 큰 장점은 통합검색을 통하여 외국 원서나 저널이 어느 대학 어느 도서관에 있는지 확인하는 것이 가능하다는 점이다.

두 번째로는 국가과학기술전자도서관(National Digital Science Library: NDSL, http://ndsl. or. kr/)을 이용한 정보 검색이다. 이 NDSL에서는 2005년 말 현재 전자저널 라이선스 정보 303개 기관 887,573건, 書誌 정보(총 211,736종 : 저널 46,839종, 프로시딩4) 164,897종), 학술논문 정보(총 27,423,337건 : 저널 22,090,272건, 프로시딩 5,333,065건), 卷号別 정보(총 4,649,058건 : 저널 4,478,454건, 프로시딩 170,604건), 卷号別 소장 정보(353개 기관, 142만 건), 전자원문 링크 정보(총 22,536종 12,589,429건 : 저널15,375종 11,784,538건, 프로시딩 7,161종 804,891건), 전자저널 라이선스 정보303개 기관 887,573건을 검색하여 대부분 그 원문을 입수할 수 있다.

세 번째로는 ScienceDirect 라는 검색 엔진(http://www. sciencedirect. com)을

---

4) 정기 발간되는 학술지(journal)의 논문이 아니라 학자들의 정기 혹은 부정기 학술발표대회에서 발표된 논문들의 모음집(proceedings)을 말한다. 대개 프로시딩은 배포매수도 적을 뿐 아니라 엄격한 심사과정을 거치지 않은 실험적·탐색적 논문이 대부분이어서 학문적 수준은 저널 논문보다는 다소 낮은 편이다.

사용하는 방법인데, 이 전자저널은 물리학·공학·생명과학·의료보건관련학·사회과학 및 인문학관련 저널(논문 약 800만 건 이상, 세계 논문의 거의 1/4 이상)의 수록 논문과 수십만권의 저서 정보를 소개해주고 있다.

그 외에도 우리나라 국립 중앙도서관(http://www.nl.go.kr/)이나 국회도서관(http://www.nanet.go.kr/) 등을 이용할 수도 있으며, 여기서도 많은 유용한 정보 및 자료를 제공하고 있다. 또한 해당기관 도서관에서 제공하고 있는 원문복사 서비스를[5] 이용하면 전자문서로 배포되지 않는 자료를 저렴한 가격으로 입수할 수도 있다. 또 일반 검색엔진, 이를 테면 구글(google)을 이용할 수 도 있다(www.google.co.kr). 대부분의 대학 도서관에서는 국제 유수 학술지 원문 검색에 가입해 있으며 이를 구글 엔진도 중개해주고 있다.

③ 표본 추출

연구자가 연구와 관련된 자료를 수집할 때는 연구의 대상이 될 개인이나 집단 등을 결정해야 한다. 일반적으로 사회과학 연구의 대상(母集團: population)은 전수조사가 불가능할 만큼 규모가 크거나 심지어는 모집단의 크기를 알 수 없는 경우가 많다. 따라서 사회과학 연구에서는 전체 모집단을 대표할 만한 일부분(標本: sample)을 추출하여 그들로부터 수집한 자료를 근거로 모집단의 특성을 추론하는 절차를 밟는다.

통계학에서는 연구자가 알고자 하는 모집단의 특성을 수치로 나타낸 것을 母數(parameter)라고 하며, 표본의 특성을 수치로 나타낸 것(예컨대, 평균, 분산, 표준편차 등)을 통계량(statistic)이라고 한다. 또 모집단에서 뽑은 표본을 분석하여 모집단의 특성을 추론하는 통계학을 추리 통계학(inferential statistics)이라고 부른다.

표본 추출의 가장 중요한 목적은 비용과 시간상의 경제성 때문인데, 이런 경

---

5) 이용자가 해당기관에 소장되지 않은 자료의 이용을 원할 경우, 제3의 해당 자료 소장기관에 의뢰하여 복사본을 입수하여 이용자에게 제공하는 서비스를 말한다.

제성 측면 외에도 모집단 전체(population)를 다 관찰하는 것보다 표본(sample)을 추출하여 관찰하는 것이 통계적으로도 오히려 더 정확도가 높은 것으로 알려지고 있다.[6]

1. 표본의 크기 결정

표본의 크기가 클수록 표본을 기초로 하여 얻은 통계량은 모집단의 모수에 가까워질 가능성이 높아지기 때문에 표본 통계량의 신뢰도는 증가한다. 표본의 크기 결정은 예산 등의 현실적인 문제에 의하여 제약을 받지만 연구과제의 해결에 필요한 만큼의 충분한 자료가 확보될 수 있는가를 가장 중요한 기준으로 삼아야 한다.

예외적인 성격을 갖는 모집단의 구성요소가 표본에 포함되면 표본추출 오차가 발생하는데, 우연에 의한 오류는 표본의 수를 증가시킴으로써 해결할 수 있다. 연구자는 표본의 크기를 증대시킴으로써 얻게 되는 정확성의 증가와 이에 소요되는 시간 및 비용을 종합적으로 고려해야 하며 아울러 표본의 크기에 따른 신뢰구간의 범위를 감안해야 한다.

주의할 것은 표본의 크기를 많이 늘린다 해서 이에 비례해 정확도(신뢰구간의 폭)가 증가하지 않는다는 것이다. 예를 들어, 표본수를 2배로 늘린다 해서 신뢰구간의 폭이 1/2로 줄어들지는 않는다. 신뢰구간의 폭을 1/2로 줄여 정확도를 높이려면 대체로 표본 수는 약 4배로 늘려야 하는 것으로 알려지고 있다(김찬경 外, 1999: 188). 일반적으로 표본수는 대략적으로 신뢰수준(정확도)의 제곱에 반비례하는 것으로 알려지고 있다. 대규모 모집단의 표본비율 결정은 코크란(Cochran, 1963)이 개발한 다음과 같은 수식으로 계산할 수 있다(Israel, 1992).

$$n_0 = \frac{Z^2 pq}{e^2}$$

(여기서, n_0 = 표본의 수, Z^2 = 표준정규분포곡선상의 신뢰도계수 a를 나타내는 계수, e = 희망하는 정확도 수준, p = 모집단 추정속성 비율, $q = 1-p$)

---

6) 그 이유는 전수조사에서 발생되는 비표본 오차(예컨대, 질문지의 오류, 면접과정에서 발생되는 오류, 응답과정에서 발생되는 오류 등)가 표본조사시 발생되는 소위 '표본 오차'보다 커지는 데서 찾을 수 있다. 자세한 설명은 채서일(1999)을 참조.

만약 신뢰도를 95% 수준($e = 0.05$)으로 하고 표본오차(정밀도 또는 허용오차)를 $\pm 0.5\%$의 범위로 한다고 하자. 이때 표준정규분포 표의 z값은 ± 1.96이다(99%일 때의 z값은 ± 2.57, 90%일 때의 z값은 ± 1.64). 또 모집단 추정속성 비율(p)를 최악으로 가정하여 0.5(50%)로 잡자. 그러면 바람직한 표본의 수는,

$$n_0 = \frac{(1.96)^2(0.5)(0.5)}{(0.05)^2} = 385$$

따라서 아무리 보수적으로 잡더라도 표본 수가 380매 이상 정도는 되어야 그 표본은 모집단을 속성을 대표적으로 나타내 줄 수 있다고 학자들은 말한다(한범수 · 김사헌, 2001). 그런데 표본수를 385매로 했는데, 만약 모집단수가 작고 그것이 이미 알려져 있다면(N = 2000 이라 가정하자) 역시 다음과 같은 위의 공식을 약간 변형하여 필요한 표본수를 어느 정도 줄일 수 있다.

$$n = \frac{n_0}{1 + \frac{(n_0 - 1)}{N}} = \frac{385}{1 + \frac{(385 - 1)}{2000}} = 323$$

만약 연구자가 모집단의 표준편차(또는 분산 σ^2)를 알고 있을 경우에는 다음과 같은 수식을 이용하여 표본 수를 구하면 된다.

$$n_0 = \frac{Z^2 \sigma^2}{e^2}$$

2. 표본추출 방법

표본추출 오차 가운데 편의(bias)에 의한 오차, 즉 모집단에의 대표성을 저해하는 비전형적인 구성요소에 의해 발생하는 오차는 표본의 크기로 해결할 수 없으며 표본 선택 방법을 과학화함으로써 줄일 수 있다.

표본추출 방식은 모집단의 구성요소가 표본으로 선정되는 과정에 확률법칙이

작용하도록 하는, 즉 모집단의 구성요소가 추출될 확률을 동일하게 하는 확률 표본추출(probability sampling)과 추출과정의 편리함이나 전문가 의견 등 다른 합리적 기준에 따라 추출하는 비확률 표본추출(non-probability sampling)로 구분할 수 있다. 확률 표본추출 방법을 사용한다면 추출된 표본이 모집단을 대표할 가능성이 더 크다고 할 수 있다.

확률에 의한 표본 추출에는 단순 무작위 추출(simple random sampling), 층화 추출(stratified sampling), 군집 추출(cluster sampling), 체계적 추출(systematic sampling) 등의 방법이 있으며, 비확률적 표본추출에는 편의적(임의) 추출(convenience sampling), 판단에 의한 추출(judgement sampling) 방법 등이 있다.

우리 관광학 분야 학자들의 경우, 임의성이 높아 결코 바람직하지 않은 비확률 표본추출에 너무 의존한다는 사실(전체 조사자의 23.9%, 확률연구자의 52%)은 4장 <표 4-7>에서 지적하였다. 표본추출 방법에 대해서는 각종 통계 교과서에 잘 설명되고 있으므로 여기서는 설명을 생략하기로 한다.

 연구문제

1. 표본 크기를 결정하는 공식을 찾아 예시적으로 허용오차가 ± 5% 라고 할 때 표본크기를 정해 보라. 독자 스스로 각종 표본추출 방법을 정의해 보라.

2. 각자 2차 자료를 이용할 수 있는 연구가설을 가상적으로 세우고 이를 검증할 수 있는 자료원이 어떤 기관에서 발행되는지 찾아보라. 또 이들 자료가 연구가설을 검증하기 위한 최적의 자료가 되지 못할 경우, 대리변수를 만들어 보라.

3. 관광관련 공공기관이 간행하는 통계 중 메트릭 통계와 비메트릭 통계에는 어떤 것이 있는지 알아보라.

📚 더 읽을거리

▶ 자료수집과 표본추출 방법에 대한 서적이나 논문은 주변에 많다. 몇 가지 저서를 들어 보면, 다음과 같다.

남궁평·김연형(1986).『표본이론』, 박영사.

박석희(2000).『관광조사연구기법』(개정판), 일신사.

채서일(1999)『사회과학 조사방법론』(2판), 학현사.

▶ 질적 연구방법론으로는, 윤택림(2005)『문화와 역사연구를 위한 질적 연구방법론』(서울: 도서출판 아르케)이 국내연구 사례를 비교적 많이 인용하고 있어서 일반인도 쉽게 이해할 수 있다.

제 7 장

자료의 분석 방법

Principles of
Tourism Research Methodology

자료의 분석 방법

　최근 시중에는 초급 통계분석에서부터 P/C 패키지를 이용한 응용분석 및 고급 통계분석에 이르기까지 각종 계량적 방법론 서적이 넘칠 정도로 많이 출판되고 있다. 겨우 한두 가지 통계학 교과서로 씨름하며 P/C 통계 패키지는 커녕 카시오(Casio) 수동계산기 조차 사 쓰기 어려웠던 이삼 십여년 전과 비교한다면, 현재의 연구자들은 너무 행복한 편이다. 오히려 연구기법이 너무 발달하고 P/C용 통계 패키지도 수없이 많아 연구기법 적용이 필요이상으로 남발되고 있는 것이 오늘의 실정이라 해도 지나친 말이 아니다.

　그러다 보니 통계기법의 오용과 남용이 심해 원리도 모른 채 통계패키지만 돌려 답만 나오면 된다는 식의 폐단도 적지 않은 것이 현실이다. 국내 석박사학위 청구논문은 말할 것도 없고 전문적인 정기 학술연구지(periodic articles) 논문에서조차 통계지식도 없으면서 마구잡이로 고급통계기법을 적용, 오류와 편의(bias) 문제는 접어두고 있는 현실이 안타까울 정도이다. 모르면 배워서 사용해야하는 것이 최선이지만, 아무 것도 모른 채 패키지로 돌려 나온 결과로 지식을 위장하기보다는 아는 기초 통계(평균, 표준편차나 교차표 분석 정도)만 사용하는 것이 오히려 보다 더 현명하고 솔직한 차선책이다.

　본 장에서는 많은 지면을 할애하여 기존의 화려하고 복잡한 연구기법들을 똑같이 답습, 소개하며 책의 부피만 늘리기보다는 이들 기법들 중 핵심이 되는 것들만을 통계학 원리 중심으로 간단히 소개하고자 한다.

　양적 연구방법은 비교적 정형화되어 있으므로 그 구체적 적용기법에 대해서는 시중의 통계학관련 참고서를 적절히 이용하는 것이 오히려 바람직하다. 다만 선택에 혼동을 일으킬 정도로 각종 분석기법들이 많으므로 향후 연구자들이 수집자료를 분석함에 있어 적절한 분석기법을 스스로 찾아내는데 도움이 될 수 있도록 여기서는 이들 분석기법을 측정 척도 등 속성에 따라 '분류'하는 데 주안점을 두면서 몇 가지 중요한 기법들만 특징과 개념을 중심으로 간략히 기술하기로 한다.

1 양적 자료 분석방법의 분류

통계기법의 발달, 특히 지난 20여 년 동안 각종 컴퓨터를 이용한 분석 패키지의 비약적 발달로 오늘날 사회과학의 분석방법은 가히 '방법론적 혁명'을 겪고 있다 해도 과언이 아니다. 분석기법의 다양성은 말할 것도 없고 분석기법의 깊이도 크게 심화되었음은 물론이다. 특히, SPSS, SAS 등 사회과학용 종합 통계 분석 패키지나 전문 분야 통계 패키지, 이를테면 RATS, TSP, LIMDEP, MINITAB, SYSTAT, MATHCAD 같은 전문 분야 패키지의 손쉬운 활용으로 이제는 연구자가 연구문제와 작업가설을 잘 세우고 신뢰성과 타당성의 원칙에 따라 자료조사만 잘 행한다면 분석은 오히려 손쉬운 탁상작업이 되기에 이르렀다.

분석기법은 분석하고자 하는 변수의 수나 분석변수간의 상호관계, 측정 척도의 종류에 따라 여러 가지로 나뉘어질 수 있는데, 몇 가지 체계에 따라 분류를 시도해보도록 하자.

계량방법론분야 학자들은 대체로 분석기법을 **단변량 분석**(univariate analysis), **2변량분석**(bivariate analysis), **다변량 분석**(multivariate analysis) 그리고 **시계열 분석**(time-series analysis)으로 나누고 있다(Ellis, 1994; Zikmund, 1997; 이종원·이상동, 1995). 이들 분류방식에 따라 그 기법을 나열해보면 다음과 같다.

1) 단변량 분석 기법

① 기술통계: 대표값(평균, 중앙값, 최빈도값), 산포도, 비대칭도
② 추측통계: t-검정, F-검정, x^2 검정 등 각종 검정통계

2) 다변량 분석 기법

① 상관분석: 단순상관분석, 다중상관분석
② 회귀분석: 단일방정식 모형, 연립방정식 모형
③ 판별분석, 정준상관분석 등

3) 시계열 분석 기법

이동평균법, 평활법, 추세선 이용법, ARIMA(Box Jenkins) 모형 등

한편 관련학자들은 분석변수의 수, 분석변수의 상호관계, 척도의 종류, 모집단의 수 그리고 표본의 독립성 여부라는 특성에 따라 분석방법을 다섯 가지 방법론적 유형으로 나누기도 한다(예: 채서일, 1999: 417-420). 이중 첫 세 가지 특성별 분류방법에 한정하여 분석방법을 나누어 보기로 하자.

(1) 분석변수의 수에 의한 분류

① 단변량 분석(독립변수만 1개인 경우): x^2 분석, t 분석, Z 분석, ANOVA 등
② 2변량 분석(독립·종속변수 각각 1개 또는 독립변수 2개 이상인 겨우): 상관분석, 회귀분석, 판별분석, 컨조인트 분석
③ 다변량 분석(독립변수 2개 이상, 종속변수 1개 이상인 경우): 다변량 상관분석(MANOVA), 정준상관분석, 주성분분석, 연립회귀방정식

(2) 분석변수의 상호관련성 여부에 의한 분류

① 종속관계: 회귀분석, 판별분석, 정준상관분석, 분산분석, 컨조인트 분석, 순위상관분석

② 상호관계: 요인분석, 군집분석, 상관분석, 다차원척도법 등

(3) 척도의 성격에 따른 분류

① 모수 통계: t, Z 등 각종 검정분석, 회귀분석, 분산분석 등

② 비모수 통계: x^2 분석, 군집분석, 판별분석, 컨조인트 분석 등

2 계량적 분석의 통계학적 기초: 기술통계학과 추측통계학

1. 기초 개념

통계적 분석방법을 크게 분류하여 보면, 자료의 수집·정리·해석이라는 과정을 통하여 모집단의 **특성**을 규명하는 방법과, 표본에서 얻은 통계량(평균, 표준편차, 분산 등)을 기초로 모집단의 **특성**을 추측하는 방법으로 나눌 수 있다. 전자를 **기술통계학**(記述統計學: descriptive statistics) 그리고 후자를 **추측통계학**(推測統計學: inferential statistics)이라고 한다.

예를 들어, 어떤 시기에 관광안내원 교육을 받는 사람들의 영어시험 성적을 조사하여 평균과 분산 등을 조사한다고 한다면 이것은 기술통계학에 속하고, 우리나라에 등록되어 있는 전체 관광안내원(모집단)의 어학실력을 알아보기 위해 몇 십 명을 표본으로 뽑아 시험을 실시하여 전체 안내원의 평균 성적을 추론해 본다면 이는 추측통계학에 속한다.

그러나 오늘 날에는 표본을 통해 모집단의 특성을 추측해내는 추측통계학이 통계학의 主流를 이룬다. 그 이유는 모집단 전체를 조사하여 분석하는 것은 막대한 비용과 시간이 들기 때문에 표본으로 모집단을 추측하는 것이 더 바람직하고 따라서 이에 대한 연구가 그만큼 많이 이루어지기 때문이다. 또 이면적으로는 추측통계학같이 좀 더 정교하고 어려워야 학문으로 대접받을 수 있다는 오늘날의 사회인식과도 무관하지 않다.

수집된 자료를 해석하는데 중점을 두는 기술통계학에서 주로 쓰이는 분석기

법은 도수분포, 평균(산술평균, 가중평균, 기하평균), 집중도(최빈값, 중앙값) 및 산포도(분산·평균편차·표준편차), 비대칭도(尖度, 歪度) 등 비교적 단순한 기법들이다. 즉,

- 도수분포 – 수집된 자료를 적절한 구간계급(class interval)으로 분류 정리해놓은 통계.
- 집중도(대표값) – 자료의 성질을 대표해주는 통계로서, 평균(mean), 중앙값(median), 최빈값(mode) 등.
- 산포도 – 자료의 관찰치들이 중심으로부터 어느 정도 흩어져있는가를 나타내는 통계로서, 분산(variance), 표준편차(standard deviation), 평균편차, 4분위편차 등.
- 비대칭도 – 첨도, 왜도 등 자료의 분포가 대칭형태에서 벗어난 정도를 나타내는 통계.

2. 추측통계학의 주요 파라미터

이 책에서는 관례대로 추측통계학의 기초적 개념이나 기법만을 간략히 다루어 보기로 한다. 먼저 내용 기초의 이해를 위해 추측통계학에서 쓰이는 통계학 용어의 표기 형식을 살펴보고 넘어가기로 하자(〔그림 7-1〕 참조).

〔그림 7-1〕 모집단과 표본의 모수 및 통계량 표기

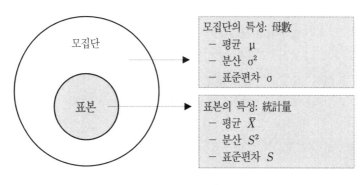

  모집단의 특성을 나타내는 推定母數(parameter)는 모두 그리스 문자를 채용한다. 때문에 평균은 μ(뮤), 분산은 σ^2(시그마 자승)그리고 표준편차는 σ(시그마)로 표기한다. 이와 구별하기 위하여 표본에 관한 통계량(statistics)은 모두 해당단어의 英語 문자로 써서, 평균은 $\overline{X}$, 분산은 S^2, 표준편차는 S로 표기한다.

  통계학에서 주로 많이 쓰이는 개념으로서는, 집중도(대표값)를 나타내는 통계인 평균값, 그리고 산포도를 나타내는 통계인 분산과 표준편차가 있다. 여기서 이들 개념을 간략히 설명하고 넘어가기로 한다.

  먼저, 모집단의 평균(μ)과 표본의 평균($\overline{X}$), 그리고 빈도(frequency)가 있는 도수분포표의 평균은 다음과 같이 나타낸다.

모집단의 평균: $\mu = \dfrac{X_1 + X_2 + \cdots + X_N}{N} = \dfrac{\sum X_i}{N}$

표본의 평균[1]: $\overline{X} = \dfrac{X_1 + X_2 + \cdots + X_n}{n} = \dfrac{\sum X_i}{n}$

도수분포의 평균: $\overline{X} = \dfrac{f_1 X_1 + f_2 X_2 + \cdots f_n X_n}{f_1 + f_2 + \cdots f_n} = \dfrac{\sum f_i X_i}{\sum f_i} = \dfrac{\sum f_i X_i}{n}$

  다만 여기서 표본일 경우에는, 편의를 줄이기 위해 표본수를 n 이 아닌 $n-1$로 나눗수를 조정해야 한다.

  이어서 산포도와 표준편차·분산에 대해서 간략히 알아보자. 이제 어떤 두 사람 A, B의 볼링 성적이 다음 〔그림 7-2〕와 같았다고 하자.

  이 표와 그림에서 두 사람 모두 평균은 75점으로 같지만, A가 B보다 10회 동안 볼링을 더 고르게 던졌으며 따라서 더 안정적이었음을 알 수 있다. 즉 A의 성적은 평균값 75점을 중심으로 점수가 좁게 흩어져있어 散布度(dispersion level)가 훨씬 적다. 그러나 이런 어림짐작 식의 목측보다는 객관적인 통계식을 쓰는 것이 보다 정확한 정보를 제공해준다. 이 정보가 곧 분산과 표준편차이다.

---

1) 표본평균의 표준편차(모집단의 표준편차와 구분하기 위하여 표준오차 standard error라고 함)는 $\dfrac{S}{\sqrt{n}}$이며 평균은 모집단의 평균(μ)와 동일하게 부른다.

산포의 정도를 파악케 해주는 그 공식은 다음과 같다.

던진 회수	1	2	3	4	5	6	7	8	9	10	평균($\overline{X}$)
A의 볼링 성적	70	73	80	77	75	75	70	72	78	80	75
편차 ($X_A - \overline{X}_A$)	−5	−2	5	2	0	0	−5	−3	3	5	−
B의 볼링 성적	65	70	85	69	75	90	60	86	71	79	75
편차 ($X_B - \overline{X}_B$)	−10	−5	10	−6	0	15	−15	11	−4	4	−

〔그림 7-2〕 볼링 점수의 산포도와 편차 형태

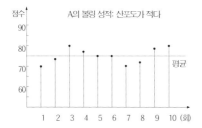

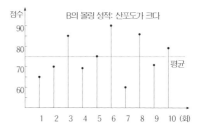

모집단의 분산 (빈도가 없을 때): $\sigma^2 = \dfrac{1}{N} \sum (X_i - \mu)^2$

(빈도가 있을 때): $\sigma^2 = \dfrac{1}{N} \sum (X_i - \mu)^2 f_i$

표본의 분산: $S^2 = \dfrac{1}{n} \sum (X_i - \overline{X})^2$

모집단의 표준편차: $\sigma = \sqrt{\sigma^2} = \sqrt{\dfrac{\sum (X_i - \mu)^2}{N}}$

표본의 표준편차: $S = \sqrt{S^2} = \sqrt{\dfrac{\sum (X_i - \overline{X})^2}{n}}$

이제 이 식으로 두 볼링시합자 A, B의 분산과 표준편차를 구해보자. 아래 〈표 7-1〉에서, A의 평균(75점)에 대한 편차($X_A - \overline{X}_A$)를 합계하면 유감스럽게도 +, − 기호 때문에 서로 상쇄되어 영이 된다. B의 경우도 마찬가지이다.

부호상의 문제를 해결할 수 있는 방안에는 이들 수치에 절대치를 취하거나 자승을 해주는 방법이 있다. 절대치를 취하기보다 자승값을 취하면 +, − 부호끼리 상쇄가 없어질 뿐만 아니라 적은 편차는 적게 나타내주는 반면, 바람직하지 않은 편차인 큰 편차는 더욱 강조하여 문제의 심각성을 확대시켜주는 이점이 있다. 따라서 분산분석에서는 이들의 자승(square) 값을 취해 편차문제를 해결코자 한다. 〈표 7−1〉을 이용해 계산해보면, A의 편차 자승은 126이고 B의 편차 자승은 무려 864가 된다. 이제 이 각각의 수치를 표본수(n= 10)로 나누어주면 그것이 분산이고, 이의 제곱근을 구하면 그것이 표준편차이다. 즉,

〈표 7−1〉 볼링 점수의 편차 및 편차의 자승

던진 회수	1	2	3	4	5	6	7	8	9	10	합계(∑)
A의 편차($X_A − \overline{X}_A$)	-5	-2	5	2	0	0	-5	-3	3	5	0
A 편차의 자승	25	4	25	4	0	0	25	9	9	25	126
B의 편차($X_B − \overline{X}_B$)	-10	-5	10	-6	0	15	-15	11	-4	4	0
B 편차의 자승	100	25	100	36	0	225	225	121	16	16	864

A의 분산: $S^2 = \dfrac{1}{n} \sum (X_i - \overline{X})^2 = 126/10 = 12.6$

B의 분산: $S^2 = \dfrac{1}{n} \sum (X_i - \overline{X})^2 = 864/10 = 86.4$

A의 표준편차: $S = \sqrt{S^2} = \sqrt{\dfrac{\sum (X_i - \overline{X})^2}{n}} = \sqrt{12.6} = 3.5$

B의 표준편차: $S = \sqrt{S^2} = \sqrt{\dfrac{\sum (X_i - \overline{X})^2}{n}} = \sqrt{86.4} = 9.3$

추측통계학은 앞에서도 언급하였듯이 모집단에서 추출한 표본의 특성을 분석하고 이를 토대로 모집단의 특성을 추론해내는 통계학이다. 예를 들어, 대통령선거 개표 결과가 발표되기 전에 미리 어떤 당의 대통령후보가 당선할 것인가를 조사해본다고 하자. 이 경우. 그렇다고 전체 모집단인 유권자를 빠짐없이 조사

한다는 것은 여러 면에서 결코 용이하지 않다. 그러므로 적은 수의 대표적 표본을 선정, 기술적으로 잘 조사하여 전체 모집단이 지니고 있는 특성을 알아내는 표본조사 방법이 전수조사보다 더 경제적이고 능률적이다. 이렇게 적절한 수의 전국표본을 선정하여 어떤 당이 승리할 것인가를 미리 설문하여 전국 투표결과를 예측하는 것이 추측통계학이다. 이러한 이유 때문에 기술통계학보다는 추측통계학이 오늘날 사회에서 더 인기있는 분야가 되고 있으며, 통계분석의 주류를 이루고 있다.

추측통계학적 추론을 정확히 위해서는 확률이론의 이해가 필수적이다. 본절에서는 확률이론을 간략히 설명하고 넘어가기로 한다.

3. 확률 분포

변수 X가 취할 수 있는 사건(events)의 값이 X_1, X_2, X_3, $\cdots X_n$ 이고, X가 이들 값을 취할 확률 P_1, P_2, P_3, $\cdots P_n$ 일 때, 우리는 이 변수 X를 확률변수(random variable)라고 부른다. 확률변수 X가 취하는 값 x_i와 그 확률 p_i와의 관계를 확률변수 X의 **확률분포**(provability distribution)라 한다. 즉, 확률변수 X의 확률분포는 다음과 같이 표시된다.

$$P(X = x_i) = p_i \quad (단, \ i = 1, \ 2, \ 3, \ \cdots \ n)$$

확률변수는 다시 離散確率變數(discrete random variable)와 連續確率變數(continuous random variable)로 나눌 수 있다. 전자는 일정 범위구간 내에서 확률변수가 취할 수 있는 값의 수가 有限한 변수를 말하며(예: 주사위나 동전을 던져 나올 확률), 후자는 일정 범위구간 내에서 확률변수가 취할 수 있는 값의 수가 無限한 변수를 의미한다(예: 사람의 키, 하루 온도 등).

나아가 이산확률변수의 확률분포를 '이산확률분포'라 하고 연속확률변수의 분포를 '연속확률분포'라고 한다. 이산확률분포에서 흔히 사용되는 분포는 二項分布(binomial distribution)와 포아송 분포(poisson distribution)를 들 수 있고 연속확률분포에서는 정규분포(normal distribution)가 가장 빈번히 이용되는 대표

적인 분포이다. 즉,

이산변수의 확률분포(이산확률분포)—이항분포, 포아송분포, 베르누이분포 등
연속변수의 확률분포(연속확률분포)—정규분포, t 분포, F 분포, χ^2분포 등

이산확률변수는 그 분포가 비연속적(離散的)인 반면, 연속확률변수는 그 분포가 연속적으로 무한한 확률변수를 가질 수 있으므로 〔그림 7-3〕에서와 같이 보통 어떤 구간 a, b간의 '구간 확률'을 계산하게 된다.

〔그림 7-3〕 이산확률분포와 연속확률분포, 확률밀도함수

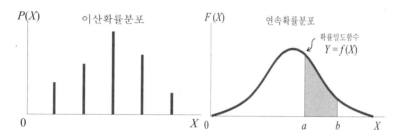

연속확률분포의 양상을 나타내는 곡선을 식으로 표현한 것, 즉 $y = f(X)$를 **확률밀도함수**(probability density function)라고 부른다. 일명 **가우스분포**(Gaussian distribution)라고도 불리는 **정규분포**(normal distribution)는 이 연속확률분포 중에서도 가장 널리 이용되는 중요한 분포이다. 이 분포는 표본을 통한 모수의 추정 및 가설검정 이론의 기본이 되며, 실제 우리가 접하는 사회·경제·자연현상의 확률분포 형태는 이 정규분포에 가까운 형태를 띠는 것이 보통이다.

정규분포의 확률밀도함수 $f(X)$는 그 평균이 μ, 분산이 σ^2 일 때, 다음의 수식으로 나타낼 수 있는 것으로 알려졌다(여기서 π는 원주율, e는 2.718…). 이 식은 〔그림 7-4〕와 같은 좌우대칭의 鐘모양을 형태를 띤다.

$$f(X) = \frac{1}{\sqrt{2\pi}\sigma}\, e^{-\frac{(x-\mu)^2}{2\sigma^2}}, \qquad -\infty < X < +\infty$$

〔그림 7-4〕 정규분포 곡선

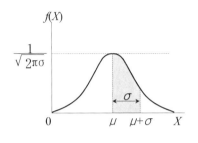

정규분포의 성질
(1) 정규분포의 모양과 위치는 평균과 분산의 크기에 의해 결정된다.
(2) $y = f(X)$의 그래프는 평균 μ, 분산은 σ^2이며 형태는 평균 μ를 중심으로 鐘모양의 대칭을 이룬다.
(3) 평균과 분산이 어떤 값을 갖더라도 밀도함수 $y = f(X)$와 x축 사이의 내부면적 값은 1이다.
(4) 확률변수 x가 취할 수 있는 값의 범위는 $-\infty < x < +\infty$ 이다.

평균값이 동일한 정규분포함수에 있어서 표준편차의 크기가 얼마인가에 따라 채택(기각)될 확률은 바뀐다. 즉, X의 값이 분포의 평균으로부터 표준편차 σ의 몇 배만큼 떨어져 있는가에 따라 확률 $p(x)$가 결정된다. 즉, 표준편차 1배 이내로 떨어져있을 때의 확률 $p(x)$는 68.3%, 2배 이내로 떨어져 있을 때의 확률은 95.4%이며 3배 이내일 때는 99.7%가 된다(그림 7-5 참조).

〔그림 7-5〕 표준편차의 크기에 따른 주요 구간 확률

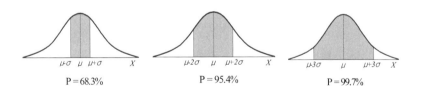

확률면적 계산의 편의를 위해 정규분포를 평균 μ = 0, 표준편차 σ = 1 이되도록 표준화한 정규분포가 **표준정규분포**(standard normal distribution)이다. 즉, 각 관찰치에서 평균값을 빼고 난후 다시 이를 표준편차로 나누어준 값(즉, $(X-\mu)/\sigma$)을 Z라는 정규분포 확률변수로 나타낼 수 있는 데, 우리는 이렇게 표준화된 표준정규분포를 일명 'Z 분포'라고 부른다. Z 분포의 밀도함수는 다음과 같이 나타낼 수 있다.

$Z = \dfrac{X - \mu}{\sigma}$ 일 때,

$f(Z) = \dfrac{1}{\sqrt{2\pi\sigma}} \, e^{-\frac{1}{2}Z^2}$

위의 그림에서 보듯이, Z분포(표준정규분포)도 일반 정규분포의 그것과 똑같은 성질을 가진다. 즉, 형태는 종모양의 좌우대칭인 밀도함수이며, 밀도함수 면적의 합은 역시 1이다. 또한 확률변수 Z가 취할 수 있는 값의 좌우측 범위는 $-\infty < z < +\infty$ 이다. 그러나 정규분포에 비해 Z분포는 확률변수간의 비교뿐만 아니라 분포상의 특정면적 확률을 계산할 때도 보다 용이하기 때문에 추측통계 분석에서는 주로 이 Z분포를 사용한다. 기각역별 유의수준을 나타내는 Z분포 값은 다음과 같다.

- 유의수준 1%: 2.57(단측검정일 때는 2.33)
- 유의수준 5%: 1.96(단측검정일 때는 1.64)
- 유의수준 10%: 1.64(단측검정일 때는 1.28)

3 가설 검정통계의 선택과 검정

본 절에서는 전절에서의 설명을 토대로 먼저 χ^2 검정, t 검정, F검정 등 사용빈도가 높은 주요 정규분포 검정통계와 그 확률분포에 대해 살펴보기로 한다. 한편 분석기법으로서 분산분석, 상관분석, 회귀분석, 판별분석, 요인분석, 정준상관분석 기법 등 몇 가지 전통적 분석기법과 시계열 분석기법을 간략히 소개하기로 한다.

1. 어떤 검정통계를 선택해야 하나?

1) 모수 통계와 비모수 통계의 선택

통계학 교과서에서 다루고 있는 통계분석은 거의 모두 전통적 통계학 (classical statistics)에 속한다. 이 전통 통계학은 모집단의 확률분포가 엄격히 정규분포임을 가정하며, 분석할 자료도 등간척도, 비율척도 등 메트릭 자료일 것을 요구한다. 앞 절에서도 설명했지만 **정규분포**(normal distribution)는 자료의 확률분포가 〔그림 7-7〕과 같이 모평균(μ)을 중심으로 대칭인 鐘모양의 확률분포(bell-shaped distribution)를 이루는 분포를 말한다. 그런데 만약 모집단이 이와 같이 정규분포를 하지 않는 데도 불구하고 전통통계학의 기법, 즉 모수 통계 기법을 이용하면 추정상의 검증력을 잃게 된다.

이와 같이 모집단의 분포에 관하여 엄격한 가정(정규분포 등)을 전제로 통계적 추론을 하는 것을 **모수 통계**(parametric statistics)라고 하고, 모집단의 분포에 대해 어떤 다른 특정한 가정을 내세우지 않는 통계를 **비모수 통계** (nonparametric statistics)라 한다.

비모수통계학은 전통적 통계학에서 벗어난 기법으로서, '낮은 수준'의 통계정보만을 제공해주므로 학계에서는 잘 쓰지 않는 '亞流統計學'에 속한다. 그러나 비모수 통계는 모수 통계에 비하여 연구대상이 되는 변수가 꼭 등간·비율 척도 등 계량적 변수일 필요가 없으며 표본수가 적어도(정규분포를 이루지 않아도) 개의치 않는다는 장점이 있다.

비모수 통계학의 장단점을 요약해보면 다음 〈표 7-2〉와 같다. 표와 같이 모수통계와 대비하여 장점이 많음에도 불구하고 사회과학자들이 비모수 통계 사용을 꺼리는 이유는 통계의 검정력(신뢰도 등)이 낮다는 이유에서이다. 그러나 통계분석 방법을 선택할 때는 검정력도 중요하지만 모집단의 성격, 측정에 사용되는 자료척도의 종류 등 여러 가지를 고려해야 한다. 특히 자료가 등간·비율 척도이며 표본수가 클 때는 모수통계를 사용해야 한다. 표본수가 크더라도 자료가 명목·서열 척도일 때는 반드시 비모수 통계를 사용해야 한다.

〈표 7-2〉 비모수 통계의 장단점

장 점	단 점
- 모집단의 정규분포 등 특별 가정이 필요하지 않다	- 모수통계 만큼 검정력이 높지 못하며 신뢰성이 낮다
- 연구대상 변수가 꼭 양적 변수일 필요가 없다(명목·서열척도 자료도 가능하다)	- 미세한 차이 분석 등 충분한 분석 정보를 제공해주지 못한다
- 계산이 간단하고 신속한 검정이 가능하다	- 상호작용 효과의 검정이 어렵다

2) 유의 수준의 선택

有意水準(significance level)이란 계산된 표본통계량이 가설에서 전제하는 모집단의 성격과 얼마나 '현저한 차이'(significant differences)가 있는지를 나타내는 지표이다. 만약 제시한 귀무가설과 현저한 차이가 있다면, 다시 말해 귀무가설을 기각할 정도의 현저한 차이가 있다면, 우리는 이를 "意味있는(有意) 水準"이라고 판단하여 "有意水準" 혹은 "유의한 수준"이라고 부른다.

유의수준을 얼마로 정할 것인가는 연구의 성격이나 연구자의 주관에 의해 좌우되므로 획일적으로 말할 수는 없다. 그러나 사회과학에서는 보통 유의수준 1%($\alpha = 0.01$), 5%($\alpha = 0.05$)를 기준값으로 사용하며, 때로는 최저로 10%($\alpha = 0.10$)를 사용하기도 한다. 다만 유의수준은 기각되는 영역(확률), 즉 귀무가설이 기각될 확률(연구가설이 채택될 확률)을 뜻하므로 오류를 범함으로써 발생될 손실이 클 것으로 여겨지는 경우에는 되도록이면 유의수준을 1% 혹은 0.1% 등 낮게 책정해야 한다.

예를 들어, 새로이 개발된 어떤 항암제의 부작용으로 인한 치사율 검정을 유의수준 10%로 정하여 분석한다면, 이는 매우 위험한 시도이므로 10%나 5%보다도 더 낮게 유의수준을 낮추어야 한다. 왜냐 하면 그 항암제를 투여하여 부작용으로 죽게 될 '그릇된 판단'의 확률이 10%(이를 "α오류" 또는 "제1종 오류" 라고 함)에 이른다면 항암제를 투약받은 1000명중에 부작용으로 10명이나 죽을 확률이 있다는 계산이기 때문에 그 오류는 사회적 지탄을 받을 소지가 너무 크다.[2]

3) 단측 검정과 양측 검정의 선택

귀무가설의 기각영역을 양쪽으로 정하는 검정을 양측 검정(two-tailed test), 기각영역을 어느 한쪽으로만 정하는 검정을 단측 검정(one-tailed test)라고 한다. 단측 검정의 α 값(예: 0.05)은 그대로 α 이지만 양측 검정은 α 값을 양쪽으로 나누게 되므로 기각역 한 쪽의 면적은 각각 $\alpha/2$ (예: 0.025)이 된다. 예컨대, 만약 Z 분포의 단측검정 기각역(유의수준)이 5%인 $Z_{0.05}$ 라면, 양측검정의 기각역은 $Z_{0.025}$ 의 값이 된다. 유의수준이 5%($\alpha = 0.05$)일 때, Z 양측 검정의 기각역 값은 $Z_{0.025} = 1.96$ 이지만 Z 단측 검정 기각역의 값은 $Z_{0.05} = 1.64$가 된다.[3] 그렇다면 우리는 어떤 경우에 단측검정 혹은 양측검정을 선택해야 하나?

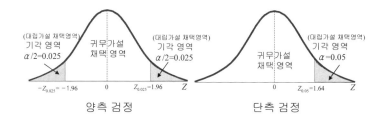

양측 검정　　　　　　　단측 검정

양측검정을 해야 하는 경우는 "…와 다르다(차이가 있다)", "좋거나 나쁘다", 동일하지 않다" 등 **구체적 방향성이 없는**(이것일 수도 있고 저것일 수도 있다는 식의) 양방향성의 가설을 제기했을 때이다. 반면 단측검정은 "…보다 크다(+방향)", …보다 나쁘다(−방향)", "…를 증가시킨다(+방향)" 등 **구체적 방향성을** 밝힌 가설을 검정하는 데 사용한다.

가설의 질을 놓고 볼 때, +방향의 인과관계인지 −방향의 인과관계인지 확신

2) 틀린 판단을 내리게 될 α 오류와 β 오류는 다음 표와 같다.

의사결정 ＼ 귀무가설진위	옳은 귀무가설	틀린 귀무가설
귀무가설 채택	옳은 판단	틀린 판단(β류; 제2종 오류)
귀무가설 기각	틀린 판단(α 오류; 제1종 오류)	옳은 판단

3) 나아가 Z 양측검정 기각역 값은, 유의수준이 1%일 때 2.57, 10%일 때 1.64이다.

을 가지지 못하는 가설보다는 인과관계의 구체적 방향을 제시하는 가설이 더 우수한 가설이다. 그렇다면, 우리 사회과학에서는 **단측검정이 더 바람직하다**고 할 수 있다. 실제로 단측검정이 사회과학에서 더 선호되므로 만약 어떤 연구가 검정방법상 양측, 단측에 대한 아무 언급이 없으면 일단 그 검정은 단측 검정으로 보는 것이 일반적이다(Wonnacott and Wonnacott, 1990: 314의 註12).

2. 검정 통계(test statistics)

1) 모수 검정 통계

모수의 대표적 검정통계는 Z 검정, t 검정, 그리고 F 검정 통계를 들 수 있다. 이하에서는 이들 검정의 성격을 간단히 요약해보기로 하겠다.

⑴ Z 검정과 t 검정

두 집단의 평균을 비교하는 통계적 검정방법으로는 일반적으로 정규분포를 표준화시킨 Z 분포 표(Z-table)를 토대로 검정하는 Z 검정과, t 분포 표를 이용한 t 검정방법을 주로 사용한다. 특히 모집단의 분산을 알고 있지 못할 경우, 또 표본수가 적을 경우에는 (보통 $n \leq 30$ 일 때) t 검정을 사용한다.

비록 정규분포를 하지 않는 모집단이라 하더라도 표본수만 충분히 크다면 中心極限의 定理(central limit theorem)에 따라[4] Z 검정을 사용할 수 있다. 아래 표에서 모집단의 성격을 알 때와 모를 때, 그리고 정규분포 여부와 표본의 크기에 따라 어떤 검정통계를 이용해야 할 것인가를 제시하였으므로 참고하기 바란다.

t 검정은 비교적 적은 표본으로 이루어진 자료로 통계분석을 할 때 많이 이용되는 모수통계치 검정방법 중의 하나로서, ① 모집단의 모수를 모를 때 표본의 통계량을 이용하여 모집단 평균이 표본의 특정 값과 동일한지 여부를 검정하거나 ② 두 집단의 평균의 차이를 검정하는 데 이용되는 방법이다.

---

4) 모집단의 분포모양과는 관계없이, 표본의 크기 n 을 무한히 크게 하면 이는 정규분포에 접근하며 이 때의 평균은 μ, 표준편차(σ) σ는 $\frac{\sigma}{\sqrt{n}}$ 이 된다는 법칙을 말한다.

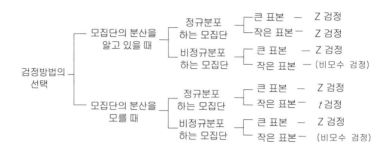

t검정은 t-분포 表란 것을 이용하여 검정하는데, 이 검정은 주로 小標本(대개 $n = 30$ 이하)에 대한 검정에서 많이 사용한다(大標本은 Z-검정을 사용). 그림에서와 같이 t-분포는 Z분포와 유사하나 분포의 양끝 부분이 더 두텁고 중앙 평균값의 분포확률 값이 낮다는 점(즉, 분산이 더 크다는 점)에서 다르다 (그림 7-7 참조). 그림에서 보듯이 표본수가 커질수록 t-표본분포의 모양은 정규분포에 접근하며 분산도 또한 점차 낮아지게 된다.

〔그림 7-7〕 정규분포와 t-분포

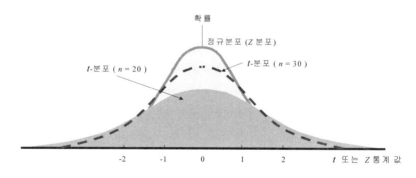

t-검정은 예를 들어 여학생 집단과 남학생 집단의 통계학시험 결과를 놓고 성취도면에서 성별로 서로 차이가 있는지를 알아보는데 이용될 수도 있으며, 특정 관광지에 대한 외국인과 내국인의 만족수준(등간 척도라고 가정시) 간에 차이가 있는지를 알아보는 경우에 사용될 수 있다. 또 회귀방정식에 있어서 독립변수가 종속변수에 영향을 미치는지 여부(즉, $\beta = 0$이라는 귀무가설의 채택여부)를 검정하는 데도 유용하게 쓰인다.

(2) F 검정

한편, 두 집단간의 분산을 비교 검증하는 모수통계 방법에는 F-검정이 있다. 이 기법의 개발자인 영국의 통계학자 피셔(Ronald Fisher: 1890-1962)의 이름을 딴 F-검정법은 F-통계 값(혹은 F-ratio)을 구하고 F-분포 표에서 유의수준(significance level)을 찾아내어 가설의 기각여부를 결정한다.

F-통계 값은 항상 0보다 크며, 무한대로 커져갈 수 있는 수치이다. 표본수에 따라 다르지만, 일반적으로 F값은 적어도 2.0 보다는 커야 통계적 유의성(예컨대, $\alpha = 0.05$ 이내에서 유의)이 있다고 판정한다. 다음과 같이 집단간 분산 값을 집단내 분산 값으로 나눈 비율, 혹은 독립변수에 의해 설명된 분산을 설명되지 못한 분산으로 나눈 비율을 F값으로 한다.

$$F = \frac{\text{집단간 분산}}{\text{집단내 분산}} = \frac{\text{설명된 분산}}{\text{설명되지 못한 분산}}$$

F-분포의 모양은 〔그림 7-8〕에서 보듯이, 뒤의 카이자승 분포와 같이 오른 쪽으로 경사되는 경향을 보인다. 두 집단의 표본수(더 정확히 말해, 자유도)가 커질수록 분포의 모양은 鐘모양의 형태를 닮아간다.

〔그림 7-8〕 F-분포의 모양

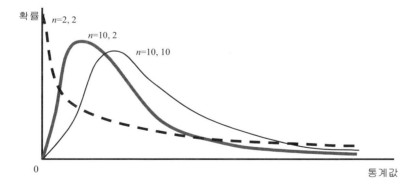

2) 비모수 검정 통계

(1) 카이 자승(x^2) 검정

비모수 통계에서 가장 흔히 사용되는 검정 방법 중의 하나가 x^2 검정이다. x^2 검정은 관찰된 명목척도 변수의 빈도(frequency)가 기대하는 빈도와 일치하는지 여부(즉, '예상치와 관찰치는 차이가 없다'는 歸無假說)를 검증하는 경우에 사용되는 기법이다. x^2 검정은 보통 연구대상을 두 가지 기준에 의하여 분류하고 각 구간에 해당하는 빈도를 조사하여 기록한 분할표(contingency tables)를 이용하여 검정한다. x^2 분포 표에서 정해진 유의수준과 자유도에 따라 찾은 관찰빈도의 값이 기대빈도보다 크면 '차이가 있다'고 말할 수 있다. x^2 값은 다음과 같은 공식을 써서 계산한다.

$$x^2 = \sum \frac{(fo-fe)^2}{fe} \quad \text{여기서,} \quad f_0 = \text{관찰빈도} \quad f_e = \text{기대빈도}$$

x^2 분포는 아래 〔그림 7-9〕와 같이 원점에서 오른 쪽으로 경사되어 (skewed) 있으며 그 꼬리는 오른 쪽으로 한없이 뻗어간다. 이 분포 역시 표본수가 커질수록 정규분포(鐘모양 분포)에 접근한다.

〔그림 7-9〕 카이자승 통계의 분포 형태

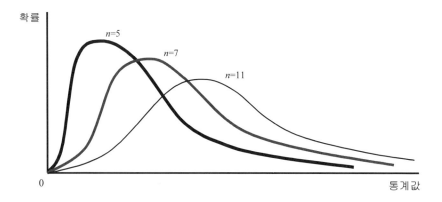

카이자승 검정의 예를 들어보자. 설악산 국립공원을 특정 지방 사람들이 많이 이용하는지(즉, 귀무가설: '설악산 방문 관광객 수요는 방문자의 거주지역별로 차이가 없다')를 검정하기 위하여 지난 한 달 동안 다녀간 관광객을 조사하였다고 하자. 그 결과, 수도권 지역 출신이 963명, 영남이 884명, 호남이 853명으로서 합계 2,700명(기대빈도: 3개 지역당 평균 900명)이었음이 밝혀졌다. 이 경우 수식에 따라 x^2 값은 7.14이다. 즉,

$$x^2 = \frac{(963-900)^2}{900} + \frac{(884-900)^2}{900} + \frac{(853-900)^2}{900} = 7.14$$

이때 자유도(degree of freedom)는 $k-1$ = 명목표본수$-1 = 3-1 = 2$ 이다. 만약 유의수준을 5%($\alpha = 0.05$)로 정한다면 분포 표(보통 통계학 교과서 뒤에 부록으로 실은 분포 표)의 기각역 임계치(critical value)는 5.99이다. 7.14는 5.99보다 크므로 귀무가설은 기각된다. 따라서 연구가설(對立假說) '설악산 방문 관광객 수요는 지역별로 차이가 있다'라는 주장이 채택된다.

(2) 기타 검정

카이자승 검정외에도, 비모수 검정통계로는 맨 휘트니검정(Mann-Whitney test), 윌콕슨 검정(Wilcoxon test), 켄달의 순위상관계수(Kendall's rank correlation coefficient, tau), 스피어만의 순위상관계수(Spearman rank-order correlation coefficient) 등 여러 가지 기법이 개발되어 있다. 이에 대해서는 기존 통계학 서적(예컨대, 채서일, 1999 등)에 잘 소개되고 있으므로 본서에서는 생략하기로 한다.

다만, 뒤의 상관관계분석기법에서 켄달과 스피어만의 순위상관계수를 간략히 설명하기로 한다.

4 빈번히 쓰이는 각종 계량분석 기법의 개요

1. 분산 분석(variance analysis)

t-검정이 상호 독립적인 두 모집단의 속성이 종속변수에 미치는 영향에 차이가 있는지를 알아보는, '두 집단간의 평균차이'를 검증하는 데 사용하는 방법이라면, 분산분석(ANOVA: Analysis of Variance)은 '적어도 3개 이상의 범주로 구성된' 1개 이상의 독립변수(예: 대도시, 중도시, 소도시 식의 범주변수)의 평균값이 1개 이상의 종속변수에 미치는 영향에 차이가 있는지를 알아보는 분석방법이다. 검정통계는 앞에서 설명한 F-검정을 이용한다.

예를 들어 특정 호텔의 객실 부서, 식음료 부서, 주방 부서, 관리 부서 등 근무 부서별로 종업원들의 직무만족 수준(종속변수) 간에 차이가 있는지를 파악하려면 이 분산분석방법을 사용한다. 분산분석은 독립변수 및 종속변수의 수에 따라 크게 다음과 같이 분류할 수 있다.

1) 一元 분산분석(one way ANOVA)

명목척도로 구성된 독립변수가 1개(one way)일 때(예: 대·중·소도시라는 1개의 도시규모 변수) 이의 평균값이 1개의 종속변수(예: 임금수준)에 미치는 영향에 차이가 있는지 알아보는 분석기법

2) 多元 분산분석(multiple way ANOVA)

명목척도로 구성된 독립변수가 2개 이상(multiple way)일 때(예: 도시규모 변수와 영호남이라는 지역구분 변수) 이들 변수가 1개의 종속변수(임금수준)에 미치는 영향에 차이가 있는지 알아보는 분석 기법이다. 여기에는 다시 다음과 같은 세 가지 변형이 있다.

① 共分散 분석(ANOCOVA: Analysis of Covariance): 독립변수 2개 중 1개의 영향력을 제거(통제)한 상태에서 나머지 변수가 1개 종속변수에 미치는 순

수한 효과를 분석하는 기법

②FD(Factorial Design)：2개 독립변수들간의 상호작용효과를 포함하여 두 변수 모두가 종속변수에 영향력을 미치는지 알아보는 분석기법

③LSD(Latin Square Design)：FD와 달리, 독립변수간의 상호작용효과는 고려하지 않은 채(통제한 채) 두 독립변수가 순수하게 종속변수에 미치는 영향력을 미치는지 알아보는 분석기법

3) MANOVA (Multivariate Analysis of Variance)

여러 개(두 개 이상)의 종속변수(등간·비율척도로 된 변수)에 영향을 미치는 독립변수(명목척도 변수)가 1개 이상일 경우에 적용하는 분석기법

4) MANCOVA (Multivariate Analysis of Covariance)

MANOVA에서 독립변수 1개를 통제(제거)하고 분석하는 기법.

2. 상관관계 분석(correlation analysis)

상관관계 분석은 한 변수가 다른 변수와 상호관련성이 있는지 여부와, 관련성이 있다면 어느 정도의 관련성이 있는지를 분석하는 방법이다. 예를 들어 연령 수준과 여가활동 시간간에 어떤 관계가 있는지를 알아보려면 상관분석을 이용하면 된다. 이때, 해당 변수는 X, Y는 모두 메트릭 변수(등간·비율척도 변수)이어야 하며 아래와 같은 피어슨 상관계수(Pearson's correlation coefficient) 공식을 써서 상관관계의 정도를 구할 수 있다.

$$\gamma_{XY} = \frac{\sum xy}{\sqrt{\sum x^2 \sum y^2}} \qquad \text{단, } x = (X - \overline{X})$$
$$y = (Y - \overline{Y})$$

일반적으로 두 변수간의 상관관계를 분석하는 데는 **단순 상관계수**(simple correlation coefficient)를 사용하며, 세 변수 이상인 변수들간의 상관관계를 분석할 때는 **다중상관계수**(multiple correlation coefficient)를 사용한다. 세 변수 이상이지만 다른 변수들의 상관관계는 통제하고(一定하다고 보고) 오직 두 변

수간의 상관관계만을 분석할 때는 편상관계수(partial correlation coefficient)를 사용한다.

상관계수(r)는 -1 과 $+1$ 사이에 존재하는 계수이다(즉, $-1 \leq r \leq 1$). 만약, $r = 0$이면 아무 상관성이 없음을 나타내고, $r = 1$이면 완전한 正의 상관성을, $r = -1$이면 완전한 負의 상관관계를 의미한다. 대체로 $r \leq \pm 0.2$ 이면 상관관계가 무시해도 좋을 정도의 수준으로 보며, $\pm 0.4 \leq r \leq \pm 0.6$ 정도이면 약한 상관관계, $r > \pm 0.6$ 이면 상관관계가 강한 것으로 해석한다(상관계수의 크기에 대한 아래의 〔그림 7-10〕 참조).

〔그림 7-10〕 상관관계에 따른 상관계수의 크기와 방향

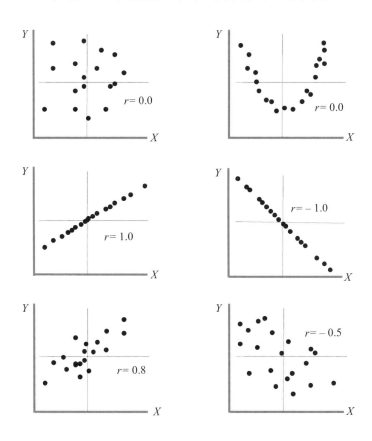

상관계수의 값을 다시 자승하면(즉, r^2) 회귀분석의 결정계수(coefficient of determination)가 된다. 뒤의 회귀분석에서 다시 언급하겠지만 결정계수는 총변량(total variation) 중에서 설명된 변량(explained variation)이 차지하는 비율로서 종속변수에 대한 독립변수의 '설명력'을 의미한다.

상관계수 분석의 단점으로는, 두 변수간의 因果性(causality)은 밝혀 주지 못한다는 점이다. 즉, 단지 두 변수간에 "관계"가 있는지의 여부만을 밝혀 주기 때문에 회귀분석의 계수들(회귀계수, 결정계수)에 비해 낮은 수준의 정보제공에 그친다는 점을 들 수 있다.

〈표 7-3〉 각종 상관계수 계산공식 비교

단순 상관계수 (r)	$r_{XY} = \dfrac{\sum xy}{\sqrt{\sum x^2 \sum y^2}}$ 단, $x = (X - \overline{X})$ $y = (Y - \overline{Y})$
다중 상관계수 (R)	$R_{Y, X_1 X_2} = \sqrt{\dfrac{SSR}{SST}}$, 단, SSR = 행변량의 자승합 SST = 총변량 자승의 합
편 상관계수 (r_{YX_1}) 1) 인과관계를 무시한 경우(단순상관계수) 2) 종속변수 Y를 지정한 경우(회귀분석시) $\quad$①X_2가 일정시, Y와 X_1의 상관계수 $\quad$②X_1가 일정시, Y와 X_2의 상관계수	$r_{YX_1} = \dfrac{\sum x_{1i} y_i}{\sqrt{\sum x_{1i}^2 \sum y_i^2}}$, $r_{YX_2} = \cdots$, $r_{X_1 X_2} = \cdots$ $r_{yx_1, x_2} = \dfrac{r_{yx_1} - r_{yx_2} r_{x_1 x_2}}{\sqrt{(1 - r^2_{x x_1})(1 - r^2_{x_1 x_2})}}$ $r_{yx_2, x_1} = \dfrac{r_{yx_2} - r_{yx_1} r_{x_1 x_2}}{\sqrt{(1 - r^2_{x x_1})(1 - r^2_{x_1 x_2})}}$

예를 들어, 지난 20년간에 걸쳐 교사들의 월급액수 변화와 전국 주류판매액 변화간에 $r = +0.95$ 라는 높은 상관성이 발견되었다고 하자. 이것은 교사들이 다른 직업계층보다 술을 더 많이 마신다는 뜻인가 아니면 술 판매량 증가가 교사들의 월급을 더 인상시키는 효과가 있다는 점을 의미하는가? 사실은 95%라는 높은 상관성에도 불구하고 양자간에는 아무런 인과관계도 없다. 두 변수의 값이 우연히 같은 방향으로 변화하지만 그것은 아마 제3의 변수, 이를테면 연간 경제성장

률의 변화(혹은 국민소득 수준의 변화)가 이들 변수에 각각 영향을 미치기 때문일 것이다. 이렇게 상관성은 높되 서로 간의 관계에 아무 의미도 성립되지 않는 상관성을 통계학에서는 '난센스 상관'(non-sense correlation) 또는 '의사 상관'(擬似相關: spurious correlation)이라고 부른다(Wonnacott and Wonnacott, 1990: 487).

한편, 메트릭 자료로 구성된 등간 및 비율척도 변수와 달리 非메트릭 자료, 특히 서열척도로 구성된 자료의 상관성은 다음과 같은 비모수 상관분석 기법 즉, Spearman의 순위 상관계수, Kendall의 순위 상관계수를 사용해 구 할 수 있다.

■ **스피어만 순위상관계수(Spearman's rank correlation coefficient)**: 서열척도로 측정된 두 변수(예: 여행사 직원의 근무기간 순위와 관광객 유치실적 순위)간에 어떤 상관성이 있는지를 파악하는 기법으로서, '스피어만의 로우(Spearman's ρ)'라고도 부른다. 예를 들어 근무기간 순위와 관광객유치 실적순위에 전혀 차이가 없다면(즉, 가장 오래 근무한 사람일수록 관광객 유치실적이 가장 높다면) $r_s = 1$이며, 만약 서로 간의 순위가 다르다면 상관계수 값은 그만큼 더 낮아지게(−1 값에 근사하게) 된다. $r_s =$ 순위상관계수, $d_i =$ 서열간의 차이라고 하면, 스피어만의 순위상관계수 r_s는 다음과 같다.

$$r_s = 1 - \frac{6 \sum d_i^2}{n(n^2-1)}$$

■ **켄달의 순위상관계수(Kendall's rank correlation coefficient)**: 스피어만 순위상관계수가 '두 변수'간의 상관성을 파악하는데 반해, 켄달의 상관계수는 서열척도로 구성된 '3개 이상의 변수'들(예: 어떤 우수논문 응모 대학원생에게 심사위원 A, B, C 3명이 내린 성적평가 순서)의 순위상관관계(심사위원들의 성적평가가 상호 일치하는지 여부)를 파악하는 기법이다. 이 순위상관계수는 켄달의 일치계수(Kendall's coefficient of concordance) 또는 켄달의 '타우'(Kendall's τ)라고도 불린다. 즉, m을 관찰치, y_i의 순서위치 b_i보다 큰 b_j의 개수 라 하면, 켄달의 타우(τ)는 다음과 같다.

$$\tau = \frac{4}{n(n-1)} \times m - 1$$

3. 회귀 분석(regression analysis)

1) 회귀분석의 원리

그 동안 수없이 많은 사회과학 분석기법들이 개발·활용되어 오고 있으나 그 중에서도 가장 빈번히 사용되는 통계기법은 아마도 회귀분석 기법이라 해도 거의 틀림이 없을 것이다. 회귀분석 기법은 '사회과학 고급통계분석 기법의 꽃'이라 일컬을 수 있다. 왜냐하면 분석내용에 거의 각종 검정방법을 다 포함하고 있을 뿐만 아니라, 뒤에서 언급할 판별분석, 정준상관분석, 시계열분석 등 모든 고급통계분석 기법이 모두 이 회귀분석 기법의 원리를 기본적으로 차용하고 있기 때문이다.

회귀분석 기법은 크게는 현상의 설명(인과관계의 방향과 크기 파악)과 현상(현재 혹은 미래의 현상)의 예측이라는 두 가지 목적으로 빈번히 사용되어 오고 있다.[5] 전자는 학술적인 용도로 그리고 후자는 실무적인 용도로 많이 쓰이고 있다.

이 기법에서는 종속변수, 독립변수 모두 메트릭 자료만을 사용하는데, 종속변수는 단지 1개이지만 독립변수는 여러 개로 구성될 수도 있다. 독립변수가 1개인 회귀분석을 **단순 회귀분석**(simple regression analysis), 독립변수가 2개 이상인 다변수 회귀분석을 **다중 회귀분석**(multiple regression analysis)라고 부른다. 예를 들어 거주지-목적지간의 거리와 관광수요간에 어떤 인과관계가 있는지를 파악해 보려면 단순 회귀분석을, 거리 외에도 소득, 여가 시간 등이 관광 수요에 어떤 영향을 미치는지를 분석해 보려면 다중 회귀분석을 사용한다.

회귀분석의 원리는 각 표본 관찰치와 모집단간에 발생되는 오차의 크기를 최소화시키는 아래 식과 같은 직선식(線形方程式)을 추정해 내는 것인데, 보통 **최소자승법**(least square method)을 써서 방정식을 추정한다.[6]

---

5) 현재 이전의 과거지향적 예측을 내삽적 예측(內揷法: intrapolation), 미래에 대한 예측을 외삽적 예측(外揷法: extrapolation)이라고 부른다.

6) 회귀방정식을 추정할 수 있는 방법으로는 최소자승법외에도 積率法(moments method), 最尤推定法(MLE: maximum likelihood estimation) 등이 있으나 일반적으로 최소자승법이 널리

이제 모집단의 眞回歸線(true regression line)이 (1)과 같다고 가정하자(여기서 α, β는 회귀계수이며 ε_i는 오차항 임). 그리고 이에 대응하여 표본추출을 통하여 추정한 회귀선이 (2)와 같다고 가정하자.

$$Y_i = α + β X_i + \varepsilon_i \qquad (1)$$
$$\hat{Y}_i = a + bX_i + e_i \qquad (2)$$

이제 표본회귀선 (2)를 모회귀선 (1)을 추정한다고 하자. 표본회귀식 (2)의 a와 b는 모집단 회귀식의 회귀계수 α와 β의 추정치이다. 그런데, 표본회귀식의 관찰치인 값 $\hat{Y}$는 모집단 회귀식 Y값과 똑 같지는 않다. $Y - \hat{Y}$ 만큼의 오차(殘差라고도 부름)가 생기기 마련이기 때문이다. 예를 들어 〔그림 7-11〕에서와 같이 어느 소득자(3번째 관찰치)의 연간 관광량은 실제 10회였으나 그 추정치는 7이었다고 하자. 그러면 10 - 7 = 3 만큼의 오차가 발생하게 된다. 관찰치들의 이러한 오차를 표시한 것이 그림의 $+d_1$, $+d_2$, $+d_3$, $+d_4$ … $+d_i$ 등이다. 만약 이들 관광량 오차(오차의 절대치 숫자)들을 최소화 시킨다면 추정치 Y는 모집단 관찰치 Y에 근접하게 될 것이다. 그런데 오차항(이를 d_i라 표시하자)의 수치를 최소화시키는 방법에는 +와 -가 서로 상쇄되지 않도록 하는 두가지가 고려될 수 있다. 그 하나는 오차항 절대치들의 합을 최소화시키는 방법이고, 또 하나는 오차항의 자승을 최소화시키는 방법이다. 즉,

$$\sum |d_i| \text{의 최소화 또는 } \sum (d_i)^2 \text{의 최소화}$$

그런데 후자의 방법, 즉 $\sum (d_i)^2$을 사용하는 것이 더 효율적이다. 왜냐하면, 自乘(square)은 +와 -가 서로 상쇄되는 현상을 방지하기도 하지만, 바람직하지 않은 큰 오차는 더욱 크게 부각시켜 이를 중점적으로 최소화시켜주는 효과가 있기 때문이다.[7] 이 두 번째 방법을 "최소 자승법"이라고 할 수 있는데, 회귀방

사용된다.

7) 예를 들어, 작은 오차인 2의 자승은 4이지만, 큰 오차인 5의 자승은 25이다. 오차의 상호 차이는 2.5배이지만 오차 자승의 차이는 6.25배에 이르게 된다. 이와 같이 자승은 작은 것은 작게, 큰 것은 훨씬 더 크게 보이게 하는 효과를 주는 '마법의 숫자'이다. 최소자승법은 다른

정식의 추정법을 "최소자승법"(least square method)이라 부르는 이유도 바로 여기에 있다.

그런데, $d_i{}^2$이란 〔그림 7-12〕에서 곧 한 변을 d_i로 하는 정사각형의 면적을 뜻하므로 이들 면적을 모두 합계한 것이 곧 $\sum (d_i)^2$이다. 그러므로 여기서 $\sum (d_i)^2$를 최소화한다는 것은 아래 수식을 최소화하는 것과 같은 뜻이다.

$$\text{Minimize } \sum (d_i)^2 = \sum (Y_i - \hat{Y}_i)^2 = \sum [Y_i - (a + bX_i)]^2$$

〔그림 7-11〕 선형 회귀모형의 관찰치, 추정치 및 표본오차

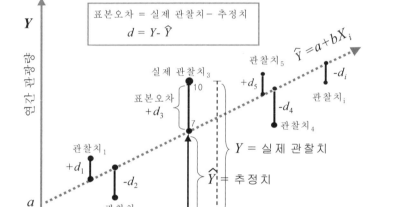

이 수식을 최소화하기 위해서는 이를 미지수(모집단 추정모수)인 a와 b에 대해 微分(여기서는 각각 다른 미지수 a, b이므로 편미분)하여 그 값을 영으로 놓고 각각 a, b값을 구하면 된다.[8] 그 계산 결과, 값은 다음과 같다.

───────────────

추정방법에 비해 우수한 즉, 不偏性과 效率性을 충족시켜주는 추정량이므로 흔히 BLUE(best linear unbiased estimator)라고 부른다.

8) 먼저, $\sum [Y_i - (a + bX_i)]^2$를 최소화시키려면 이 방정식의 각 추정모수에 대해 1차 편미분한 값을 0이 되게 해야 한다. 즉,

$$b = \frac{\sum X_i Y_i - n \overline{X} \, \overline{Y}}{\sum X_i^2 - n \overline{X}^2} \qquad a = \overline{Y} - b \, \overline{X}$$

다만, b는 평균 $\overline{X}, \overline{Y}$에 대해 표준화시키면(평균을 零으로 만들면)

$b = \dfrac{\sum xy}{\sum x^2}$ 가 된다(단, 여기서 $x = X - \overline{X}, \ y = Y - \overline{Y}$임).

〔그림 7-12〕 선형 회귀방정식의 최소자승 원리

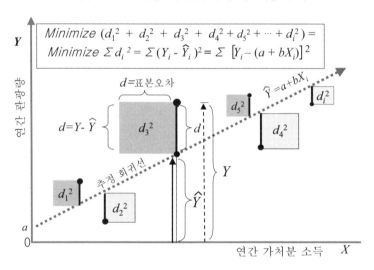

추정회귀식의 검정에는 추정 회귀계수의 부호와 t-검정 통계를 이용한 통계적 유의성 검정(statistical significance test) 그리고 **결정계수**(coefficient of determination)를 이용한 **적합도 검정**(goodness-of-fit test) 방법을 들 수 있다. 추정 회귀계수 a, b에 대한 t-검정을 위해 구하는 t-값(t-value)의 공식은 다음과 같다(여기서 standard error = SE).

$$\frac{\partial \sum (Y - a - bX)^2}{\partial a} = \sum 2(-1)(Y - a - bX) = 0$$

$$\frac{\partial \sum (Y - a - bX)^2}{\partial b} = \sum 2(-X)(Y - a - bX) = 0$$

이 식을 미지수 a, b에 대해 풀면, 곧 위의 식이 된다.

$$t = \frac{b}{\text{표준오차}} = \frac{b}{SE}$$

여기서, $SE = \frac{S}{\sqrt{\sum X^2}}$, $S^2 = \frac{1}{n-k-1} \sum (Y - \hat{Y})^2$

(단, S = 표준편차, S^2 = 표본분산, n = 표본수, k = 독립변수 수)

또한 추정치 $\hat{Y}$의 적합도 검정을 위한 결정계수(r^2: coefficient of determination)는 다음과 같다.

$$결정계수 = \frac{설명된 변동}{총변동} = \frac{\sum (\hat{Y} - \overline{Y})^2}{\sum (Y - \overline{Y})^2}$$

단, 총변동의 合 = 설명된 변동 合 + 설명안된 변동 合
$$\sum (Y - \overline{Y})^2 = \sum (\hat{Y} - \overline{Y})^2 + \sum (\hat{Y} - Y)^2$$

〔그림 7-13〕 추정 회귀식 결정계수 도출의 원리

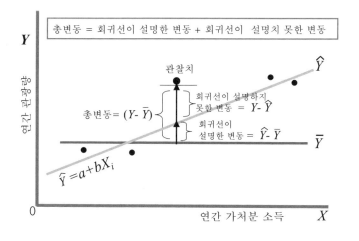

결정계수 수식을 구하는 원리는 〔그림 7-13〕 과 같다. 즉, 모집단 관찰치들의 총변동, $\sum (Y - \overline{Y})^2$ 중에서 표본 회귀식에 의해 설명된 부분, 즉

$\sum(\hat{Y} - \overline{Y})^2$의 비율이 결정계수이다.

따라서 당연히 r^2은 $0 \leq r^2 \leq 1$의 범위 내에 있다. 그러므로 r^2이 크다는 것은 곧 추정 회귀식이 모집단 총변동(total variation)을 많이 '설명'해준다는 것을 의미한다.[9] 이런 점에서 r^2을 "설명력"(explanatory power)이라고 불러도 무방하다.

2) 회귀분석의 주요 가정

회귀분석을 행함에 있어 중요한 것은 이 기법이 전제조건으로 삼는 가정의 충족이다. 가정이 충족되지 않는다면 偏倚推定(편의추정;biased estimation)이 됨은 물론이다. 가정으로는 다음과 같이 다섯 가지 사항을 들 수 있다. 이를 〔그림 7-14〕와 관련시켜 생각해보기 바란다(그림에서는 개인의 연간 관광량이 개인의 가처분소득의 함수임을 나타내고 있다).

① 독립변수(X_i)와 종속변수(Y_i)는 서로 선형 상관관계(linear relationship)에 있다.
② 독립변수는 비확률 변수(nonstochastic variable: 분석자에게 미리 알려진, 통제가능한 변수)이며 변수들은 서로 독립적이다.
③ 오차 ε_i의 기대치는 0이며(즉, $E(\varepsilon_i)=0$ 또는 Y_i의 기대치는 $a + \beta X_i$), 모두 동일분산(homoscedastic variance)을 한다. 즉, $E(\varepsilon_i^2)=\sigma^2$
④ 오차 ε_i는 서로 독립적이다(따라서 관찰치 Y_i끼리 서로는 아무런 상관관계가 없다).
⑤ 오차 ε_i는 정규분포를 한다(따라서 Y_i도 정규분포를 이룬다: 아래 그림의 비정규분포와 비교해볼 것).

만약 이들 가정들이 무너진다면 정상적인 회귀분석이 어려워진다. 다행히 이들 가정이 부분적으로 무너졌을 때 이를 보정할 수 있는 처방전이 개발·통용되고 있어 회귀분석 기법의 실용적 가치를 더욱 높여 주고 있다.

---

9) 통계학 용어에서 變動(variation)은 分散(variance)과 유사한 개념인데, '변동'을 自由度(degree of freedom) 수로 나눈 것이 곧 분산이다.

〔그림 7-14〕 선형 회귀모형의 정규 확률분포 형태

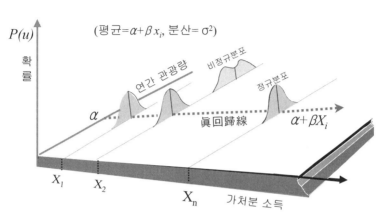

위의 가정이 지켜지지 않았을 때 이를 우회하거나 편의(bias)를 다소 완화할 수 있는 대안적 기법은 대충 다음과 같다.

① 종속, 독립변수 관계가 비선형일 때 ⇒ 대수(logarithm)를 이용한 자료 의 변환, 로지스틱·곰페르쯔 곡선 등 비선형 방정식의 사용.

② 독립변수가 서로 상관성이 발견될 때 ⇒ 상관된 변수 제거(편상관계수 법), 표본수를 증가시키기, 陵型 回歸(ridge regression) 이용 등.

③ 오차항이 異分散(heteroscedastic variance)을 할 때 ⇒ 가중최소자승 법(WLS: weighted Least Square Method)의 이용.

④ 오차항에 自己相關性(auto-correlation)이 발견될 때 ⇒ 일반화 최소 자승법(GLS: Generalized Least Square Method), 코크란-오컷法 (Cochrane-Orcutt Method), Prais-Winston 추정법 사용 등

이들 방법에 대해서는 시중에 나와 있는 각종 통계분석 방법에 대한 교과서 (특히 econometrics 관련 서적)를 참고해주기 바란다.10)

---

10) 가정 위반에 대한 대응책에 관한 자세한 설명은 이종원(1997). 『계량경제학』. (중판, 박영 사) 정도가 좋다.

4. 판별 분석(discriminant analysis)

판별분석(discriminant analysis)은 회귀분석의 일종이지만 종속변수가 명목척도로 구성된 변수라는 점에서 회귀분석과 차이가 있다. 여기서 독립변수는 물론 등간·비율척도이다.

판별분석은, 먼저 종속변수로서 상호 배타적인 어떤 속성별로 범주 집단(예: 수학을 잘하는 학생집단과 영어를 잘하는 학생집단)을 분류한다. 이어서 이들 집단간의 속성 차이를 의미 있게 설명해 줄 수 있는 독립변수(예: 나이, 지능지수, 하루 평균 공부시간 등)들을 구성, 그 유의성을 찾아내고 이어서 이들의 선형결합을 통해 **판별함수**(discriminant function)를 추정해 내어 이 식에 분류하고자 하는 각 대상들의 속성을 대입해 소속집단의 성격을 파악해 보는 방법이다.

이 기법은 표본을 특성집단으로 구분하고 이런 특성집단 분류를 설명해 주는 변수는 어떤 것들이 유의한지, 새로운 대상을 어느 집단으로 분류하는 것이 좋을 지를 예측해 보는 데 아주 유용하다. 예를 들어 어떤 학생집단(가계빈곤 집안 자녀 對 성적우수 집단)에게 장학금을 주어야 할지, 어떤 고객이나 관광객 집단을 마케팅 대상으로 삼아야 할 지, 혹은 어떤 집단을 우호적인 집단으로 보아야 할지 등을 이 기법을 이용해 찾아낼 수 있다.

5. 정준 상관 분석(canonical correlation analysis)

正準相關分析(canonical correlation analysis)이란 다중 회귀분석의 확장형 내지 일반형으로서, 종속변수와 독립변수가 각각 2개 이상인, 다시 말해 다중 회귀식이 2組 이상인 좀더 복잡한 추정단계를 거쳐야 하는 분석방법이다. 이때 종속변수 組가 명목척도인 경우 다중 판별분석이 된다. 2조 이상의 변수군으로 구성된 방정식의 경우, 일반 정준상관분석(general canonical correlation)으로 확장된다(노형진, 1990).

이제 변수의 수가 n개인 Z방정식 조와 W방정식 조가 다음과 같다고 하자.

$$Z = a_1X_1 + a_2X_2 + a_nX_n$$
$$W = b_1Y_1 + b_2Y_2 + b_nY_n$$

여기서 각 조의 변수들에 대한 선형결합을 근거로, 함수 Z와 함수 W간의 상관계수 r_{ZW}를 최대로 하는 계수 $a_1, a_2 \cdots a_n$; $b_1, b_2 \cdots b_n$을 추정하고자 하는 것이 정준상관분석이다.

이상에서 기술한 다변량 분석기법을 변수의 수와 척도의 유형별로 비교해 놓은 것이 〈표 7-4〉이다. 각 분석기법마다 종속·독립변수의 수나 측정척도가 다르므로 이를 충분히 고려해 알맞은 분석기법을 선택해야 한다.

6. 요인 분석(factor analysis)

要因分析(factor analysis)은 다변량 통계분석기법 중의 하나로 다수의 메트릭 변수들간의 상관관계를 이용하여 유사한(상관계수가 높은) 변수들끼리 동일집단으로 묶어줌으로써 여러 측정치들의 이면에 존재하는 체계적 구조를 파악하려는 기법이다. 사회과학연구에서 추상적인 개념을 측정할 경우, 그 개념 안에는 여러 개의 차원들이 존재할 수 있는데 요인분석을 통하여 이를 파악하기도 한다.

이 기법은 측정치들이 원래 의도하였던 변수와 동일한 것인지 여부를 평가하는, 다시 말해 측정도구의 타당도를 평가하는 데 사용하거나 변수들의 수가 너무 많아 분석상 어려움이 있을 때 변수들을 몇 개의 속성요인으로 축소하는 데 사용하기도 한다. 요인분석은 독립변수와 종속변수를 구분하지 않고 변수 전체를 대상으로 이루어지는데, 연구자로 하여금 분석에 사용되는 자료를 단순하고 일목요연하게 확인할 수 있게 하며, 전체 공통요인 변량의 구성요소를 파악하는 데도 유용하다.

〈표 7-4〉다변량 분석기법의 요약 비교

분석기법	분석의 목적	변수의 수		측정척도의 유형	
		종속변수	독립변수	종속변수	독립변수
다중회귀	한개의 종속변수에 미치는 수 개 독립변수들의 영향을 분석	1개	2개 이상	등간척도 비율척도	등간척도 비율척도
판별분석	수개의 독립변수에 바탕하여 2개 이상의 상호 배타적 범주에 속하는 대상의 확률을 예측	1개	2개 이상	명목척도	등간척도 비율척도
정준상관	각각 수 개의 변수들로 구성된 집단간의 선형상관 정도를 분석	2개 이상	2개 이상	등간척도 비율척도	등간척도 비율척도
MANOVA	수 개 변수의 평균의 차이가 두 집단 변수간에 통계적으로 유의하게 존재하는지를 분석	2개 이상	1개 이상	등간척도 비율척도	명목척도

자료: Zikmund(1997: 669)의 <표 23-6>을 참조로 재구성.

예를 들면, 서비스 마케팅 연구자 파라슈라만 등(Parasuraman *et al*, 1991)은 요인분석을 통하여 서비스의 품질이라는 개념이 물적 유형성(tangibles: 물적 시설, 장비, 서비스 제공자의 용모), 신뢰도(reliability: 믿을 수 있게 정확히 임무를 수행하는가의 정도), 대응성(responsiveness: 고객의 요구에 즉각적으로 대응하는 정도), 확신성(assurance: 능력, 친절, 안정성), 공감성(empathy: 개별적인 관심)이라는 5가지 요인으로 구성되고 있음을 밝힌 바 있다.

분석방법으로서는, 요인을 추출, 요인의 수를 결정한 다음 요인과 변수와의 관계를 쉽게 판단하기 위하여 요인을 회전시키는 과정을 거치는데, 이때 요인들 간의 상관관계에 따라 直角回轉(orthogonal rotation) 또는 四角回轉(oblique rotation) 방법을 사용한다. 회전 후의 要因積載量(factor loading: 요인과 변수의 상관관계)과 아이겐 값(eigen-value: 각 요인의 설명력), 공통변량(communality: 변수의 변량 중 분석에 포함된 요인들에 의해 설명되는 비율) 등을 근거로 분석결과를 해석한다.

5 시계열 분석

이제까지 요약 설명한 통계분석기법은 인과성을 밝히는 계량분석기법을 속성 별로 소개한 것이라 할 수 있다. 인과관계 분석기법이란 변수들간에 성립되는 인과성 내지 함수관계를 규명하는 데 근거한 기법이다. 이 인과분석기법에서의 미래 예측이란 인과관계가 의미 있게 증명된 경우에 한해서, 이 인과관계를 바 탕으로 하여 미래현상을 어렵게 예측하는 식이었다.

그런데 만약 어떤 연구자에게 있어 미래예측만이 연구의 주된 관심사라면, 회 귀분석법보다 더 쉽게 활용할 수 있을 뿐만 아니라 인과관계에 관한 별다른 이 론적 배경이 없이도 손쉽게 예측을 수행할 수 있는 기법이 지난 20여년 사이에 크게 발전하였다. 이것이 곧 **시계열 분석법**(method of time-series analysis)이 다. 시계열 분석은 미래 예측 값을 단지 과거의 관찰치 값에만 근거하여 훌륭히 계산해 낼 수 있을 뿐 아니라 실용성도 크기 때문에 관광학 분야뿐만 아니라 거 의 모든 사회과학 분야의 관심사로서 각 분야에서 크게 각광받고 있는 기법이 다.

특히 이제까지 고도의 경제성장으로 선진국 진입을 최대의 관심사로 삼는 오 늘날의 한국사회에서는 각종 장단기 계획의 수립이 빈번해지면서 향후의 각종 지표를 예측·전망해야 할 필요성이 점증되고 있는 시점에서, 시계열 예측은 오 늘날 우리 사회를 전망해 볼 수 있는 가장 유용한 분석도구 중의 하나라 해도 그 리 지나치지 않을 것이다.

시계열 분석에서 미래예측을 행하는 기본적인 방법은, 우선 과거 관찰치들의 장기적 추세나 계절변동·경기변동의 유형을 파악·활용하는 행위에서 출발한 다. 즉 과거 관찰치들의 변동경향을 가장 비슷하게 설명해 줄 수 있는 수리적 함수모형(추세선 방정식)을 찾아 여기에 현상에 맞는 적절한 계절변동 요인을 가미시킴으로써 미래를 파악해 볼 수 있게 한다. 시계열 분석에서 예측의 기본 적인 도구는 회귀분석 모형이다. 기존의 인과관계 분석적 회귀분석과 다른 점은 시간변수(time variable)라는 독립변수를 원인변수로 도입한다는 점이다.

예측의 주요 기법으로는 시계열 자료를 전통적인 **이동평균법**에 의해 평활시키는 소위 **평활법**(smoothing method)을 주축으로 하여, **분해법**(decomposition methods), ARIMA 그리고 **추세선법**(trend-fitting methods) 등을 들 수 있다. 여기서는 간단히 개요만 소개하므로 자세한 내용은 시중의 예측관련 교과서나 본서의 '부록 I' 예제를 참고해 주기 바란다.

1. 평활법

평활법(smoothing methods)은 시계열 자료에 계절패턴, 순환패턴 등 어떤 패턴들이 내재하고 있으나 자료가 가진 확률적 변동때문에 이를 파악하기 어려울 때, 자료의 平滑을 통하여 확률적인 변동을 제거시키면 이들 패턴의 추정이 가능하다는 가정하에 예측을 행하는 방법이다. 다시 말해, 평활의 의의는 시계열에 존재하는 패턴을 찾아서 미래계열을 추정하고 이것을 예측에 사용할 수 있도록 자료가 가진 확률적 변동분을 제거하는 데 있는 것이다. 그러나 평활법은 시계열에 내재된 기본패턴인 계절 성향, 추세 성향 등을 개별적으로 판별할 수 없다는 단점을 가지고 있다.

이 평활법은 다시 **이동평균법**(moving average methods), **지수평활법**(exponential smoothing) 두 가지로 나뉜다.

2. 분해법

分解法(decomposition methods)은 시계열이 가진 패턴들을 세부적인 패턴들로 '분해'하는, 다시 말해 시계열을 구성하는 중요패턴들인 계절성패턴(seasonal pattern), 추세패턴(trend pattern), 순환패턴(cycle pattern), 확률오차(random error)를 각각 原資料에서 분해시켜 각 패턴들을 개별 예측한 후 이들의 재합산시켜 미래를 예측하는 방법이다. 그러므로, 분해법은 미래 계열의 예측뿐만 아니라 계절성, 순환성과 같은 시계열 구성요인들에 대한 정보 및 이들 영향에 관한 분석이 가능하다는 점에서 유용성이 높은 기법이라 할 수 있다.

분해법을 종류별로는 크게, ① 加法 분해방법(additive decomposition methods)과 ② 乘法 분해방법(multiplicative decomposition methods)으로 나눌 수 있다. 이제까지 가장 많이 쓰여온 방법은 1930년 멕컬레이(Macauley)가 개발한 **이동평균비**(ratio to moving average)라는 전통적 방법인데 이는 앞의 방식 중 ②의 승법 분해방법에 속한다.

3. 추세선 분석법

종속변수의 과거 및 현재의 추세치만으로 미래를 예측하는 방법으로서, 이 방법의 기본 가정은 현재나 미래 추세는 과거 추세의 함수라는 것이다. 그러므로 이 모형에서는 따로 독립변수를 설정할 필요가 없고, 시간변수 한 가지만을 독립변수로 보면 되는 이점을 갖고 있다. 이 예측법은 '**추세 분석법**'(trend analysis method) 또는 '**성장곡선 분석법**'(growth curve method)이라고도 불린다.

이 방법은 먼저 추세치를 그림으로 나타내 보고 이 추세치에 가장 잘 부합되는 곡선방정식의 형태를 찾아내어 미래를 예측하는 기법이다. 그러나 여기서 유의할 점은 추정할 곡선의 형태를 과거 추계치의 형태에만 집착해서는 안 된다는 점이다. 오히려 미래 변화에 대한 충분한 사례 검토와 지식 습득을 토대로 하여 곡선의 형태를 짐작해 내야만 한다. 예를 들어 과거 우리나라의 도시화 추세(urbanization trend)가 급격하였다고 하여 지수함수를 도시화 추세함수로 선택하여 향후의 도시화 추세를 예측한다면 이 예측은 큰 오류를 범하게 된다. 도시화에 관한 이론이나 선진국의 실제사례를 본다면 대개 최대 70-80% 선에서 도시화율(urbanization ratio)이 안정되는 경향이 일반적이므로, 이 경우에는 오히려 S자 형의 곡선(S-shaped curve)을 추세함수로 채택하는 것이 보다 적절한 예측모형일 것이다.

추세곡선의 형태는 여러 가지 변형이 있으나 대체로 **指數型 곡선** (exponential curve), **펄 곡선**(Pearl curve), **곰페르쯔 곡선**(Gompertz curve) 그리고 **로지스틱곡선**(Logistic curve) 등의 형태로 나누어 볼 수 있다. 각 곡선의 형태는 '부록 I'을 참조해주기 바란다.

4. ARIMA 분석법

근래에 개발된 분석기법으로서 흔히 'Box-Jenkins 방법'이라고 불리면서 이동평균법의 복잡한 변형이라 할 수 있는 ARIMA 모형(Autoregressive Integrated Moving Average Model)이 있다. ARIMA 모형은 계절적이냐 비계절적이냐 등에 따라 ARIMA(p, d, q) 형 등 여러 가지 변형이 있다.

이들 방법 외에도 시계열 예측방법은 여러 가지가 있다. 보다 고차원적 시뮬레이션(simulation) 등을 통한 구조방정식 모형(structural models), 그리고 定性的 방법에 속하는 델파이 방법(Delphi method) 등을 들 수 있다.

■ 분석기법의 誤濫用

　　요사이 학생들이나 학자들간에 통계학 기법을 오용(misuse)하거나 남용(overuse)하는 사례가 너무 빈번하다. 고급스러운 통계기법을 사용해야 제대로 된 논문이라고 착각하는 사람들이 많다. 가설을 검증한답시고 무슨 뜻인지도 그리고 원리도 모른 채 통계분석을 해서 (통계분석 부업을 하는 사람에게 의뢰하는 경우도 더러 있다) 아무 설명도 없이 결과표만 제시해놓은 것이 그것이다.

　　모르면 차라리 쓰지 않거나 간단한 기술통계만 제시하며 논리적으로 설명하는 편이 나으며 또 그것으로도 충분하다. Simon Kuznets는 단지 몇 개의 잘 조작·정리한 표만을 제시하며 "영국에서 왜 산업혁명이 일어나지 않을 수 없었나" 하는 연구문제를 조리있게 연역하여 학자 최고의 영예인 노벨경제학상을 수상하였다. 무슨 뜻인지도 모른 채 고급통계로 얼버무려놓는 관행은 이 땅에서 사라져야할 학문 풍토요 악습이다.

연구문제

1. 예시적으로 이제까지 제시한 분석기법을 현실적으로 적용해 보라. 만약 주변에서 손쉽게 적용할 수 있는 2차 자료가 없다면 가상적으로 자료를 만들어 계산해 보라.

2. 여기서 제시한 분석기법 외에도 많은 자료분석기법들이 있다. 어떤 것들이 있는지 알아보자.

더 읽을거리

자료의 분석방법에 대한 읽을거리는 시중에 너무 많을 정도로 풍부하여 일일이 다 열거할 수가 없을 정도이다. 저자 나름대로 이중에서 몇 가지만 언급하도록 하겠다.

▶ 회귀분석 가정 위반의 대응책에 관한 자세한 설명은 '이종원(1997). 『계량경제학』. (중판) 박영사'를 참고하기 바란다(RATS 프로그램 패키지를 이용한 설명을 곁들임).

▶ 각종 다변량분석의 개략적 이해를 위해서는 '차석빈 外 4인(2007). 『다변량분석의 이론과 실제』. 백산출판사'가 도움이 된다(장별 부록에 기법관련 국내 관광학 논문을 실어놓았음).

Principles of
Tourism Research Methodology

제 8 장

연구논문의 본질과 구성요소

1 연구논문이란 무엇인가 ?

논문(thesis, dissertation, article, paper)이란 '어떤 특수한 현상 또는 이와 관련된 문제를 학술적으로 깊이 연구하고 그 결과를 저작상의 관례에 따라 제시하여, 제3자가 참고토록 하기위한 연구결과물이다.' 다시 말해 논문이란 '어떤 주제에 관하여 조사 연구한 결과로 얻어진 여러 가지 사실과 이러한 사실에 대한 연구자 자신의 비판이나 평가를 종합한 것을 일정한 양식에 따라 적절한 체제를 갖추어 남이 읽도록 한 작품이라고 할 수 있는 것이다.

논문의 성격을 이와 같이 정의한다면, 논문을 작성하는 행위는 근본적으로 어떤 문제에 대해 자기가 연구한 사실을 타인에게 알리는 데에(to inform) 그 목적이 있다. 그러나 만약 남이 이를 읽고자 하지 않는다면 그것은 논문으로서의 가치를 상실한다. 논문이라면 마땅히 제3자의 흥미를 유발시켜 읽거나 인용되어져야 논문으로서의 생명력을 발휘하게 되는 것이다. 세계적으로 유행되는 SCI 급(혹은 SSCI급) 학술지들도 바로 해당학술지에 대한 독자들의 인용정도를 가지고 학술지 수준을 평가한 것이다.

논문은 신문·소설과 같이 타인에게 '정보를 제공하는 것'을 목적으로 한다는 점에서는 같지만, 일반대중이 아닌 전문가 집단(혹은 학생과 같은 예비전문가 집단)을 대상으로 하며, 전통적으로 형식과 체제, 정보의 성격이 다른 정보제공물과는 크게 다른 특징을 갖고 있다. 여기서는 그런 요건, 즉 주제의 성격과 선정 방식, 체제 및 기술상의 요건 등을 중심으로 고찰해보기로 한다.

1. 주제의 선정기준

좋은 논문은 좋은 주제의 선정으로부터 출발한다. 학술적 연구에 관한 한, 꼭 현실적으로 '유용한' 것이어야만 좋은 주제가 되는 것은 아니다. 현실문제와는 별로 관련이 없지만 우리 인간의 '지적인 욕구'를 충족시키는 주제 또는 인간의 '지식의 지평을 넓혀주는' 주제가 더 훌륭한 주제가 될 수도 있다. 예를 들어 막상 현실적인 도움이 되지 않는 데도 불구하고 '공룡 멸종 원인에 관한 연구', '침팬지 사회의 서열의식에 관한 연구', '광개토왕비 비문에 관한 연구', '가야시대의 무덤배치에 관한 연구' 등이 이루어지고 있는 것은 바로 학자들의 지적 호기심이나 지식 욕구 때문인 것이다.

우리의 지적 호기심(intellectual curiousness)을 밝혀주고 지식의 지평(intellectual horizon)을 넓혀주는 연구야 말로 연구자를 知的으로 훈련시켜 향후 닥칠 각종 문제의 해결능력을 키워 주는 역할을 한다. 그런 점에서 항간에 "실용학문" 운운 하며 현실적인 '실용성'만 앞세운 연구가 특히 우리 관광학계에서 유행되고 있는 현실은 극히 우려스러운 경향이다. 卽物的이고 物神的인 사상이야 말로 우리 관광학계의 학문적 발전을 저해시키는 원인중의 하나라고 생각된다.

주제는 연구자의 관심분야로서, 평소 공부를 해오면서 관심을 가졌던 분야를 대상으로 하는 것이 바람직하다. 주제를 선정하는 데 있어 중요한 몇 가지 기준에 대해 살펴보기로 하자.

첫째, 평소 필자자신 혹은 다수의 제3자들이 흥미를 가지고 있거나 문제의식을 가져왔던 주제를 선정하는 것이 바람직하다. 그러나 필자나 남들이 아무리 흥미를 느껴왔던 주제라도 비용 및 시간상 연구자의 역량으로 해결할 수 없는 혹은 자료 획득이 어려운 것이라면 빨리 포기하는 편이 났다.

둘째, 주제는 무엇보다 창의적인 것이어야 한다. 다른 연구자가 이미 연구한 내용을 다시 다루는 것은 - 그것이 기존연구 내용에 대한 새로운 해석이나 비판 등 보다 발전된 것이 아니라면 - '연구를 훔치는 행위'에 가깝다고 하겠다. 한국의 학계에서는 대학원생, 심지어 일부 양식 없는 교수들 조차 남의 논문을 표절하여 사회적 물의를 빚는 경우가 요즘 많이 눈에 띄고 있다. **창의성은 연구의 생명이요 존재가치**라는 점을 연구자는 명심해야 된다. 논제의 참신성과 창의성을 위해서는 이미 발표된 해당 관심분야의 논문들을 많이 섭렵하면서 문제의식을 키우는 것이 연구자의 바람직한 자세이다.

셋째, 시간적으로나 공간적으로(어느 나라, 지역 등) 구분하여 범위를 가능한 축소해서 후보주제를 생각해 보아야 한다. 연구의 범위가 좁고 명확할수록 좋은 주제이다. 움베르토 에코도 지적하였듯이(Eco, 1994: 33-39), 단일 주제가 아니고 이것저것 넓게 다루는 소위 '파노라마'식의 논문은 학술형 논문에서는 禁물이다. 어느 시기, 어느 지역(혹은 어느 주제)의 특정현상에 국한시키고 관련변수도 축소하여 단순한 소수의 변수만을 다루는 것이 좋다. '연구범위의 크기와 논문의 질적 수준은 거의 정확하게 반비례한다'는 점을 연구자는 명심해야 한다.

넷째, 검증이 명쾌하고 수월해 보이는 주제를 선정해야 한다. 또 규범적 방법이든 경험적 방법이든 논리적으로 독자(혹은 심사자)를 설득시킬 수 있다고 자신할 수 있을 듯한 주제를 선정해야 한다. 아무리 좋은 주제라도 제3자(심사자 혹은 독자)를 설득하지 못한다면 그 주제는 실패한 주제이다.

2. 논문을 작성하는 기본자세

논문을 작성함에 있어 지나친 욕심은 금물이다. 大作을 쓰겠다고 욕심을 부리다 보면 방법론의 不在, 현실적인 자료의 제약성, 시간의 부족 등으로 곧 좌절의 늪에 이르게 된다. 연구자의 논문 한 편은 가령 20층 높이의 건물을 짓는다고 할 때, 잘해야 벽돌 한 장을 올려놓을 수 있을까 말까한 그런 미미한 역할에 불과하다는 점을 명심해야 한다.

논문을 쓰는 행위는, 혹자가 이야기하듯이, '생활의 일부로서 생활 그 자체'가 되어야 한다. 그러므로 연구자에게는 항상 연속적이고 집중적으로 사고하는 자세가 필요하다. 그러기 위해서는 길을 걷거나 차를 타고 갈 때도 문득 새로운 발상이나 생각이 떠오를 때 마다 이를 즉시 노트 등에 메모해두는 지혜가 필요하다.

아무리 바탕이 좋은 보석이라도 잘 연마해고 마무리해야만 상품가치가 높아진다. 마찬가지로, 아무리 훌륭한 주제와 생각이라도 일단 글로 옮긴 후 이를 계속 반복해 수정하면서 어루만져야 좋은 글이 된다. 초고를 마친 뒤 시간을 내어 열 번, 스무번 자꾸 퇴고(推敲: proof-reading)하는 습성은 글 쓰는 사람의 최고의 美德이다. 시인도 단 몇 줄 짜리 시 한 편을 짓기 위해서는 적어도 열 번 정도는 퇴고한다고 한다. 많은 사회과학자들도 초고를 8-10번 퇴고한다고 고백하고 있다(베커, 1999: 32). 필자도 이 책을 쓰면서 수십번 퇴고하였다. 일반적으로 퇴고를 많이 한 학자들의 글일수록 퇴고를 하지 않거나 게을리한 학자들의 것보다 더 좋다고 보면 거의 틀림이 없을 것이다.

3. 표절과 연구자의 윤리의식

논문은 학자의 知的 활동으로서 최고의 지식과 양식을 가진 학자집단의 전유물이다. 논문은 그 특성상 창의성을 최고의 가치로 삼기 때문에 학자집단은 결코 남의 작품을 표절하거나 도용하지 않고 스스로 발견·발명한 창의적인 내용을 발표하여야 한다.

그러나 우리나라 학계에 표절 등 비리는 공공연히 자행되어 왔다. 대학원 교육 여건이 부실한데도 그 원인이 있지만, 자질없는 학생이나 학자들도 양산되고 있어 남의 글을 비양심적으로 도용하는 사례도 늘어나고 있는 추세이다. 특히 근래에 들어 대학마다 연구실적 평가제도가 강화되면서 일부 비양심적인 교수들의 논문표절이나 제자논문에의 무임승차(a free ride)도 늘어나 우리 교육계에 경종을 울리고 있다(9장 부록 참조).

뒤 제9장의 부록(학술지형 소논문 작성형식에 대한 비판적 고찰)의 3장에서도 지적했지만, 연구를 행함에 있어 공동저작자의 '기여도'와 이에 따른 저작권 표시(authorship)는 어디까지나 교육자로서의 양식과 윤리의식에 따라 이루어져야만 된다. 그럼에도 불구하고 비양심적 무임승차 행위는 오늘날 학계의 고질병이 되고 있다. 항간에 만연되고 있는 표절이나 무임승차 행위의 사례를 모아서 분류 예시해보면 그것은 대개 다음과 같은 유형들 중의 어느 하나에 속한다.

- 저자의 양해를 받거나 출처를 밝히지 않은 채, 해당내용의 일부 혹은 전체를 그대로 베끼기
- 타인 혹은 상업적 기관에게 분석이나 조사를 위탁시키기(대학원 학위논문 작성에서 흔하게 저질러지는 비행이다)
- 제자가 쓴 학위논문을 지도교수 단독 이름으로 학술지에 발표하거나, 혹은 지도교수가 기여한 바도 없이 主著作者(primary contributor)가 되고 지도학생을 부저작자로 만들어 학술지에 발표하기(일부 양식없는 교수들이 실적 채우기에 급급해 흔히 저지르는 非行이다).
- 타인이 쓴 논문에 본인이 기여한 바도 없이 이름만 슬쩍 끼워 넣기(학술지 논문에 가장 많이 등장하는 非行중의 하나이다).
- 타인의 저서나 논문·번역물을 제목과 목차만 슬쩍 바꾸어 마치 본인이 쓴 것인 양 "편저" 또는 "저서"로 둔갑시키기. 1)

---

1) 이에 대한 적나라한 실상은 이성용·이철우(1999)의 譯書(초판) 하워드 베커의 『사회과학자의 글쓰기』 초판본 (서울: 일신사) 중 부록 '역자 후기' pp. 278-289 참조를 권함.

[쟁점] 학위논문 지도교수 공동저자 논란

기여에 따른 합리적 배분인가, 실적 쌓기 위한 무임승차인가

교수가 제자의 학위논문을 지도하고, 그 논문을 제자와 공동연구 저자로 학술지에 싣는다면 이는 공동연구물일까, 아니면 무임승차일까. 먼저 다음의 경우에 어떠한 판단을 내려야 할까.

사례 1: 최 아무개 교수(재활의학)는 1994년 연구소 연원으로 근무하면서 한 대학에서 겸임 교수로 강의를 했다. 이때 최 교수는 의료기계와 관련한 연구를 진행 중이었다. 이때 최 교수의 연구에 참여했던 김 아무개씨는 연구자료를 이용해 석사학위논문을 썼다. 그리고 1999년 경북의 한 대학에 임용된 최 교수는 김씨가 석사학위논문에서 사용했던 데이터를 이용해 연구논문을 작성했고, 이를 교내 학술지에 실었다. 이 과정에서 최 교수는 데이터의 출처를 밝히지 않았다.

사례 2: 장 아무개 교수(경영학)는 2001년에 자신이 지도한 학생의 박사학위논문을 요약해 학회 학술지에 실었다. 이때 연구자의 명의는 박사학위 논문을 쓴 주 저자와 장 교수 그리고 또 다른 교수 등 3명. 장 교수는 이전에도 다른 대학 교수와 함께 박사학위 논문심사에 참여하고 그 결과를 3인 공동연구결과물로 학회지에 실은 바 있다.

사례 3: 남 아무개 교수(경영학)는 1999년 제자 권 아무개씨의 석사학위 논문을 요약해 학술지에 게재했다. 권씨에게는 사전통보도 하지 않았으며, 학술지는 단독연구 결과물로 제출했다. 다만 논문집 서론에 "자료수집과 분석에 도움을 준 권씨에게 감사한다"고 언급했다. 대학에는 교비를 지원받아 작성한 것이라고 보고했다.

위의 경우 어느 교수를 정당한 공동연구자로 보고, 어느 교수를 무임승차로 분류해야 할까. 앞서 사례를 들었던 교수들의 경우 표절여부 이외에도 고려해야 할 점들이 더 있지만 일단 현재까지 진행된 사항은 이렇다. 데이터 일부를 가져왔던 최 교수와 공동연구저작물로 학회지에 실었던 장 교수는 파면됐고, "도움을 줘서 감사한다"는 언급을 하고 제자의 학위논문을 통채로 가져다 썼던 남 교수는 여전히 대학에 남아 주요보직까지 맡고 있다.

이 · 공분야 단독 논문 의미 없어

또 한가지 지난 3월 감사원은 연구비를 지원받은 교수 가운데 제자의 논문을 표절한 것으로 밝혀진 충남 모 대학 교수의 연구비를 회수하라고 학술진흥재단에 요청했다. 이 교수의 경우 대학원생의 연구논문작성에 거의 관여를 안한 것을 스스로 인정해 조용히 마무리 했다.

제자의 학위논문을 학술지에 발표하면서 지도교수와 제자의 이름을 공동연구자로 올리던 학계의 관행이 도마에 올랐다. 최근의 사례들은 공동연구가 아니라 '무임승차'나 '표절'로 여기는 추세다. 그러나 이에 대한 학계의 반대 의견도 만만치 않다. '한국산업경영학회 회장 박명호(계명대 경영학부)는 최근 학회에 소속된 교수가 제자의 학위논문을 공동연구저작물로 학회지에 실었다가 대학에서 파면 당하자 "학위논문을 복제나 표절로 보는 것은 무리가 있다"며 교수 구명에 나섰다. 학회는 "1995년부터 2001년까지 7년 동안 2백여편의 논문을 실었는데 이 가운데 21편이 석사학위논문이나 박사학위 논문을 주 내용으로 한 공저 논문"이라고 밝혔다. 이 논문들도 학위취득자의 이름이 먼저 나오는 경우는 30%뿐이었고, 나머지는 교수의 이름이 먼저 나왔다는 것. 학회 측은 "논문을 완성하는 과정에서 상당한 노력과 시간이 투입된 교수를 공동저자로 인정하는 것은 일반적인 관행"이라며, "교수가 논문의 내용이나 독창성에 더 많은 책임을 진다"고 주장했다.

의학계열의 또 다른 학회에서도 소속된 교수가 표절로 대학에서 문제가 되자 "교수의 연구과정에서 얻어진 실험결과를 제자가 학위논문에 썼다고 하더라도 지도교수가 이를 도용했다고 볼 수 없다"는 입장을 밝힌 바 있다.

특히 단독연구가 거의 불가능한 이·공학 분야에서는 이러한 논란 자체가 무의미하다는 입장이다. 특히 최근 박사학위를 받기 위해서는 국제학술지에 논문을 게재해야 한다는 규정을 마련하는 대학이 늘어나는 상황에서 교수의 기여도는 점점 늘어날 수밖에 없다는 것이다. 이순일 아주대 교수(분자과학기술학과)는 "학술지에 논문을 발표할 때 참여한 대학원생들의 공동저자 포함 여부는 기여비율에 따라 고려의 대상이 되지만 지도교수는 반드시 포함돼야 한다"고 말했다. 실제로 최근 학술지들은 논문 게재과정에서 내용을 조율할 '교신저자'를 표기하게 하는데 대부분 이 역할은 교수들이 맡고 있다. 그러나 이 교수는 "이·공학계열에서도 대학원생의 이름을 빼고 싶는 것은 무단도용에 해당한다"고 말했다.

그러나 인문·사회학 분야는 이와 다르다. 올해 초 학위를 취득한 양문석 박사(신문방송학, 전 전국강사노조 위원장)는 "논문심사과정이 점점 투명해지면서 학위가 있을 때는 어디든지 논문을 실을 수 있게 됐다"며, "인문·사회분야의 경우 연구자가 수년 동안 노력을 기울이고 엄청난 비용을 투자해야 학위논문을 쓸 수 있는데 이에 대한 실질적인 도움도 없이 지도교수가 논문을 도용해서는 안된다"고 주장했다.

학자의 양심이 공동연구 판단기준

결국 제자의 학위논문을 교수가 공동연구자로 학술지에 실을 경우 이를 어떻게 보아야 하는가의 문제는 한 가지 잣대로 판단할 수 없다는 것이 학계의 중론이다. 전공분야에 따른 다양한 연구환경과 실질적인 기여도를 고려해야—그러나 최근의 표절논란을 계기로 '학계의 관행'처럼 여기던 학위논문 무임승차를 근절해야 한다는 목소리도 높아지고 있다. 심희기 연세대 교수(법학과)는 "연구업적이 중요해 지면서 학위논문에 무임승차하는 일이 빈번해지는 반면, 엄격했던 스승과 제자관계가 변화되면서 제자가 문제를 제기하는 사례도 점점 늘어날 것"이라고 전망했다. 심 교수는 "외부기관이나 대학이 제재하기 이전에 학자로서의 양식을 되돌아보아야 할 것"이라고 지적했다. 이종욱 학술진흥재단 기획실장도 "외부의 자극이 아니라 학계에서 자발적으로 지침을 만들어 주기 바란다"고 요청했다.

교수신문(제227호) 2002년 5월 20일자 3면을 재인용

2 논문의 유형

논문의 영역에 소속되는 저작물로는 정기간행 학술지 논문(periodic journal articles), 학위논문(thesis; dissertation), 고찰문 또는 평론(review), 각종 보고서(report) 등 여러 가지가 있다. 그러나 일반적으로 논문이라고 할 때는 흔히 학술논문(또는 연구논문)을 일컫는 경우가 대부분이다. 본서에서는 학술적 논문을 그 주된 설명대상으로 한다.

연구한 내용을 일정한 형식에 맞추어 기술한 것을 우리는 흔히 포괄적으로 '研究論文'이라고 부르지만, 연구논문에도 몇 가지 유형이 있고 서로 약간씩 성격을 달리 한다. 이들은 크게 세 가지로 분류할 수 있다.

■**학술논문(research papers)**: 자기 전공분야 중에서 관심을 가지고 있던 어떤 문제를 주제로 설정하여 자료를 수집하고 연구방법을 선택하며 이제까지 이루어진 연구결과와는 다른 새로운 연구결과를 도출해 내는 논리적인 글이다. 학위논문, 전문학술지 게재논문 등이 여기에 포함된다.

■**고찰형 논문(review papers)**: 고찰문은 어떤 특정 분야·개인·집단의 연구성과를 정리·비판하든지 아니면 새로 나온 저서나 논문·작품 등을 비판적으로 해석·평가하는 글로서, 크게 서평(book review) 등 논문적인 성격이 없는 저작과 학술적 논문 성격의 고찰논문(review papers)으로 나눌 수 있다.

■**보고문(reports)**: 보고문은 문자 그대로 있는 사실을 그대로 '보고'하는 글이다. 학술 논문에는 논리의 검증이나 이론적 고찰 등이 따르는 데 반하여, 보고문은 답사·관찰·채집·실험 등으로 얻어진 사실이나 결과를 체계적으로 정리하여 상대방에게 보고한다는 점에서 다르다. 보고문도 자신의 주장이 논리적으로 곁들여진다면 학술논문의 성격을 띨 수 있다. 보고문의 생명은 사실발견(fact-finding)에 있으므로 정확성이 생명이다.

논문의 성격에 따라 갖추어야 하는 형식상의 요건도 다르다. 미국 심리학회 (American Psychological Association)는 자체 각종 학회지에 투고할 수 있는 학술 논문의 유형을 경험적 연구, 문헌고찰 연구, 이론적 연구의 세 가지로 나누고 각 유형 투고논문의 구성요소를 다음과 같이 제시하고 있다(American Psychological Association, 1994: 4-6).

- **경험적 연구(empirical articles)**: 경험적이고 창의적인 연구로서, 다음과 같이 일련의 정해진 연구단계를 밟아야 한다.
  - 서론(introduction): 연구할 문제의 전개와 연구목적의 기술
  - 방법(method): 연구하는데 이용할 방법의 기술
  - 결과(results): 발견한 결과의 기술
  - 논의(discussion): 분석 결과가 의미·시사하는 점에 대한 해석 및 평가

- **문헌고찰 연구(review articles)**: 기존 선행연구의 비판적 평가로서, 기존 연구를 조직·통합·평가함으로써 문제해결을 향한 현재 연구의 발전방향을 제시하는 논문으로서 다음과 같은 내용을 담는다.
  - 연구문제를 명확히 정의하여 명료화시킨다.
  - 기존의 연구를 요약하여 독자들에게 현재 연구의 위상을 알린다.
  - 문헌연구에서 상호 관계성·상충점·차이점·불일치성 등을 밝혀낸다.
  - 이어서 문제 해결의 방안을 제시한다.

- **이론적 연구(theoretical articles)**: 기존 연구를 검토하고 이를 바탕으로 새로운 이론을 제시한다는 점에서 문헌고찰 연구(평론)와 구조가 같으나, 이는 논리전개상 필요할 때는 경험적 정보(현실 통계 등)를 동원한다는 점과 새로운 이론을 제시한다는 점에서 서로 다르다. 이론적 연구에서는 이론의 내적 외적 일관성이 있는지, 다시 말해 이론의 자체 모순은 없는지, 이론과 현실이 모순되지는 않는지를 검토하게 된다.

그러나 경우에 따라서는(특히, 학위논문의 경우), 이들 세 가지 유형이 서로 혼합된 경우도 흔하다. 실증적 연구를 하는 학위논문의 경우, review→

empirical → theoretical의 작업순서로 진행되는 것을 주변에서 꽤 볼 수 있다.

한편 영어식으로 표현된 연구관련 논문 용어에는 개념이 유사해 혼동을 일으키기 쉬운 것들이 많다. 유사 용어들과 그 특성을 정리해 보도록 하자.

① **thesis, dissertation**: 주로 학위논문을 일컫는 용어로서, 흔히 thesis는 碩士學位 논문을, dissertation은 博士學位 논문을 지칭하나 지역이나 교육기관에 따라서는 이에 대한 구분 없이 쓰기도 한다. 이들 논문은 학위취득 자격기준 중의 한 요건으로 평가되기 때문에 위의 논문들과는 성격이 다른, 형식상의 완벽성이 요구되는 '완전한' 논문이라고 할 수 있다. '아티클' 등이 전문학술지가 추구하는 분야에의 기여도, 지면의 제약성으로 인한 간결성 등이 크게 요구되는 반면에, 학위논문은 연구자가 이제 스스로 독자적 연구를 수행할 수 있다는 능력을 보여 주고 또 이를 평가자가 객관적으로 판정할 수 있도록 하는 것이 그 주요 기능 중의 하나이다. 따라서 학위논문은 명백한 문제제기나 연구목적 제시, 적절한 가설, 기존 관련 연구들의 폭넓은 고찰, 충분한 방증자료 제시를 통한 완벽한 검증 등 온갖 정성이 다 가미된 '一代의 勞作'이라고 할 수 있다.

② **article**: 신문이나 잡지 또는 정기간행 학술잡지(journal)에 게재되는 비교적 간단한 논문. 학회지 등에 실리는 내용이 압축된 소형 논문으로서. 연구논문의 전형적 명칭이다.

③ **paper**: 가장 일반적인 논문용어로서, course paper, term paper 등 대학생에게 과제로 주어지는 연구물(때로는 'college paper'라고도 불림)과, documented paper(논지의 타당성. 정확성을 입증하기 위한 증빙자료가 갖추어진 논문), research paper(documented paper로서 학술 저널에 실리는 소논문 article 등을 포함) 등으로 구분될 수 있다.

④ **monograph**: 특정한 테마에 관한 전문논문으로서, 다루는 주제의 전문성이 강조되는 소논문. 연구소에서 발행하는 working paper 등이 이에 해당된다.

⑤ **essay**: 일반적이고 포괄적인 의미를 지닌 논문. monograph이나 article 보다는 덜 체계적인 논문을 뜻한다.

⑥ **report**: 이 용어는 원래 의미 속에는 '논문'이라는 의미가 없지만, 우리나라와 日本의 대학 캠퍼스에서는 통속적으로 '학기중의 학생들이 써서 교수에게 제출하는 과제물' 즉 term paper와 같은 개념으로 인식되는 용어이다. 그러나 리포트의 특성은 말 그대로 '報告文'일 뿐 창의성이 가미된 논문이라는 의미를 함축하고 있지는 않다. 논문이 이론과 논거를 바탕으로 특정사실을 객관적으로 밝혀내는 과학적인 연구라면, 리포트는 단지 조사, 관찰, 답사, 실험 등을 통해 얻어진 사실이나 결과를 간략히 정리하여 요구자에게 제출, 보고하는 글이라 할 수 있다. 물론 이 리포트에 과학적 논증과 자신의 객관성 있는 주장 등이 가미된다면 이는 리포트의 성격을 벗어나 '논문'의 영역에 들 수 있다.

3 연구논문의 구성요건

시나 수필, 소설의 목적은 정보의 제공이라는 측면도 다소 있지만, 1차적으로는 불특정 다수의 일반대중을 즐겁게 해 주려는 데 있다. 그러나 이미 이 장의 서론에서도 강조하였듯이, 학자들이 쓰는 학술목적의 연구논문은 이와는 판이하게 다르다. 저자의 발견사실(법칙, 이론)을 타인에게 정확하게 전달하며 주장하는 데 있다. 그 발견사실의 요건, 그리고 전달방법으로서의 요건을 체제, 기술적 측면으로 나누어 생각해 보자.

1. 내용상의 요건

1) 내용의 독창성(creativity)

논문은 자신만의 새로운 이론 구성 또는 기존이론의 발전(비판 및 수정, 代案

제시) 등 독창성이 있어야 한다. 만일 그 논문이 ① 남의 저술을 단순히 요약해 놓았다던가, ② 타인의 견해나 주장을 비판 없이 옮겨 놓았다던가, ③ 입증되지 않은 주관적·개인적 주장을 기술해놓았다면 그것은 독창성 있는 논문이라고 할 수 없다. 논문이란 제3자가 읽어줌으로서 그 존재가치를 인정받는다. 따라서 창의성이 결여된 논문은 제3자가 읽지도 인용하지도 않는 '죽은 논문'에 해당된다.

2) 수집한 분석자료와 연구방법의 신뢰성(reliability)

아무리 그럴듯해 보이는 결과라도 구득한 분석자료에 믿음이 가지 않는다면, 또 믿음이 가는 자료라도 분석방법이 엉터리라면 무가치한 논문이다. 조사방법 론상의 원칙에 어긋나게 아무렇게나 조사하고(임의식 비확률표본 추출 등), 신뢰할 수 없는 분석방법을 쓴 논문이라면 그것은 논문으로서의 생명을 상실한 것이다. 예컨대, 요즈음 마케팅학계나 관광학계에서 흔히 저지르는 오류중의 하나로서, 명목·서열척도로 수집한 자료를 모수통계(parametric statistics) 기법을 사용하여 '정규분포 통계인 것처럼' 분석하는 관행이 그것이다. 사실과 원칙을 통해 조사방법상 연구분석 기법상의 논리가 타당성 있게 뒷받침될 때에만 독자들은 그 논문을 신뢰하고 인용하게 된다.

3) 냉정하고 公平無私한(impartial) 객관성(objectivity) 유지

연구가 어떤 선입견이나 주관에 사로잡히지 말아야 한다는 것은 연구의 기본 원칙이다. 예컨대, 자신에게 유리한 사실만 부각시키고 불리한 사실은 감추는 행위, 자신의 은사나 동료라고 하여 맹목적으로 추종·답습하는 행위는 연구논문 작성의 금기사항이다. 요사이 우리나라에서는 연구자의 은사·지도교수 등의 이름을 연구와 무관하게 단지 禮意상의 이유로 참고문헌 등에 등재해 주는 관행이 있는데, 이는 있어서는 안될 악습이다.

4) 최소한의 유용성(utility)

논문은 이론, 연구방법의 발전에 기여하거나 현실사회가 안고 있는 문제 해결에 기여하는 등 어느 정도라도 **유용성**(utility)이 있는 것이 바람직하다. 단순히 연구를 위한 연구가 되어서는 논문으로서의 의미가 별로 없다. 많은 과학, 특히 어떤 물리학 연구(예: 外界 生命體의 존재 가능성에 관한 연구 등)는 직접적으로는 현실적 유용성과 아무 관련이 없어 보이지만 그것이 궁극적으로는 인류의 발전과 인류의 지적 호기심을 충족시켜줄 뿐 아니라 간접적으로 현실에 응용할 수 있는 근거를 제시해 줄 수 있다.

2. 체제 및 記述上의 요건

연구논문은 일반적인 글과는 달리, 기존에 약속된 체제·형식상의 요건 (requirements)이 있다(예: 서양의 APA 또는 MLA 양식). 논문의 체재 내지 형식은 대학마다 혹은 학술지마다 조금씩 다르다. 그러므로 논문발행 주체기관이 요구하는 형식상의 요건을 갖추지 않으면 연구논문으로서 흠이 된다. 뒤의 목차 예시에서도 설명되듯이 일반적으로 연구논문은 문제제기, 연구목적, 연구방법, 연구의 제약성 그리고 결론 등이 논리성 있게 순서에 따라 구성되어야 한다.

記述上의 문제는 언어적 표현의 적절성을 말한다. 수필이든 논문이든 글로서 표현되는 내용은 먼저 국어표현 문법에 맞아야 하는 것이 전제조건이다. 영어문법의 잘잘못은 잘 따지면서도 정작 우리 글인 국어의 문법적 표현은 틀려도 되는 듯 관대하게 처리하는 악습이 우리에게 남아 있다.

논문이나 연구보고는 수필, 시, 소설 등과는 형식상의 장르가 전혀 다르다. 논문의 문장 표현은 객관적이고 문어체적이어야 하며 아울러 간결하고 품위가 있어야 한다. 논문의 문장은 修辭(rhetoric)가 억제되고 냉철하며 순수해야 한다. 항간에서 흔히 사용하는 유치하고 졸렬한 표현이 들어가서도 안된다. 또 미사여구를 늘어놓든지 영탄조(詠歎調)의 표현("아! 그럴 수가 있을까" 등) 같은 감정적 요소가 개입되어서도 결코 안 된다. "황금의 알을 낳는 거위라고 할 수 있는 신데릴라 산업 관광이야 말로…"하는 식의 표현과 같이, 자극적이거나 통속적인 수사로 독자를 현혹하는 식의 서술이 되어서는 안 되는 것이다.

오래 전 관광관련 정기학술지에 다음과 같은 내용의 '기막힌' 연구가 정식 논문의 이름으로 실린 적이 있다. 논문요건상으로 볼 때 문장 기술방식이나 언상의 표현이 과연 적절한지 무엇이 문제인지 독자들 스스로 검토·비판해보기 바란다.

　　"…한국의 고유음식 가운데는 조금만 신경을 쓰고 연구하면 훌륭한 요리가 될 듯한 것도 많이 있지만 대체로 음식 가운데 소금이나 설탕, 고추, 마늘, 간장, 조미료, 참기름, 등 양념류를 지나치게 미리 첨가시킴으로 해서 이런 음식에 습관이 안 된 외국인(일본인과 구미인)들에게는 생리적 거부반응을 일으키게 된다. 더욱이 한정식에 나오는 날생선류나, 젓갈류, 된장찌개, 기타 물고기류가 첨가된 김치류는 서구관광객들을 당황하게 만들고 있다. … (中略) … 한식의 경우, 불고기, 갈비탕, 만두국, 갈비찜, 생선튀김, 닭볶음 등은 쌀밥과 국 등을 은박특수용기에 야채, 샐러드류와 분리해서 이런 Take-Away 판매를 한다면 외래관광객들에게 크게 인기 있는 식단이 될 것으로 사료된다. … (中略) … 수도권에 기념관이라도 건립해 볼 가치가 충분한 이씨조선부터 현대에 이르기까지 많은 사람이 있지만〔sic〕필자 나름대로 각계에서 몇 명 꼽는다면, 첫째 한글을 창조하고 많은 빛나는 업적을 남긴 세종대왕을 위시해서, 음악가 박연, 남이 장군, 신사임당, 이이, 송시열, 김정희, 김정호, 대원군, 민영환, 방정환, 지석영, 안창호, 이상재, 박영효, 이광수, 최남선, 김구, 김성수, 이승만 등 모두 한국근대사에 빛을 남긴 인물들이며 외국인에 소개되어서〔sic〕자랑할 만한 사람들이다. … (中略) …국내의 유명 중요무형인간문화재인 김소희, 박귀희, 함동정월, 한상현, 오갑순, 정권진, 박봉술, 한애순, 김명환씨 등으로 하여금 유명한 춘향가, 홍보가, 심청가, 수궁가 의 명창을 이런 곳에서 공연케 해서 외래관광객의 흥을 돋구는 것은 좋은 방법이다"　〔출처는 익명으로 함〕.

　논문을 쓰는 데 있어서의 언어적 표현의 적절성, 문법상의 제문제를 이 책이 다루기에는 부적절하다 생각되므로 가볍게 흥미위주로도 읽을 수 있는 몇 가지 참고 서적만을 추천하고 넘어가기로 한다. 시중에 나와 있는 것 중 추천할 만한 지침서적은 다음과 같다.

　■ 우리가 정말 알아야 할 우리말 바로 쓰기(이수열 지음 / 현암사 / 1999년) : 신문 글(기사, 논설, 해설, 기고, 광고 등)과 방송 말(뉴스, 일기예보, 해설, 드라마 대사, 리포트, 강의 등), 문예작품, 중고등학교 교과서, 국어사전, 우리 헌법 등에서 우리 어법에 어긋나게 쓴 것을 지적하고 바르게 고친 책이다.

　■ 알 만한 사람들이 잘못 쓰고 있는 우리말 1234가지(권오운 지음/ 문학수첩/ 2000년) : 우리가 흔히 접하게 되는 방송, 광고, 베스트셀러 소설, 교과서

등에서 쓰는 우리말 표현 중에서 잘못된 부분이나 부적절한 표현을 밝히고 이를
바로잡아주고 있으며, 책 말미에는 순수한 우리말 1,300여 가지를 예시하고 있
다.

4 연구주제 선정과 연구진행 과정

1. 어떤 주제를 선택할 것인가?

주제선정은 논문작성에서 가장 중요한 출발점이다. 연구주제를 무엇으로 할
것인가와 관련해서 고려할 요소는 많지만, 필자는 대략 다음과 같은 다섯 가지
를 생각해 볼 수 있다. 첫 번째를 제외한 네 가지 요소는 크라크 등(Clark *et al*,
1998: 26)이 제기한 것을 기준으로 설명하였다.

1) 다수의 제3자가 관심을 보이는, 인용될 가치가 있는 주제

뭐니 뭐니 해도 연구의 생명은 타인이 이를 읽고 공감하며 인용(citation)해
주는 데 있다. 그런 점에서 내가 아무리 흥미를 가지는 주제라도 다수의 제3
자들이 도외시할 개연성이 있는 주제는 좋은 주제가 될 수 없다.

노련한 연구자라면, 이 주제가 제3자들의 지적 호기심을 유발할 것인가 아
닌가를 미리 저울질해보고 논문작성에 착수한다. 학술지 등을 통해 이미 많이
연구되고 있는 주제, 서로 갑론을박하며 논쟁이 불붙고 있는 주제는 같은 분
야의 제3자들에게 관심을 유발시켜줄 수 있는 좋은 주제후보에 속한다. 우리
관광학계에서는 조사나 분석의 오류 가능성이 있는 현장통계 조사연구보다는
명제나 이론을 검증하는 연역적 연구가 최근 더 인용율이 높다는 점도 독자들
은 염두에 두기 바란다.

2) 기존 지식이 축적된 그리고 자료원에의 접근이 용이한 주제,

연구는 주제에 대한 선행연구가 이론적으로 어느 정도 이루어져 있고 그 주제

에 대한 학술적 참고문헌(전문서적, 학술논문)도 충분히 있어야 연구하기에 용이하다.

　나아가 분석할 자료에 쉽게 접근할 수도 있어야 한다. 자료는 크게 1차 자료와 2차 자료로 나눌 수 있는 데, 공개되는 통계연보 등을 제외한다면 비공개성의 2차 자료는 생각보다 접하기가 쉽지 않은 경우가 많다. 예를 들어 한국관광공사에서 매 2년 간격으로 발행되는 「전국민 여행동태조사」에서 특정 변수(예: 소득변수나 지역변수)를 재구성, 분석하려 한다고 하자. 이 기관이 이미 나누어 놓은 소득계급(예: 150-200만원, 201만원-300만원 식의 계급)은 심층연구에 별로 유용하지 않으므로 연구자에게는 0원부터 1,000만원까지 등으로 분포된 소득자료가 필요한데, 이를 위해서는 原자료 파일과 코딩 디자인(coding design)을 확보해야 한다. 관례적으로 갤럽 조사기관 등에게 外注를 하는 한국관광공사는 이 원자료 파일을 확보하고 있지 않다. 따라서 사전에 이런 상황을 충분히 고려해야만 한다.

　만약 1차 자료를 사용한다면 본인이 직접 자료를 수집해야 하는데, 현지조사가 가능한지를 충분히 사전 검토해야 한다. 예를 들어 '관광에 대한 남북한 주민 의식 비교'라는 주제는 연구자가 현실적으로 북한주민을 접촉하여 실상을 파악할 수 없으므로 연구하기가 불가능한 주제에 해당된다.

3) 시설과 자원 활용성 여부

　조사물을 분석할 시설(실험실, 컴퓨터 기자재 등)과 인적 물적 자원의 여건도 고려대상에 넣어야 한다. 조사 경비와 조사 인력의 활용가능성이 자원에 해당된다. 사회과학연구의 경우, 시설이나 기자재는 크게 소용되지 않으므로 큰 문제가 되지는 않지만 소요 경비·인력·기간은 문제가 되므로 주제선정과 관련하여 반드시 집고 넘어야 할 사안이다.

4) 전문성의 활용 여부

　전문성(expertise)이란 특정 주제에 대해 자문을 받을 수 있는 전문가 집단이 있는가를 말한다. 이때 전문가는 교수나 학계의 동료·선배 등을 말하는데, 아

무리 그럴 듯한 주제라도 지도교수가 그 분야에 해박하지 않다거나 혹은 조언을
받을 브레인(brain)이 주변에 없다면 문제를 풀어 나가기가 쉽지 않다. 이때는
지도교수와 주제와 관련하여 적절히 타협하는 길밖에는 없을 것이다. 물론 교수
나 연구원 등 독자적인 연구능력을 갖춘 연구자의 경우는 예외이다.

클라크 등은 주제선정의 협력자로서는 크게 네 가지를 들고 있는데(Clark et
al, 1998: 32-33), ① 기존의 연구물(유사하거나 관련성이 많은 주제의 학위논
문), ② 최근의 참고문헌(전문서적, 학술지), ③ 관련기관이 요구(발주)하는
응용연구 과제, 그리고 ④ 조언자(advisers)가 그것이다. 물론 이들 수단은 서
로 독립적인 것은 아니다. 가장 바람직한 방법은 조언자(교수, 학계의 동료·
선배)와 연구주제와 관련하여 부단히 의사소통을 하면서 ①, ②를 활용하는
것이다.

2. 연구의 진행과정

연구의 진행상 가장 중요한 것은 관심분야(연구문제 포함)이고 이와 관련하
여 제기할 가설과 연구방법이 그 다음으로 중요하게 고려되어야 한다. 연구논문
작성의 초기단계에서 중요한 기본과정을 요약해보면 다음과 같다.

- 먼저 관심분야를 설정한다.
- 관심분야에 관한 서적, 논문, 자료를 모아 정독하고 문제점을 찾는다.
- 주제의 윤곽을 설정하고 연구문제와 가설을 세운다.
- 연구가설 검증(혹은 논리적 증명)을 위한 현실적 통계자료 및 방법론을 점
  검한다.
- 검증할 통계자료나 방법론(실현수단)이 불가하면 설정된 주제를 폐기하고
  다시 위의 순서를 반복한다.

한편, 빌(Veal, 1992: 28)은 연구의 초기단계를 "준비 및 기획 단계"라 명명하
며 연구주제 설정부터 조사단계까지를 다음과 같은 11단계 과정으로 나타내고
있다.

① 연구 이슈/주제의 설정
② 연구문제의 명확화
③ 주요 개념, 작업가설, 모형, 이론의 구성
④ 기존 연구성과, 관계문헌, 2차 자료원의 조사
⑤ 위 4항을 통해 개념, (인과)관계, 가설, 이론, 모형을 명확히 함
⑥ 연구목적의 진술
⑦ 개념 측정의 방법 결정
⑧ 연구 전략의 수립
⑨ 모집단의 규정
⑩ 자료수집 방식 및 표본 크기의 결정
⑪ 조사항목의 결정

3. 이론적 연구(혹은 문헌 고찰)를 위한 카드 색인 만들기

문헌 고찰이나 이론적 연구는 설문조사 등 서베이를 거의 시행하지 않고 학술연구 논문이나 서적 등 문헌에 기술된 가설이나 명제, 이론을 과학철학적으로 분석하게 된다. 철학, 논리학이나 역사학, 어문학 등이 대개 이 방법에 의존한다.

그러면 연구자는 자신이 연구하고자 하는 주제와 관련된 이러한 연구의 문헌 出典들(literature sources)은 어디서 구득할 수 있는가? 두 말할 것 없이 전문서적이나 논문들(학위 논문, 학술지 소논문, 연구소 워키 페이퍼 등)을 통해서이다. 앞에서 이들 문헌들의 출처는 학술연구정보서비스 등을 제공하는 도서관, 인터넷 등을 통해 구득할 수 있다. 중요한 것은 가장 최근에 이루어진, 본인의 관심사와 일치하거나 비슷한 주제를 찾아내는 일이다. 왜냐하면, 가장 최근 문헌(논문, 저서)의 참고문헌을 이용하여야만 다시 또 다른 '근래의' 유사 참고문헌(시기적으로 1~2년, 혹은 2~3년전의 참고문헌)을 역추적해 들어갈 수 있기 때문이다.

서적과 논문 중에서 가장 바람직한 문헌은 정기간행 전문학술지에 실린 논문

들이다. 서적은 아무래도 일단 한번 출판되면 단기간에 개정·보완되지 않는다. 서적은 대개 논문 형식으로 기술되어 있지 않은 반면, 논문은 1년에 여러 번(대개 3개월에 한 號씩 년간 4회) 출간되므로 최근 이슈를 즉각 다루고 있을 뿐 아니라, 더욱 중요한 것은, 이미 잘 짜여진 논문형식으로 기술되어 있어 연구자가 새로이 논문을 쓰는 데 많은 정보를 제공해주기 때문이다.

이제 이러한 문헌 출전들을 여기저기서 수십건 확보했다고 치자. 그런 연후에 할 일은 이들을 숙독하고 그 내용을 파악하는 것이다. 아무리 기억력이 비상한 연구자라고 할지라도 그 많은 내용을 다 기억하고 연구에 착수할 수는 없을 것이다. 그러므로 여기에는 선임 연구자들이 전통적으로 해온 몇 가지 방법을 답습하지 않을 수 없다. '밑줄 긋기'와 '카드 만들기'가 그것이다.

1) 남독으로 섭렵하기와 밑줄 긋기

처음부터 많은 문헌들을 정독하는 것은 시간 낭비가 될 수 있다. 논문작성에 필요한 이론이나 문구가 있을 수도 있지만, 본인의 연구주제와는 별로 관계가 없는 내용도 많기 때문이다. 그러므로 처음에는 정독(精讀: careful reading) 보다는 남독(濫讀: random reading)이 필요하다. 전체를 남독하며 섭렵하기에도 시간이 너무 많이 소요된다면 우선 '요약문'(abstract)이나 '서론' 정도만이라도 읽어보는 것이 좋다. 이 때 필요한 것은 한 가지 색깔이상(노란 색이 이상적임)의 형광 펜으로 '밑줄 긋기'를 해두는 것이다(여기서, 문헌은 도서관 등 타인에게 잠시 빌린 것이 아닌 자신의 소유물인 것으로 가정한다). 움베르토 에코가 이야기 하듯이, "밑줄은 책을 개인의 것으로" 만들며, 연구자의 관심의 흔적을 나타낸다(에코, 1994: 186).

2) 카드 메모하기

이렇게 문헌을 대충 섭렵한 후 주제에 부합되는 문헌들이 걸러지면, 해당문헌에 대한 정독과 메모가 필요하다. 여기에는 대개 다음과 같은 메모 카드가 필요하다. 카드는 두께가 좀 두꺼운 노트의 한 면, 혹은 반절 노트 등이 좋다.

　① 저자별 카드(참고문헌 카드)

② 내용 독서 카드(내용 카드, 연구자 의견 카드)
③ 인용카드(직접인용 카드, 간접인용 카드)

(1) 저자별 카드

저자별 카드는 각 저자별 참고문헌을 기록한 카드를 말한다. 이 카드에는 추후 쓰고자하는 본논문에서 정확한 참고문헌이 될 수 있도록 모든 정보(저자명, 제목, 권호, 출판년도, 출판지, 출판사, 수록 페이지 등)를 기록해둔다. 독서내용 카드나 인용카드의 내용이 어느 저자의 것인가를 밝혀주기 위해, 참고문헌 카드 마다 별도로 인식이 가능한 특별 부호를 표시해 두는 것도 좋다(예: Urry 1990, Urry 1993a, Urry 1993b 등).

(2) 독서내용 카드

독서내용 카드는 크게 '내용 카드'와 '연구자 의견 카드'로 나눌 수 있다. 먼저 독서내용 카드에는 독서한 내용을 메모해둔다. 즉, 개념에 대한 정의나 설명, 저자가 주장하는 가설, 연구방법, 분석한 결과, 결론, 제안 등이 그것이다. 기록할 내용이 많을 때는 여러 장의 연속된 카드를 쓸 수도 있다. 여기에는 당연히 저자별 카드에 기록해둔 참고문헌('Urry 1993b' 등 간략한 부호나 정보로 典據를 알 수 있는 참고문헌 정보)을 매 카드마다 적요해두어야 한다. 이때 잊지 말아야 할 것은 해당 페이지의 명시이다. 만약 메모에 시간을 많이 허비하고 싶지 않다면, 해당 부분 원문을 복사한 후 오려서 카드에 붙여 놓는 것도 한 방법이 될 수 있다.

또 하나의 내용 독서 카드는 '연구자 의견 카드'이다. 이것은 독서내용 카드와 분리시켜 별도의 카드를 만들기 보다는 같은 카드 안에 ※표 등을 한 후(또는 다른 색깔의 글씨로), 연구자의 의견, 이를테면 나의 제안이나 비판·반론 등 개인적인 아이디어를 메모해두는 것이다. 그때그때 생각나는 의견을 미리 메모해두면 원고를 쓸 때 아주 유용하다.

(3) 인용카드

인용카드는 단어 그대로 저자의 글을 '원문대로' 내 원고에서 인용하기 위한 카드이다. 인용카드를 따로 구분하지 않고 이를 독서내용 카드에 포함시킬 수도 있지만, 그럴 경우 내가 대충 메모해둔 내용이나 개인 의견과 뒤섞여 '정확한 인용'이 되지 못할 수도 있다. 인용은 '원문 그대로'(sic) 정확하게 옮겨놓아야 하므로 주의를 요한다.

인용카드는 다시 '직접인용' 카드와 '간접인용' 카드로 나눌 수 있다. 하지만, 양자를 같은 인용카드 속에 기재하여도 무방할 것이다. 예컨대, 인용은 다음과 같이 한다.

직접 인용 카드

문화의 정의:

"Culture or civilization, taken in its wide ethnographic sense, is the complex whole which includes knowledge, belief, art, moral, law, custom, and any other capabilities and habits acquired by man as a member of society"

Edwards Tylor 1871: 25

간접 인용 카드

문화관광을 크게 '생산물 바탕의(product-based) 문화관광'과 '과정지향 (process-oriented)의 문화관광으로 나눔

Richards 1996: 265

연구문제

1. 형식상의 기본요건을 갖추지 못한 학술지 게재논문을 주변에서 1편씩 찾아 무엇이 잘못되었는지에 대해 조목조목 비판해 보라.

2. 필자가 든 연구진행과정의 예와 같이, 관광과 관련된 다른 가상적 주제를 예로 들어 연구의 진행과정을 기술해 보라.

더 읽을거리

▶ 연구주제의 선정과 진행과정: Veal, A. J.(1997). *Research Methods for Leisure and Tourism: A Practical Guide.* (2nd. edition), Pearson Professional Limited 의 제3장을 참고할 만하다.

▶ 논문 작성방법에 관한 에세이식 설명: 에코, 움베르토(1994). 『논문 잘 쓰는 방법』〔*Come si fa una Tesi di Laurea.* Gruppo Editoriale Fabbri, Milano, 1977〕(김운찬 역), 열린 책들. 이 책은 비록 이태리학생들을 위한 논문 작성방법(졸업 논문의 정의, 테마의 선택, 자료조사, 원고 쓰기, 최종 원고작성, 결론의 7개 章으로 구성)이나 참고할 내용도 꽤 있는 편이다.

제 9 장

사회과학 관광학 연구논문의 체제와 구성

Principles of
Tourism Research Methodology

사회과학 관광학 연구논문의 체제와 구성

① 연구논문의 체제

연구논문의 체제는 우선 학문의 성격이나 접근방법론의 성격에 따라 형식상·내용상 다른 점이 많다. 즉, 인문과학이냐 사회과학 혹은 자연과학이냐에 따라 다르고, 귀납적인가 연역적인가 혹은 경험적인가 규범적인가의 접근 방식에 따라 체제를 크게 혹은 적게 달리한다. 또한 학위논문인가 일반 소논문인가에 따라서도 체제의 엄격성이나 형식면에서 차이가 난다.

본서에서는 서술의 범위를 과학적 성격의 사회과학에 한정시켰기 때문에 귀납적·경험적 연구방식에 국한하여 설명키로 하며 또한 학위논문 체제에 중점을 두어 설명키로 한다. 논의의 순서는 먼저 논문의 체제를 이야기하고 이어서 본문내용의 구성방식을 각론의 형태로 나누어 기술키로 한다.

1. 연구제안서의 형식

학술적 연구논문(여기서는 주로 학위논문을 지칭함)은 단계상 크게 **연구제안문**(연구계획서: research proposal)과 **본논문** 두 가지로 분류할 수 있다. 제안문은 보통 본논문(학위논문) 작성의 전초단계로서 심사자에게 이러이러하게 논문을 작성하겠다는 의사를 정해진 형식에 따라 기술한 보고서이다. 물론 제안문은, 학술적인 색채만 제외한다면 연구 프로젝트를 발주한 기관에 제출하는 의향서와 크게 다를 바가 없다.

연구보고서(상업적 연구 프로젝트 포함)나 학술논문을 막론하고 가장 일반적인 연구제안문의 체제는 대개 다음과 같다. 이 목차는 한국학술진흥재단이 요구하는 학술연구비 신청 제안서의 내용이다.

① 연구문제
② 연구목적, 연구의 필요성
③ 연구내용과 국내외 연구동향
④ 연구방법
⑤ 관계문헌 목록
⑥ 연구추진 일정

연구 제안문에서 가장 중요한 부분은 서론부분과 연구방법론 분야이다. 이들 방법의 세부목차는 따로 고정되어 있지는 않지만 대체로 〈표 9-1〉의 A, B, C案 중 어느 하나 혹은 각 案의 혼합된 형태로서 연구의 성격이나 상황에 따라 저자가 결정해야 한다. 아래 표에서 보듯이 서론분야에서 가장 중요한 내용은 '연구문제'의 진술로서, 반드시 서론에 포함되어야 한다.

〈표 9-1〉 서론과 연구방법의 세부목차 구성 대안

	A안	B안	C안
서론분야	연구의 배경 및 의의 연구문제의 진술 이론적 배경 가정 및 가설	문제의 진술 연구의 의의와 목적 용어정의/기본가정 관계문헌 고찰과 가설	연구의 의의 연구문제와 범위 이론적 배경과 가설 기대효과
연구방법분야	연구대상 측정도구 실험방법/절차 연구 일정계획	조사대상/표집방법 측정방법 분석방법 연구일정	측정대상과 측정방법 표집방법 측정도구 분석 절차
기타	잠정 연구목차 참고문헌	잠정적 연구목차 참고문헌	잠정적 연구목차 참고문헌

註: 서론과 연구방법 案이 각각 한 세트로 구성된 것은 아니다. 예컨대, 서론은 A案을, 연구방법은 C案을 택할 수도 있다.

연구문제는 상업적인 연구보고서의 경우에는 대개 포함치 않으며 대신 '(사업의) 기대효과' 항목을 요구하기도 한다. 발주처에 따라서는 연구진, 연구예산 (소요경비 내역) 등을 제안서에 포함시키도록 요구하기도 한다. 보다 학술적인 연구제안서는 체제가 이 보다 더 엄격하고 복잡한 편이다. 빌(Veal, 1997: 52~56) 등이 제시한 학술연구 제안서를 예시해 보면 다음과 같다.

① 연구의 배경 및 연구의 필요성(관련 참고문헌 포함)
   연구문제 및 가설
② 주요 개념 설명, 전반적 연구 전략 제시
③ 연구를 위해 필요한 자료 명기
④ 자료수집 방법
   자료수집의 유형
   표본추출의 방법, 필요 표본수
⑤ 연구 일정표
   준비 작업 기간
   현장 작업(자료 수집) 기간
   자료분석 기간
   논문(보고서) 초안 탈고 기간
   최종 원고 탈고 기간
⑥ 예산 계획(필요한 경우에 국한)
   연구진 인건비(인당 日費用 및 日數, 경상비, 회의비 등)
   현지 조사비 및 자료 수집비
   부대 경비(여비, 인쇄비, 복사비 등)
⑦ 연구 목차(잠정적 목차)
⑧ 투입 자원 계획(예산 조달이 필요한 경우에만 명시)
   연구진-이력서
   컴퓨터 등 동원 가능한 기자재

여기서 보면, 연구제안문은 서론(연구 배경, 연구문제, 가설 등), 연구 설계 (자료수집 방법 등), 연구일정, 예산계획(필요한 경우), 투입 자원 계획(예산 조달이 필요한 경우)의 다섯 부분으로 나누어짐을 알 수 있다. 다만 학위관련 논문의 경우, 마지막 두 항목, 즉 예산계획과 투입자원 계획은 생략해야 한다.

제안문의 내용 중 뭐니 뭐니 해도 가장 중요한 항목은 서론 부분이며, 그 중에서도 중요한 것은 연구 문제. 연구의 배경 내지 연구 필요성의 언급이다. 이 제안서를 검토하여 채택여부를 결정할 상대방에게 연구할 문제의 핵심이 무엇이며 왜 이 연구가 꼭 필요하고 또 이 연구 결과가 학문적 지식(이론) 형성에, 그리고 실제 사회에 어떻게 기여할 것인가를, 다시 말해 연구의 논리적 정당성(logical justification)을 명확하게 밝히는 것이 연구 시작에 앞서 가장 선행되어야할 전제조건이기 때문이다. 예를 든다면, 연구의 필요성 내지 정당성은 다음과 같은 여러 형태들 중 그 어떤 것에서 찾아야 할 것이다.

- A이론은 청소년 계층에게는 적용되어 인정을 받았지만 이 이론이 과연 노년층에게도 적용될 수 있는지 아직 검증된 바가 없다.
- B이론은 서양에서는 증명되었지만 문화가 다른 우리나라에서는 아직 검증된 바가 없다.
- 이미 많이 인용되고 있는 C라는 주장(명제)은 아직 경험적으로 충분히 논증된 바가 없다.
- D라는 이론 또는 방법론은 다른 사회과학 분야에는 많이 적용된 바 있지만 관광분야에는 아직 적용된 적이 없다.
- E라는 이론은 단기적으로는 증명되었지만 장기적으로도(通時的으로도) 적용될 수 있는지 아직 확인된 바가 없다.
- F라는 이론은 G라는 중요가정을 빠트렸으므로 바른 이론으로 보기 어렵다.
- H라는 이론은 연구방법론상 (이러이러한) 중대한 결함을 갖고 있다.

학위논문 제안서를 위해 특별히 양식을 정해두지 않는 대학도 많다. 그러나 英美를 막론하고 논리경험주의 입장을 취하는 사회과학관련 학위논문 계획서의 경우, 이미 체제가 어느 정도 관행화되어 있는데, 〈표 9-2〉가 그것이다. 그러므로 관광학 연구자의 경우, 이 체제에 따라 연구제안문을 작성한다면 별 무리가 없을 것이다.

〈표 9-2〉 관행화된 경험주의적 학위논문 제안서의 체제

Ⅰ. 서론

  -(연구의 배경, 또는 연구의 필요성)

  -연구문제의 제기

  -(연구목적)

  -(연구의 의의)

  -연구범위와 연구의 한계

  -(개념의 정의)

  -(이론의 틀: 가정, 가설, 용어의 정의)

(Ⅱ. 연구대상 사례의 현황)

Ⅱ. 기존 관련연구의 검토

  -(연구 가설)

Ⅲ. 연구방법(연구 설계) 계획

   -조사방법(혹은 측정대상): 표본조사, 문헌조사, 표본추출방법 등

   -분석방법: 조사자료의 성격, 측정도구, 측정변수의 조작,
          분석수단(기법)

   -자료분석 절차 및 계획

Ⅳ. 참고문헌

Ⅴ. 논문의 잠정적 목차

Ⅵ. 연구진행계획 일정표

註: 괄호 안에 표시한 것은 대개 선택사항이다. 경험적 사례연구의 경우, Ⅱ장 '관련연구의 검
    토'의 앞(즉, 새로운 Ⅱ장) 또는 그 다음 장(새로운 Ⅳ장)에 '연구대상 사례의 현황'을 삽입
    할 수도 있다.

2. 본 논문의 체제와 구성

앞에서 지적한대로 학위논문(theses, dissertations)이냐 또는 전문 학술지에 발표되는 소논문(journal article, monograph 등)이냐에 따라 논문의 구성 순서와 방식에는 차이가 있다. 학위논문은 주어진 모든 형식을 완전하게 구비한 긴 논문이지만, 소논문은 제한된 지면에 압축하여 기술해야 하므로 내용의 상당 부분이 축약되어져야 한다.

1) 소논문의 경우

小論文이라 함은 학술논문으로서의 형식을 갖추었으되 짧은 논문으로서, 담당교수에게 제출하는 논문 또는 지면이 한정되어 있는 학회지나 전문학술지에 게재하는 연구물을 말한다. 분량은 보통 200자 원고지 100매 이내(A4用紙에 더블 스페이스로 친 워드 문서로는 10-20매 정도)에 해당된다.

소논문, 특히 전문학술지 게재논문의 경우 할애 받을 수 있는 지면이 크게 제한되어 있는 경우가 많으므로(예컨대, 한국관광학회지의 경우는, A4 용지 약 20 페이지 內外였으나 최근 다시 18 페이지 정도로 축소 조정함) 학위논문 같이 모든 형식을 다 갖추어 제출할 수 가 없다. 물론 짧은 지면이라 하더라도 그 속에 내용상으로 문제제기, 연구방법, 가설, 선행이론 검토 등을 함축시켜야 한다. 전문 학술지 게재논문 작성의 어려움이 바로 여기에 있다.

예를 들어 학회지 게재 小論文의 경우 節, 項 등의 하위요소를 모두 제목으로 나열하며 조목조목 형식을 갖추어 기술하다 보면 분량이 이미 초과해 버리게 된다. 이 경우에는 章 등의 상위구성 요소(서론, 연구방법, 연구 결과, 논의 및 결론)만 제목으로 기재하는 것이 요령이다. 서론 속에는 연구문제, 가설과 가설의 논거가 될 수 있는 선행이론에 관한 리뷰를 압축 포함시켜야 함은 물론이다. 그러나 이에 익숙치 않은 투고자(특히, 본인이 쓴 학위논문을 축약하여 학술지 등에 게재신청을 하는 대학원생)들의 경우, 그냥 서론 속에 모두 포함시키면 될 내용을 "문제제기, 연구목적, 개념의 정의, 가설의 제기…"하는 식으로 서론의

節, 項 심지어 目까지 제목을 달아 나열하는 미숙함을 보이는 사례가 흔하다. 물론 그렇게 하면 제한매수를 훨씬 초과하게 된다. 그런 초보 투고자가 아닌 기성 투고자들 중에도 "제2장 문헌고찰, 제1절 가설제기" 하는 식으로 목차를 세분화시켜 내용을 전개해 나가는 경우가 흔하다. 각종 범세계적 학술지의 논문작성 형식의 典型이 되고 있는 미국심리학회(American Psychological Association) 나 현대언어학회(Modern Language Association) 는 그 지침서에서 보듯이 이를 허용치 않는다(뒤 제10장 참조).[1]

즉, 아래 표에서 보듯이 서론 속에 연구문제, 이론 리뷰, 가설 등 모두를 함축시키는 것이 관례이고 이들의 권고사항이다. 예를 들어 APA는 논문목차의 구성을 다만 '서론', '연구방법', '결과', '논의'의 4가지로 할 것을 요구하면서 '서론' 속에는 '문제의 제기', '문헌 고찰', '연구목적과 논리적 근거'만을 넣을 것을 요구하고 있다(American Psychological Association, 1994: 11-12). 그렇지 않고 이를 장황하게 다시 章, 節식으로 나누어 기술한다면, 지면상 핵심이 되는 본론 부분은 분량 면에서도 요약 정도에 그칠 수밖에 없어 빈약해보이게 된다. 참고로 소논문의 구성목차를 예시해보면 다음 표와 같다.

〈표 9-3〉 학술지 투고용 小論文의 구성 목차와 포함 내용

구성 목차	포함 내용
제목	한글 및 영문 제목
요약문	영문 요약, 핵심 용어(key words)
서론	연구문제, 선행이론 리뷰(연구배경),가설 및 논거
연구방법	조사설계, 표집방법, 분석방법(가설검정 방법)
분석 및 논의	가설의 검정, 분석 결과의 해석
(결론 및 시사)	(검정결과의 요약, 정책시사, 향후 연구과제)
참고 문헌	관련 국내 문헌 및 해외 문헌

주: 결론 및 시사(괄호 부분)는 분석 및 논의와 통합될 수 있음.

---

1) 이에 관해서는 이 장의 부록에 제시한 필자의 간단한 소논문(학술지형 소논문 작성 형식에 대한 비판적 고찰) 一讀을 권한다.

〈표 9-4〉는 정기 학술지(주로 영문 저널)에의 논문 투고시, 미국 심리학회
(APA)가 요구하는 목차구성상의 요소이다. 우리나라의 국문 학술지 목차와 큰
차이가 없음을 알 수 있다.

〈표 9-4〉 미국심리학회(APA)가 제시하는 저널 소논문의 목차와 구성 요소

구성 주요소	하위 요소
제목(Title Page)	저자명(Author's name) 소속기관명(Institutional affiliation)
요약문(Abstract)	
서론(Introduction)	연구문제(Problems) 연구배경(Background) 연구목적(Purpose) 가설 및 논거(Hypothesis & Rationale)
연구방법(Method)	연구대상(Participants & Subjects) 자극물 또는 자료(Stimulus or Subjects) 실험장치/도구(Instruments) 연구절차(Procedure)
연구결과(Results)	통계분석(Statistical Analysis)
논의(Discussion)	
참고문헌(Reference) 부록(Appendices)	

자료: 강진령 (1997: 30) 및 *American Psychological Association*(1994: 11-22).

2) 대논문(학위논문)의 경우

학위논문은 완전한 형식을 갖춘 대논문으로서, 소논문과 달리 구성이 방대하
고(특히, 사회과학의 경우) 모든 연구논문의 전형이 된다. 학위논문은 물론 章
(chapter)뿐만 아니라 절, 항 등의 소제목도 갖추어야 한다. 학위논문은 다음
〈표 9-5〉와 같이 크게 序頭, 本文, 參考資料의 세 부분으로 구성된다.

학위논문의 경우 원고매수가 얼마까지여야 한다는 분량상의 제한은 없다.
자연과학 분야에서는 수식증명으로 끝나는 5-10페이지 분량의 짧은 논문도 다
반사이지만, 사회과학에서 관행화되고 있는 분량은 대개 200-300페이지(200자

원고지 기준) 정도이다. 학위논문이 아닌 소논문(articles)의 경우, 보통 원고지 100매 내외가 교육부, 한국학술진흥재단 등이 묵시적으로 인정하는 기준이다.

박사 학위논문은 석사 학위논문보다 반드시 분량이 많아야 한다는 법은 없다. 또한 본문 분량의 구성비에 대한 어떤 요건이 있는 것도 아니다. 그러나 이들 논문의 전체 분량을 100%라 한다면, 서론(研究史 포함)은 10-30% 정도, 본론은 50-60% 정도, 결론은 10-20% 정도, 참고문헌 및 기타를 10% 이내 정도로 배분하는 것이 이상적이다.

이하에서는 序頭 중심으로 그 형식을 설명하고 本文(text)은 章을 달리해 설명해 보도록 하겠다.

〈표 9-5〉 사회과학 학위논문의 일반적 구성 순서

대분류 요소	구성 요소
서 두	겉표지(Cover) 속표지(Title page) 인준서(Approval Sheet) 謝辭(Acknowledgement) 獻呈(Dedication) 내용 목차(Table of Contents) 표 목차(List of Tables) 그림 목차(List of Figures) 논문 초록(Abstract)
본 문	서론(Introduction) 이론적 배경(Theoretical Background) 연구방법(Research Method) 분석 결과 및 논의(Results and Discussion) 결론 및 시사(Conclusions and Implication)
참고자료	참고문헌(References) 영문요약(Abstract) 부록(Appendix)

3. 서두의 구성

논문의 겉표지는 크게 세 부분, 즉 제목 부분과 필자란, 소속란으로 나뉜다. 먼저 제목부분에는 상단에 논문의 용도(예, 석사 학위 청구논문, 혹은 박사 학위 청구논문), 논문의 국문 제목 (때로는 국문제목에 이어 영문 제목)을 기입한다. 둘째, 필자란에는 소속기관(학교)명, 소속학과 및 전공, 논문 저자의 이름, 그리고 논문 제출일을 기입한다. 학위논문의 겉표지는 학교마다 다소의 차이가 있다. 영미식도 이와 유사하나 제목과 이름에 이어서 대체로 다음과 같이 논문의 용도를 기술하는 것이 관례이다.

A Dissertation submitted in partial fulfillment
of the requirements of the degree of Doctor of Philosophy
in Tourism and Hospitality Management

이렇게 서술하는 것이 맞는 이유는, 일정학점 이상의 교과목을 이수하고(보통 석사학위는 평점 3.0 이상, 박사학위는 평점 3.5 이상을 이수요건으로 함), 종합시험, 구술시험, 논문제출 및 통과가 학위취득의 요건이기 때문에 논문 한 편의 제출은 단지 부분적인 '요건 충족'(partial fulfillment)에 불과하기 때문이다.

1) 제목(title)

제목만 보더라도 논문의 대략적인 내용을 짐작할 수 있을 정도로 제목은 논문의 주요 골자를 간명하고도 포괄적으로 함축하고 있어야 한다. 논문 제목은 주제를 간명하게 표현해야 하고 조사할 이론적 논제나 주요 변수들, 그리고 이들 사이의 관계를 분명하게 포함해야 한다.

논문 제목의 주요 기능은 독자들에게 논문 내용을 요약적으로 제시하는 데 있다. 논문 제목은 일반적으로 유사 전문분야 데이터베이스의 참고문헌으로 색인(indices)되기도 하므로 가급적 부적절한 단어들은 피하는 것이 좋다. 또 논문 제목은 데이터베이스에 색인되는 과정에서 제목의 길이를 줄이기 때문에 가급적 제목을 길게 늘어놓지 않는 것이 좋다. 예를 들면, 논문 제목에 '~에 관한 연구'니 '~에 관한 분석' 또는 '~에 관한 실증 연구'와 같은 군더더기 표현을 하는 것은 바람직하지 않다.

사실 우리나라에서는 이런 식의 표현이 이미 관행화되어 버렸지만, 학문 선진국에서나 전문 학술지에서는 좀처럼 이런 표현을 쓰지 않는다. 예컨대, 논문 제목을 영문으로 표기할 경우에 'A Study of (on) ~'나 'An Analysis of ~' 또는 'An Experimental Investigation of ~', 'Observations on~' 등과 같은 군더더기 단어(waste words)는 붙이지 않는 것이 좋다고 학자들은 충고한다(Day, 1979: 9). 우리나라 연구자들도 논문의 국문제목이나 영문 제목 대부분에서 '~에 관한 연구'니 'A Study on ~' 등의 부적절한 제목을 덤으로 붙이는 경향이 있는 데, 이는 어색하고 고루한 표현이다. 이미 그 작품이 연구란 사실은 세상이 다 알고 있는데, 굳이 '~에 관한 연구'(A Study on ~)란 표현으로 '연구'라는 점을 강조하는 것은 혹시 그 연구가 "겉포장만 요란한 '수준에 미달하는 연구'일지도 모른다"는 의구심을 불러일으킬 수도 있다. 또 '~에 관한 실증적 연구'(A Positive Study on ~)란 표현도 비교적 많이 쓰는, 유치하기 이를 데 없는 '단골 修辭'(customary rhetoric)인데, 필자의 경험에 의하면 대개 이런 논문들은 그 거창한 표방에 반비례하여 내용상으로는 실증적 함량이 미달한 경우가 더 많았다. 사회과학 학술논문은 거의 다 가설을 검정하는 실증연구 논문인데, 굳이 이를 강조하는 저의가 무엇이겠는가? "내 논문은 실증력이 변변치 못하다. 제목으로라도 이를 위장해 보자"라는 식의 속셈이 내포되어 있지나 않나 하고 제3자로부터 공연히 의심받을 수도 있을 것이다.

만약 영문으로 논문 제목을 표기하는 경우에는 대문자로 시작한다. 그리고 관사와 전치사를 제외한 나머지 단어의 첫 글자는 대문자로 표기한다. 그렇지만 논문의 제목을 모두 대문자로 표기해도 무방하다. 영문 제목의 권장할 만한 논문 제목의 길이는 10-15단어 정도이다.

2) 소속기관명·소속학과 및 전공·저자명·인준일

학위논문의 경우에는 필자란에 네 부분, 즉 소속기관명, 소속학과 및 전공, 저자명, 그리고 논문 인준일이 포함된다. 여기서 소속기관명은 논문 작성자가 재학중인 대학원명을 기입한다. 반면, 전문 학술지에 게재되는 논문원고의 필자란은 두 부분, 즉 논문 필자의 이름과 조사가 이루어지거나 논문이 제출된 기관명을 기입하여야 한다. 영문으로 작성되는 논문의 경우에는, 'by ∼'나 'from the ∼'라는 말은 생략한다.

소속을 밝힐 때에는 저자(들)가 어디에서(기관명) 연구를 수행하는지를 분명하게 해주어야 한다. 학위논문의 경우, 소속 기관명은 논문 제출자가 소속되어 있는 대학(원)명을 기입하면 된다. 만일 전문 학술지에 게재되는 논문의 저자가 어떤 기관에도 소속되어 있지 않을 경우에는 저자의 이름 밑에 그가 거주하고 있는 市나 道의 이름을 쓴다. 혹시 연구가 완결된 이후에 소속기관이 바뀌었다면 저자의 신원 각주에 현재의 소속기관의 명칭을 기입한다.

소속학과 및 전공 名은 새로운 줄에 표기한다(예: 관광학과 관광경제 전공). 논문 저자의 이름을 표기할 경우, 당연히 저자의 性을 먼저 쓰고 다음에 이름을 쓴다. 단, 영문으로 작성되는 논문의 저자 성명은 이름(first name), 중간이름(middle name)의 머리글자, 그리고 姓(last name)의 순이다. 학술지에서는 성을 앞에 쓰고 쉼표를 쓰는 형태가 선호된다(예: Kim, Chul-Soo).

논문 인준일은 전문 학술지에 제출되는 논문의 경우에는 저자가 논문을 실제로 제출한 날짜를 기입한다. 하지만 모든 절차를 마치고 심사에 통과한 학위논문의 경우에는 그 논문이 대학원으로부터 최종적으로 인준된 날을 의미한다. 인준일은 학위가 수여되는 연도와 달을 기입하는 것이 일반적이다.

3) 제목 페이지(title page)

제목 페이지는 논문의 겉 표지와 매우 유사하다. 차이가 있다면 논문의 용도가 생략되는 반면, 논문 지도교수의 이름과 논문 제출 확인문(예: 이 논문을 관광학 석사 학위논문으로 제출함)이 포함된다.

4) 인준서(approval sheet)

학위논문의 인준서는 다음과 같이 세 부분, 즉 심사위원 확인란, 그리고 소속기관(학교)명 및 인준일로 나눌 수 있다.

① 인준문

　예: 홍길동의 관광학 석사 논문을 인준함

② 심사위원란

우리나라에서는 일반적으로 석사 학위논문의 심사위원은 3명(지도교수 포함)으로 구성되나 박사 학위논문의 경우에는 이보다 많은 5명(지도교수 포함)으로 구성된다. 나라 혹은 전공에 따라서 심사위원이 더 많은 경우도 있는데 서구의 경우, 지도교수는 원칙적으로 심사위원에 포함되지 않는다. 인준서의 중앙부분에는 논문 심사위원이 서명할 난을 심사위원 수만큼 둔다.

③ 소속 기관명·인준예정일

학위수여 기관의 명칭, 학위를 인준한 날자(대개 月)를 기재한다.

5) 사사(謝辭: acknowledgement)

사사는 논문을 준비하고 작성하는 과정에서 신세를 졌거나 도움을 준 사람들에게 감사한 뜻을 표하는 글인데, 학교에 따라서는 머리말(foreword)로 대신하기도 한다. 謝辭의 위치는 경우에 따라 맨 뒷부분(부록 다음)에 오기도 한다. 이 사사는 학위논문에 반드시 필요한 요건은 아니며 논문 저자의 선택사항이다. 어떤 학교에서는 이 난을 인정하지 않기도 한다.

6) 헌정(獻呈: dedication)

사사와 더불어 특정인(단체)에 대한 감사의 표시를 적는 헌정란에는 대개 한 페이지 전면을 사용하여 그 상단에 "이 논문을 ○○○에게 바친다"라는 식으로 헌정하는 대상을 표시한다. 대개 부모님, 은사, 아내, 자식들이 그 대상으로 많이 표기된다(예: 사랑하는 나의 아내에게; Dedicated to My Beloved Mother; To My Son). 이 난도 논문 저자의 선택사항이다.

2 연구논문 본문의 구성방식

1. 서론의 구성방식

서론에서 밝혀야 하는 것은 그 논문에서 다루는 문제의 성질에 대한 객관적인 설명이다. 즉, 어떤 현상의 인과관계에 대해 연구자가 가지는 의문을 기술하고 (問題提起), 이중에서 무엇을 연구할 것인가(研究目的), 또 이 문제를 어떠한 범위에 국한시켜 다룰 것인가(研究 範圍), 이 연구의 제약점(자료, 분석기법상의 한계점 등)은 무엇인가(研究의 制約点), 어떠한 방법으로 이 문제를 규명할 것인가(研究方法) 하는 점이 기술되어야 한다.

아울러 여기에서는 연구자가 제기한 문제를 가설의 형태로 제시하여야 하며 분석을 위한 가정도 언급해야 한다.

1) 연구문제와 가설의 기술

연구문제와 가설은 연구의 골격이 되는 가장 중요한 요소이다. 좋은 연구문제의 설정은 좋은 가설 구성을 가능케 하며 이는 또한 가설의 기각 여부 검정을 수월케 해준다. 따라서 연구문제 및 가설과 관련하여 여러 가지 대안을 놓고 지도교수 또는 동료들과 충분히 토론하여 올바른 연구문제와 가설을 수립하도록 해야 한다.

이미 이 연구문제와 가설 구성에 관한 문제는 앞의 제3장에서 별도로 논의하였으므로 여기서는 다시 논의하지 않기로 한다.

2) 기타 개념의 기술 방식

① 연구 목적 및 연구의 의의

논문에서 구체적으로 달성하고자 하는 목적(research objectives)이 무엇인가를 기술한다. 연구목적은 대개 연구문제만 명확하다면 자명하게 도출될 수 있다. 예컨대, '한국 관광지의 혼잡이 과연 이용자의 질적 만족도를 떨어뜨리는가?'라는 연구문제를 제기했다면, 연구목적은 '만족도의 영향요인을 밝혀 우리나라 관광지 이용자의 질적 만족도를 제고하는 방안을 모색해 보자는 것'이 될 수 있다.

연구의 목적이 보다 직접적인 목표라고 한다면, 연구의 의의(significance)는 이 연구의 보다 장기적 차원의 기대효과를 말한다. 따라서 연구의 의의에서는 그 연구결과가 관련 학문분야에, 실무종사자(정책결정자)에게 또는 사회전반에 미치는 효과가 어떠할 것이라는 점을 이야기하면 된다. 연구란 어느 정도 그 유용성(utility)이 전제되어야 하므로 이 항목은 곧 연구자의 제안서를 평가하는 사람들에게 이 연구가 노력과 시간을 바쳐 연구해 볼 만한 가치가 있다는 점을 납득시키는 근거가 된다.

② 연구 범위 및 연구의 제약성

연구의 범위와 제약성(scope of the study and research constraints) 또한 연구목차의 중요한 항목이다. 훌륭한 과학적 연구주제일수록 연구의 범위가 좁고 분명할 뿐만 아니라 연구의 제약성이 잘 명시되어 있으며, 비과학적이고 이론적 수준이 낮은 연구주제일수록 연구범위가 넓거나 심지어 막연하기까지 하다. 연구범위가 너무 넓고 모호 막연하다면 검증도 제대로 할 수 없고 따라서 결론은 참고할 가치조차 없는 공허한 연구가 될 가능성이 크다.

참고로, 연구범위 및 연구의 제약성은 내용적으로 다음과 같은 점을 중점적으로 밝히는 것이 바람직하다.

- 이론 구성의 변수, 사실의 범위를 확정한다(이론적 범위, 공간적 범위, 시간적 범위 등의 확정).
- 타인의 이론을 수정하기 위한 것일 때는 그 수정되어야 할 이론 부분의 약술과 그 수정의 근거가 될 사실범위의 확정 및 그 사실파악을 위한 개념을 정의해야 한다.
- 이 연구를 수행하는 데 있어서 자료의 제약성(예: 신뢰도 부족 등), 분석 방법상의 제약성(방법론의 미개발·불완전으로 인한 취약성 등) 등을 미리 언급한다.

③ 연구방법

사실 발견의 방법(현지조사, 문헌조사방법, 표본의 추출방법 등), 가설의 검증방식(△△모형의 이용, t통계·F통계 등 검정통계의 이용 등)을 간략히 기술한다. 그러나 본론에서 '연구방법론' 항목을 설정하여 자세히 기술한다면 이 項은 생략해도 무방하다.

④ 용어의 정의

이 항목은 논문에서 사용된 주요 용어들에 대해서 논문작성자가 조작적 정의(operational definition)를 내리는 부분이다. 여기에서는 특정한 용어를 이 논문에서 어떤 의미로 사용할 것인가를 밝혀야 한다. 만약 기존에 사용하던 번역용어를 다른 말로 번역하여 사용할 경우에는 그 이유에 대한 타당성을 뒷받침하는 명백한 설명을 첨부해야 한다.

문제제기에서 제시된 변수들의 범위를 축소시켜 가설화하기 위해서는 변수들을 경험적으로 '측정'이 가능하도록 조작하여야 하는데, 여기서 이 조작된 변수를 제시하고 설명하여야 한다.

2. 이론적 배경의 기술 방법

과학적 연구는 타인의 발견사실과 무관하게 존재하는 고립된 은둔자의 연구활동이 아니다. 오히려 그것은 연구결과를 서로 공유하고 지식을 추구하는 여러 연구자들의 집단적 노력의 산물이다. 이런 점에서 뉴먼은 이론 리뷰의 목적을 다음과 같이 이야기하고 있다(Neuman, 1991: 80).

① 연구자가 그 분야 지식(a body of knowledge)을 숙지하고 있음을 보여 주어 심사자로 하여금 신뢰감을 갖게 하기 위함이다.
② 이전의 연구경로를 보여 주어 현재 추진하고 있는 연구와 어떻게 연관성을 맺고 있는가를 보여 주기 위함이다.
③ 현재 밝혀진 이론이나 법칙을 종합하고 요약한다.
④ 타인이 발견한 사실을 배우고 새로운 아이디어를 찾게 해준다.

이론 리뷰는 '기존 관련이론의 검토', '연구사' 또는 '이론적 배경'(review of related literature/ theoretical background)이라고 불리기도 한다. 이론 리뷰는 大논문의 경우 보통 제2장에 해당된다.

이론 리뷰에서는 가설논의에 관계되는 기존의 학설을 소개한다. 학설소개는 ① 年代記順, ② 이슈順 또는 ③ 연구자順 등 여러 가지 방법으로 기술할 수 있다. 그러나 기술은 기존의 업적에 대해 주관이나 감정에 좌우되지 않게 공정하고도 적절하게 평가 비판해야 하며, 비판에서 새로운 문제점이 있다면 이를 '크로즈 업'하는 것이 좋다. 이 章은, 소형 논문의 경우, 보통 서론에 축약 포함시켜 서술하는 것이 좋다.

'기존 관련 이론의 검토'는 바로 연구자가 이 주제에 관해 얼마나 깊이 연구했는가를 나타내는 척도가 되므로 이 章을 깊이 있고 충실하게 기술하는 것은 연구자에게는 특히 중요하다. 전문가가 된다고 함은 이 분야에 관련된 모든 기존연구를 이해하고 섭렵했다고 보기 때문이다. 이론 리뷰에서 기술방법상 몇 가지 주의해야 할 사항을 아래에서 밝혀 두기로 한다.

첫째, 선행연구나 문헌에 대해 검토는 하되 너무 소모적으로 역사적 개관에 매달려서는 안 된다. 논제에 적합하지 않은, 불필요한 내용은 다루지 않은 것이 좋다.

둘째, 선행연구들과 현재의 논제간의 논리적 연속성을 기해야 된다. 개념적으로나, 이론적으로 현재 본인의 연구와 연결되지 않는 내용은 군더더기에 불과하다.

셋째, 논란이 되고 있는 문제에 대해서는 공정하고 객관적인 입장에서 다루어야 한다. 주관에 너무 치우쳐 논박을 한다든지 논문작성자 스스로의 입장을 공정하지 않게 옹호하며 정당화시키는 것은 논문의 수준을 떨어뜨리고 제3자에게 설득력을 주지 못한다.

3. 主文(本論)의 구성과 기술방식

主文은 자기의 학술적 추측, 즉 제기한 가설의 진위를 판정하고 그 결과를 해석하는 논증부분이라 할 수 있으며 논문의 핵심에 해당된다. 논문에 있어 중심은 이 主文에 있으므로 지면배당에서도 서론, 결론에 비해서 많은 부분(적어도 50-60%)이 여기에 할애되어야 한다. 主文은 크게 세 가지로 분류할 수 있는데, 연구방법론과 분석결과의 해석 그리고 결론이 그것이다.

1) 연구방법(research methods)

학위논문에서 연구방법(research methods) 부분은 제3장에 해당된다. 이 장에서는 연구가 어떻게 수행되었는가를 상세하게 밝혀야 하는데, 이것은 독자나 평가자로 하여금 연구방법의 적절성과 연구결과의 타당성 및 신뢰성에 대한 믿음을 갖게 해준다. 여기서 언급할 주요항목은 연구대상, 검증도구, 조사나 실험의 방법, 검정통계(t-검정, F-검정, 카이자승-검정 등), 분석의 모형, 분석자료의 성격 등으로서 가급적 자세히 기술하여야 한다. 이를 크게 4부분으로 나눈다면 다음과 같다.

- **조사·표본의 설계**: 표본조사의 경우 표본 추출방법, 허용오차, 2차 자료나 문헌 조사방법의 경우 인용문헌의 범위 등을 설명한다.

- **자료의 특성과 가공 처리방법의 기술**: 분석할 자료의 출처, 성격 등을 밝히고, 이를 어떻게 가공하여 처리했는가를 밝힌다.

- **개념의 조작과 정의(operational definition of terms)**: 조사할 변수(독립변수, 종속변수)를 경험세계에서 객관적으로 측정할 수 있도록 하기 위해서는 이의 구체화가 필요하며, 그러기 위해서는 막연히 제시된 변수를 더욱 구체적, 현실적으로 조작·재정리해야 한다. 예를 들어, 관광량, 관광매력도, 혼잡도, 소득수준, 창의성, 권위주의, 성공, 성취도, 장래성 등의 변수를 제시했다면, 이들을 더욱 구체적으로 현실적으로 조작 정의하여 실제 연구에 즉각적으로 적용할 수 있도록 만들어야 한다.

- **분석 방법 및 분석 모형**: 가설을 증명하기 위한 구체적 방법을 제시한다(검증 통계 등). 분석 모형은 '현실의 추상화'로서 보통 통계학적 모형을 사용한다(예: 회귀분석 모형, 주성분 분석 모형, 요인분석 모형 등).

2) 분석 결과, 해석 및 논의

분석결과, 해석 및 논의(results, interpretation and discussion)는 학위논문의 경우, 제4장에 해당된다. 여기서는 서론에서 세운 가설을 특정 연구방법을 적용해 분석한 결과를 밝히고 이를 해석한다. 즉, 가설이 채택 또는 기각되었음을 밝히고 이 사실이 의미하는 바를 논리적으로 추론한다. 발견 사실을 기존의 연구 업적이나 이론에 대비시켜 영향(기여도), 의의 등을 논의하고 평가한다. 귀납적으로 확인된 발견을 통해 이의 일반화(generalization) 가능성 여부를 논의한다.

이 章에서는 표(tables), 그림(figures) 등을 통해 명료하게 연구결과를 제시하고 이를 해석하여야 한다. 추리 통계치(t-통계, F-통계 또는 카이자승 통계 등)를 써서 설명할 때는 검정 값, 자유도(degree of freedom), 유의 수준(significance level), 효과의 방향 등에 관한 정보를 제시하고 설명하여야 한다. 물론 여기에서는 평균(mean), 표준편차(standard deviation) 등의 記述統計도 제시하며 표본의 성격 등을 밝히는 것이 좋다.

3) 요약 및 결론

요약 및 결론(summary, conclusion and recommendation)은 학위논문의 경우, 논문의 마지막 장(제5장)에 해당된다. 이 장은 일반적으로 ① 요약, ② 결론, ③ 연구의 한계점, ④ 시사점 그리고 ⑤ 후속연구를 위한 제언(즉, 향후 연구과제)으로 나뉜다. APA 양식의 경우, 이 마지막 章의 제목은 '논의'(discussion)라고 題名하지만 우리나라에서는 대부분의 경우 '결론', '요약 및 결론' 또는 '결론 및 시사'라고 題하는 것이 관례이다.

이 장에서는 먼저 본론에서 얻어진 사실의 발견 내용 및 그 시사점을 간략히 요약·정리한다. 결론의 언급은 어디까지나 본론에서 확인된 논거에 의거하여, 귀납적으로 얻어진 것을 밝히는 것이어야 한다. 여기서 중요한 점은 앞에서 이루어진 '문제제기→가설설정→가설검정'의 과정을 통해 밝혀진 사실을 조목조목 요약 기술해야 한다는 점이다. 만약 제기한 연구문제와 가설이 두 개라면 두

개 모두에 대한 검증결과가 여기에서 언급되어야 한다.

한편, 도출한 결론이 있더라도 이를 지나치게 針小棒大하거나 비약시켜 기술해서는 안되며 객관적으로 증명된 사실만을 냉정한 자세로 기술하여야 한다. 분석한 자료는 거창한데 반하여 결론이 빈약하거나, 반대로 분석한 내용은 빈약한데 결론만 거창하다거나, 당연히 해야 할 주장을 겸손하게 얼버무리는 태도 등은 바람직하지 못하다.

끝으로 이 연구를 통해 해명치 못한 문제가 있으면 이를 언급해 두어(즉, 향후 연구과제의 기술) 다른 후속 연구자들에게 연구과제가 되도록 한다. 개선방안 또는 건의 사항이 있다고 생각되면, 개선방안과 그 효과, 정책건의 등의 示唆(implications)를 조심스럽게 그리고 간략하게 행하도록 한다.

〈표 8-7〉은 관광관련 논문을 평가하는 심사자의 이상적 평가 기준을 평가 점수별로 나타낸 것이다. 이 가중치가 통용되는 표준치라 할 수는 없지만 대체로 각 과정이 어느 정도 중요한지를 상호 대비하는 데 중요한 참고자료가 될 수 있을 것 같다. 여기서 보면, 방법론과 분석 그리고 결론이 전체의 60%를 차지할 정도로 중요하고 이론 리뷰도 중요한 비중을 차지함을 알 수 있다.

〈표 8-7〉 우수논문의 이상적 평가 기준

100 %	심사자의 평가 기준
5 %	주제의 선정과 정의: 주제가 연구목적, 가설과 명백히 관련되었는가?
15 %	이론 리뷰: 앞의 연구목적에 나타난 사항에 대해 적절한 정보를 제공하며 간결하고 정곡을 찌르는가?
10%	자료 수집: 적절한 방법론에 입각, 자료수집이 객관적으로 타당성 있게 이루어졌는가?
20%	방법론: 연구가설을 검증하는 방법이 적절하고 타당하게 적용되었는가?
20%	분석: 연구가설 증명과 관련하여 자료가 조직적으로 분석되었는가?
20%	결론: 제시된 가설과 관련하여 결론이 잘 내려졌는가? 가설 기각·채택의 논의와 적절한 시사점 제시는?
10%	표현력: 결과물이 기준에 맞게 잘 쓰여졌나? 표현력, 문법이 적절하며 오탈자는 없는가?

자료: Clark *et al.*(1998: 35)

연구문제

1. 각자 관광관련 학술지에서 연구문제가 과학적이라고 생각되는 사례를 2건씩 찾아내고 왜 그것이 좋은 문제인가를 설명해 보라.

2. 여러분 각자가 논문을 쓴다고 가정하고 이에 맞는 가설을 가상적으로 세워 보라. 또 그 논리적 근거에 대해서도 기술해보라.

 더 읽을거리

▶ 연구논문의 체제 및 구성방식: Veal, A. J.(1997). *Research Methods for Leisure and Tourism: A Practical Guide.* (2nd. edition), Pearson Professional Limited의 제3장 및 제15장 참조하기 바란다.

▶ 소논문 작성방식에 대해서는, 필자의 간단한 소논문, '학술지형 소논문 작성 형식에 대한 비판적 고찰: 한국관광학회지 투고논문을 중심으로'『관광학연구』통권 제34호, 25(1): 351-361, 2001을 참조하기 바란다.

학술지형 소논문 작성형식에 대한 비판적 고찰:
韓國觀光學會誌 투고논문을 중심으로*

How to Write an Article for Periodical Journals:
A Criticism on the Format and Style of Articles Appeared at TOSOK Journal

ABSTRACT

This paper states how to write an scientific manuscript especially for the Journal of the Tourism Sciences in terms of formating and styling. In the first part, author elaborates publication styles involving the construct of contents, title heading, abstract and keyword. In the meantime mentioned were the problems of co-authorship that has been increasing recent decade probably on account of increasing necessity of interdisciplinary approach and partly because of 'free riding' i.e breaking into the true author without any or substantial contribution.. Glancing over the trends of various methodological approaches among the recent articles appeared at the Journal, author finally cautions too heavy reliances on the quantitative approaches, suggesting some ideas inviting qualitative papers..

핵심용어 : 투고형식, 영문요약, 핵심용어, 공동저작, 연구방법론

---

* 본 부록의 논문은 (社) 한국관광학회 발행 계간학술지 『觀光學研究』 2001년 제25권 3호 (통권34호) pp. 351-361의 연구노트란에 게재한 필자의 소논문으로서, 논문형식에 대한 예시를 위해 원본을 소폭 수정하였음을 밝혀둔다.

I. 서 론

주지하듯이, 한국관광학회가 발행하는 오랜 연륜의 학회지 「관광학연구」는 엄격한 익명 심사제를 도입하며 양질의 논문을 게재하기 위해 노력해왔다. 그러던 중 「관광학연구」는 한국학술진흥재단이 처음 실시한 登載學術誌制에 다른 여러 학술지들과 더불어 1998년 3월 응모한 바 있다. 심사 결과, 다른 많은 학술지들을 제치고 채택된 58개 학술지중 심사 최고 점수(78.5점)를 받으며, 관광관련 학회지로는 최초로 '등재 후보학술지'로 인정받는 쾌거를 이룩하였다. 이후 계속 심사인 제2차 심사에서도 적격판정을 받아 2001년 1월 마지막으로 제3차 심사본을 제출한 후 이제 최종 판정을 기다리고 있는 중이다.

편집방식이나 심사방식 등에 있어 기존 제도보다 오히려 일층 더 발전된 제도를 견지하고 있으므로 이제 곧 최종적으로 '후보'란 접두사를 떼고 당당하게 등재학술지가 되는 것은 불문가지의 사실이다. 이는 물론 당시 초대와 2대 편집위원장으로서의 필자의 미력한 노력도 다소 보탬이 되었지만 제3대 오익근 위원장(계명대 교수) 그리고 현재의 제4대 김성혁 위원장(세종대 교수)의 헌신적이고 열의에 넘치는 노력, 그리고 역시 무보수로 번거로운 편집 일을 맡으며 묵묵히 수고해주신 각 代의 여러 편집위원님들의 노고에 크게 힘입은 결과이다. 한국관광학회지 발전의 공로자는 그 뿐만이 아니다. 수시로 의뢰된 심사청탁 원고를 바쁜 일과 중에도 마다 않고 꼼꼼히 객관적으로 심사해주신 여러 익명 심사위원들의 헌신적 노고에도 힘입은 바 또한 크다.

허스트(P. Hirst)란 학자는 학자간에 의사소통 역할을 할 네트웍(network)의 존재여부를 분과학문(a discipline)이 될 수 있는 네 가지 필요조건 중의 하나로 꼽은 바 있다(Tribe, 1997에서 재인용). 이제 우리 관광학계에도 「관광학연구」라는 '학문적 의사소통 통로'가 명실상부하게 가동되고 있으므로 관광학 분야도 이제 어느 정도 독립분과학문으로서의 전제조건이 성숙되어가고 있다는 느낌을 가져 볼 수 있다.

그러나 근자에 필자가 학회지의 편집고문으로서, 그리고 학회지 영문요약(abstract) 관련 프룹 리더(proof-reader)로서 조금이나마 학회지 편집 일을 도와오면서 느낀 바는 이러한 네트웍이라는 필요조건의 성숙이 양적으로만 이루어졌지 질적으로는 아직 크게 성숙하지 못했다는 느낌을 지울 수 없다는 점이다. 학회지의 보다 질적인 성숙을 위하여 그 동안 나타났던 투고논문들에 투영된 각종 문제점들을 냉정하게 살펴보고 경우에 따라서는 이런 문제점을 극복 내지 개선시킬 수 있는 방안이 무엇인가를 생각해보기로 한다.

II. 학회지 투고논문 형식에 관한 문제

대개 정기적으로 발행되는 학술지들은 간행의 일관성과 학술지로서의 보편성을 유지하기 위해 저마다 고유의 논문게재 양식(publication styling and format)을 만들어 놓고 있다. 사실 국내 학술지들은 얼마 전까지만 해도 이런 양식 설정에 무관심한 편이었고 그래서 출판사가 임의로 대충 양식을 만들어 출판해온 것이 사실이다. 그러나 출판사가 임의로 정하든 아니면 학술지 간행 주체가 이를 정해 놓든 간에 논문의 양식은 학문이나 주관기관의 성격에 따라 크게 또는 작게나마 서로 다르며 독자성을 띤다.

예컨대 북미의 경우, 인문과학은 현대언어학회(The Modern Language Association: Gibaldi, 1999)의 논문작성 스타일을 따르고 사회과학은 대부분 미국심리학회(The American Psychological Association)가 정해둔 기준을 따른다. 보다 정확하게 말한다면 이 기준들을 따른다기보다 이를 처지에 맞게 기준을 약간 변형시킨 형식을 취하는 경우가 많지만, 기본적인 골격은 대체로 이들 양대학회의 기준을 답습하고 있다. 관광관련 학회지의 예를 들어보면 *Journal of Teaching in Travel and Tourism*(편집위원장: Connie Mok), *Journal of Travel and Tourism Marketing*(편집위원장: Kaye Chon), *Tourism Analysis*(편집위원장: Mujaffer Uysal and Richard Perdue) 등은 모두 APA 양식을 따르고 있다. 한편 *Tourism Management*(편집위원장: Chris Ryan)는 하바드 대학 양식을, *Journal of Travel Research*(편집위원장: Charles Goeldner)는 시카고 대학 양식을 따르며 *Annals of Tourism Research*(편집위원장: Jarfar Jafari)는 APA와 유사하면서도 다소 독자적인 방식을 내세우고 있다. 한국관광학회지는 한글판 「관광학연구」의 경우, APA와 유사하되 어느 정도 독자적인 형식을 취하고 최근 창간호를 낸 영문학회지 *International Journal of Tourism Sciences*는 전적으로 APA 양식을 따르고 있다.

여기서 필자가 논하려는 것은 각주의 방식, 참고문헌의 방식 등 외형적인 형식문제를 논하려는 것이 아니고 좀 더 질적인 부문의 형식에 대해 생각해보려는 것이다.[1]

---

1) 여기서 논하는 내용은 필자의 졸저 『관광학연구방법론』(일신사: 2000)의 일부 내용과 다소

1. 목차 구성의 문제

소논문, 특히 전문학술지에 게재되는 소논문의 경우, 투고자에게 할애해주는 지면이 크게 제한되어 있는 경우가 많다(예컨대, 한국관광학회지의 경우는, A4 용지 약 10페이지 내외, 학회지 포맷 기준 20페이지 내외). 그러므로 논문 투고자는 학위논문같이 모든 형식을 다 갖춘 장문의 원고를 투고할 수가 없다. 그러면서도 학회지는 짧은 지면 속에 간결하게 문제제기, 연구방법, 가설, 선행이론 검토 등을 함축시킬 것을 요구한다. 전문 학술지 게재논문 작성의 어려움이 바로 여기에 있다 하겠다.

예를 들어 학회지 게재 小論文의 경우, 학위제출 논문 마냥 節, 項, 目 등의 하위요소에 모두 제목을 달고 조목조목 형식을 갖추어 기술하다 보면 요구하는 적정분량이 이미 초과해 버리게 된다. 그러므로 소논문의 경우에는 章 등의 상위구성 요소(서론, 연구방법, 연구 결과, 논의 및 결론)만 제목으로 기재하는 요령이 필요하다. 서론 속에는 연구문제, 가설과 가설의 논거가 될 수 있는 선행이론에 관한 리뷰를 압축, 포함시켜야 함은 물론이다. 참고로 소논문(학회지 기준 한글 논문에 한정)의 구성목차를 예시하면 다음 〈표 1〉과 같다.

〈 표 1 〉 학회지 투고용 小論文의 구성 목차와 포함 내용

구성 목차	포함 내용
제목	한글 및 영문 제목
요약문	영문 요약, 핵심 용어(key words)
서론	연구문제, 선행이론 리뷰(연구배경),가설 및 논거
연구방법	조사설계, 표집방법, 분석방법(가설검정 방법)
분석 및 논의	가설의 검정, 분석 결과의 해석
(결론 및 시사)	(검정결과의 요약, 정책시사, 향후 연구과제)
참고 문헌	관련 국내 문헌 및 해외 문헌

주: 결론 및 시사(괄호 부분)는 분석 및 논의와 통합될 수 있음.

그러나 이에 익숙지 않은 투고자(특히, 본인이 쓴 학위논문을 축약하여 게재신청을 한 대학원 수료자)들의 경우, 그냥 서론 속에 모두 포함시키면 될 것을 "문제제기, 연

중복되는 점이 있음을 밝혀둔다.

구목적, 개념의 정의, 가설의 제기…"하는 식으로 서론의 節, 項 심지어 目까지 제목을 달아 나열하는 미숙함을 보이는 사례가 많다. 그런 초보적 투고자가 아닌 기성 투고자들중에도 "제2장 문헌고찰, 제1절 가설제기"식으로 목차를 세부화시켜 내용을 전개하는 경우가 흔하다. 위에 설명한 APA나 MLA 등은 이를 허용치 않는다. 위 표에서 보듯이 서론 속에 연구문제, 이론 리뷰, 가설 등 모두를 함축시키는 것이 관례이고 권고사항이다. 예를 들어 APA는 논문목차의 구성을 'Introduction', 'Method', 'Result', 'Discussion'의 4가지로 할 것을 요구하면서 'Introduction'속에는 'Introduce the problem'(문제의 제기), 'Develope the background(discuss the literature)'(문헌고찰), 'State the purpose and rationale'(연구목적과 논리적 근거)만을 넣을 것을 요구하고 있다(The American Psychological Association, 1994: 11~12). 그렇지 않고 이것을 장황하게 다시 章, 節식으로 나누어 기술한다면, 지면상 핵심이 되는 본론 부분은 분량면에서도 요약 정도에 그칠 수밖에 없어 빈약해보이기 마련이다. 『관광학연구』誌가 제목 다음에 기재하는 내용목차(contents table)를 생략하는 이유도 이와 같이 소논문의 구성목차는 거의 4개의 章으로 定型化되어 있기 때문이다.

요컨대, 문헌연구나 규범적 연구가 아닌 경험적 연구(empirical research)의 경우는, 한국관광학회지 투고용의 소논문에 관한 한 다음과 같이 목차를 축약해서 간결하게 구성하는 것이 필요하다.

- 서론: 연구 문제, 관련연구 고찰, 가설 및 그 논리적 근거 제시
- 연구방법(method): 연구하는데 이용할 방법 및 방법론의 기술
- 분석 결과(또는 해석 및 논의): 발견한 결과의 기술, 해석 및 평가
- 논의(또는 결론): 분석 결과의 요약, 논의 및 시사 점, 향후 연구과제

2. 논문의 타이틀(title heading)에 관한 문제

제목만 보더라도 그 논문의 내용을 대충 짐작할 수 있을 정도로 제목은 해당논문의 주요 골자를 간명하고도 포괄적으로 함축하고 있어야 한다. 주제를 간명하게 표현해야 하고 조사할 이론적 논제나 주요 변수들, 그리고 이들 사이의 관계를 분명하게 함축하는 것이 제목의 성격이라 할 수 있다. 논문 제목은 일반적으로 관련 전문분야 데이터베이스의 참고문헌으로 색인(indices)되고 편집되기도 하므로 핵심이 되지 않는 부적절한 단어들은 피하는 것이 좋다. 또 논문 제목은 데이터베이스에 색인되는 과정에서 제목의 길이를 줄이는 수가 많기 때문에 가급적 제목을 길게 적지 않아야 한다. 예를 들면, 논문 제목에 "~에 관한 연구"나 "~에 관한 분석" 또는 "~에 관한 실증

연구"와 같은 군더더기 표현을 다는 것은 바람직하지 않다.

사실 우리나라에서는 이런 식의 표현 습관이 이미 관행화 되어 버렸지만, 외국의 전문 학술지에서는 좀처럼 이런 표현을 쓰지 않는다. 예컨대, 논문 제목을 영문으로 표기할 경우에 "A Study of (on) ~"나 "An Analysis of ~" 또는 "An Experimental Investigation of ~" 등과 같은 군더더기 표현은 하지 않는 것이 좋다고 학자들은 공개적으로 충고한다(Day, 1979: 9; APA, 1994: 7). 우리 학회지논문들도 예외없이 논문의 국문제목이나 영문 제목에서 "~ 에 관한 연구"니 "A Study on ~" 등의 제목을 덤으로 붙이는 경향이 있는 데, 이는 어색하고 진부하기 그지없는 표현이다. 이미 이 작품이 연구란 사실은 세상이 다 알고 있는데, 굳이 "~에 관한 연구"(A Study on ~)란 표현을 제목에서 해야할 필요가 있을 까? 또 "~에 관한 실증적 연구"란 표현도 비교적 많이 쓰는 학회지 투고논문의 '단골 제목'인데, 필자의 경험에 의하면 대개 이런 논문들은 거창한 표방에도 불구하고 내용상으로는 실증적 함량이 오히려 더 미달하는 경우가 많다. 사회과학 학술논문은 거의 다 가설을 검정하는 실증연구(또는 경험적 연구) 논문인데, 굳이 이를 제목에서 강조한다면 그 저의를 의심받을 수도 있다.

3. 영문 요약(abstract) 및 핵심 용어(key word) 기술 문제

1) 영문 요약의 기능과 구성

요약(abstract)이란 단어 그대로 본문의 내용을 짧게 종합적으로 일목요연하게 기술한 내용이다. 요약의 목적은, 첫째로 관련 독자로 하여금 본문을 읽지 않고도 이 글이 대충 어떤 내용을 다루고 있는가를 짐작케 해주는 데 있다. 두 번째 목적은 각종 관련 정보매체들로 하여금 개요를 발췌하고 분류하는 색인(index) 글로서의 역할을 하는데 있다. 실제로 많은 학자들이나 기관들이 색인집을 통해 해당논문을 찾던가 아니면 발췌하여 출판물로 내놓는 사례도 최근에는 흔하다(예: Leisure Recreation and Tourism Abstracts).

오늘날 홍수같이 쏟아지는 학술정보 속에서 학자들은 이 요약문만을 먼저 읽어본 후 논문 전체를 읽을 것인가 말 것인가를 결정하는 경우가 많다. 특히 컴퓨터를 이용한 전자출판물의 경우 이런 경향은 일반적이다. 요컨대, 요약집은 논문전체에 대한 길잡이 내지 일종의 '미끼' 역할을 하는 것이다.

그런데 우리의 현실은 어떤가? 우리나라의 학술공용어는 한국인에게 국한된 한글이므로 불행히도 범세계적 통용성, 즉 보편성(universality)을 갖지 못한다. 따라서 그러한 局地性을 다소나마 극복키 위해 몇 줄 짜리 영문공용어로라도 해당논문이 '이런 이런 내용이다'라는 점을 국제적으로 밝히고자 한다. 우리 학회지도 그 예외가 아니다. 다른 학회지와 약간 다른 점이 있다면 『관광학연구』지는 이 요약문의 역할을 강조하는 의미에서 제목 다음의 표지 전면에 이 요약문(학회지 양식으로 10줄 내외, 단어로는 90단어 내외)을 게재한다는 것이다.

그런데 학회지에 게재 신청되는 영문요약의 현실은 어떤가? 영어가 우리의 익숙한 공용어가 아니기 때문에 영어적 표현의 미숙성은 그렇다 치더라도 제출된 영문요약이 해당 논문의 개요를 일목요연하게 요약정리한 것과는 거리가 먼 경우가 너무 많다는 데 문제의 심각성이 있다. 아마 '본문의 내용이 좋으면 그만이지 요약이야 아무렇게나 쓰면 어떤가. 누구 그리 읽어보겠나' 하는 식의 안이한 발상에서 나온 결과인지도 모른다.

그 사례를 몇가지 들어보면, 분석 결과는 없이 연구목적만 '첫째, 둘째, …'하면서 여러 가지로 나열해 놓는다던가, 연구결과(findings)는 제시하지 않고 '이러 이러하게 조사했다'는 식으로 연구방법만 잔뜩 채워놓는 경우도 많다. 대부분의 경우 "The objective of this study is to present…" 하는 식으로 귀중하기 그지없는 10줄 중 2~3줄을 의미없게 할애해 버리는 것이 다반사이다.

투고자들의 참조를 위해서, APA가 제시하는 요약문 작성방식의 몇 가지 요령을 참고삼아적요해보면 다음과 같다.

(1) 간결하고 구체적이어야 한다. 인칭은 3인칭을 사용해야 하며, "보일러 뚜껑"식의(APA, 1994: 10) 모호한, 실제 정보가 담겨져 있지 않은 문장을 써서는 안된다(예: Conclusions were drawn and policy implications were discussed. Further research efforts was suggested 등).

(2) 연구문제는 가급적 한 줄만 할애하고 연구목적도 필요한 경우 한줄 정도로만 간결하게 기술하는 것으로 끝낸다(연구목적은 생략하는 것이 바람직). 이어서 연구 주제, 연구방법(분석도구, 자료수집 방법, 구체적 검정통계 등) 등을 두 줄 정도로 간결하게 약술한다.

(3) 분석 결과(검정, 유의 수준 등) 내지 발견된 사실을 중심으로 4~5줄 정도로 간략히 기술한다.

(4) 결론과 시사점을 두 줄 내외로 기술한다.

2) 핵심 용어의 선정

이어서 핵심용어(key word) 선정에 대해 몇 가지 언급해본다. 해당논문 핵심용어 선정의 목적은 두말할 여지없이 수없이 쏟아져 나오는 학술논문들의 색인화 작업을 도와주기 위한 것이다. 국내에서는 색인이 일반화되어 있지 않고 있어서 대부분의 학회지들이 핵심용어를 별도로 제시하지 않아 왔으나, 한국한광학회는 제3대 편집위원장(오익근 교수) 때부터(제22권 1호, 통권 26호, 1998년 8월 발간) 처음으로 채택하기 시작하였다. 앞으로 한국학술진흥재단도 이 색인을 적극 활용할 계획으로 있어 색인의 중요성은 더욱 높아 가리라 생각된다.

핵심용어는 말 그대로 그 논문의 主題語이므로 주로 제목과 본문에서 이 논문의 성격이나 발견사실을 대표하는 4~5개 단어가 발췌되면 된다. 주의해야 할 것은 내용상에 있는 단어라도 평범하게 쓰여지는 일반 단어, 예를 들어 "현지조사, 여행, 관광객, 숙박…" 하는 식이 되어서는 안된다. 그 연구의 특징이나 모형, 연구결과를 한 마디로 대변하는 단어가 되어야 한다(예: 가상적 평가방법, 탄력성, 우등재, 비교우위; 다중회귀분석, 인터넷 마케팅, 특급호텔, 커뮤니케이션 등).

Ⅲ. 공동 저작(co-authorship)의 문제

논문은 보통 단독으로 작성된 논문이거나 공동으로 저작된 논문으로 구성된다. 단독 저작의 경우는 더 이상 말할 필요가 없지만, 공동저작물인 경우에는 主著作者(primary contributor) 그리고 副著作者(secondary contributor)의 문제가 제기된다. 주저작자란 해당 논문을 실제로 작성했을 뿐만 아니라 '상당한' 수준의 기여자(즉, 문제와 가설 설정, 연구설계, 통계분석 수행, 결과의 해석 또는 원고의 상당 부분을 기술한 자)를 말한다. 副著作者 역시 원고의 작성 내지 통계분석 또는 결과의 해석에 깊이 관여하면서 논문의 완성에 2차적으로 적지 않게 기여한 사람을 말한다. 이런 경우두 저자는 저작물 아래에 저자임(authorship)을 나란히 기재하면 된다. 대부분의 평가기관들이 主著作者에게 평점을 더 주기 때문에(대개 전체의 약 60% 정도 비중) 주된저작자가 기여도에서 더 많은 인정을 받는 것은 당연하다. 만약 다소 적게 기여를한 기여자(그 정도를 판단하기도 어렵기는 하지만)는 하단 각주(footnote)나 後註(endnote)를 통해 謝辭를 하면 된다.

그런데, 기여도에 있어 '상당한 기여'(substantial contribution) 혹은 '다소 적은 기여'(lesser contribution)의 경계를 구분 짓기는 현실적으로 극히 어렵고 개념상으로도 모호하다. 특히 학생-교수간의 작품인 경우, 저작자 표기 문제는 논란의 여지가 많으며 좀 더 심각하게는 윤리적 문제까지 제기하게 만든다. 연구문제의 설정, 가설 검증방법을 조언해 준, 혹은 최종 원고의 부적절한 문장을 다소 수정해준 지도교수를 과연 副著作者에 포함시킬 수 있는가 하는 것이 그것이다. 물론 투고자인 해당학생의 논문 지도에 소홀했던(별로 혹은 전혀 기여해주지 못한) 지도교수가 부저작자로 이름을 등재하는 것은 윤리적으로 용납될 수 없다. 기여도를 저울질하여 부저작자로 이름을 함께 등재하는가의 여부의 결정은 어디까지나 교수의 학자적 양심에 관한 문제라 생각된다.

아래 〈표 2〉 및 〔그림 1〕은 학회지 창간호가 발행된 1977년부터 2001년 2월의 통권 33호까지 그 동안 게재된 총 419편의 논문에 대한 단독저작 여부를 조사하여 본 것이다. 단독비율(100%)이 시간이 지남에 따라 급격히 감소하고 반대로 2인 이상 공동저작 비율(대부분이 교수-학생 관련 논문임)이 지수함수적으로 급증하고 있음을 표와 그림은 보여주고 있다. 이런 현상은 특히 익명심사 도입(제18권 1호, 통권 18권, 1994년 8월) 이후부터 두드러지고 있으며, 이후 2000년부터는 단독-공동비율이 反轉되어 공동저작의 비율(52.9%)이 단독저작(47.1%)을 앞지르고 있다. 대학사회에 연구업적평가를 통한 교수 연봉제, 성과급제, 재임용제 강화 등의 바람이 몰아닥치고 있는 현실을 감안할 때, 왜 공동저작 비율이 최근에 들어 급증하는 가를 짐작케 해준다.

이런 현상을 평가해보면, 최근 학계에 협동연구가 활발히 이루어지고 있다는 긍정적 의미도 있겠지만 대부분의 이런 공동저작이 지나치게 교수-학위수료자를 중심으로 이루어지고 있다는 점에서 볼 때 학회지 발행자의 입장에서 결코 바람직하게만 볼 수 없을 것 같다.

〈 표 2 〉 관광학연구誌 게재논문의 연도별 단독저작비율 변화추이

(단위: 논문편수, 백분율)

구분	1977~81	1982~86	1987~91	1992~96	1997~2001	1999~2001
단독	37(100.0)	51(94.4)	66(90.4)	76(76.8)	83(53.2)	46(46.9)
2인	0(0.0)	2(3.7)	2(2.7)	21(21.2)	55(35.3)	39(39.8)
3인+	0(0.0)	1(1.9)	5(6.8)	2(2.0)	18(11.5)	13(13.3)

주: 연구노트, 서평 등을 제외한 총 419편의 (심사)논문만을 대상으로 함. 1993년까지는 비심사논문으로 년 1회 간행본이며, 1994년(제 18권 1호, 통권 18호)부터 1999(제22권 3호, 통권 28호)까지는 연 2회, 2000년(제 23권 2호, 통권 30호)부터는 년 3회 발행본 논문을 합한 수치임.

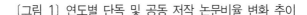

[그림 1] 연도별 단독 및 공동 저작 논문비율 변화 추이

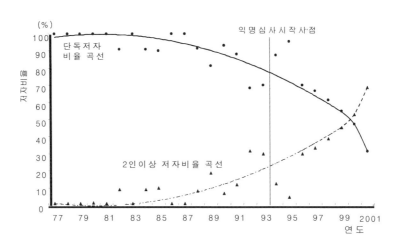

　문제는 이들 공동저작된 논문일수록 논문형식상에서나(앞의 2장에서 언급한 목차구성, 타이틀, 영문요약 등)이나 논문 내용면에서나(예: 명시적으로 가설을 1, 2, 3, 3-1, 3-2, 3-3, 4,..., 10 등 명시적으로 내세우며 단순검정으로 일관하는 경우 등) 더 고루한 형식에 치우쳐 있다는 점이다.

　질이나 형식면에서 해외 유수의 학술지들은 이런 교과서식의 논문들을 게재하지 않는 데에서 우리 학술지와 너무 크게 대비된다. 물론 학회지가 학위수료자의 학계진출 통로로서의 역할을 담당하는 것은 바람직하지만 이 비율이 기성 연구자의 비율을 급격하게 상회해가고 있고 이와 비례하여 피교육자의 옷을 벗지 못한 듯한 세련되지 않은 논문들이 전체 논문들을 양적으로 압도하고 있다는데 문제의 심각성이 있다.

　이런 문제가 익명 심사 시스템에서 별로 걸러지지 않는다면 그 역할은 편집위원회가 할 수밖에는 없다고 생각된다. 예를 들어 지나치게 이론 리뷰(과다한 참고문헌 포함)로 일관하던가, 불필요한 제목을 세세하게 나열하던가 그리고 통계학 교과서의 가설 검정 연습식으로 눈에 보이게 '수많은' 가설 제기와 가설 검정으로 일관하는 교과서식 논문은 조언을 통해 자제시키는 것이 차후 학회지의 질을 높이는 바람직한 방향이라 생각된다.

IV. 연구방법론상의 문제

사회과학에서 자주 주목되어온 방법론적 쟁점 중의 하나는 사회현상을 수치화시킨 定量的 方法을 써야 할 것인가 아니면 定性的 方法(質的 方法)을 써야 할 것인가 하는 점이다. 前者는 사회과학도 자연과학의 연구방법과 다를 바 없으며 진정한 과학이 되기 위해서는 자연과학이 추구하는 방법을 따라야 한다는 입장으로서 영미중심의 경험주의 혹은 실증주의 과학철학에 깊은 뿌리를 두고 있다. 반면에 後者, 즉 정성적 방법론은 사회과학은 인간행동·행태에 관한 탐구이므로 개인의 주관적 체험문제 혹은 '존재론적 문제'는 결코 수량적으로 다룰 수는 없다고 본다. 과학주의를 앞세운 경험실증주의 방법만으로 복잡하기 그지없는 인간사회 문제와 인간가치 문제를 다 해석하고 파악할 수 없다는 것이다.

그리하여 적지 않은 사회철학자들은 과학주의만을 앞세운 이러한 계량주의를 '과학의 物神化'에 불과하다고 비판한다. 우리가 연구대상으로 삼는 사회 및 인간 내면의 심층에 깔려 있는 '구조적, 생동적 요인'을 파악하는 것은 도외시한 채 수박 겉 핥기식으로 피상적 표피적 사실만을 들추어내는 데 급급하다는 것이다. 만약 이와 같이 표피적 문제만을 계량적으로 다룬다면 그것은 技術學에 불과하다는 것이 사회철학자들의 주장이다.

그렇다면 우리 관광학회지는 어떤 접근방식을 취해야 할 것인가? 최근 한국관광학회지에 투고되는 논문들을 놓고 볼 때, 정량적이고 경험적인 접근방법이 압도적인 다수(약 89% 이상)를 차지하고 있다(〈표 3〉 참조). 문제의 심각성은 정성적 방법이라 할 규범적 접근과 전혀 균형이 이루어지지 않고 있다는 데 있다. 이런 식의 경향이 지속된다면 관광도 결국 '기술학'에 불과하다거나, 혹은 통계학 교과서연습문제 풀이 실습 잡지'라는 혹평을 받을 지도 모른다.

관광학은 사회·문화·경제 등 다원적 현상을 규명하는 복합학문인 동시에 간학문적 내지 통합학문적 접근방식을 취하는 학문이므로 방법론 또한 어느 한가지에 국한될 수는 없다. 관광객이나 관광목적지 주민의 의식세계는 결코 양적 지표만으로는 파악할 수 없는 질적 인간내면적 요소를 담고 있기 때문이다. 따라서 이러한 질적 논문 투고를 더 고무·장려할 수 있는 어떤 제도적 방안을 모색하는 것이 시급하다고 생각되며 역시 그 방안은 편집위원회를 중심으로 하여 강구되어야만 할 것이다.

〈 표 3 〉 기간별 관광학연구誌 논문의 접근방법 변천(1977~2001)

방법론별	기간별 논문 편수 (단위: 편, %)							
	1977~84 (N=81)		1985~93 (N=130)		1994~95 (N=28)		1996~2001 (N=175)	
접근방법별								
規範的	3	(3.7)	1	(0.8)	1	(3.6)	4	(2.3)
記述的	42	(51.9)	65	(50.0)	2	(7.1)	5	(2.9)
經驗的	8	(9.9)	33	(25.4)	24	(85.7)	156	(89.1)
處方的	28	(34.6)	31	(23.8)	1	(3.6)	10	(5.7)

주: 기간은 논문 심사방법이 바뀐 기간을 중심으로 구분하였다. 익명심사가 시작된 시기(1994년) 전후로 나누
고, 심사제 이후의 구간은 다시 2인 심사제 시기(1994~95)와 3인 심사제 시기(1996~2001년 현재)로
구분하였다.
자료: 김사헌(1999b: 198)의 < 표 3 > 및 < 표 4 >와 각년도 「관광학연구」 참조.

V. 논의 및 시사

이상에서 본 학회지 투고논문의 형식에 대한 몇가지 측면을 양적·질적인 관점에서
살펴보았다. 생각컨대, 「관광학연구」가 한국학술진흥재단의 등재학술지가 되었다 해
서 우리 학회나 학계 모두 결코 안주하거나 자만할 수는 없다. 학술진흥재단의 평가
잣대가 아무리 정교하더라도 학회지의 질적인 측면이나 내용까지 인정해주었다고 볼
수 없기 때문이다.

보다 성숙된 학회지를 만들기 위해서는 편집위원회 뿐만 아니라 심사자, 독자 모두
가 모니터링하고 쉼없는 선의의 비판을 해야하며, 이러한 지속적 관심과 노력의 토대
위에서만이 학회지는 더욱 발전하는 것이다. 목차나 제목, 요약문 등 사소하게 여겨
지기 쉬운 부분부터 주제, 저작권이나 연구방법론, 분석 등 주요 내용에 이르기까지
두루 우리의 비판적 관심과 충고가 이어지고 더불어 개선이 뒤따를 때 학회지는 명실
상부한 학계의 '학문적 의사소통 채널'로 자리매김하게 되리라 생각된다. 끝으로 앞으
로는 가능하다면 「관광학회연구」誌에 정기적으로 게재논문들의 성향이나 잘잘못을 모
니터링하는 제도가 도입되었으면 하는 바램이다.

참고 문헌

김사헌(2000). 『관광학연구방법론』. 일신사

김사헌(1999). 우리나라 관광학술지의 연구논문 성향 분석. 『관광학연구』誌의 成果를 중심으로.
　　『관광학연구』, 23(1): 189~211.

American Psychological Association(1994). *Publication Manual.* (4th edition)
　　Author

Day, R. A.(1979). *How to write and publish a scientific paper.* Phil.: ISI Press.

Gibaldi, Joseph(1999). *MLA Hand book for Writers of Research Papers*(5th
　　edition). New York: The Modern Language Association.

Tribe, J.(1997). The indiscipline of tourism. *Annals of Tourism Research,* 24(3):
　　638~657.

Principles of
Tourism Research Methodology

제 10 장

연구논문 작성 형식(I): 記述과 引用

1 각종 논문장식 양식: APA 방식과 MLA 방식

현재 우리나라에는 논문을 작성할 때 아직 전공분야 학계 전체에 통용되는 통일화된 논문작성 양식이 없다. 대학 혹은 학술지마다 자체적으로 논문작성 양식을 정해 두고 있기는 하나 형식이 제 각기이고 일관성이 없다.

반면에 구미에서는 학문 분야마다 독특한 학술논문 작성양식을 개발하여 오늘날 사용되고 있는데, 그 사례는 다음과 같다. 즉,

> MLA(Modern Language Association) 양식: 인문학 분야
> APA(American Psychological Association) 양식: 심리학, 사회학, 교육학, 경제학 분야
> Chicago(또는 Turabian) 양식: 다양한 학문 분야
> CSE(Council of Science Editors) 양식 : 생물학 분야
> AMA(American Medical Association) 양식: 의학, 생의학, 간호학 분야
> AIP(American Institute of Physics) 양식: 물리학 분야
> ACS(American Chemical Society) 양식: 화학 분야
> AMS(American Mathematical Society) 양식: 수학, 전산학 분야
> Bluebook 양식: 법학 분야

근래 세계적인 추세를 보면, 사회과학 계열은 주로 APA 방식을 따르며, 인문과학 계열은 MLA 방식을 따르는 경향을 보인다. 관광학은 사회과학분야이므로 관광관련 국제 학술지는 거의 모두 APA 방식을 준용하는 것이 최근의 경향이다(부록Ⅱ 참조).

APA(American Psychological Association) 양식은 원래 미국심리학회가 제정한 논문작성 양식인데, 심리학분야뿐만 아니라 세계적으로 200종 이상의 과학계열 학술전문지(journals)가 전체적으로 혹은 부분적으로 그 지침을 따르고 있을 정도로 세계적으로 권위 있는 논문작성 지침서이다. 이 지침서는 미국심리학회 편집위원회가 1944년에 공식적으로 제정한 이래 1978년에 제2판, 1999년에 제5판이 간행되어 오늘날 전세계 학술전문지 뿐만 아니라 각종 대학 등에서 학위논문 작성양식으로 활용되고 있는 실정이다. 우리나라도 최근 학술지의 국제화 경향과 더불어 한국관광학회를 중심으로 이 양식을 거의 준용하고 있다.

반면에 MLA 양식은 언어학자 및 교육자들을 중심 회원으로 1883년 창설된 '미국 현대언어학회'(Modern Language Association: MLA)가 제정하여 현재 국제적으로 약 125종의 인문과학계 및 신문·잡지에서 사용되고 있는, 주로 인문과학 분야에서 널리 채용하는 양식이다(Gibaldi, 1999: 서문 참조).

반면에 사회과학과 인문과학을 구분치 않고 과거에 많이 사용되어왔던(그러나 지금은 사용빈도가 줄고 있는) 양식은 시카고 양식(Chicago Style)으로서, 시카고 대학 도서관의 司書 투라비안(Kate Turavian)이 개발했다고 하여 "투라비안 양식"(Turabian Style)이라고도 부른다(Lipson, 2008: 99). 오랜 역사의 『시카고 양식 편람』(Chicago Mannual of Style)에 기초하고 있는 이 시카고 양식은 APA나 MLA와 양식이 유사하나 주석 번호('작은 윗 첨자')를 부여하고 이에 따라 정식주석과 약식주석을 표시한다는 점에서 요즘 양식과 다르다. 요즘에는 그리 흔히 쓰이지 않는 방식이다. 이하에서는 이들 APA, MLA 및 시카고 양식을 비교해 그 차이점을 밝혀보고자 한다.

다음의 〈표 10−1〉의 예에서 보듯이, APA와 MLA 두 양식간에는 주된 이용학문의 성격이 다르다는 점에서 서지형식의 차이를 발견할 수 있다. 예컨대 연구의 時期(timeliness)가 중요한 역할을 하는 과학류의 논문을 다루는 양식(APA 양식)에서는 연구시기(연도) 표시를 우선 사항으로 삼아 이를 앞 쪽에(저자 다음에) 제시

한다. 그러나 고전 문학작품과 같이 작품연도보다는 그 작품의 作家가 누구인가에
더 관심을 두는 인문과학의 MLA 양식에서는 저자와 페이지만을 표시하거나(문장
내 주석의 경우) 아예 저작 연도를 맨 뒤로 보내 버리기도 한다(참고문헌의 경우).

〈표 10-1〉 APA, MLA 및 Chicago 형식간의 차이점 비교

작성 형식의 예	형식상의 차이점
APA 형식: 문장내 약식 주석의 경우 예: (Marcuse,1975, p.19)	− 저자의 性 다음에 쉼표를 한 후 연도와 쪽수를 넣는다. 쪽(p)도 표시한다.
참고문헌의 경우 예: 　Marcuse, S. (1975). *A survey of musical instruments.* New York: Harper and Row.	− 이름은 약자만을 사용한다. − 연도를 이름 다음의 괄호 속에 넣는다. − 작품명은 첫 자만 대문자로 쓰고 나머지는 소문자로 한다. − 작품명은 이탤릭체로 표시하여 구분시킨다. − 출판사는 풀 네임(full name)으로 쓴다. − 첫 문단은 들여쓰기(indent) 한다.
MLA 형식: 문장 내 약식 주석　예: (Shakespeare, 19)	− 저자의 性 다음에 쉼표 없이 쪽수만 넣는다.
참고문헌의　예: 　Marcuse, Sibyl. A Survey of Musical Instruments. New York: Harper, 1975.	− 이름은 풀(full name)로 기재한다. − 연도는 맨 뒤로 보낸다. − 작품명은 단어마다 첫 자를 대문자로 쓴다. − 작품명은 이탤릭체로 쓰지 않고 대신 밑줄을 긋는다. − 출판사는 약식으로만 기재한다. − 첫 문단은 내어쓰기(flush)한다.
Chicago 형식: 정식 주석 예: 　[27] Sibyl Marcuse, *A Survey of Musical Instruments*(New York: Harper and Row Press, 1975), 24-26.	− 호를 붙인 각주와 미주를 사용하며, 여기에 정식주석과 약식 주석 두가지를 혼용한다. −정식주석은 완전한 출판정보를 다 기재한다 (즉, 저자의 性+名, 첫 대문자로 된 書名, 괄호속에 출판지, 출판사, 연도를 넣고, 끝에 페이지를 기재한다).
약식 주석 예: 　[28] Marcuse, *Musical Instruments*, 10-13	−약식주석은 출판정보가 반복되는 경우, 저자의 '性, 4단어 이하의 약식제목, 페이지'만을 기재한다.
참고문헌의 예: 　Marcuse, Sibyl. *A Survey of Musical Instruments.* New York: Harper and Row Press, 1975.	−MLA 형식과 유사하다(내어쓰기하고, 性+名의 順). 다만 書名을 밑줄 대신 이탤릭체로 구분시키며, 출판사 정보를 전부 다 기재한다.

자료: American Psychological Association(1994), Gibaldi(1999) 및 Lipson(2008)을 종합.

본서는 관광학이 소속된 사회과학에 관한 논문형식을 연구대상으로 다루므로
APA가 정한 논문작성 지침에 따르기로 한다. 참고서적으로는 미국 심리학회
(American Psychological Association)의 『출판지침서』(*Publication Manual,* 4th
Edition, 1994)를 준용하였다.

2 記述의 형식과 방법

1. 제목 달기(heading)의 형식

표제의 순서는 장, 절, 항, 목의 순으로 하는 것이 원칙이나 개인적 취향 또는 각종 학술지의 편집방침에 따라 로마숫자, 아라비아 숫자 쓰기도 한다.[1] 영어논문의 경우는 제목에 숫자를 붙이지 않는 등 한글논문과 형식이 사뭇 다르다. 한글의 경우를 먼저 설명해 보기로 한다.

우리나라 한글 논문의 경우, 목차의 구성은 보통 관례적으로 아래의 A형, B형, 또는 C형 중 하나를 취하는데, 그 순서를 보면 章(또는 로마숫자), 節, 1, 가, 1), 가), (1), (가), ①, ㉮ 혹은 2, 2), (2), ②식의 순서로 나열한다. 경우에 따라서는 가, 나, 다를 빼고 3.1, 3.2, 3.2.2 등 아라비아 숫자만을 써서 순서를 부여하기도 한다.

영어 논문의 경우는 C型이나 D型을 간혹 채택하는 경우도 있지만, 학위논문이든, 학술지 논문이든 간에 번호를 부여하지 않는 경우가 흔하다. APA 방식은 제목에 번호를 부여하지 않는 대신, ①제목의 중앙정렬 여부 ②제목의 大小文字 여부 ③밑줄(혹은 이탤릭체) 여부 ④구두점 여부 등의 구분으로 위계순서(우리나라의 장, 절, 등 순서에 해당)를 표시한다. MLA는 아래의 D型을 권장한다.

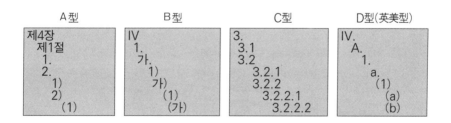

구체적으로, APA는 MLA와 달리 제목에 숫자를 달지 않은 채 다만 위계단위

---

1) 예: 한국관광학회지 『관광학연구』의 경우, 章 제목은 I, II, III, IV…을 사용한다.

(levels of heading)만을 다섯 가지 순서로 정해 놓고 필요에 맞게 선택하도록 권장하고 있다. 여기서 level이란 제목으로서의 각 '位階單位'를 나타내는데, 활자에 그은 밑줄은 이탤릭체와 동일한 표현임을 나타내며, 아래에서 예로 든 영문표기 그대로가 곧 영문제목 순서상의 位階(heading)를 나타낸다. 문장 내의 centered는 '중앙정렬'을, flush는 '내어 쓰기'를, indent는 '들어 쓰기'를 의미한다. 각 형식의 오른 쪽 숫자 표시는 각 위계의 단위를 나타낸다.

CENTERED UPPERCASE HEADING   =Level 5급
Centered Uppercase and Lowercase Heading   =Level 1급
Centered, Underlined, Uppercase and Lowercase Heading   =Level 2급
Flush Left, Underlined, Uppercase and Lowercase Side Heading   =Level 3급
Indented, underlined, lowercase paragraph heading ending with a period. =Level 4급

예컨대, 다음은 3단위 위계(1급, 3급, 4급)로 제목을 구성한 것이다. 여기서 Method는 한글의 章에, Sample and Procedures나 Measures는 한글의 節에 해당되며 Perceived control., Autonomy. 등은 項에 비유될 수 있다.

Method   = Level 1급
Sample and Procedures   = Level 3급
Measures   = Level 3급
Perceived control.   = Level 4급
Autonomy.   = Level 4급
Behavior and emotion.   = Level 4급

영어논문에서는 논문 제목의 많고 적음에 따라 위계단위 수를 신축적으로 할 수 있다. 짧은 논문인가 긴 논문인가에 따라 동일 위계단위 만을 사용할 수도 있고 (즉, 1개의 위계단위 사용), 3개, 혹은 4개 등의 위계단위를 사용할 수 있다. 다음의 예는 3개의 위계단위까지만 사용하는 경우를 예시한 것이다. 즉,

① 1개의 급단위 위계(one level)만 사용하는 경우
소논문(article, monograph 등)의 경우, 한 개 정도의 위계단위 만으로도 충분히 제목을 나열할 수 있다. 예를 들어 level 1級(제목을 중앙정열하고 단어 첫 글자는 대문자를 넣은 단위) 만을 위계단위로 쓰는 방식은 다음과 같다. 즉,

Introduction   = Level 1급
Method   = Level 1급
Results and Discussion   = Level 1급
Conclusion   = Level 1급

② 2개의 급단위 위계(two levels)만 사용하는 경우

역시 소논문이나 제목이 많이 세분되지 않는 학위논문 등에 사용될 수 있는 단위이다. level 2級과 level 3級(왼쪽으로 내어 쓰기하고 밑줄 긋기, 첫 글자는 대문자를 넣는 단위)의 두 개 위계단위만을 이용한 예는 다음과 같다.

Introduction	= Level 1급
Method	= Level 1급
<u>Procedure</u>	= Level 3급
<u>Sampling Method</u>	= Level 3급

③ 3개의 급단위 위계(three levels)를 사용하는 경우

Discussion and Conclusion	= Level 1급
<u>Limitation of the Study</u>	= Level 3급
<u>Implication for School Adminstration</u>	= Level 3급
<u>Implications for school administrator.</u>	= Level 4급
<u>Implications for teachers.</u>	= Level 4급
<u>Conclusions</u>	= Level 3급

2. 문장 부호

문장부호의 용법은 사소한 것 같지만 문장작법에서 지켜야할 일차적 기본요건이다. 마침표, 물음표, 느낌표의 사용법에 대해서는 이미 독자들 대부분이 충분히 이해하고 있을 것이므로 여기서 설명을 생략하고, 다만 틀리기 쉬운 문장부호, 이를테면 쉼표(comma), 가운뎃점, 쌍점(colon), 準쌍점(semi-colon), 따옴표(quotation mark) 등의 용법만을 간략히 설명토록 한다[2].

1) 쉼표(,)의 사용

문장 안에서 짧은 休止를 나타낼 때 쓰이며 구체적인 용례는 다음과 같다.

① 같은 자격의 어구를 열거할 때
　－ 근면, 겸손, 협동은 우리나라 사람의 미덕이다.

---

2) 문교부제정 및 고시 제 88-1호 「한글맞춤법」에 따랐으며, 참고자료는 이수열(2001)의 부록 '한글 맞춤법'중 일부를 발췌·인용하였다.

－ 매화와 난초, 국화와 대나무를 일컬어 사군자라고 한다.
② 바로 다음의 말을 수식하지 않을 때
　　－ 성질 급한, 그 사람의 누이동생이 화를 내었다.
③ 대등하거나 종속적인 절이 이어질 때에 절 사이에 사용한다.
　　－ 콩 심은데 콩 나고, 팥 심은데 팥 난다.
④ 부르는 말이나 대답 다음에, 가벼운 감탄사 뒤에, 그리고 제시어 다음에
　　－ 예, 지금 갑니다.
　　－ 물질, 물질이 인생의 전부인가?
⑤ 도치된 문장에
　　－ 다시 보자, 한강수야.
⑥ 문장 첫머리의 접속이나 연결사 다음에
　　－ 첫째, 사람은 건강한 것이 최고의 자산이다.
⑦ 문장 중간에 끼워 넣은 구절 앞뒤에
　　－ 나는, 솔직히 말해, 그녀를 사랑한다.
⑧ 문맥상 끊어 읽어야 할 곳에
　　－ 수업시간의 질문에서, 아니면 강의의 토론에서 깊은 영감을 받았다.
⑨ 숫자나 수의 자릿점을 나열할 때, 그리고 참고문헌을 표기할 때
　　－ 1, 2, 3, 4
　　－ (Richardson, 2001)

2) 가운뎃점(·)의 사용

열거된 여러 단위가 대등하거나 밀접한 관계임을 나타낼 때 사용하며 특정한 의미를 가지는 날을 표기할 때 사용한다. 영어에서는 사용치 않는 문장부호 중의 하나이다.
　－ 공주·논산, 천안·아산 등 각 지역구에서 2명씩 국회위원을 뽑다.
　－ 경북·경남 두 도를 합하여 경상도라 한다.
　－ 3·1 운동, 8·15 광복

3) 쌍점(:) 및 반쌍점(;)의 사용

쌍점(colon)은 다음의 경우에 사용한다.

① 앞에 나온 내용을 예시하거나, 확장하는 마지막 句나 절 앞에 붙인다.
　 － 文房四友: 붓, 먹, 벼루, 종이
② 저자명 다음에 저서명을 적을 때, 출판 장소와 출판사 사이에
　 - 정약용: 목민심서, 경세유표
　 - New York: John Wiley and Sons, Inc.
③ 時分, 章節을 구별할 때, 비율 등 둘 이상을 대비할 때
　 - 오전 10:30,　요한계시록 3:16
　 - 남성 대 여성의 비율은 105:100이다.

한편, 반쌍점(semi-colon)은 ① 접속사에 의해 연결되지 않은 두 개의 독립절을 분리할 때, 그리고 ② 이미 쉼표들을 포함하고 있는 요소들을 분리할 때 사용한다.
　 - The color order was red, white, blue; blue, white, red.
　 - 색상의 순서는 적, 백, 청; 청, 백, 적; 또는 백, 적, 청이었다.
　 - (홍길동, 1996; 김철수, 1997).

4) 큰 따옴표(" ")와 작은 따옴표(' ')

큰 따옴표는 글 가운데서 사람의 직접 대화를 표시할 때, 그리고 남의 말을 인용할 경우에 쓴다.

　 - "너, 어디 가느냐?" 하고 친구가 물었다.
　 - 예로부터 "민심은 천심이다."라고 하였다.

작은 따옴표는 따온 말 가운데 다시 따온 말이 들어 있을 때, 또는 마음속으로 한 말을 나타낼 때에 사용한다. 문장에서 중요한 부분을 두드러지게 하기 위해 사용하기도 한다. 특정 문장을 강조하여 주의를 끌고자 할 때도 사용된다.

- "여러분! 그럴수록 침착해야 합니다. 옛말에 '하늘이 무너져도 솟아날 구멍
  이 있다.'고 했습니다."
- 지금 우리에게 필요한 것은 '용기'가 아니라 '인내'이다.

3. 時制와 인칭

動詞의 어형변화에 따라 그것이 나타내는 행위·상태의 시간개념을 時制
(tense)라고 한다. 연구논문의 시제는 원칙적으로 현재 혹은 과거(완료) 시제를
사용해야 한다. '본 분석에서는 …임을 밝혔다'는 과거형의 시제이며 '이를 통해
볼 때 …임이 판명된다' 라는 진술은 현재형의 時制이다. 현재에 대한 추측, 예
를 들어 '그것은 소득이라는 변수에 의해 좌우될 것이다'라는 진술은 분명히 문
장상 미래시제에 해당되지만 가설이나 분석결과를 추론하는 과정에서 연구자가
이따금 사용하는 시제이다.

그 외에 미래시제는 가설제기 시에만 사용해야 하며(예: '… 할 것이다' 등), 냉
엄하게 사실을 밝히고자 하는 분석적 논문에서는 함부로 사용해서는 안 된다.
하물며 '…이므로 우리는 …해야 한다' 식의 당위적 진술은, 결론에 이은 정책시
사(policy implications)에서만 예외적으로 사용할 뿐, 일반 분석에서는 결코 사
용해서는 안 되는 표현이다. 학문이 부족한 연구자들 중에는 '…를 해야 한다'라
는 주관적 표현을 논문 내용 속에서 빈번하게 연발하는 경우를 적지 않게 볼 수
있는데, 이는 논문이 객관성을 생명으로 삼는다는 사실을 망각한 행위이다.

논문에서의 인칭은 3인칭 사용을 원칙으로 한다. 이를 위해서는 능동태보다
는 수동태적 문장표현이 논문형 문장에 더 적합하다. 예를 들어, "연구자들은
…를 검토하였다"라고 하기보다는 "…이〔연구자들에 의해〕검토되었다"란 표현
이 더 적절하다. 다만, 1인칭을 꼭 사용해야할 경우에는 '연구자·필자·논자·
저자' 등 제3자식 간접표현을 사용하는 방법이 좋다. 그리고 '선생님·박사·교
수·씨' 등의 敬語는 논문에서 사용하지 않는다(다만, 謝辭 등에서는 예외).

4. 외래어와 약어

외래어로 된 모든 술어는 국어로 번역하여 사용하는 것이 원칙이다. 관광학계에서는 외래객과 내국인 송출객을 그대로 "inbound 관광이…", "여행 pattern을 보면 알 수 있듯이…" 하면서 외래어를 제멋대로 국어와 혼용하는 버릇이 비일비재했다. 이는 학문을 하는 사람 자체의 기본 자질에 관한 문제이다. 자기 과시를 위해 국어에 영어를 섞어 쓴다면 그 얼마나 웃음거리인가? 다만 마땅한 번역어가 없거나 역어의 의미전달이 충분치 않다고 판단될 때만 역어 다음의 괄호 속에 原語를 ― 중복되는 경우, 한번만 ― 표기하거나, 아니면 원어 발음대로 국어로 표기하고 원어를 괄호 속에 나타내도록 해야 한다.[3] 이때 괄호 속 원어는 고유명사만 첫 자를 대문자로 표기하며, 일반명사는 모두 소문자로 표기한다.

> 예) 정체성(identity), 역사주의(historicism), 반증(falsification)
>
> 홈스테이(home stay), 파라메타(parameter), 코리안 타임(Korean time)

논문기술에서, 독자가 모르는 약어는 가급적 사용하지 않는 것이 원칙이다. 그러나 용어가 자주 등장하여 부득이 사용해야 하는 경우, 앞에서 괄호 속에 일단 한번 약어를 표기해 주고 난 후, 그 약어를 사용한다. 잘 알려진 외래어 약자는 약자 그대로 사용해도 되나 우리 생활에 익숙하지 않은 외래어는 먼저 괄호 속에 한번 표기해 준 뒤에 사용하는 것이 독자들의 이해를 위해 좋다. 통계용어나 수학기호는 원어 약자 그대로 사용하는 것이 원칙이다.

> 예) 지방자치단체(지자체), 한국학술진흥재단(학진)
>
> YMCA, IMF, UN, 세계관광기구(WTO),
>
> BK21(Brain Korea 21st Century)
>
> 통계·수학 용어: t, n, $d.f.$, R^2, $\sum$, π

---

[3] 그렇지만 독자들이 보듯이 본서에서는 '경험적 실증주의'(empirical positivism) 하는 식으로 괄호 속에 외래어를 많이 사용하고 있는데, 필자는 이 책이 '교과서'이므로 학생들에게 다소 생소할지 모르는 原語를 가르쳐 준다는 의도에서, 그리고 요사이 많은 독자들이 漢字를 모르거나 읽기 싫어한다고 하므로 '의미전달'의 명확화를 위해서 외래어를 괄호 속에 병기하였다.

5. 표와 그림의 구성

표와 그림(tables and figures)은 연구자로 하여금 많은 정보를 좁은 공간 속에 함축시켜 주는 유용한 표현수단이다. 그러나 표는 문장보다 그 형식이 복잡할 뿐 아니라 편집하기도 어렵다. 우리나라에서는 표에 대한 일정한 양식이 없이 가로 테두리 줄과 세로 테두리 줄을 혼용하여 사용하나, 영어논문에서는 세로줄을 쓰지 않고 가로줄도 가급적 아끼는 경향을 보인다. 여기서는 APA 양식을 중심으로 설명한다.

1) 본문과 표·그림의 관계

표·그림은 본문의 내용과 불가분의 관계를 가진다. 그러므로 표 또는 그림이 삽입되었다면 본문에서 이에 대한 언급이 없어서는 안 되며, 그렇다고 표의 모든 항목이나 기록된 숫자에 대해 너무 세세하게 설명하거나 논의하여 중복된다는 느낌을 주어서도 안 된다. 표의 중요한 사항만을 설명하고 나머지는 독자가 표를 통해 스스로 이해하도록 하면 된다. 표와 그림은 본문에서 표 번호를 이용하여 '〈표 3〉에서 보듯이', '〔그림 2-4〕에서 제시하는 바와 같이' 등으로 표현하여 표(그림)와 본문을 서술적으로 연관시키도록 한다.

2) 표 및 그림 번호

표나 그림은 위치한 순서에 따라 아라비아 숫자로 일련번호를 정한다. 학위논문이나 저서와 같이 본문 분량이 많아 章別로 표나 그림의 구분이 필요한 경우 〈표 2-1〉, 〈표 2-2〉 또는 〔그림 3-2〕, 〔그림 3-3〕 등으로 2장, 3장…을 구분시키는 표(그림)를 만든다. 표 제목은 표의 상단에 표기하고 그림의 제목은 그림의 하단에 표기한다. 영어논문의 경우에는 표 번호를 〈 〉, 〔 〕 등 우리 식의 괄호로 묶지 않는 것이 관례이다.

예) 한국어 논문의 경우: <표 7>, <그림 6-3> 또는 [그림 6]
   영어논문의 경우: Table 7, Figure 6

3) 표(그림) 제목 및 줄긋기

표나 그림의 제목은 간단명료하면서도 이해가 쉬워야 한다. 표 내의 설명항목 (stub-heads)의 경우, 통계학의 SD, X, n, d.f. 등 잘 알려진 약자는 그대로 사용하되 설명을 필요로 하는 약자나 내용은 표 아래 註(note)에서 부연 설명해 준다. 표의 줄은 가로줄만을 사용하되 그것도 가급적 최소한에 그치도록 한다. 세로줄은 사용치 않으며 대신 列과 列 사이에 충분한 여백을 두고 정렬을 엄격히 함으로써 상호 구분이 분명해 질 수 있도록 한다.

예) 〈표 10〉 시험문제 난이도에 따른 청년집단과 노인집단의 오차

난이도	청 년 집 단			노 년 집 단		
	평균	표준편차	표본수	평균	표준편차	표본수
초급	.05	.08	12	.14	.15	18
중급	.05	.07	15	.17	.15	12
고급	.11	.10	16	.26	.21	14

註: 청년집단은 30세 미만, 노인집단은 50세 이상을 뜻한다.
자료: American Psychological Association(1994: 84)에서 재인용.

Table 10 Analysis of Variance for Classical Conditioning

Source	d.f.	F	
		Finger CR	Irrelevant CR
	Between	Subjects	
Anxiety	2	0.76	0.26
Shock(s)	1	0.01	0.81
A × S	2	0.18	0.50
S within-group error	30	(16.48)	(15.73)
	within	subjects	
Blocks (B)	4	3.27**	4.66**
B × A	8	0.93	0.45
B × S	4	2.64*	3.50
B × A × S	8	0.58	0.21
B × S within-group error	120	(1.31)	(2.46)

Note: Value enclosed in parentheses represent mean square errors. CR = conditioned response; S = subjects. Adapted from "The Relation of Drive to Finger-Withdrawal Conditioning", by M. F. Elias, 1965, *Journal of Experimental Psychology*, 70, p.114.
* P < .05. ** P < .01.
Source: APA(1994: 131)

4) 표에 대한 주석

표 밑에 다는 주는 일반 주(general notes), 특수 주(specific notes), 확률 주 (probability notes)의 세 가지가 있다. 주를 다는 순서는 일반 주, 특수 주, 확률 주, 인용, 참고문헌의 順으로 한다.

■ 一般註(general notes): 일반註는 약자, 기호 등의 설명을 포함하여 표와 관련되는 정보를 설명해 준다. 작성요령은 먼저 註(영어의 경우 Note)라고 쓰고 밑줄(또는 이탤릭체)을 긋고 바로 뒤에 마침표를 찍는다(우리나라에서는 마침표의 경우 뒤 문장과 연결상의 혼란이 일어날 우려가 있으므로 콜론(:) 표시를 한다). 그리고 한 칸을 띄우고 설명할 내용을 기재한다.

국문 예)

　　註: 무응답자는 생략하였다. HSD = 가구 조사자; ONS = 현지 조사자

영문 예)

　　Note. Non-responses were omitted. HSD = Household survey; ONS = On-site Survey

■ 特殊註(specific notes): 특수註는 어떤 특별한 行이나 列, 또는 개별적인 자료내용에 대해 표시하고 이를 설명키 위한 주이다. 표 속에서 대개 알파벳 또는 아라비아 숫자의 위첨자(superscript)로 표시한 후 註에서 이를 설명한다.

국문 예)

　　^{a}n = 135. ^{b}평균치에서 10% 이상 편차가 나는 표본은 절삭하였다.

　　1) 무응답자는 제외함.

영문 예)

　　^{a}n = 135. ^{b}10% deviation was trimmed

■ 確率註(Probability notes): 대개 확률의 有意水準(significance level)을 나타내는 註로서 별표, 즉 *(asterisk)으로 나타낸다. 통계분석 결과, 5% 유

의 수준(歸無假說이 채택될 확률이 5% 이하라는 의미)일 경우에는 (즉, α = 0.05)에는 대개 별표 한 개를, 1% 유의수준(즉, α = 0.01)에는 별표 두 개를 붙인다.

예)

영문의 경우	한글의 경우
T-statistic	T 통계
2.5*	2.5^{*}
5.4**	5.4^{**}

* P<0.05 ** P<0.01　　　註: *는 P<0.05 **는 P<0.01 임을 나타낸다.

3 인용의 형식과 방법

引用(citation)이란 남의 글이나 주장을 빌려오는 것으로서, ① 자신의 주장이나 논거를 뒷받침하기 위해, ② 타인의 주장이나 이론이 자신의 발견과 차이가 있음을 밝혀 자신의 주장의 정당성을 밝히는 논거로 삼기 위해 학자들에 의해 이용된다.

인용은 타인의 연구 결과나 견해를 빌려 쓰는 것이므로 저작권에 위배되지 않도록 형식상 특히 주의해야 한다. 남의 글을 빌려 쓰는 데는 학자들간에 암암리에 약속된 형식이 있는데, 이를 지키지 않으면, 引用이 아니라 '盜用'이 됨을 명심해야 한다. 즉, 외부에서 가지고 온 글이나 견해가 자기 것이 아님을 분명히 그리고 정직하게 밝혀야 하며, 그 원저자에게 양해를 구하거나 謝辭(acknowledgement)의 표시(典據 표시로 가능)를 반드시 해야 한다. 특히 우리나라에서는 남의 작품을 표절하는 것이 거의 관행화되어있어 앞으로 知的 선진국으로 도약하는 데 큰 걸림돌이 되고 있다. 지식을 '훔치는' 행위도 남의 물건을 훔치는 도둑질과 다를 바 없음을 명심해야 된다.

남의 글을 훔치지 않고 합법적으로 빌려오는 것을 '인용'이라고 하는 데, 인용이라고 하더라도 몇 페이지를 다 복사하는 것은 인용이 아니다. 인용 부분은 길어도 반 페이지 정도는 넘지 않아야 한다. 인용은 아래와 같이 크게 직접 인용과 간접 인용으로 나눌 수 있다.

1. 직접 인용(direct citation)

직접인용이라 함은 字句는 물론 철자, 구두점 등 전항목에 걸쳐 원문을(비록 틀린 부분이 있더라도) 있는 그대로 '복사(複寫)'함을 말한다. 인용자가 수정을 가할 때나 의견을 첨가(加筆)할 때는 이 사실을 분명히 그리고 신중히 표시해야 한다.

> **■ 지식과 땀을 도둑질한다** **TIP**
> 페어플레이의 적들: 표절
>
> 한국 사회의 '베끼기'는 고질이나 다름없다. 학계의 무단도용과 방송계의 프로그램 표절은 물론이고 상품의 디자인 영역에서도 베끼기가 판치고 있다. 문화·예술·방송·대중문화·컴퓨터 소프트웨어 등 거의 모든 분야에서 남의 것 훔치기가 성행하고 있는 것이다. 심지어 여행업계 조차 새 상품이 나오기가 무섭게 '닮은 꼴' 새 상품을 쏟아내고 있다.
>
> 한국의 표절 불감증은 단순한 우려의 수준을 넘어 엄청난 문화산업적 손실을 초래할 수도 있다. 세계적으로 지적재산권 보호를 강화하고 있는 추세를 감안할 때 국내의 베끼기 관행은 다른 국가와 마찰을 빚을 수 있다는 점에서 대책 마련이 시급하다.
>
> 지난해 대학원을 졸업한 이모씨는 자신이 90% 이상 번역한 책을 그대로 출판한 교수가 번역상을 받는 것을 보고 어이가 없었다. 이씨는 "일부 교수들은 대학원 수업에서 사용하는 원서를 학생들에게 번역시킨 뒤 약간 교정해서 자신의 번역서로 둔갑시키곤 한다"고 말했다.
>
> 학계에서 제자나 동료 학자가 쓴 논문을 무단 도용하거나 외국 논문을 베끼는 것은 거의 관행화되다시피 했다. 지난 해 11월에는 국내 유명대학의 세 교수가 공동으로 쓴 논문이 표절로 밝혀져 국제학회로부터 망신을 당했으며 올해 2월에는 학회지와 교내 논문집에 실린 대학원생 논문을 표절해 물의를 빚은 △△대 C교수가 면직되기도 했다.
>
> 동아일보 2002년 4월 5일자 A8면에서

만약 필자가 인용부분에 가필하고 싶으면 가필 부분에 대괄호〔 〕를 해야 한다. 원문에 誤字나 오류가 있을 때는 *sic*(라틴어로 '原文대로'라는 뜻)이라는 표시를 대괄호 속에 넣는다. 또 한 문장에서 어떤 부분을 생략할 때는 생략부호(…)를 쓴다. 인용되는 자료의 출처는 엄격히 밝혀야 함은 물론이다.

예 1) "우리나라 완전 해외여행 자유화가 시작된 1986년 [*sic*]은 실로 우리나라 국제관광의 元年이라 할 수 있다."

이 인용문장에서 해외여행 자유화가 완전히 이루어진 해는 올림픽이 개최된 이듬해인 1989년이므로 위와 같이 〔*sic*〕으로 표시하여 '연도가 틀렸지만 원문 그대로 나타냄' 이라고 암시해주던지 아니면 〔*sic*〕 자리에 아예 〔1989년〕으로 고친다.

예 2) "독일인 [오스트리아인]으로서 Bernecker는 관광학의 체계를 다음과 같이 정리하였다."

이 인용문에서 베르네커는 오스트리아 학자이므로 위와 같이 정정하던가 아니면 그대로 '독일인'〔*sic*〕으로 표시한다.

■ **짧은 인용**: 짧은 인용구는 인용부분 앞뒤에 인용부를 달고 본문 속에 포함시킨다. 짧은 인용일 때도 그 인용부분을 특히 강조하고 싶을 때에는 긴 직접 인용의 경우와 마찬가지로 본문 문단으로부터 분리시켜 취급할 수도 있다.

  예) 관광개발이 "植民地 收奪"이라고 보는 부정적 견해가 있는가 하면 …관광객을 "유목민"(nomade) 혹은 한때 서구를 유린한 몽골 민족에 비유하여 "金裝의 무리"(golden horde)로 지칭하기도 한다(Turner and Ash, 1980: 210).

■ **긴 인용**: 긴 인용(보통 세 줄 이상)은 본문내용과 격리시켜 별개의 문단으로 취급한다. 인용부는 붙일 필요가 없으며, 대신 한 호수 정도 작은 활자로 기입한다. 인용부분의 좌우간격을 본문보다는 2-3활자 정도 좁히고(indenting), 본문과의 앞뒤 사이에는 넉넉히 간격을 두도록 한다.

  예) 그러나 분명한 결론은 관광산업이 그렇게 국가 또는 지역의 경제병리를 치유해 줄 수 있는 일방 통행적인 만병통치약이 될 수는 없으며, 그 약효는 그 국가(지역)가 처한 상황에 따라 다르다는 점이라 할 수 있다. 터키 관광산업을 깊이 연구한 다이아몬드(Diamond, 1977: 553)의 다음 결론은 이점과 관련하여 주목을 요한다.

   …요컨대 일부 저개발 국가에서 관광산업이 큰 도움이 되어 온 것은 부정할 수 없지만 그렇다고 관광개발을 만병통치약인양 생각해서는 안 된다.…

이 분야 연구자들의 논의를 요약하건대, 관광개발이 가장 크게 藥效를 발휘할 수 있는 지역상황은 "다른 대안도 별로 없고, 뿐만 아니라 기술도 자본도 없어서 선택의 여지가 극히 제한된"(Wu, 1982: 322-323) 남태평양의 통가(Tonga)와 같은 나라들이다.

2. 간접 인용(indirect citation)

어떤 저자가 사용한 원문이 아니라 그의 견해를 풀이해서 간접적인 방법으로 내용이나 사상만을 전달할 때에는 인용구를 사용할 필요가 없다. 그러나 타인이 쓴 글이나 사상을 요약하여 정리하든지 아니면 원문을 다른 말로 바꾸어 설명하더라도 이는 곧 간접 인용에 해당된다. 이때도 견해는 분명히 타인의 것을 빌려 온 것이므로 출처를 꼭 제시해야 한다. 여기서 간접 인용시에 출처를 표시하는 방법을 정리해 보면 다음과 같다.

① 한 명의 저자가 쓴 한 개의 작품일 때
저자(존칭은 사용치 않음)와 연도를 표시하되, 문장 상황에 따라 괄호 속에 넣거나 바깥에 표기한다. 출처의 특정 부분에 관해 인용했음을 밝힐 때는 해당 페이지나 章 등을 함께 밝힌다.

> 예) 골드너(Goeldner, 1994)는 관광현상을 비교하여……
> Goeldner(1994) compared the tourism phenomena……
> 1977년, 박용호는 관광현상을 정의하기를 관광이란……
> In 1977 Park, Yong-Ho defined the tourism as a……
>
> (Graburn, 1991: 11), (김사헌, 2011: 2장)   ⇒ 한국관광학회 양식
> (김재범, 2002, p.4), (Babbie, 1995, ch.3)   ⇒ APA 양식

② 한 작품을 다수가 공저했을 때
두 명이 공저했을 때는 항상 전부 기술하고, 세 명 이상일 때는 첫 인용 시엔 전부를, 재인용 때부터는 △△ 外 2인(영어의 경우는 △△ et al.)으로 표기한다.

> 예) Wasserstein, Gerstman and Rock (1994) found it … ⇒ 최초 인용시
> Wasserstein et al.(1994) found it … ⇒ 재인용시

③ 동일한 저자의 복수 작품일 때

작품 연도를 각각 쉼표로 분리하고, 동일 연도인 경우 연도 뒤에 a, b, c 식으로 병기하여 서로를 구분해준다.

> 예) in the past researches(Babbie, 1982, 1985), …
>
> 김남훈(1996a, 1996b; 2005a, 2005b)의 저작 외에도 ….

④ 저자를 모르거나 없을 때

작품의 저자가 없을 때는 제목의 일부를 쓰고 책이나 잡지, 리포트일 때는 이탤릭체로만 표시한다. 익명의 작품일 때는 '익명'이라고 표시한다.

> 예) in critical expression("Tourism Methodology", 1998).
>
> 『21세기 관광대국으로 가는 길』(1997)이란 책자에 의하면,……
>
> in the book *Tourism is A Panacea*(2010)……
>
> ……(Anonymous, 2011).

⑤ 면접자료일 때

전화, 전자메일, 직접 면접 등의 자료일 때는 독자에 의한 재구현이 불가능하기 때문에(irrecoverable data), 참고문헌에는 포함시키지 않고 문장에서만 인용되었음을 표시한다. 이때 면접 일자를 반드시 포함시켜야 한다.

> 예) 제시된 견해에 찬성하였다(전화 면접, 2012 2월 3일).
>
> Philip Pearce(personal communication, september 28, 2011).
>
> …라는 주장도 피력되었다(김영환, 개인 면접, 2004년 12월 5일).

연구문제

1. 참고문헌 형식에서 APA 방식과 MLA 방식, 시카고 방식을 한 가지씩 예를 들어 보라. 또 이를 토대로 양방식의 장단점을 토론해 보라.

2. 한국관광학회지 등 학회지에 게재된 논문들을 사례로 인용이 잘못된 사례를 2건씩 찾아보라. 만약 인용에 문제가 있다면 이 인용이 왜 잘못되었는지 설명해 보라.

더 읽을거리

▶ 제9장의 본문에서도 소개 한 바 있지만, 신문 글(기사, 논설, 해설, 기고, 광고 등)이나 문예작품, 중고등학교 교과서, 국어사전, 우리 헌법 등에서 우리 어법에 어긋나게 쓴 것을 신랄하게 지적하고 바르게 고친 책으로서, 이수열 (1999)의 『우리가 정말 알아야 할 우리말 바로 쓰기』(현암사 발행)가 아주 권할 만하다.

제 11 장

연구논문 작성 형식(II): 주석과 참고문헌

① 주석의 용도와 분류

註釋(notes)은 독자로 하여금 기술된 내용을 보다 충실히 이해하도록 하기 위한 길잡이라고 할 수 있다. 주석은 특정 연구의 목적 내지 필요성에 따라 기술된 본문의 안쪽 또는 바깥(밑이나 뒤쪽)에 간단히 기술한다. 어떤 학자는 이를 자기 과시의 기회로 삼는 듯 자신의 저서나 논문 속에 300개 혹은 400개의 주석을 달아 본문 내용보다 주석이 더 많은 경우도 볼 수 있는데, 이는 주석의 본래 취지나 목적을 誤導한 경우라 하겠다. 요약컨대, 주석은 다음과 같은 목적과 용도를 지닌다.

① 타인의 이론, 사상 또는 타인이 정리한 자료를 소개, 비판, 또는 비교, 인용, 이용 등을 하는 경우에 그 출처를 표시.
② 현상 분석을 하는 경우, 사실발견·평가 및 결정의 방법을 명시하기 위하여, 또는 유형 및 분류 방법이나 분석기법 등의 출처를 명시.
③ 기타 참고로 했던 문헌들 중 논문에서 구성 또는 발전시킨 이론 분석방법, 주요 정의 및 결론 등에 관계가 있는 것을 소개.
④ 논문 중의 개념을 보완 또는 상세하게 해설하거나 그 근거를 명확히 전달키 위해, 또는 본문에 담기에는 어울리지 않는 글을 삽입할 경우.

주석의 종류는 기재하는 목적에 따라서 크게 두가지로 나눌 수 있다. 즉, 자료의 출처(典據: sources)를 독자들에게 알려 주기 위한 **문헌 주석**(bibliographic notes), 그리고 본문의 개념을 보완 설명하기 위하여 기재하는 **내용 주석**(content notes)이 그것이다. 또 저서나 논문 내에서 주가 들어설 위치에 따라 해당문장 페이지의 끝에 기입하는 下段註(또는 脚註: footnotes), 논문(또는 해당 章) 뒤편에 기재하는 後註(또는 尾註: endnotes), 해당문장 내 괄호 속에 삽입하는 괄호註(parenthetical notes)로 나눌 수 있다. 즉,

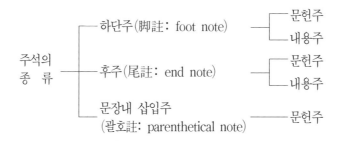

주석을 다는 방식은 미국의 언어학회(MLA)와 심리학회(APA)를 중심으로 발달한 형식을 세계 각국의 대부분 학계가 채택하고 있는 것이 현실인데, 이 방식으로 분류한다면 주석 방식은 크게 APA 방식과 MLA 방식으로 나뉠 수 있고 이를 다시 다섯 가지 방식으로 세분해 볼 수 있다(Sorenson, 1998: 53). 즉,

① MLA 문장 내 괄호註 방식(parenthetical style): 주를 문장 내 괄호 속에 삽입하여 표시하는 방식
② MLA 後註 방식(endnote style): 주를 논문 맨 뒤쪽에 표시하는 방식
③ MLA 下段註 방식(footnote): 주를 해당 페이지 하단에 표시하는 방식
④ MLA 숫자 揷入註 방식(numbered bibliography): 주를 문장 내에 삽입하여 표시하되 숫자로 표시하는 방식
⑤ APA 문장 내 괄호註 방식(APA parenthetical note): MLA 방식과 같이 주석할 문헌을 문장 내 괄호 속에 삽입하여 표시하는 방식

각 방식에 대한 예를 간단히 들어보면 다음과 같다.

① MLA 괄호 주 방식의 예:

(김철수 27)	⇒ 김철수의 논문 27페이지를 보라
(Sorenson 53)	⇒ Sorenson의 논문 53페이지를 보라

② MLA 후주 방식의 예:

···1997년 말을 기준으로 보면[1] 전국 38개 대학교(대학원)에서 관광관련 학위과정(학사, 석사, 박사과정)을 개설하고 있는데, 구체적으로는, 대학원 21개교(6개 종류의 학과)에 입학정원 508명, 26개 대학교(10개 종류의 학과 또는 학부)에 2,080명 그리고 61개 전문대학(관광과 등 26종류의 학과)에 15,390명에 이른다.[2] 이와 더불어 교수인력도 크게 확충되었으며 관광관련 학술논문의 양도 비례하여 급증하였다.

후주(後註)

[1] 한국관광연구원(1998). 「98 관광동향에 관한 연차보고서」.
[2] 나정기(1999. 7) 관광인력 양성을 위한 연계구축 방안 연구. 「학술연구 발표논문집」. 한국관광학회 제46차 하계 학술심포지엄(대전: 배재대학교) p.48.

③ MLA 하단주(footnotes) 방식 (또는 Chicago 방식)의 예:

···내용분석기법은 특히 관광학 분야에서는 학술지 논문의 성격이나 내용을 분석하는 기법으로도 유용하게 사용되어온 기법 중의 하나이다.[1] 먼저, 분석 대상 학술지를 주관적으로 선정했다는 Rutherford와 Samenfink 식의[2] 비판을 피하기 위해 연구대상 학술지의 선정기준을 엄격히 하였다.

---

[1] 예를 들어 다음의 연구를 참조하라.
조민호(1997). 한국관광학 연구문헌 발전에 기여한 공헌자와 대학, 『관광학연구』 20(2): 24-40.
Samenfink, W. H. and Rutherford, D. G. (1996). Academic contributors to the hospitality and tourism educator: Vol. 7(1) to Vol.7(3), *Hospitality and Tourism Educator* 8(1): 25-29.
Sheldon P. J. (1991). An Authorship analysis of tourism research, *Annals of Tourism Research* 18(3): 473-484.
[2] Sheldon *op. cit.* pp.473-484

④ MLA 숫자 주 방식의 예:

…라고 지적하였다(8).	⇒ 글 말미의 8번째 참고문헌을 보라.
…하였다(8, 104).	⇒ 글 말미의 8번째 참고문헌 104페이지를 보라.

⑤ APA 괄호 주 방식의 예:

…라고 지적하였다(Sorenson, 1998).	⇒ 저자와 연도만 표시하기
…하였다(Sorenson, 1998, p.53).	⇒ 연도와 페이지수를 함께 표시하기
…하였다(Sorenson, 1998: 53).	⇒ APA 방식의 변형(한국관광학회 방식)

이상에서 다섯 가지 종류의 註를 기록하는 방식에 대한 예를 제시하였다. 여기서 이용빈도 순으로 볼 때, MLA계열의 숫자 주나 후주는 최근 거의 사용되지 않는다. 후주나 숫자 주는 연구자나 편집·출판자 쪽에서 보면 만들기 편하지만 독자 쪽에서 보면 논문을 볼 때마다 성가시게 뒤의 후주란(참고문헌란)을 뒤져 보아야 하기 때문에 외면당하는 것이 아닌가 싶다.

Chicago 방식과 같은 下段註(footnote)는 과거에는 많이 쓰였으나 지금은 영미권에서 조차 거의 쓰이지 않을 정도로 고전적 방식이 되어 버렸다. 그러나 이 방식은 우리나라에서는 교과서 등에서 아직도 꽤 많이 사용되고 있고 일부 관광관련 학회지에서는 아직도 채택하고 있다. 이 방식의 장점은 독자들로 하여금 해당 페이지에서의 註 정보를 바로 같은 페이지 하단에서 한눈에 확인할 수 있다는 점에 있다. 그러나 하단에 참고문헌을 기록하는 방식은 문장 괄호주(parenthetical notes)에 비해 적어도 10% 이상의 지면이 추가 소요한다는 점, 또 한번 참조된 정보가 같은 논문에서 이후 재인용될 때에는 *op. cit, ibid., loc. cit* 등으로만 표기되므로 몇 페이지를 넘긴 후 그 정보를 다시 찾아보려면 앞쪽 어디에 있는지 이리저리 뒤져보아야 한다는 불편한 점(이 문제는 논문 뒤편에 참고문헌란을 만들어 해당 저서 등의 정보를 다시 제시하면 되지만 그렇게 되면 지면을 다시 많이 늘려야 하는 문제점이 있음)이 중요한 단점이다.

인쇄비 절감, 독자들로부터 논문의 게재기회 확대 요구증대 등으로 어떻게든 논문 한 편당 할애 지면을 줄여야 할 입장에 처해있는 정기 학술지들은 점차 하단주 방식을 지면절감이 가능한(약 10-15 % 절감) '문장 내 괄호주' 방식으로 바꾸고 있다. 지금은 거의 모든 양식들(APA와 MLA 포함)이 괄호주를 기본으로 채택하고 있는 실정이다(American Psychological Association, 1994; Gibaldi, 1999; Modern Language Association of America, 1988). 본서에서는 이 중에서 사회과학 학술지들간에 가장 많이 채택되고 있는 'APA 문장 내 괄호주'를 기본 모델로 삼아 서술하기로 한다.

② 주석 달기의 형식

주석은 앞에서의 지적과 같이, 해당 페이지 말미에 기재하거나(下段註: footnotes) 책(논문)의 뒤편에 다는 주석(後註 또는 尾註: endnotes)과 문장 내 괄호 주석(parenthetical note)으로 나뉜다. 또 달리 분류한다면, 아래와 같이 '최초로' 認證 할 때 기재하는, 정보를 모두 기재한 '완전 주석'(full notes)과 이미 완전 주석을 통해 제시된 認證情報를 다시 간략히 '약식으로'만 밝히는 略式 註釋(abbreviated notes)으로 나눌 수 있다. 문장 내 괄호주에는 이미 주 자체가 약식형태이므로 더 이상의 약식 주석이 필요치 않다. 여기서는 완전 주석과 약식 주석을 예를 들어가며 설명해 보기로 하겠다.

1. 완전 주석

이는 논문에서 어떤 문헌이 하단주나 후주로 '처음으로' 인증될 때 그 문헌을 식별하기에 충분한 제반 사항(저자, 서명, 출판지, 출판사, 출판연도 등)을 전부 포함시켜 배열하는 주석방식이다. 배열하는 순서는 뒤에서 상술할 '참고문헌'과 기본적으로 같으나 하단주와 후주(미주)에서는 출판 판수·출판지·출판사·간행연도를 괄호 속에 넣는다는 차이점이 있다. 제목구성에서는 특히 중요하지 않거나 긴 副題名 등은 생략할 수 있고, 서적이냐 정기학술지 논문이냐 등에 따라 기재하는 방식은 약간씩 다르다. 이들을 간략히 분류하여 설명해 보면 다음과 같다.

1) 참고서적의 경우

■ 저자명: 姓-名의 순으로 적고 쉼표(APA방식은 마침표)를 한 뒤 서명을 기입한다. APA방식은 저작 연도를 저자의 바로 뒤 괄호 속에 기입한다(MLA 방식은 저작연도를 뒤쪽에 표기). 영문의 경우 성명표기를 정상적 순서인 名-姓의 순으로 하나, 인식하기가 쉽도록 姓-名順(예: Hoover, Edgar M.)으로 하는 것이 관례화되고 있다. APA 방식에서는 영문 이름(first and middle name)은 약자로만 표기한다(예: Hoover, E. M.). 공저일 때는 두 저자의 이름을 모두 기입하며 국어의 경우, 가운뎃점(·)으로 연결하고 양서의 경우 쉼표(,)와 and로 연결한다. 저자가 3인 이상이라도 최초 인증 시는 모두 기입하되 재차 인증될 때는 최초의 저자명만 기입하고 그 나머지는 저자 뒤에 '××外 4인'(and others 또는 *et al.*)으로 약식 기재한다.

■ 저서명: 서명은 홑꺾쇠「 」 또는 겹꺾쇠『 』로 묶는다(語文學분야에서는 〈 〉와 ≪ ≫를 쓰기도 함). 영어의 경우, 출판사가 있는 정식 인쇄물일 때는 제목을 '이탤릭'體로, 이탤릭체가 불가능할 때는(워드 프로세서가 아니고 타자기 타이핑 원고일 경우) 밑줄을 그어 대신한다. 홑꺾쇠「」와 겹꺾쇠『』의 차이는 확실치는 않으나 완전한 단행본인 경우에는 겹꺾쇠를, 보고서·미출판물 등 정식 출판사에 의하지 않은 서적은 홑꺾쇠로 묶는 관례를 취한다.

논문명 또는 저서명은 첫글자만 대문자로 기재하고 나머지는 모두 소문자로 기재한다(APA방식). 그러나 MLA방식은 모든 단어의 첫 글자를 대문자로 기재한다.

예) 김남훈(1990).『신관광학원론』(개정2판: 서울: 전진문화사), pp.50-53.

McKercher, B. and Cros, H.(2002). *Cultural tourism: The partnership between tourism and cultural heritage management* (New York: The Haworth Hospitality). ⇒ APA 방식

McKercher, Bob. and Cros, Hilary. *Cultural Tourism: The Partnership between Tourism and Cultural Heritage Management.* (New York: Haworth). 2002. ⇒ MLA 방식

■ 발행판수·출판지·발행처·출판연도: 이들은 모두 표시함을 원칙으로 하나, 경우에 따라 발행처 기입은 생략할 수 있다. 이들을 모두 괄호로 묶는다는 점이 참고문헌 기재방식과 다른 점이다. 그러나 페이지는 괄호 바깥에 표기한다. 발행판수는 '제3판', '개정판', '개정증보판' 하는 식으로 쓰고, 양서의 경우는 'Rev. ed.', 2nd. ed., 5th. ed. 등으로 표시한다. 앞에서 설명한대로 APA방식은 출판연도를 뒤에 두지 않고 저자 다음 괄호 속에 넣는다.

예) 이병도(1957).『국사대관』. (신수판: 서울: 보문각) p.260.

Babbie, E. R.(1995). *The Practice of social research* (7th ed., New York: Wardsworth Publishing).

■ 페이지의 명시: 타인의 저작물(특히 학술잡지와 같이 복수 저자인 저작물)을 인용 혹은 참조했을때는 그 페이지를 꼭 명시하여야 한다. 한 면만을 표시할 때는 p. 를 사용하고 여러 면을 표시할 때는 pp. 를 사용한다. 25페이지부터 46페이지까지는 pp. 25-46으로 표시한다. 학술지의 경우, p. 는 생략하고 페이지 수만 표시하기도 한다. 같은 십단위 이상 페이지의 연속표시는 혼동할 염려가 없는 경우 단위를 생략해도 된다. 예를 들어 pp. 25-8은 25페이지부터 28페이지까지임을 뜻한다. 우리나라에서는 요사이 페이지 대신에 '쪽'이라는 용어를 사용하는데, '25-46쪽' 식으로 사용해도 된다.

예) 조민호(1997). 한국관광학 연구문헌 발전에 기여한 공헌자와 대학.『관광학연구』20(2): 24-40.

Sheldon, P. J. (1991). An authorship analysis of tourism research. *Annals of Tourism Research* 18(3). pp.473-84.

■ 주석의 번호: 번호는 학위논문의 경우 각 장마다 신규로 시작하는 것이 원칙이나 학술지 논문 등 짧은 소논문의 경우 한꺼번에 연속하여 달기도 한다. 주석 번호는 위첨자(superscript)로 표기한 아라비아 숫자를 사용하나 국어 문장에 이를 사용할 시는 식별이 어렵다는 단점이 있으므로 아라비아 숫자에 반괄호, 혹은 온괄호를 한 위첨자를 사용한다.

예) …tourism as he put it.[5]   ⇒ APA 및 MLA 방식

　　…重力模型을[1) 적용시키기 위해서는…   ⇒ 한국관광학회 방식

　　…Clawson이 주장하는 관광자원 수요곡선 이론이다.[2)]

2) 정기 간행 논문(periodic articles)의 경우

대체로 순서는 참고서적에 준용하나 다음과 같은 몇 가지 점에서 그 차이를 찾아볼 수 있다.

－ 논문제목은 일반 평서체로 기재한다. 영문의 경우 첫 단어의 첫 글자(initial letter)만 대문자로 표기한다.
－ 정기간행물은 卷수, 號수가 표시되므로 제3권 제2호 혹은 3⑵ 식의 順으로 기재한다. 영문 卷數는 아라비아 숫자로, 號數는 연이어 괄호 속에 표기한다.
－ 발행연월일은 年月만 밝히고 季刊일 경우엔 연도와 계절명만 기입한다.
－ 정기 학술지의 경우, 참조된 해당 페이지를 분명히 밝혀 둔다.

예) 김우봉(1981). 비용접근법에 의한 관광자원 수요분석에 관하여. 『관광학』 제5권 1호. (서울: 한국관광학회). pp.105-113.

　　Dann G., Nash, D. and Pearce, P.(1998). Methodology in tourism research. *Annals of Tourism Research*. 15(1), pp.1-28.

3) 기타 자료의 경우

신문 자료는 신문지명, 발행 연월일 및 인용 참조한 페이지를 밝히고 필요에

따라 발행지도 밝힌다. 서명기사는 필자명을 기입하고, 사설은 괄호 안에 표시한다. 서적의 일부나 사전 등 여러 사람이 집필한 여러 항목으로 이루어진 서적의 일부를 인용하였을 경우에는 필자·제목·서적명·편자·권수 등을 밝힌다. 백과사전의 경우에는 제목을 인용부호 안에 기입하며, 서적 題名만 기입할 수 있다.

> 예) 김철수, 「충청도」. 『한국풍물지』. (오석교편). (제3판; 서울: 대중 서관, 1989), p.25-36.
> 『동아대백과사전』. (서울: 동아출판사, 1996).
> 「동아일보」. 2000. 3. 5-3. 25.
> 「국민관광지 개발의 문제점」.(사설) 「조선일보」. 1999. 7. 25(수).

4) 출판되지 않은 타인의 학위논문, 원고 및 면접사항

논문은 학위구분과 학위수여 기관명, 연도를 표시하고 원고는 소재지나 보관소를 밝힌다. 면접이나 서신 등에 의한 자료도 필요에 따라 밝혀야 한다.

> 예) 양광호(1998). 「공간마찰력이 관광수요에 미치는 영향 분석」, (박사 학위 청구논문, 경기대학교 대학원). pp.28-29.
> Winsoborough, C. (1961). A Comparative Study of Urban Population Densities. (Unpublished Doctoral Dissertation submitted to the Department of Sociology, Univ. of Chicago).

5) 학술단체, 협회, 정부기관 등의 법인이 저자인 간행물

단체 名을 서두의 저자명 위치에 기입하며 단체名이 출판사名일 경우 출판사 자리에 '저자'(author) 라고 기재한다.

> 예) 대한국제정책학회 편(1961), 「한국 통일문제의 전망」. (서울: 저자).
> *Studies in Linguistic Analysis*(1957). Special Volume of the Philological Society, (Oxford Blackwell: Author).

2. 略式 주석

각주란에 일단 완전한 주석이 기입된 후 동일한 자료를 다시 인용할 때는 *ibid.*, *op. cit* 등의 라틴어 표시를 통해 이를 약식으로 기술한다. 그러나 이를 너무 빈번하게 그리고 오래 사용하면 읽었던 부분을 다시 넘겨 보아야 하는 불편이 따르므로 완전주석을 적절히 반복하는 것이 좋다.

① *ibid.* (상계서, 상계논문) : 라틴어 *ibidem*("in the same place")의 약자. 바로 **직전**에 나온 주석문의 대부분을 다시 반복하는 경우에 사용한다. 다만 완전히 일치되는 부분에 한해서만 이 부호로 대치될 수 있으며, 권·호수·페이지 등이 다른 경우에는 다시 표시해야 한다. 영문인 경우에는 *ibid* 밑에 줄을 긋거나 이탤릭體로 쓴다.

  예) 『상계서』   ⇒ 동일한 문헌(저서)의 같은 페이지를 표시할 때
    상계논문, p.7 ⇒ 동일한 문헌(논문)의 다른 페이지를 표시할 때
    ibid. p.28   ⇒ 동일한 문헌의 다른 페이지를 표시할 때

② *op. cit.* (전게서, 전게논문) : *opre citato*("in the work cited")란 라틴어의 약자로서 이미 주석에 기록된 저서나 논문 또는 간행물을 다시 인용해야 할 경우에 꼭 저자의 姓名(英文은 性)과 함께 사용해야 하며 페이지를 기록한다. *ibid.*와 혼동하여 *op. cit.*앞에 著者名을 기재치 않는 실수를 연구자들이 많이 저지르고 있으므로 주의를 요한다.

  예) 김철수, 「전게 논문」   ⇒ 동일한 문헌의 같은 페이지를 표시할 때
    김옥순, 『전게서』 pp.7-9   ⇒ 동일한 문헌의 다른 페이지를 표시할 때
    Kuhn(1970), *op. cit.* p.20   ⇒ 동일한 문헌의 다른 페이지를 표시할 때

③ *loc. cit.* (상계문) : 라틴어 *loco citato*("in the place cited")의 약자로서 앞에 기입한 주석의 **동일한 페이지**를 완전 반복하는 경우에 쓰인다. 이때에는 앞의 주석과 동일한 저서의 동일 문을 인용·참조했음을 의미하므로 어떤 사항(저자, 연도, 페이지수 등)도 첨부시킬 필요가 없다.

예) *loc. cit*   ⇒ *ibid*. 대신 사용할 때

　　Kuhn, *loc. cit.*   ⇒ *op. cit*. 대신 사용할 때

　　김철수, *loc. cit.*   ⇒ *op .cit*. 대신 사용할 때

④ *supra*(윗글 참조) : 특정 페이지를 지칭하지 않은 채 위의 내용을 참조하라
　　(see above)는 뜻.

⑤ *infra*(아랫글 참조) : 특정 페이지를 지칭하지 않은 채 아래의 내용을 참조
　　하라(see below)는 뜻.

⑥ *et passim*(그 외 이곳 저곳을 참조) : "and here and there"란 뜻으로 그 외
　　에도 이곳 저곳을 살펴보아 참조하라는 내용이다.

⑦ *sic*(원문대로) : 원문을 있는 그대로 인용했다는 뜻.

3. 文章內 괄호 주석(parenthetical notes)

문장 내 괄호 주석은 이미 앞에서 설명한 바와 같이 , 페이지 말미(下段註釋: footnote)나 저작물의 끝(後註: endnotes)에 기재하는 번거로움을 피하기 위하여 간단한 기호나 표시등을 통하여 문장 내에 참고문헌 목록을 약식으로 주석하는 방법이다. 문헌 주석이 아닌 설명형 주석의 경우는 역시 페이지 말미 주석을 어쩔 수 없이 달아야 하는 번거로움을 지닌다. 현재 APA와 MLA가 널리 채택하고 있고 우리나라 한국관광학회 학술지도 이 방식을 채택하고 있다.

이때에 주의할 사항은, 저자 이름 뒤에 콤마를 넣고 이어서 연도를 표기한다는 점이다. 페이지를 넣을 때는 연도 뒤에 콜론(:)을 하고 연도를 표시하거나 콜론 없이 p. 25 로 표기한다(APA 방식). 다수의 저작을 인용할 때는 세미콜론(;) 표시를 하여 저작물들을 연결시킨다.

예) 호텔종사원의 직무만족도를 분석한 연구에 의하면(김우봉, 1982),
　　이것이 '클로슨' 등의 방식이다(Clawson and Knetsch, 1966, p.85).
　　이것이 '클로슨' 등의 방식이다(Clawson and Knetsch, 1966: 85).
　　…내용분석 등을 통해 스스로를 비판하고 반성하여 향후 학술지 발전의 밑거름으로 삼는
　　경우를 흔히 볼 수 있었기 때문이다(예를 들어, Ferreira, De Franco and Rapple, 1994;
　　Rutherford and Samenfink, Wood, 1995; Sheldon 1991; Burge, 1983; Dann, 1988 등).

3 참고문헌의 용도와 기재 형식

참고문헌란(references; bibliography; list of works cited)은 저서나 논문의 끝, 또는 각 장의 말미에 수록한 참고서적과 기타 문헌의 종합목록이다.

연구의 말미에 다는 참고문헌은 연구자는 물론이고 제3자에게 있어서도 대단히 중요한 지침의 역할을 한다. 참고문헌은, ① 글을 쓴 연구자가 추후 필요시 참고문헌을 찾거나 참조하는 역할을 하며, ② 이 분야(주제)에 관심을 가진 후속연구자에게 지침서 역할을 해주며, ③ 이 논문의 심사자가 연구자가 어느 정도 깊이있는 연구를 수행했는가를 짐작케 해주는 심사 증빙자료의 역할을 해준다. 특히 이 중에서 ②항, 즉 타연구자에게 지침서역할을 해주는 기능은 아주 중요하다. 이 것은 간접적으로 이 분야에 대한 후속연구와 궁극적으로 이 분야 학문발전에 크게 이바지하는 디딤돌 역할을 담당하기 때문이다.

참고문헌을 수행한 연구의 말미에 다는 것은 다음과 같이 크게 두 가지 유형으로 나눌 수 있다. 즉,

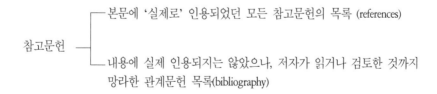

엄격히 말할 때 reference는 실제로 인용 참조했던 논문이나 자료만을 수록한 실제 참고문헌이고, bibliography는 실제 참조했던 자료뿐만 아니라 비록 참조하지 않았더라도 읽어보거나 검토해 본 문헌으로서, 독자들의 이해나 참고를 위해서 수록하는 일종의 정보제공 차원의 '관계자료 목록'이다. 그러나 학술논문에는 그 논문작성에 직접 인용된 모든 관계문헌명을 수록하는 것이 원칙이지만(APA나 한국관광학회는 엄격히 이를 준용), 교과서나 대중서적의 경우에는 선택된

문헌만을 수록할 수도 있다.

이 참고문헌란은 작성된 논문의 가치나 수준을 대충 평가할 수 있는 기준이 되며, 또 앞으로 같은 분야에서 더 깊게 넓게 연구하고자 하는 동학·후학들을 위한 보조적 길잡이가 된다는 점에서도 중요하다.

내용의 구성 등은 주석(notes)에서 참고문헌을 기재하는 방식과 대부분 같으나 특히 다음 사항에 유의할 필요가 있다.

■ 배열방식: 문헌의 배열은 각 논문의 논제, 범위, 강조하고자 하는 점 등 특수한 성격과 작성자의 의도에 따라 결정하는 것이 원칙이나, 보통은 저자명을 가나다順(영문은 ABC順)으로 배열하는 것이 관례이다. 분류상, 크게는 동양문헌(국문), 구미문헌(영문)으로 나누고, 이것을 다시 각각 ①서적, ②논문이나 기사, ③정부문서, ④출판되지 않은 학위논문, 원고, 면접사항, ⑤신문, ⑥기타의 순서로 배열한다.

■ 기재방식: 문헌 주석(notes)을 다는 방식과 거의 같으나 주요한 차이점을 중심으로 정리해보면 대체로 다음과 같다. APA방식이냐 MLA방식이냐에 따라 기재방식에 약간씩의 차이가 있음을 주목하기 바란다(제10장의 1절 참조).

① 페이지 하단에 기재하는 완전주석의 문헌주와 달리, 출판지명, 발행처, 발행 연도 등은 괄호로 묶지 않는다. 다만, 출판 판수는 괄호 속에 표시하며, 연도를 저자 바로 다음에 표시할 때는 이를 괄호로 묶는다.

② *ibid.*, *op. cit.* 등 약식 참고문헌 방식을 사용치 않고 참고문헌 세부사항을 모두 기재한다.

③ 저자가 세명 이상의 복수 저자라도 모두 밝혀야 하며 *et al* 등으로 약식 표기치 않는다.

그 외 사항은 근본적으로 문헌주석(notes)을 다는 방식과 동일하다. 아래에서는 각종 참고문헌의 기재방법을 예를 들어 설명하겠다. 주된 형식은 미국 심리학회가 제정한 APA *Publication Manual* 이며(American Psychological Association, 1994), 특히 한국어 예는 이 APA 방식을 준용하고 있는 한국관광학회의 학술지(『관광학연구』) 편집지침에 의거하였다.

예시할 순서는 1) 정기 간행물, 2) 단행본 서적류, 3) 연구보고서, 4) 학술회의(학술대회, 심포지엄) 배포 논문집, 5) 석박사 학위논문, 6) 미출판 자료 및 평론, 7) 전자매체의 순이다.

1. 정기 간행물(학술지, 잡지, 신문, 뉴스레터 등)

안종윤(1995). 한국에 있어서 관광연구의 현상과 과제. 『관광학연구』, 19(1)：221-238. 　⇒ 첫줄을 들여쓰기 한 전형적인 APA 방식

박호표(1999). 한국과 외국의 관광학 연구 동향에 관한 비교 연구. 『호텔경영학연구』, 8(1)：243. 　⇒ 첫줄 내어쓰기 한 절충형 방식(MLA 방식)

정의선(1992). 한국관광산업의 구조와 문제점 분석. 『호텔관광경영 연구』, 제7호, 세종대 관광산업연구소. 　⇒ 연도, 논문, 서적 뒤에만 마침표를 찍는다.

오익근(1999). 학술지의 품격을 생각한다.(편집인의 글). 『관광학연구』, 22(3)：2. 　⇒ 논문 제목에는 따옴표 " "를 사용치 않는다(APA 방식).

Moses, N.(1958). Location and theory of production. *Quarterly Journal of Economics*, 22(2)：259-72.
　⇒ 논문 제목은 첫자만 대문자로 쓰고, 책·학술지명은 단어마다 대문자로 쓴다.

Athiyaman, A.(1997). Knowledge development in tourism: tourism demand analysis. Tourism Management, 18(4)：221-228.
　⇒ 책명에 이탤릭체를 쓰는 대신 밑줄을 쳐도 된다.

Corcoran, L., & William, E. M. (in press). Unlearning learned helplessness. *Journal of Personality and Social Psychology*.
　⇒ 현재 출판중이므로 연도, 권호수를 기재치 않는다.

Baumeiste, R. F. (1996). Exposing the self-knowledge muth.[Review of the Book *The Self-knower: A Hero under*

Control]. *Contemporary Psychology*, 38: 466-467.

New drug appears to sharply cut risk of death from heart failure.(1993, July 15). *The Washington Post*, p. A12.

Call for paper.(1998, August). *APTA Newsletter*, p.12.

이종규(1998). 최근 소비지출의 특징. 「조사통계월보」, 한국은행, 1월호.
조이화(2001, 3.13). 나의 이력서. 「한국일보」, 4면.
관광수지 흑자 지속, 가능한가. (사설). (1999. 9.6). 「관광산업신문」, 1면.

　■ 해설: 참고문헌 나열에서 MLA식은 각 참고문헌 첫란을 내어쓰기(flush)하고 APA 방식은 Moses 문헌에서 보듯이 들여쓰기(indent)를 한다. 그러나 한국관광학회지 양식은 위의 例중 '박호표(1999) 문헌'에서 보듯이 내어쓰기를 한다. 각각 장단점이 있겠지만 내어쓰기는 특정 참고문헌에 대한 식별이 용이하다는 장점을 지닌다. 한국관광학회지의 경우, 기타 다른 형식은 APA 양식에 따르고 있음을 알 수 있다. 즉, 논문명은 논문제목 첫 글자만 대문자로 쓰며(MLA는 논문제목 모든 단어 첫 글자를 대문자로 씀), 연도는 괄호 내에 표기하여 저자 바로 뒤에 붙인다. 19(1): 221-238은 제 19권 1호의 221페이지부터 238페이지까지란 뜻이다. 논문집이나 편저 등에서는 해당 논문 페이지를 꼭 명시하도록 한다.
　논문명은 영문의 경우 일반 평서체를 사용하나 한글의 경우 논문명 좌우에 따옴표 " "를 사용하는 경우도 더러 있다. 한국관광학회지는 APA양식에 따라 따옴표를 하지 않는다. 책명·잡지명은 영어의 경우 이탤릭體(혹은 밑줄)를 사용하여 독자의 주목을 끌도록 하나 한글의 경우 홑꺾쇠「 」혹은 겹꺾쇠『 』를 사용한다(한국관광학회지는 겹꺾쇠 사용). 논문명의 앞과 뒤에는 항상 마침표를 찍는다. 아직 출판중에 있는 논문은 연도나 권·호수 등을 기재하지 않고 '출판중'이라고 표기한다(Corcoran 문헌 예 참조). 이 경우 문장내 괄호주석은 '(Corcoran and William, in press)'라고 밝힌다. 이와 마찬가지로 번역, 편저, 편집자 노트 등의 각종 정보는 논문명(혹은 저서명) 바로 다음 칸에 괄호로 묶어 표기한다(예: 오익근 문헌 및 Baumeiste 문헌 예 참조).
　신문, 잡지 등 정기간행물은 발행연도 뿐 아니라 발행일시(신문의 경우)나 발행 월(월간 혹은 계간의 경우) 등을 표기하고 해당 페이지를 표기한다. 저자가 있는 경우, 저자명을 밝힌다.

2. 단행본 서적류(저서, 편저, 번역서 등의 경우)

김성혁(1992). 『관광마케팅론』(개정판). 서울: 대왕사.　　⇒ 개정판인 경우
Cohen, J. (1977). *Statistical power analysis for the behavioral sciences*. (revised ed.). New York: Academic Press.

車仁錫(1980). 사회과학의 과학론. (한국사회과학연구소 편), 『사회과학의 철학』, 민음사.

蘇興烈(1991). 실증주의와 사회과학. (김광웅 外 21인 편저). 『사회과학방법론』. (개정판). 박영사.

Luria, A.R. (1969). *The mind of a mnemonist*. (L. Solotaroff, trans.). New York: Avon Books. (Original work published 1965).
　　　　　　　　　　　　　　　　　　　　　　　　⇒ 번역서인 경우

Myrdal, G. (1990). 사회과학은 어느 정도 과학적인가? 『사회과학방법론』. [*How scientific are the social science? Against the stream: critical essays on economics*, New York: Pantheon Books] (洪文信 역). 서울: 일신사. (원본은 1972년 출판).

컬린저, F. N. (1992). 『사회・행동과학 연구방법의 기초』. [Kerlinger, N., *Foundation of behavioral research*] (고홍화・김현수 역). 서울: 성원사.
　　　　　　　　　　　　　⇒ 외국서적을 한국어로 번역한 경우

Duverger, M. (1996). 『사회과학방법론: 이론과 실제』. [*Methodes des Sciences Sociales*. 1964 Paris: Presses Universitaires de Frances]. (이동윤 역) 서울: 유풍출판사.
　　　　　　　　　　　　　⇒ 외국서적을 한국어로 번역한 경우

Park, S.H.(1999). Sin kwanguang jawonron [*New theories on tourism resources*]. Seoul: Ilsinsa.

⇒ 한국어 연구를 영문으로 번역한 경우

Walsh, R. G.(1986). *Recreation economics decisions*. Pennsylvania: Venture.

American Psychiatric Association(1980). *Diagnostic and statistical manual of mental disorders* Washington, D.C.: Author.

⇒ 발행기관이 저자와 동일한 경우

Jafari, J.(1989). Structure of tourism. In Stephen F. Witt and Lou. Moutinho(eds.). *Tourism marketing and management handbook*. (pp.43). London: Prentice Hall. ⇒ 복수의 편저자인 경우

Bergmann, G.(1993). Relativity. In *The new encyclopaedia Britannica*(Vol. 26, p.57). Chicago: Encyclopaedia Britannica.

⇒ 저자가 있는 사전류의 경우

Encyclopadia Britanica: Macropaedia(1980) vol. 10, p.50.

Merriam-Webster's collegiate dictionary (10th ed.). (1993). Springfield, MA: Merriam-Webster. ⇒ 저자가 없는 사전류의 경우

■ 해설: 단행본도 학술잡지와 기재방식이 동일하나 주의해야 될 것은 번역서, 편저 등의 방식이다. 먼저 편저·번역 등은 '編'(영문의 경우, 편저자가 1명이면 ed. 로, 복수이면 eds. 로) 혹은 '譯'(영문은 trans. 로)임을 해당 저작물 바로 뒤에다 밝혀야 한다. 번역서의 원본은 번역서 바로 뒤 대괄호 [ ]속에 저서명(원래 출판사 및 연도 표기도 포함 가능)을 기재한다. 영문 저자명의 경우, 姓(surname)만 전부 기재하고 이름은 첫자만 쓴다(MLA방식은 성명 전체를 다 기재한다).

3. 연구보고서(학교·공공기관·연구소 등에서 발행하는 보고서)

김향자 · 이광희(1992). 「관광휴양시설 개발촉진 방안」. (연구총서 95-22) 교통
　　개발연구원.

일본교통공사(1993). 일본 교통공사 보고서92. (한국관광협회 역). 『관협』,
　　(262-266호), 한국관광협회.

김사헌 外3인. (1990). 「국민관광 실태조사 및 대책연구: 국민관광지표 개발을
　　중심으로」. 12월, 한국관광공사.

Osgood, D.W. & Wilson, J. K.(1990). *Covariation of adolescent
　　health problems.* Lincoln: University of Nebraska. (NTIS No.
　　PB 91-154 377/AS).

Leiper, N.(1990). Tourism systems: An interdisciplinary study.
　　Occasional Paper No.2 Dept. of Management System, Massey
　　Univ., Palmerston, New Zealand.

U.S. Department of Health and Human Services.(1992). *Pressure
　　ulcers in adults: Prediction and prevention*(AHCPR
　　Publication No. 92-0047). Rockville, MD: Author.

■ 해설: 연구보고서는 저자가 있는 경우에는 저자를, 기관이 저자인 경우 기
관명칭을 기재한다. 저자가 보고서 속(대개 앞면 혹은 뒷면)에 기재되어 있으면
이를 찾아 기재한다. 우리나라 용역보고서의 경우, 대개 실제 연구한 저자는 앞
표지에 명시하지 않은 채 재정후원을 한 기관명만 표지에 밝히는데, 후원한 기
관(용역 발주기관)은 저자는 아니다. 위의 한국관광공사 보고서도 그런 경우이
다. 연구기관의 보고서 일련번호가 있다면 이것도 밝혀야 한다. 기관이 곧 저자
일 경우, 뒤의 기관명에는 '著者'(author)라고만 밝힌다.

4. 학술회의(학술대회, 심포지엄) 배포 논문집

변우희(1999, 7월). 문화자원의 관광자원적 평가와 대응. 「학술연구 발표 논
    문집」 한국관광학회 제46차 학술심포지엄. 배재대학교, 대전시.
            ⇒ 미출판 심포지엄 논문인 경우 연도에 이어 개최 월도 넣는다.

김남조(1998). 이용수준과 만족도를 이용한 관광지관리분야에서의 지리정보
    시스템 응용에 관한 연구.『관광학연구』 한국관광학회 '98하계 단양 국제관
    광 학술대회 기념 특별호 (22권 3호).
            ⇒ 출판된 심포지엄 논문인 경우 연도만 표시한다.

Jeong, K. H.(1995). *Visitor's survey and evaluation in the
    Baegjae cultural heritage*. A paper presented at the Asia
    Pacific Tourism Association Inaugural Conference, Dong-A
    University, Pusan: Korea, September 21-24.

Cynx, J. & Nottebolm, F.(1992). Hemispheric differences in song
    discrimination. *Proceedings of the National Academy of Sciences*,
    USA, 89, 1372-1375.

Derring, D.(1978, June). *Reinforcements and Productive
    Selling*. Seminar paper, 5th Regional Marketing Seminar,
    Timbukto.

Goeldner, G.R.(1988). *Tourism and a Discipline*. mimeograph
    presented at the International Conference for Tourism
    Education. Guildford: Univ. of Surrey.
            ⇒ 주제가 없는 미출판 심포지엄 논문인 경우

Lichstein, L. *et al*(1990). Relaxation therapy for pharmacy use in
    elderly insomniacs and noninsomniacs. In T. Rosenthal(Chair),

Reducing *Medication in Geriatric Populations*. Symposium conducted at the meeting of the 1st Congress of Behavioral Medicine, Uppsala, Sweden. ⇒ 주제가 있는 미출판 심포지엄 논문인 경우

■ 해설: 심포지엄, 학술대회의 명칭 또는 대회의 논문집은 학술지나 책명과 같이 동일하게 취급하여 단어의 첫 글자는 대문자로 쓴다. 한국어인 경우 홑꺾 쇠 「 」로 묶는다. 미출판 심포지엄 논문인 경우, 연도와 더불어 月도 가능하면 병기한다. 미출판 심포지엄 논문으로서 프린트物(a hand out)인 경우, 저서와 동일하게 이탤릭체(또는 밑줄이나 꺾쇠)로 하고 단어 첫글자는 대문자로 쓴다. 주제가 있는 미출판 심포지엄 논문인 경우에는 주제를 저서와 동일하게 이탤릭 체(또는 밑줄이나 꺾쇠)로 쓴다.

5. 석박사학위 청구 논문

김규호(1998). 「관광산업의 지역경제적 효과 분석」. 박사 학위 청구논문. 경 기대학교 대학원.

Cho, B.H.(1998). *The Korea-Australia tourism system: A conceptual framework for planning and managing tourism opportunities for younger Koreans.* Unpublished Ph.D dissertation submitted to the University of New England, Australia.

Bower, D. L.(1999). Employee assistant program supervisory referrals: Characteristics of referring and nonreferring supervisors. *Dissertation Abstracts International*, 54(01), 534B.(University Microfilms No. AAD 93-15947)

■ 해설: 학위취득을 위해 쓴 논문은 학위취득에 필요한 여러 가지 요건들(예 컨대, 일정기준 이상의 학점으로 교과과정의 수료, 종합시험 통과, 구술시험 통 과) 중 일부 요건에 불과하다. 따라서 논문의 성격을 '박사 학위논문'이라고 표

현하는 것은 적절한 표현이 아니다. 그러므로 한국어로는 '박사 학위 청구논문'
이라는 표현이 정확하고 영문으로는 'A Ph. D dissertation submitted to the
University of XX in partial fulfillment of Ph. D degree in tourism sciences'라고
쓴다. 그러나 이 문장은 너무 길므로 약해서 'submitted'란 표현만 사용하는 것
이 관례이다. 또한 석박사 학위 논문은 대부분 정식 출판사를 통해 출판되지 않
은 미출판 논문이므로 영문에서는 미출판(unpublished)이란 말을 넣어
'unpublished Ph. D dissertation submitted to the University of XX'라고 기재한
다.

마이크로 필름에서 학위논문을 인용한 경우, 대학 마이크로 필름의 번호(예:
AAD93-15947)와 Dissertation Abstracts International의 권호, 페이지를 기재한
다.

6. 미출판 자료 및 평론

김사헌(1999). 『관광학연구방법론』(4차 수정본). 미발표 원고. 경기대학
교   ⇒ 아직 출판되지 않은 서적의 경우

McIntosh, D. N. (1993). *Religion as schema, with implications
for the relation between religion and coping.* Manuscript
submitted for publication. ⇒ 아직 채택되지 않은 심사중인 논문의 경우

Klombers, N. (Ed.). (1997, Spring). *ADAA Reporter.* (Available
from Anxiety Disorders Association, Executive Boulevard,
Suite 513, Rockville, MD, 20852. ⇒ 배포가 한정된 출판자료의 경우

Baumeister, R. F. (1993). Exposing the self-knowledge myth 〔*Review of the
book The self-knower: A hero under control*〕. *Contemporary Psychology*, 38:
466-467.   ⇒ 서적에 대한 평론의 경우

■ 해설: 아직 채택되지 않은, 혹은 심사중인 논문은 투고된 학회지 명칭을
쓰지 않는다. 대신 소속(학교, 연구소 등)이 있으면 이것을 밝힌다. 배포가 한

정된 논문은 독자(혹은 심사자)가 원할 경우, 이를 취득하거나 확인해 볼 수 있는 기관명, 주소 등을 밝혀 둔다.

7. 전자매체(electronic media)

저자 性, 이름 약자. (연도). 논문 제목. <u>잡지 제목</u> [On-line], 잡지 호수나 일련번호. 취득방법: 온라인 정보 주소　　　⇒ 일반적인 전자정보

You are not alone. (1999). Videotape. RRF Video Collection on Aging. Seoul: Retirement Research Foundation
　　　　　⇒ 비디오 테이프를 이용한 정보의 경우

Funder, D. C.(1994, March). Judgemental process and content: Commentary on Koehler on base-rate [9 paragraphs]. *Psycoloquy* [On-line serial], 5(17). Available E-mail: psy@pucc.net
　　　　　⇒ 전자메일을 이용한 정보의 경우

Author, I. C.(date). title of article [CD-ROM]. *Title of Journal*, XX, XXX-XXX. Abstract from: Source and retrieval number.　　　⇒ CD-ROM을 이용한 정보의 경우

Vein Occlusion Study Group.(1997, Oct. 2). Vein occulusion of photocoagulation: *On-line Journal of Clinical Trials* [On-line serial]. Available: Doc. No.92.　⇒ 온라인 저널을 이용한 정보의 경우

■ 해설: 최근에 들어 전자정보를 참고문헌으로 이용하는 빈도는 높아지고 있으며, 앞으로 이런 추세는 더욱 강화될 것이다. 이 책에서 전자정보를 인용하는 방법은 APA 지침서와 동일하게 Li, X. & Crane, N. B. (1993) *Electronic Style: A Guide to Citing Electronic Information.* Westport, CT: Meckler가 제시하는 방식을 따랐다.

저자와 연도를 기재하는 방식은 일반 참고문헌과 동일하나, 연도가 없는 경우

연구자가 온라인으로 탐색(search)한 가장 최근 날짜를 기록한다. 이어서 온라인의 잡지 호수나 일련번호를 기재하고 이 정보자료를 탐색할 수 있는 정보를 밝혀 둔다. 다시 말해, 일반서적의 출판지·출판사 정보 대신에 제공되는 네트워크의 프로토콜(protocol: 예컨대, Telnet, Internet 등)과 온라인 정보주소, 디렉토리(directory), 파일(file)名 등 취득하는 방법(available: Document No. 92 등)을 밝힌다.

연구문제

1. 문헌을 주석하는 것과 관련하여 하단주(각주)와 문장삽입주의 장단점을 비교해 보라.

2. 한국관광학회지 논문 중 한 편을 골라 그 참고문헌을 APA 형식으로 고쳐 보라. 이때 한국관광학회지 편집형식과 APA 형식간에는 어떤 차이가 있는가?

더 읽을거리

▶ APA 논문작성의 형식과 사례로서는, American Psychological Association(1994). *Publication Manual of the American Psychological Association.* (4th ed.). Washington, D C.: Author. 이 책에 대한 번역서로는 양서원출판사 간행, 강진령(1997)의 『APA 논문작성법』을 참고하면 된다.

부록

Principles of
Tourism Research Methodology

수량화 기법(I)의 예

수량화기법(I)을 노형진(1999: 7장)의 설명을 참고하여 예를 들며 설명해보기로 한다. 가상적으로 다음과 같은 명목척도(찬반론), 서열척도(만족도 순서), 등간척도(나이)로 된 조사를 수행하였다고 하자.

Q₁ 귀하는 주5일 휴무제의 법제화에 찬성하십니까?
　　(Y) 예　　　　(N) 아니오
Q₂ 귀하는 근무이의 여가생활에 만족하십니까?
　　(A) 불만이다　　(B) 그저 그렇다　　(C) 만족한다
Q₃ 귀하의 나이는? (　　세)

이 설문을 코딩하여 다음과 같은 결과표를 얻었다고 하자.

〈표 1〉 설문 결과 코딩 표

피설문자 번호	법제화 찬반의견(Q₁)	여가생활만족도(Q₂)	나이(Q₃)
1	Y	A	45
2	Y	A	23
3	Y	C	56
4	Y	B	34
5	N	A	30
6	N	B	22
7	N	B	42
8	N	B	36
9	N	C	61

주: 예=Y, 아니오=N, 불만=A, 그저 그렇다=B, 만족=C

〈표 2〉 설문 결과의 수량화(더미변수化) 표

피설문자 번호	Q₁		Q₂			Q₃
	$Y=x_{11}$	$N=x_{12}$	$A=x_{21}$	$B=x_{22}$	$Y=x_{11}$	y
1	1	0	1	0	0	45
2	1	0	1	0	0	23
3	1	0	0	0	1	56
4	1	0	0	1	0	34
5	0	1	1	0	0	30
6	0	1	0	1	0	22
7	0	1	0	1	0	42
8	0	1	0	1	0	36
9	0	1	0	0	1	61

〈표 1〉과 같은 데이터가 얻어졌을 때 질문 Q_1, Q_2의 답으로부터 연령을 예측하는 식을 만드는 기법이 소위 '수량화이론 I류'이다.

〈표 2〉는 Q_1에서 Yes라고 답한 사람은 1, No라고 답한 사람은 0으로 표기했으며, 역시 Q_2에서 여가생활에 '불만'이라고 답한 사람을 1, 그렇지 않은 사람을 0으로 표기하고 이들 열을 x_{21}이란 변수로 표기하였다. 마찬가지로, '그저 그렇다'고 답한 사람들의 열을 x_{22}, '만족한다'라고 응답한 사람들의 열을 x_{23}로 나타냈다. 이렇게 함으로써, 질적자료를 양적자료로 전환시킨 것이다. 이를 토대로 우리는 나이(Q_3)를 종속변수로, Q_1 중의 하나(예: x_{11})와 Q_2 중의 두 개(예: x_{22}, x_{23})를 설명변수로 하는 다중회귀식을 구성할 수 있으며, 이를 회귀분석하면 된다(이 자료에서, 설명변수가 '법제화 찬반의견', '여가 만족도'의 2개이므로 설명변수는 2개여야 한다. 설명변수를 3개로 만들면 다중공선성에 걸린다).

〈표 2〉의 자료를 자세히 관찰하면, 수량화기법은 곧 회귀분석에서 더미변수(dummy variable)를 취하는 논리와 마찬가지임을 알 수 있겠다.

부록 Ⅱ

Principles of
Tourism Research Methodology

시계열자료의 예측법

시계열 예측은 관광학 분야뿐만 아니라 거의 모든 사회과학 분야의 관심사로서 연구자료 분석에서 필수 불가결한 분석기법이다. 특히 경제의 지속적 발전을 통한 선진국 진입이 초미의 관심사인 오늘날의 한국사회에서는 각종 장단기 계획의 수립이 빈번해지고 따라서 향후의 각종 지표를 예측해야 하는 필요성은 점증되고 있는 시점에서, 시계열 예측은 오늘날 우리 사회를 전망해 볼 수 있는 가장 유용한 분석도구 중의 하나이다. 그러나 기실 이 분석도구의 유용성에도 불구하고, 사회 현상의 분석과 예측, 특히 우리 관광학 분야에서 그 이용은 그리 활발하지 못한 느낌을 받는다. 따라서 본 부록은 그 적용방법을 쉽게 예제를 통해 소개하여 관광분야에서 이 기법의 활용성을 진작시키고자 하는 데 연구의 목적을 두고자 한다.

예제의 자료는, '외래객 방문량' 자료로서, 그간 한국관광공사가 집계하여 발표해 온 월별 자료를 4분기 자료로 통합시킨 '분기별 시계열자료'이다. 여기서 분석자료의 단위는 1,000人回(thousand person-visits)로 했으며, 외래객 방문량은 순수 관광량만이 아니라 상용여행자 등을 모두 포함시킨 '총외래객'임을 밝혀 두고자 한다.

① 시계열자료의 평활법

평활(平滑; smoothing)이란 적절한 평준화 방법을 통하여 불규칙한 패턴을 가진 시계열에 포함된 확률오차를 적절한 평준화 방법을 통하여 제거시켜 시계열 변화 패턴을 쉽게 인식할 수 있도록 매끄러운 곡선을 구하는 작업을 말한다. 더 구체적으로 말하면, 평활법이란 미래 계열의 예측 값을 추정하기 위해 과거 시계열 관측값들의 단순평균 또는 가중평균을 이용하여 시계열에 포함된 확률 오차들을 평준화시키는 방법으로서, 이 방법으로부터 도출된 평활 예측값들은 경우에 따라서 상당히 정확하다. 평활법의 가장 큰 장점은 적용이 쉽고 계산이 간단하여 분기별 관광수요의 예측, 상품재고 예측 등과 같이 여러 종류의 시계열을 동시에 간단히 예측할 수 있다는 점이다.

평활법은 1950년대에 처음 개발되었고 그후 Holt, Winters 등에 의해 다양하게 발전되어 현재 유용한 예측기법으로 널리 사용되고 있다. 정상 시계열의 예측에 사용되는 평활법으로는 **이동평균법**(moving average method)과 **지수평활법**(exponential smoothing method)의 두 가지가 있다.

1) 이동평균법

가장 널리 이용되고 있는 평활법은 단순이동 평균법이다. 이 방법은 t기의 예측치를 그 앞의 n기의 수요를 평균하여 구하는 방식이다. 예를 들어, 우리나라를 찾는 외래관광객의 예측치를 2분기간 이동평균법과 4분기간 이동평균법을 통해 구해 보자. 실제치를 D_n, 예측치를 F_n이라 하면,

$$2분기간\ 이동평균값 : F_3 = \frac{D_1 + D_2}{2} = \frac{291 + 390}{2} = 341$$

$$4분기간\ 이동평균값 : F_5 = \frac{D_1 + D_2 + D_3 + D_4}{4}$$

$$= \frac{291 + 390 + 386 + 357}{4} = 356$$

이런 과정을 통해 2분기 및 4분기 이동평균값을 구한 것이 〈표 1〉이다. 이 방법에 의한 예측치는 과거의 실적치가 점증적인 추세를 띠는 경우에는 너무 낮게, 점감적인 추세를 가진 경우에는 너무 높게 추정되는 문제점을 지닌다. 또 만약 이동평균의 관측기간 수가 너무 적으면 실제수요의 변동이 예측치에 큰 영향을, 관측기간 수가 너무 많으면 적은 영향을 미치게 된다. 〔그림 1〕은 바로 이러한 경향을 보여 주고 있다. 즉, 이동평균에 사용되는 관측기간의 수 n이 커

질수록 시계열자료의 평활효과가 커져서 예측치의 곡선이 부드러워짐을 보여 준다. 만약 실제 시계열의 관측치 분포가 들쭉날쭉하여 확률오차가 시계열에 많은 영향을 미친다고 판단되면 n에 큰 값을, 즉 평활 기간을 넓게 잡아야 한다.

　　단순 이동평균법의 단점을 다소 보완한 방법이 **가중 이동평균법**이다. 일반적으로 t 기의 수요는 그 전기인 t-1 기에 의해 가장 많은 영향을 받고 t-2기에 의해서는 그보다 덜 영향을 받는다고 볼 수 있다. 즉 기간이 먼 쪽의 영향을 덜 받고 가까운 기간의 영향을 더 많이 받는다는 것이다. 이 점에 착안하여 예측시기와 가까운 쪽에 더 큰 가중치를, 먼 쪽에는 더 작은 가중치를 부여하는 방법이 곧 가중이동 평균이다.

〈표 1〉 2분기 및 4분기 이동평균법에 의한 외래관광 수요예측　　　（단위: 千人回）

연도 및 분기	시계열기간 n	실제방문량 D_t	예측량（F_t）	
			2분기 이동평균값	4분기 이동평균값
85-1	1	291	-	-
85-2	2	390	-	-
85-3	3	386	341	-
85-4	4	357	388	-
86-1	5	330	372	356
86-2	6	428	344	366
86-3	7	451	379	375
86-4	8	449	440	392
87-1	9	392	450	415
87-2	10	503	421	430
87-3	11	506	448	449
87-4	12	471	505	463
⋮	⋮	⋮	⋮	⋮

　　〈표 2〉와 〔그림 2〕는 위에서 설명한 단순 이동평균법과 가중 이동평균법에 의해 계산된 예측치를 서로 비교한 것인데 4분기 이동평균한 예측치이다. 가중 이동평균법을 식으로 나타내 보면（여기서 W는 가중치），

$$F_t = \frac{(W_{t-1}D_{t-1}) + (W_{t-1}D_{t-2}) + \cdots + (W_{t-n}D_{t-n})}{\sum_{t=1}^{n} t}$$

〔그림 1〕 2분기 및 4분기 이동평균값에 의한 외래관광 수요예측

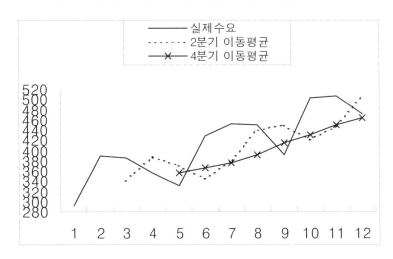

예를 들어 〈표 2〉에 나타난 시계열의 가중 이동평균 예측치를 구해 보면,

$$F_5 = \frac{(4\times357) + (3\times386) + (2\times390) + (1\times291)}{4 + 3 + 2 + 1} = 366$$

$$F_6 = \frac{(4\times330) + (3\times357) + (2\times386) + (1\times390)}{4 + 3 + 2 + 1} = 355$$

이렇게 가중치를 부여하여 계산한 예측치가 〈표 2〉의 6번째 열에 나타나 있다. 그림에서도 보듯이 가중 이동평균법이 단순 이동평균법보다 예측력이 다소 앞서고 있음을 알 수 있다.

전반적으로 이동평균법이 계산이 간단한 관계로 널리 이용되고 있으나 과거의 시계열이 선형을 이루고 있는 경우에는 정확성이 감소한다는 문제점이 있으므로 가능한 변화가 심한 시계열에 이 방법을 사용하는 것이 좋다.

2) 지수평활법

앞에서와 같은 이동평균법을 이용한 예측방법에는 두 가지 큰 문제점이 있다.

첫째, 이동평균법을 계산하기 위해서는 최근의 모든 시계열 관찰치를 필요로 한다. 그러므로 어떤 시계열들을 예측할 경우 이동평균에 필요한 많은 과거자료들은 수집해야 하는 어려움이 따른다.

〈표 2〉 4분기 단순이동평균에 의한 외래관광 수요예측

연도/분기	기간	실제수요	단순이동평균		가중이동평균	
			예측치	예측오차	예측치	예측오차
85-1	1	291	-	-	-	-
85-2	2	390	-	-	-	-
85-3	3	386	-	-	-	-
85-4	4	357	-	-	-	- 36
86-1	5	330	356	- 26	366	73
86-2	6	428	366	62	355	71
86-3	7	451	375	76	380	39
86-4	8	449	392	58	411	- 42
87-1	9	392	415	- 23	434	79
87-2	10	503	430	73	425	52
87-3	11	506	449	57	454	- 6
87-4	12	471	463	9	477	- 44
88-1	13	436	468	- 32	480	108
88-2	14	575	479	96	467	159
88-3	15	665	497	168	506	90
88-4	16	663	537	126	573	- 43
89-1	17	580	585	- 5	623	107
89-2	18	728	621	107	621	60
89-3	19	724	659	65	664	5
89-4	20	695	674	21	690	- 66
90-1	21	633	682	- 49	699	84
90-2	22	763	695	68	679	82
90-3	23	788	704	84	707	

둘째, 이동평균법은 최근 n개의 관찰치들의 비중을 동일하게 놓고 미래계열을 예측할 뿐 아니라 그 이전 시점의 시계열 관찰치에 대한 정보를 완전히 무시한다는 것이다.

대부분의 경우, 가장 최근에 관찰된 시계열 관찰치가 과거 관찰치보다 미래계열의 추이에 대한 정보를 더 많이 갖고 있으므로 미래 계열의 예측에 최근 시

계열 관찰치의 비중을 더 많이 두어 사용하는 것이 바람직한 예측방법이라 할 수 있다. 물론 이점을 보완한 것이 앞에서 두 번째로 언급한 가중이동평균법이다. **단순 지수평활법**(simple exponential smoothing)은 이 점들을 감안하여 개발된 예측법으로써 두 개의 관찰치만 가지면 미래 계열을 예측토록 해주는 방법이다. 그러므로, 단순 지수평활법은 단순 이동평균법의 단점을 개선시킨 시계열 예측방법이라고 말할 수 있다.

지수평활법은 1959년 브라운(R. G. Brown)에 의해 처음 개발되었으며 이듬해인 1960년 윈터스(P. R. Winters)에 의해 계절변동을 감안한 모형으로 발전하였다.

〔그림 2〕 4분기 단순 이동평균법 및 가중 이동평균법에 의한 외래관광 수요예측

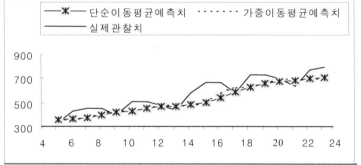

(1) 단순 지수평활법

먼저 이 방법에서는 장래 예측을 위해 단 3가지 자료만을 필요로 하는데, 전기의 실제관찰치, 후기의 예측치, 그리고 **평활계수**(smoothing constant)가 그것이다.

이 방법의 논리와 수식을 간단히 설명해 보도록 하자. 예를 들어 작년 ($t-1$년)의 경주방문 관광수요가 1000명이었다고 하자. 그런데 이의 예측했던 수요는 950명이었다고 가정하자. 그렇다면 금년(t년)의 수요는 얼마나 될 것인가? 작년의 예측오차는 1000 - 950 = 50명인데 이를 세분해 본다면 그중 얼마는 과거수요추세 패턴에 영향을 받은 것이고(예를 들어 30%인 15명), 나머지

(70%인 35명)는 불규칙한 확률요인(예컨대 정부의 과소비 억제운동, 중동사태 등 돌발적인 요인)에 의해 발생되었다고 하자. 이때 금년인 t 해의 수요는 수요 추세에 의한 변화요인 즉 오차의 30%에 해당하는 15명을 작년의 예측치 950명에 더해 준 965명이라는 것이다. 그런데 여기서 불규칙 확률요인에 의한 변화 (70%인 35명)는 예측이 사실상 불가능하므로 고려에서 배제되었음은 물론이다. 여기서 수요추세 패턴요인에 해당하는 30%(0.3으로 표현함)를 곧 평활계수라고 부르고 a로 표현한다.

이를 식으로 나타내 보면,

$$F_t = F_{t-1} + a(D_{t-1} - F_{t-1})$$

즉, 금기의 예측치＝전기의 예측치＋평활계수(예측오차)

위의 식을 다시 정리하면,

$$F_t = aD_{t-1} + (1-a)F_{t-1}$$

이상에서 볼 수 있듯이 이 지수평활법 이용을 위해서는 초기의 수요예측치와 평활계수가 먼저 알려져 있지 않으면 안 되는데, 이 사실은 또한 단순 지수평활법의 약점이기도 하다.

① 초기 예측치의 결정

위의 식에서 초기예측치 $F_n - 1$은 최초의 예측에서는 미리 계산되어 있지 않기 때문에 어려움이 생긴다. 따라서 보통의 관례적인 방식은 상황에 따라 몇 가지 방식의 가정하에 수치를 결정하는데, 1) 예측하고자 하는 시점 t 기 이전에 발생된 실제관찰치들이 존재하는 경우에는 이들의 산술평균값 등을 이용하거나, 2) 예측하고자 하는 시점 이전의 실제관찰치가 없는 경우에는 첫 시점의 관찰치(Dt)나 관찰치들의 이동평균값을 초기예측치인 $F_n - 1$으로 놓는다. 예를 들어 본 저서에서는(〈표 3〉 참조) 1985년 1/4분기의 외래관광수요 29만 1천 명을 제2/4분기의 예측치로 잡았음을 참고하기 바란다.

② 평활계수의 결정

평활계수의 값, 즉 수요 추세요인은 산업마다 나라마다 모두 다를 것이기 때문에 적절한 α 값은 여러 번의 시행착오를 통해 가장 알맞는 값을 추정해 내야 한다. 그 한 방법으로써, 각각의 α 값을 적용시켜 보아 예측오차를 가장 적게 하는 값, 평균제곱오차(MSE: Mean Squared Error)를 비교하여 이것이 가장 적어지는 α 값을 평활계수로 택하는 방법이 있다.

$$MSE = \frac{\sum(F_t - D_t)^2}{n-1}$$

또 한 가지 방법은, 지수평활법은 이동평균법과 같은 종류이므로 α 값을 이동평균에 포함된 기간 n을 적용하여 다음 식으로도 추정할 수 있다.

$$\alpha = \frac{2}{n+2}$$

이 식에 따르면 만약 3개월 이동평균이면 0.3을 사용할 수 있다. 여기서도 알 수 있듯이, α 값이 작으면 작을수록 평활효과가 커지고 α 값이 커질수록 평활효과가 작아진다는 점을 유의해야 한다.

③ 예시

위의 방식을 토대로 단순 지수평활법을 수요의 예측치는 〈표 3〉 및 〔그림 3〕과 같다. 먼저 초기 예측치는 앞의 두 번째 방법과 같이 첫 시점의 관찰치를 Dt = 291로 하였다. 평활계수는 α = 0.2, α = 0.5, α = 0.9 등을 적용해 보았는데, 평균제곱오차, MSE가 α = 0.9일 때 가장 적은 MSE = 5515로 나타나 평활계수를 높게 취하는 것이 더 추정이 잘되는 것으로 밝혀지고 있다. 이것은 〔그림 3〕을 통해서도 알 수 있는데, 실제관찰치를 잘 설명해 주는 예측곡선은 α = 0.9일 때라는 것이다.

〈표 3〉 단순 지수평활법에 의한 외래관광 수요의 예측

연도/분기	기간 n	실제 관찰지 D_t	평활계수별 예측치(F_t)					
			$a=0.2\,(F_t-D_t)^2$		$a=0.5\,(F_t-D_t)^2$		$a=0.9\,(F_t-D_t)^2$	
				9801 5655 9714				
85-1	1	291	-	9282	-	-	-	-
85-2	2	390	291	1001	291	9801	291	9801
85-3	3	386	311	5	341	2070	380	35
85-4	4	357	326	6093	363	39	385	807
86-1	5	330	332	30	360	908	360	890
86-2	6	428	332	1330	345	6879	333	9028
86-3	7	451	351	7	387	4156	418	1056
86-4	8	449	371	9079	419	914	448	2
87-1	9	392	387	1700	434	1754	449	3235
87-2	10	503	388	4	413	8111	398	11091
87-3	11	506	411	1887	458	2307	492	183
87-4	12	471	430	5	482	121	505	1132
88-1	13	436	438	3996	476	1640	474	1472
88-2	14	575	438	4	456	14102	440	18269
88-3	15	665	465	2494	516	22313	561	10716
88-4	16	663	505	1	590	5284	655	70
89-1	17	580	537	1879	627	2177	662	6751
89-2	18	728	545	3337	603	15543	588	19539
89-3	19	724	582	0	666	3403	714	100
89-4	20	695	610	2020	695	0	723	784
90-1	21	633	627	3	695	3834	698	4199
90-2	22	763	628	7176	664	9809	639	15257
90-3	23	788	655	33	713	5553	751	1395
				18121 17607				
			MSE = 11815		MSE = 5748		MSE = 5515	

〔그림 3〕 단순지수 평활법에 의한 외래관광 수요의 예측

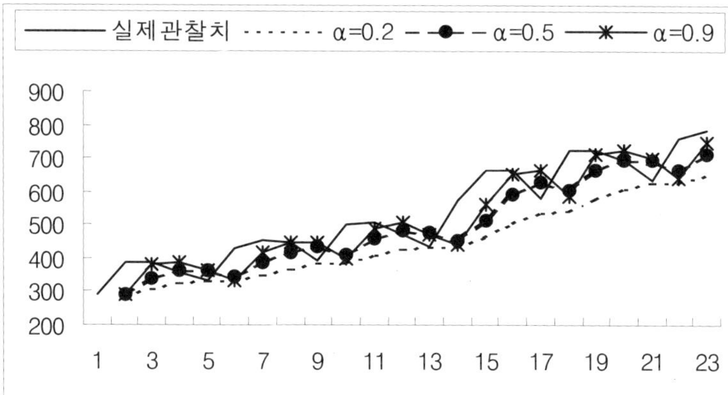

그러면 여기서 왜 큰 평활계수를 적용하는 것이 더 예측이 잘 되는지 생각해 보자. 그림에서도 보듯이 우리나라를 찾는 외래여행 수요가 낮고 2/4-3/4분기에 피크를 이루다가 4/4분기에 하강하는 추세를 반복적으로 보여 주고 있는 것이다. 즉, 우리나라에 대한 외래방문 수요는 과거 계절추세요인에 강력히 지배받기 때문에 평활계수는 90% 이상으로 잡아야 한다는 것을 말하고 기타의 불규칙 확률요인은 10% 이하라는 것이다. 다른 종류의 일반시계열은 오히려 α가 보통 $0.1-0.3$인 범위에 드는 것이 관례인데, $α = 0.9$라는 점은 우리나라 외래관광수요가 과거 계절패턴의 답습성이 높다는 점을 시사해 주고 있다.

앞에서 평활계수가 낮을수록 평활효과가 커진다고(즉, 예측곡선이 부드러워진다고) 말했는데, 〔그림 3〕에서는 이 점도 잘 설명해 주고 있다. 즉, $α = 0.9$일 때는 실제 수요곡선에 가까워 기복이 심한 반면, $α = 0.2$일 때는 평활 정도가 커 직선에 가까워진다는 사실을 알 수 있다.

(2) 브라운의 지수평활법

앞에서 설명한 이동평균법이나 단순 지수평활법이 지닌 단점을 보완하기 위하여 브라운은 여러 가지 지수평활법을 개발하였는데, 브라운의 선형 지수평활

법, 브라운의 2차(quadratic) 및 3차(cubic) 지수평활법이 그것이다. 지수평활법에는 브라운의 방법 외에도, 계절변동을 감안한 윈터스의 선형 및 계절 지수평활법(Winter's linear and seasonal exponential smoothing)과, 계절변동을 제거한 후 얻은 비계절적 시계열을 지수평활법으로 예측하는 홀트(C. C. Holt)의 계절 지수평활법 등이 있다. 여기서는 브라운의 선형 지수평활법 및 2차 지수평활법만을 다루기로 한다. 이러한 방법들은 간단한 통계패키지인 *EXCEL* 등을 이용해 계산할 수도 있지만, 보다 손쉽게 *STATGRAPHICS* 등 계산기법이 이미 내장되어 있는 기존의 P/C용 통계패키지를 이용한다면 더욱 손쉽게 예측치 등을 구할 수 있다.

① 브라운의 선형 지수평활법

단순 이동평균법이 가지고 있는 계산상의 단점을 보완하기 위해 단순 지수평활법이 고안된 것과 마찬가지로, 이 방법은 선형 이동평균법이 가진 단점을 보완시켜 선형추세요인이 포함된 시계열을 예측하는 방법으로 브라운이 개발하였다.

이 방법에서는 3개의 관측값과 평활계수인 a 값만 있으면 예측이 가능하고, 관찰시점이 과거로 멀어져 감에 따라 관찰값들이 예측에 미치는 영향의 비중은 지수적으로 줄어든다는 전제를 내세운다. 이와 같은 이유로 선형 지수평활법은 선형 이동평균법보다 추세요인을 포함한 시계열 예측에 더 많이 적용되고 있다.

브라운의 선형 지수평활법은 선형 이동평균법과 논리적 체계적인 면에서는 동일하나 이동평균값 대신 지수평활값 Ft(아래 식 참조)을 사용하여 선형 이동평균법이 가진 단점을 보완한 예측기법이다. 먼저 선형 지수평활법은 다음 식을 추정한다.

$$F'_t = aD_t + (1-a)F'_{t-1} \quad \text{(제1차평활)} \quad (1)$$
$$F''_t = aF_t + (1-a)F''_{t-1} \quad \text{(제2차평활)} \quad (2)$$

여기서 F'_t는 단일 지수평활값이고 F'''_t는 2중 지수평활값이다. 이것을 구하고 난 후 시점 t의 예측값 at를 다음과 같이 구한다.

$$at = F'_t + (F'_t - F''_t) = 2F' - t - F''_t \qquad (3)$$

이것은 시계열이 추세요인을 포함하는 시계열인 경우, 지수평활값 F'_t 가 실제 시계열 관찰치 D_t 를 과소 추정하게 되는 경향이 있는데, 이와 같은 과소추정분을 $(F'_t - F''_t)$ 로 계산하고 이 값을 F_t 에 합산시켜 t 시점의 예측값을 구해 주자는 것이다. 이어서,

$$b_t = \frac{(1-a)}{a}(F'_t - F''_t) \qquad (4)$$

$$F_{t+m} = a_t + b_t \times m \qquad (5)$$

식 (5) 에서, m 은 예측할 앞으로의 기간수이며 F'_{t+m} 이 $t+m$ 기의 최종 예측치 이다. 식 (4) 의 b_t 는 t 시점의 추세 변동비를 나타낸다. 이상의 식 (1) 부터 (5) 까지의 과정을 적용하여 예시적으로 외래관광수요를 추정한 값이 〈표 4〉에 나타나 있다. 이 표에서는 앞의 분석과의 일관성 유지를 위해 평활계수를 $a = 0.9$ 로 가정하였다. 이 표에서 1990년 4분기 (F_{24}) 부터 1991년 1분기 (F_{26}) 등은 위 식대로 다음과 같은 방식을 사용하여 예측하였다.

$$F_{24} = a_{23} + b_{23}(1) = 761 + 95 \times 1 = 856$$

$$F_{25} = a_{23} + b_{23}(2) = 761 + 95 \times 2 = 951$$

$$\cdot \quad \cdot \quad \cdot \quad \cdot \quad \cdot \quad \cdot \quad \cdot \quad \cdot \quad \cdot \quad \cdot \quad \cdot \quad \cdot \quad \cdot$$

$$F_{28} = a_{23} + b_{23}(5) = 761 + 95 \times 5 = 1236$$

〔그림 4〕는 실제관찰치 (D_t) 와 위의 예측치 ($a = 0.9$인 경우) 를 비교하고 아울러 참고로 $a = 0.1$인 경우의 예측치도 그려 넣어 본 것이다. 평활계수가 클수록 추정치가 높고 평활계수가 낮을수록 추정치가 낮게 나타나고 있다.

② 브라운의 2차 지수평활법

〈표 4〉 브라운의 선형 지수평활법에 의한 외래관광 수요의 예측($\alpha = 0.9$)

연도/분기	기간 n	실제 관찰치 D_t	단일 지수평활	2중 지수평활	a값	b값	예측치 F_t
85-1	1	291					
85-2	2	390	291	291			
85-3	3	386	380	371	389	80	
85-4	4	357	385	384	387	13	469
86-1	5	330	360	362	357	-22	400
86-2	6	428	333	336	330	-26	336
86-3	7	451	418	410	427	74	304
86-4	8	449	448	444	452	34	501
87-1	9	392	449	448	449	4	485
87-2	10	503	398	403	393	-46	454
87-3	11	506	492	483	501	81	347
87-4	12	471	505	503	507	19	582
88-1	13	436	474	477	472	-25	526
88-2	14	575	440	444	436	-34	446
88-3	15	665	561	550	573	106	402
88-4	16	663	655	644	665	94	679
89-1	17	580	662	660	664	16	760
89-2	18	728	588	595	581	-65	680
89-3	19	724	714	702	726	107	516
89-4	20	695	723	721	725	19	833
90-1	21	633	698	700	695	-21	744
90-2	22	763	639	646	633	-55	675
90-3	23	788	751	740	761	95	579
90-4	24						856(m = 1)
91-1	25						951(m = 2)
91-2	26						1046(m = 3)
91-3	27						1141(m = 4)
91-4	28						1236(m = 5)

〔그림 4〕 브라운 선형 지수평활법에 의한 외래관광 수요의 예측

(α = 0.9 및 α = 0.1인 경우)

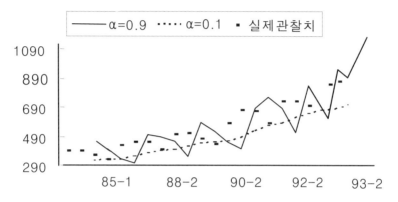

선형추세를 띤 시계열의 예측에 선형 지수평활법을 사용하듯이, 어떤 시계열이 2차 곡선(quadratic), 3차 곡선(cubic) 또는 고차의 추세패턴을 띠며 변화하는 경우, 그 시계열 패턴에 맞는 높은 차수의 평활법을 이용하여 예측을 해야 한다. 2차 지수평활법(quadratic exponential smoothing)이란 시계열이 2차곡선 형태의 추세패턴을 띠며 변화할 때 이것을 평활법으로 예측하는 기법이다.

이 기법의 원리는 2차 곡선 형태의 추세패턴을 가진 시계열을 예측함에 있어 발생되는 오차를 3중 평활(triple smoothing)을 통해 조정하는 것이다. 동일한 원리로 3차, 4차 등의 추세패턴을 가진 시계열은 4중 평활, 5중 평활 등을 행하여 예측한다.

2차 평활법에 의한 방정식은 앞의 선형 지수평활법의 방정식(1) - (5)와 유사하게 전개되는데, 그 방정식은 다음과 같다.

$$F'_t = aD_t + (1-a)F'_{t-1} \qquad \text{(제 1차 평활)} \qquad (6)$$

$$F''_t = aF'_t + (1-a)F''_{t-1} \qquad \text{(제 2차 평활)} \qquad (7)$$

$$F'''_t = aF''_t + (1-a)F'''_{t-1} \qquad \text{(제 3차 평활)} \qquad (8)$$

$$a_t = 3F'_t - 3F''_t + F'''_t \tag{9}$$

$$b_t = \frac{a}{2(1-a)}\left[(6-5a)F'_t - (10-8a)F''_t + (4-3a)F'''_t\right] \tag{10}$$

$$c_t = \frac{a^2}{(1-a)^2}(F'_t - 2F''_t + F'''_t) \tag{11}$$

$$F_{m+t} = a_t + bb_t \times m + \frac{1}{2}c_t \times m^2 \tag{12}$$

　제1차, 제2차 그리고 제3차 평활값을 구한 후, 이를 이용해 예측계수인 at, bt, ct를 구하고 다시 이를 이용해 예측치인 F_{t+m}을 구하는 것이 이 방법의 순서이다. 그러나, 이와 같이 2차 평활법에 필요한 방정식은 단순 또는 선형 평활법에 대한 방정식보다 더욱 복잡하지만 절차는 앞의 선형 평활법과 동일하다.

　본 장에서는 브라운의 2차 평활계산법의 과정을 예시하지 않고 P/C용 통계 패키지인 STATGRAPHICS를 이용해 〈표 5〉와 같이 결과치만을 예시하였다. 이 표에서는 브라운의 2차 지수평활법(표의 제6열)에 의한 예측치를 구하고 이를 기존의 선형 지수평활에 의한 예측치와 비교시키고 있다. 미래예측치는 1991년 4/4분기($m=5$)까지 보여주고 있다. 이들 예측에 의하면 2차 지수평활법을 사용한 예측값이 선형 지수평활법보다 더 높게 추정되고 있음을 볼 수 있다.

2 시계열자료의 분해법

　앞에서 설명한 평활법은, 시계열 자료에 계절패턴, 순환패턴 등 어떤 패턴들이 내재하고 있으나 자료가 가진 확률적 변동(randomness) 때문에 이를 파악하기 어려울 때, 평활을 통하여 이 확률적인 변동을 제거시키면 이들 패턴의 추정이 가능하다는 가정하에서 예측을 행하는 방법이다. 다시 말해, 평활의 의의는 시계열에 존재하는 패턴을 찾아서 미래계열을 추정하고 이것을 예측에 사용할 수 있도록 자료가 가진 확률적 변동분을 제거하는 데 있는 것이다. 반면에 평활법은 시계열에 내재된 기본패턴인 계절성향, 추세성향 등을 개별적으로 판별할 수 없다는 단점을 가지고 있다.

분해법(decomposition methods)은 시계열이 가진 패턴들을 세부적인 패턴들로 '분해'시키는, 다시 말해 시계열을 구성하는 중요패턴들인 계절패턴(seasonal pattern), 추세패턴(trend pattern), 순환패턴(cycle pattern), 확률오차(random error)를 시계열로부터 분해시켜 각 패턴들을 개별 예측한 후 이들의 재합산해 미래계열을 예측하는 방법이다. 그러므로, 분해법은 미래계열의 예측뿐만 아니라 계절성, 순환성과 같은 시계열 구성요인들에 대한 정보 및 이들 영향에 관한 분석이 가능하다는 점에서 대단히 유용한 기법이다. 그러나 분해법은 평활을 위해 각종 평활기법을 사용하지만 적용방법에는 평활법과 기본구조가 다름을 명심해야 한다.

분해법의 종류로는 크게 가법분해방법(additive decomposition methods)과 승법분해방법(multiplicative decomposition methods)으로 나눌 수 있다. 가장 많이 써온 방법은 1930년 맥컬레이(Macauley)가 개발한 이동평균비(ratio to moving average)라는 전통적 방법인데 이는 위의 방식 중 승법분해방식에 속한다.

가법방식이냐 승법방식이냐 하는 것은 '분해된' 각각의 세부패턴을 더해 주느냐 곱해 주느냐에 따른 분류이다. 즉 시계열 관찰치(D_t)는 다음과 같이 추세패턴, 순환패턴, 계절패턴, 그리고 확률변동(확률오차)의 함수라고 가정하자.

$$D_t = f (T_t, C_t, S_t, E_t)$$

여기서, T_t: t시기의 추세성 패턴(trend pattern)

C_t: t시기의 순환성 패턴(cyclical pattern)

S_t: t시기의 계절성 패턴(seasonal pattern)

E_t: t시기의 확률오차(random error)

〈표 5〉 Brown의 선형 지수 및 2차 지수평활법에 의한 외래관광 수요의 예측과 비교

연도/분기	기간 n	실제 관찰치 D_t	선형 지수평활		2차 지수평활
			$a=0.9$	$a=0.1$	$a=0.1$
85-1	1	291			
85-2	2	390			
85-3	3	386			
85-4	4	357	469	326.8	343.3
86-1	5	330	400	334.6	352.4
86-2	6	428	336	335.7	351.3
86-3	7	451	304	356.2	379.4
86-4	8	449	501	378.1	408.5
87-1	9	392	485	396.1	430.6
87-2	10	503	454	399.9	430.5
87-3	11	506	347	425.0	462.9
87-4	12	471	582	446.8	489.0
88-1	13	436	526	458.0	498.4
88-2	14	575	446	460.2	494.4
88-3	15	665	402	489.6	531.8
88-4	16	663	679	532.2	587.7
89-1	17	580	760	567.7	630.7
89-2	18	728	680	580.7	638.7
89-3	19	724	516	620.9	687.8
89-4	20	695	833	653.7	724.3
90-1	21	633	744	675.2	737.0
90-2	22	763	675	680.4	769.4
90-3	23	788	579	710.2	
90-4	24		856	739.8	800.9
91-1	25	예	951	754.6	827.9
91-2	26	측	1046	769.5	855.5
91-3	27	치	1141	784.3	883.8
91-4	28		1236	799.1	912.7

이때, 가법 및 승법방식은 시계열 관찰값이 다음과 같이 세부패턴의 합 또는 곱이라고 가정하는 것이다.

$$가법 \ 분해방식: D_t \ = \ T_t + C_t + S_t + E_t$$
$$승법 \ 분해방식: D_t \ = \ T_t \times C_t \times S_t \times E_t$$

이하에서는 승법방식(이동평균비방법)을 중심으로 예시를 해보도록 한다. 이 방법은 대개 P/C 통계패키지(예를 들어 STATGRAPHICS, MICROSTAT 등)에 잘 내장되어 있어서 과거의 실적자료(실제관찰치)만 입력시키면 순식간에 예측치를 구할 수 있지만 수작업으로 구하려면 꽤 번거로운 계산과정을 거쳐야 한다. 여기서는 과정을 이해하는 데 도움이 될 수 있도록 수작업 계산절차를 예시하도록 하겠다.

1) 순환변동분(C)과 추세변동분(T)의 분해

먼저, 첫번째 단계로서 이동평균법에 의해 시계열을 평활화한다. 본 예제 자료와 같이 4분기 자료인 경우 첫 4분기에 대한 평균치를 구하고 그 다음의 기간에 대해서도 평균치를 계속 구해 나간다(〈표 6〉의 3번째열 참조). 이어서 중심이동평균을 구한다(〈표 6〉의 제4열 참조). 중심이동평균은 앞의 이동평균값을 두 번씩 묶어 다시 평균한 값이다.

〔그림 5〕에 나타난 바와 같이 중심이동평균은 원래의 시계열보다 훨씬 평활화된 것을 알 수 있는 데, 이것은 보다 큰 변동요인인 계절적 변동 S가 포함되지 않았기 때문으로 볼 수 있다. 계절적 변동은 4분기에 걸쳐 중심이동평균 M이 평균되었기 때문에 제거된 것이다. 요컨대, 계절적 변동 S나 또는 불규칙변동 E에 의한 것이나 간에 중심이동 평균된 M계열은 원래 시계열의 모든 급격한 변동들을 평활화하게 된다. 이러한 요소들을 제거함으로써 중심이동평균 M은 추세변동 T와 순환변동 C만을 포함한 것으로 해석할 수 있다. 여기서 추세변동 T는, 최소자승법에 의한 회귀선을 구한다면, 따로 분리될 수도 있을 것이다.

〔그림 5〕 실제관찰치와 중심이동평균에 의한 평활

2) 계절변동분(S)과 확률오차분(E)의 분해

중심이동평균값 M이 '순환변동값 + 추세변동값'이라는 것을 알았으므로 이번에는 계절변동분 S와 확률오차분 E를 찾아내 보자. S와 E는 원래의 시계열 관찰치 D에는 포함되어 있었지만 M을 계산하는 과정에서 제거되었다고 볼 수 있다. 따라서 이들 변동분 S와 E는 다음 두 가지 방법 중 어느 하나의 방법으로 포착될 수 있다.

① D-M, 즉 관찰치 D에서 이동평균 M을 빼거나,
② D/M, 즉 관찰치 D를 이동평균 M으로 나눈 비율

로부터 계산할 수 있다. 보통은 두 번째 방법이 많이 이용된다. 이의 결과가 〈표 6〉의 제5열에 계산되어 있다.

3) 계절변동분 S의 분해

〔그림 6〕의 ⑴는 내용적으로 보면 계절변동분 S만을 나타내는 것이 아니라

불규칙 변동분 E도 내포하고 있다. 그러면 S만 어떻게 분리시킬 것인가? 그 해답은 각 분기의 D/M 을 평균하는 것이다. 이를 그림으로 나타낸 것이 〔그림 6〕의 (2)와 (3)이다. 즉, 〈표 6〉의 제5열의 4분기(여기서는 1986년 1분기부터 1989년 4분기까지)의 D/M을 나타낸 것이 〔그림 6〕의 (1)이고, 여기서 다시 4개의 각 분기(1986년 1분기부터 1986년 4분기까지 4개의 분기)의 D/M을 한곳에 겹쳐 놓고(〔그림 6〕의 (2)), 평균하면(〔그림 6〕의 (3)), 표의 제6열에서 보듯이 계절변동분 S는 다음과 같이 분해된다.

제1/4분기 = 0.866
제2/4분기 = 1.062
제3/4분기 = 1.074
제4/4분기 = 0.998

계절변동을 평균한 이들 S계수를 보면, 제3/4분기가 가장 성수기이고 제1/4분기가 가장 낮은 비수기임을 알 수 있다.

4) 실적치 시계열 D의 조

계절변동분 S가 분해 계산되었으므로 이제 이를 이용하여 원래의 실적치 시계열 D를 조정하여 계절변동을 제거하면 된다. 그 절차는, 단순히 실적치 시계열 D를 계절변동지수 S로 나누어 주기만 하면 된다. 그 결과는 〈표 6〉의 제7열에 제시되어 있다.

가법방식에 의한 분해(additive decomposition)도 이와 마찬가지 논리로 추정된다. 참고로 가법방식에 의한 예측치를 〈표 6〉의 마지막 열(제열)에 제시해 놓았다.

〈표 6〉이동평균비 분해법에 의한 외래관광 수요의 예측

연도 분기	(1) 기간 n	(2) 실제치 D	(3) 이동평균	(4) 중심 이동평균 N	(5) D/M	(6) 계절 변동분 S	(7) 乘法 예측치 D/S	加法 예측치
85-1	1	291	-	-	-	0.866		364
85-2	2	390	356	-	-	1.062	336	358
85-3	3	386	366	361	1.07	1.074	367	349
85-4	4	357	375	371	0.96	0.998	359	357
86-1	5	330	392	383	0.86	0.886	381	403
86-2	6	428	415	403	1.06	1.062	403	396
86-3	7	451	430	422	1.07	1.074	420	414
86-4	8	449	449	439	1.02	0.998	450	449
87-1	9	392	463	456	0.86		453	465
87-2	10	503	468	465	1.08		474	471
87-3	11	506	479	474	1.07		471	469
87-4	12	471	497	488	1.97 •		472	471
88-1	13	436	537	517	0.84		503	509
88-2	14	575	585	561	1.03		541	543
88-3	15	665	621	603	1.10		619	628
88-4	16	663	659	640	1.04		665	663
89-1	17	580	674	666	0.87		670	653
89-2	18	728	682	678	1.07		685	696
89-3	19	724	695	688	1.05		674	687
89-4	20	695	704	699	0.99		697	695
90-1	21	633	720	712	0.89		731	706
90-2	22	763					718	731
90-3	23	788					734	751

〔그림 6〕 계절변동요인의 분해

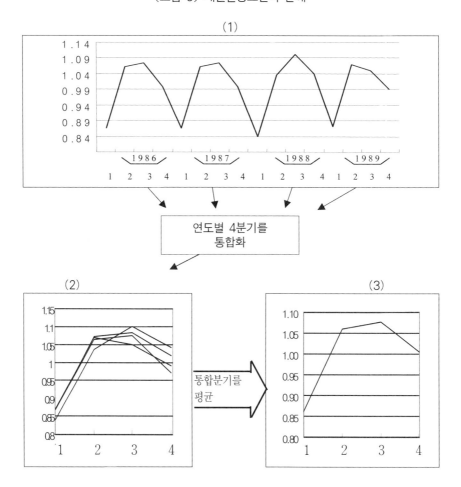

③ 추세선 예측법

종속변수의 과거 및 현재의 추세치만을 가지고 장래를 예측하는 방법으로서, 이 방법의 기본가정은 현재의 추세는 과거추세의 함수라는 것이다. 따라서 이 모형에서는 따로 독립변수를 설정할 필요가 없고, 시간변수 한 가지만을 독립변수로 보면 되는 이점을 갖고 있다. 이 예측법은 '추세 분석법'(trend analysis) 또는 '성장곡선 분석법'(growth curve analysis)이라고도 불린다.

이 방법은 먼저 추세치를 그림으로 나타내 보고 이 추세치에 가장 근접하는 곡선방정식의 형태를 찾아내는 것이 순서이다. 그러나 여기서 유의할 점은 추정할 곡선의 형태는 과거 추계치의 형태에만 집착하여 유추해 내서는 안 된다는 점이다. 오히려 미래의 발전 양상에 대한 충분한 연구와 지식 습득을 토대로 하여 곡선의 형태를 짐작해 내야 하는 것이다. 예를 들어 그림과 같이 과거의 도시화율 추세가 급격하였다고 하여 지수함수를 도시화 추세함수로 선택한다면 예측은 큰 오류를 범하게 된다. 도시화에 관한 이론이나 선진국의 실제사례를 본다면 대개 70-80%에서 도시화율은 안정되는 경향이 일반적이므로 이 경우에는 오히려 S 곡선(S-curve)이 좀더 적절한 예측모형이고 따라서 실제에 가까운 예측치를 가져오게 된다.

추세곡선의 형태는 여러 가지 변형이 있으나 대체로 다음과 같이 지수형태, 펄곡선, 곰페르쯔곡선 그리고 로지스틱곡선 형태로 나누어 볼 수 있다. 본 절에서는 수식의 단순화를 위해, 시간변수(time variable)를 t, 추정할 파라메타의 값을 알파벳 대문자 A, B, C 등으로 놓고 이의 대수변환치를 소문자 a, b, c로 표기하기로 하겠다.

〔그림 7〕 우리나라의 도시화 추세와 추세선 예측

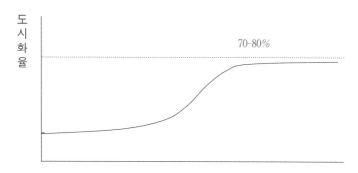

1) 지수형태의 곡선(Exponential Curve)

지수형태의 곡선은 크게 단순 지수형태, 2차 지수형태, 변형 지수형태 등으로 나누어 볼 수 있다.

（1）단순 지수형태(Simple Exponential form)

우상향의 급격한 성장을 나타내는 함수형태로서 （1）과 같다.

$$Y = AB^t \qquad (또는 \; Y = Ae^{bt}) \qquad\qquad (1)$$

위 식의 양측에 대수를 취하면, 식（1-1）과 같은 선형방정식이 되며 곡선의 형태는 〔그림 7〕과 같다.

$$LnY = a + bt \qquad (단, \; Ln\,A = a) \qquad\qquad (1-1)$$

（2）2차 지수형태(Second-degree Exponential)

기본형태는 식（1）과 같으며, 양측에 대수를 취함으로써 식（2-1）과 같은 2차 선형함수 형태가 된다.

$$Y = AB^t \, C^{t^2} \qquad\qquad\qquad (2)$$

또는,

$$Ln(Y) = a + bt + ct^2 \quad (단, \ Ln\,B = b, \ Ln\,C = c) \tag{2-1}$$

이때, 대개 B는 B〉1로서 가속인자의 역할을 하며, C는 0〈C〈1로서 감속인자의 역할을 한다.

(3) 변형 지수형태(Modified Exponential form)

단수 지수형태의 변형으로서 식(3)과 같다.

$$Y = L + AB^t \tag{3}$$

여기서, L은 t가 ∞(또는-∞)로 접근할 때의 극치(limits) 또는 漸近線値(asymtote)이다. L은 대개 L〉0이며, L〈0도 수학적으로는 가능하나 경제학적으로는 논리상 부적절하다. 보통 L〉0, A〉0, B〉1인 경우가 대부분이며 이들 파라메타의 변화에 따른 그림의 형태는 다음과 같다. 이 함수는 양대수를 취하므로써 다음 식(3-1)과 같이 선형형태로 바꿀 수 있다.

$$Ln(Y - L) = a + bt \tag{3-1}$$
$$(단, \ Ln\,A = a, \ Ln\,B = b)$$

즉, 극치와 관찰치의 차이가 시간 t의 함수로 되는 것이다. 따라서 極値 L을 어떻게 정하는 가에 따라서 a, b는 영향을 받는다.

2) 펄 곡선(Pearl Curve)

연구자 펄(Raymond Pearl)의 이름을 따서 '펄 곡선'이라고 부르며, 그 함수형태는 식(4)와 같다.

$$Y = L(1 + a\,e^{bt}) = L \tag{4}$$

이 곡선의 변곡점은 $t = (Ln\,a)/b$, $y = L/2$일 때이며 이 변곡점을 중심으로 상호대칭관계를 이룬다. 이 곡선은 수식을 치환하고 양대수를 취함으로써 다음과 같은 선형곡선 형태가 된다.

$$Y(1 + a\,e^{bt}) = L$$

$$L - Y = Y(a\,e^{bt}),$$

따라서 $(L - Y)/Y = a\,e^{bt}$

양측에 대수를 취하면,

$$Y = Ln[(L - Y)/Y] = Ln\,a + bt \qquad (4\text{-}1)$$

식 (4-1)을 보면, 역시 극치 L의 크기가 파라메타 a, b에 영향을 미친다. 즉 극치와 관찰치와의 차이 $(L - Y)$의 관찰치 y에 대한 비율이 시간 t의 함수가 되는 것이다.

3) 곰페르쯔 곡선(Gompertz Curve)

인구통계학자인 펄(R. Pearl)과 리드(L. J. Reed)가 그 사용을 일반화시켰다는 의미에서 일명 '펄-리드 곡선'(Pearl-Reed Curve)이라고도 부른다. 그 함수형태는 다음과 같다.

$$y = L\,e^{ae^{bt}} \qquad \text{또는} \quad y = LA^{B^t} \qquad (5)$$

이 식은 식을 치환하고 兩對數를 취하면 역시 다음 식 (5-1)과 같이 선형함수가 된다. 즉,

$$y/L = e^{ae^{bt}}$$

여기에 Ln을 취하면, $Ln(L/Y) = ae^{bt}$

다시 Ln을 한번 더 양쪽에 취하면,

$$y/L = Ln\,a + bt \qquad (5\text{-}1)$$

앞의 펄 곡선과 마찬가지로 이 곰페르쯔 곡선은 $t = -\infty$일 때 y값은 0, 그리고 $t = +\infty$일 때 상한치 L이 된다. 그러나 이 곡선은 펄 곡선과 달리 대칭적이지 않다. 변곡점은 $t = (Ln\ b)/L,\ y = L/e$ 일 때이다. 따라서 이 변곡점을 기준으로 한 점에서 좌우는 비대칭적(asymmetrical)이다.

4) 로지스틱 곡선(Logistic Curve)

로지스틱 곡선은 L을 극치로 하여 다음 식(6)과 같은 수식의 형태를 띤다.

$$Y= \frac{L}{1 + e^{a + bt}} \qquad \text{또는} \quad Y= \frac{L}{1 + 10^{a + bt}} \qquad (6)$$

이 수식은 상호치환과 양대수를 취함으로써 다음 식(6-1)과 같은 선형형태로 표시될 수 있다. 즉, 위의 식은

$$Y(1 + e^{a + bt}) = L$$

$$Y(e^{a + bt}) = L$$

$$e^{a + bt} = L/Y$$

윗식 양측에 對數를 취하면,

$$Ln(\frac{L - Y}{Y}) = a + bt \qquad (6-1)$$

즉, 이 함수는 상한치 = L, 하한치 = 0인데, 상한치와 관찰치의 차이 $(L - Y)$의 관찰치 Y에 대한 비율이 시간의 함수임을 알 수 있다. 그리고 이 함수는 상·하한치의 중간이 되는 점에서 상호 대칭적이다.

특히 여기서 상한치 L = 1인 경우, 이 방정식은,

$$Ln(\frac{1 - Y}{Y}) = a + bt$$

가 되는데, 이 경우의 특수함수를 '로짓 함수'(logit function) 또는 '로짓 모형'

이라고 부른다.

　이상으로 평활법과 분해법을 중심으로 한 시계열자료의 예측방법에 대해 알아보았다. 물론 이들 방법만이 시계열 예측방법의 전부는 아니다. 자기회귀적 (autoregressive) 모형인 Box-Jenkins 방법, 적절한 독립변수의 도입을 통한 단순 혹은 다중회귀분석(simple or multiple regression method), 보다 고차원적 시뮬레이션(simulation) 등을 통한 구조방정식 모형(structual models), 그리고 정성적 방법에 속하는 델파이 방법(Delphi method) 등을 추가로 들 수 있다.

　이와 같이 시계열 예측기법이라는 주제만으로도 한 학기의 연구과제가 되고도 남을 정도로 예측방법의 내용은 깊고도 넓다. 물론 이러한 계량적 방법이 예측의 만능수단이 될 수는 없지만, 논리적 근거 없이 어림짐작으로 미래를 예측하기보다는 이들 과정들을 어렵더라도 습득하여 연구에 적용하는 것이 보다 설득력이 크고 또한 그렇게 하는 것이 사회현상을 객관적으로 분석코자하는 사회과학도의 연구 자세라고 생각된다.

관광관련 국제 학술지 목록

전 세계적으로 근래에 들어 수많은 관광관련 정기학술지들이 쏟아져 나오고 있다. 더러 폐간되는 학술지들도 있지만 매년 신간 학술지들이 많아 생겨나 그 수를 헤아리기 어렵다. 더욱이 영어이외 자국어로 출판되는 학술지는 영어를 사용하는 인터넷에는 게재가 되지 않으므로 그 수를 헤아릴 수 없다.

여기서는 2007년 현재, 영어를 언어매체로 사용하는 정기 학술지들만을 모아서 정리해보았다. 특히 대부분의 학술지는 미국 퍼듀대학교 관광학과의 Alastair M. Morrsison 교수가 최근 조사한 내용이며 필자가 이를 더 업데이트하였다.

● 관광이론 · 자원관련 학술지

- ACTA Turistica
- ANATOLIA
- Annals of Tourism Research
- Asia Pacific Journal of Tourism Research
- ASEAN Journal on Hospitality and Tourism
- Current Issues in Tourism
- Event Tourism
- Information Technology & Tourism
- International Journal of Tourism Research

- International Travel Law Journal
- Journal of Convention & Exhibition Management
- Journal of Ecotourism
- Journal of Quality Assurance In Tourism &Hospitality
- Journal of Sport Tourism
- Journal of Sustainable Tourism
- Journal of Teaching in Travel & Tourism
- Journal of Tourism and Cultural Change
- Journal of Tourism Studies
- Journal of Travel Research
- Journal of Travel & Tourism Marketing
- Journal of Travel & Tourism Research
- Journal of Vacation Marketing
- Tourism Review International
- PASOS - Journal of Tourism and Cultural Heritage
- Problems of Tourism
- Scandinavian Journal of Hospitality and Tourism
- Teoros International
- The Tourist Review
- Tourism Analysis
- TOURISM: An International Interdisciplinary Journal
- Tourism, Culture & Communication
- Tourism Economics
- Tourism Geographies
- Tourism and Hospitality Research
- Tourism Management
- Tourism Recreation Research
- Tourism Research Journal (TJR)
- Tourism Today
- Tourismus Journal
- Tourist Studies

호텔·호스피탈리티·식음료 관계 학술지

Australian Journal of Hospitality Management
The Consortium Journal: Journal of HBCU
Cornell Hotel and Restaurant Administration Quarterly
FIU Hospitality Review

Gaming Research & Review Journal
International Journal of Contemporary Hospitality Management
International Journal of Hospitality Management
International Journal of Hospitality and Tourism Administration
Journal of College & University Foodservice
Journal of Foodservice Business Research
Journal of Foodservice Systems
Journal of Gambling Studies
Journal of Hospitality & Leisure Marketing
Journal of Hospitality & Tourism
Journal of Hospitality Financial Management
Journal of Hospitality, Leisure, Sport & tourism Education
Journal of Hospitality & Tourism Education
Journal of Hospitality & Tourism Research
Journal of Human Resources in Hospitality & Tourism
Journal of Nutrition for the Elderly
Journal of Nutrition in Recipe & Menu Development
Journal of Restaurant & Foodservice Marketing
Journal of the American Dietetic Association
Journal of the International Academy of Hospitality Research
NACUFS Journal(National Association of College & University
    Foodservices)
Praxis – The Journal of Applied Hospitality Management
School Foodservice Research Review

여가 · 위락관련 학술지

Annals of Leisure Research
Australian Leisure Mangement
Current Therapeutic Research
Human Dimensions of Wildlife
Journal of the Canadian Association for Leisure Studies
Journal of Interpretation
Journal of Leisurability
Journal of Leisure Property
Journal of Leisure Research
Journal of Park and Recreation Administration

Leisure Sciences
Leisure Studies
Loisir et Societe/Society and Leisure
Managing Leisure
Visions in Leisure and Business
World Leisure & Recreation Association Journal

주요 학술지의 발행 정보 및 논문게재 형식

관광이론 관련

ACTA Turistica
Editor-in-Chief : Dr. Boris Vukonic
Ekonomski fakultet Trg J.F. Kennedya 6
10000 Zagreb CROATIA
Tel: (385 1) 23 83 333 Fax: (385 1) 23 35 633
E-mail: auletta@gres.dicpm.unipa.it.
ISSN: 0353-4316
Article Submission Format: Specific to the journal

ANATOLIA: An International Journal of Tourism and Hospitality
Research
Editor-in Chief: Dr. Nazmi Kozak
P.K. 589 06445
Yenisehir / Ankara Turkey
Tel: 90 312 479 1044 Fax: 90 312 479 1084
E-mail: anatolia.tr-net.net.tr
EDITOR, NORTH AMERICA
Seyhmus BALOGLU
Department of Tourism and Convention Administration,

University of Nevada-Las Vegas, USA
E-mail: baloglu@ccmail.nevada.edu
ISSN 1300-4220
Publisher: Write to Nazmi Kozak,
Article Submission Format: Specific to the journal

Annals of Tourism Research

Editor-in Chief: Jafar Jafari
Department of Hospitality and Tourism,
University of Wisconsin-Stout, Menomonie, WI 54751, USA
Tel: 715 232 2339, Fax:715 232 3200
E-mail: jafari@uwstout.edu
Elsevier Science Ltd. Pergamon
P.O. Box 800 Kidlington, Oxford OX51DX England.
Tel: 44-1865-843000 Fax: 44-1865-843010
Article Submission Format: Specific to the journal

Asia Pacific Journal of Tourism Research

Editor-in-Chief: Professor Kaye Chon, Chair Professor and Head
Dept of Hotel and Tourism Management
The Hong Kong Polytechnic University
Hung Hom, Kowloon, Hong Kong
Tel: +852-2766-6382 Fax: +852-2362-6422
Web-site: http://www.polyu.edu.hk/~htm/
E-mail: hmkchon@polyu.edu.hk
Headquarters, Asia Pacific Tourism Association: Department of
Tourism, Dong-A-University,
840, Hadan-Dong, Saha-gu, Pusan 604-714 Korea
Tel: 82-51-200-7427 Fax: 82-51-205-7767
E-mail: apta@seunghak.donga.ac.kr
Article Submission Format: APA

ASEAN Journal on Hospitality and Tourism

Chief Editor: Wiwik Dwi Pratiwi, Ir. (ITB), MES
Institut Teknologi Bandung, Indonesia
Tel: 62 - 22 - 2534272 Fax: 62 - 22 - 2506285
E-mail: JoSeATH@alga.net.id

ASEAN Journal on Hospitality and Tourism
Centre for Research on Tourism
Institut Teknologi Bandung, Indonesia
E-mail: info@aseanjournal.com
Article Submission Format: APA

China Tourism Research

Editor: Haiyan Song, Ph. D.
Dept of Hotel and Tourism Management
The Hong Kong Polytechnic University
Hung Hom, Kowloon, Hong Kong
Tel: +852-2766-6382
Fax: +852-2362-6422
Web-site: http://www.polyu.edu.hk/~htm/
ISSN:1812-688X

Current Issues in Tourism

Editor: C. Michael Hall
Centre for Tourism, Department of Geography,
University of Otago PO Box 56, Dunedin, New Zealand
Tel: 64-3-479 8520 (Secretary), Fax: 64-3-479 9034
E-mail: cmhall@commerce.otago.ac.nz
Publisher: Channel View Publications, Frankfurt Lodge,
Clevedon Hall, Victoria Road, Clevedon, England BS21 7HH
E-mail: mailto:info@multilingual-matters.com
Fax to (+44)/(0)-1275-343096
ISSN 1368-3500
Article Submission Format: Specific to the journal

European Sport Management Quarterly

Editor: Trevor Slack, Ph.D.
University of Alberta, Canada
E-mail: esmq@lubs.leeds.ac.kr
Publsher: Taylor &Francis Group
London • New York • Philadelphia • Singapore
UK Head Office: 11 New Fetter Lane, London EC4P 4EE
Tel: 44 (0) 207 583 9855 Fax: 44 (0) 207 842 2298

ISSN: 1618-4742

Event Management

Editors-in Chief: Bruce Wicks, Ph.D.
Department of Leisure Studies, University of Illinois
104 Huff Hall, mc 584 1206 S Fourth Champaign, IL 61820
Tel: (217) 333-4410
E-mail: bwicks@als.uiuc.edu
Editors-in-Chief: Jouyeon Yi
Department of Leisure Studies, University of Illinois
E-mail: jxi1@uiuc.edu
Publisher: Cognizant Communication Corporation
3 Hartsdale Road, Elmsford NY 10523
Tel: 914-592-7720 Fax: 914-592-8981
ISSN: 0360-1293
Article Submission Format: APA

Festival Management &Event Tourism

Editors-in Chief: Donald Getz
Faculty of Management
Scurfield Hall 493 University of Calgary
Calgary, AB T2N 1N4 Canada
Tel:: (403) 220-7158 Fax: (403) 284-7915
E-mail: getz@mgmt.ucalgary.ca
Editors-in-Chief: Bruce Wicks
104 Huff Hall, mc 584 1206 S Fourth Champaign, IL 61820
Tel: (217) 333-4410
E-mail: bwicks@als.uiuc.edu
Publisher: Cognizant Communication Corporation
3 Hartsdale Road, Elmsford NY 10523
Tel: 914-592-7720 Fax: 914-592-8981
ISSN: 0360-1293
Article Submission Format: APA

International Journal of Tourism Research

Editors: John Fletcher
International Centre for Tourism and Hospitality Research,

Bournemouth
University, Talbot Campus, Poole BH12 5YT, UK.
Tel: 01202595163
E-mail: jefletch@bournemouth.ac.uk
Publisher: North, Central, and South America:
John Wiley &Sons, Inc.
605 Third Avenue New York, New York 10158-0012
Tel: 212-850-6645 Fax: 212-850-6021
E-mail: subinfo@wiley.com
Publisher: Rest of the World
Journals Administration Department
John Wiley &Sons, Ltd. 1 Oldlands Way
Bognor Regis West Sussex, PO22 9SA England
Tel: +44 (0)1243 779 777 Fax: +44 (0)1243 843 232
E-mail: cs-journals@wiley.co.uk
ISSN: 1099-2340
Article Submission Format: Specific to the journal

International Travel Law Journal
Editor: David Grant
Travel Law Centre
University of Northumbria
Newcastle Upon Tyne, NE1 8ST
England.
Telephone : + 44 (0)191 233 0099
Fax : + 44 (0)191 232 1303
E-mail: dave.grant@unn.ac.uk
Article Submission Format: Specific to the journal

Journal of Convention &Exhibition Management
Editor-in Chief: Je'Anna Lanza Abbott
Conrad N. Hilton College
University of Houston
4800 Calhoun Houston, Texas 77204-3902
Tel: 713 743-2413
E-mail: JAbbott@UH.EDU
Consulting Editor: K. S. (Kate) Chon,

Chair Professor and Head
Dept of Hotel and Tourism Management
The Hong Kong Polytechnic University
Hung Hom, Kowloon, Hong Kong
Tel: +852-2766-6382
Fax: +852-2362-6422
Web-site: http://www.polyu.edu.hk/~htm/
E-mail: hmkchon@polyu.edu.hk
Publisher: Haworth Press Inc.,10 Alice St.Binghamton NY 13904
10 Alice St.Binghamton NY 13904
Tel: 1-800-HAWORTH * Fax: 1-800-895-0582
Outside US/Canada: Tel: 1-607-722-5857 * Fax: 1-607-722-6362
E-mail: getinfo@haworthpressinc.com
ISSN: 1094-608X
Format for Article Submission: APA

Journal of Ecotourism

Editor: David A. Fennell, PhD
Department of Recreation and Leisure Studies
Brock University
St. Catharines, Ontario, Canada L2S 3A1
Tel: (905) 688-5550 ext: 4663 Fax: (905) 688-0541
Publisher: Channel View Publications:
Frankfurt Lodge, Clevedon Hall,
Victoria Road, Clevedon, England BS21 7HH
ISSN: 1472-4049

Journal of Heritage Tourism

Editor: Dallen J. Timothy, Ph. D.
Arizona State University
c/o Channel View Publications
Frankfurt Lodge, Clevedon Hall
Victoria Road, Clevedon
England BS21 7HH
Tel: +44 (0) 1275 876519
Fax: +44 (0) 1275 871673
E-mail:submissions@channelviewpublications.com

ISSN 1743-873X

Journal of Information Technology &Tourism

Editor-in-Chief: Hannes Werthner
Dept of Statistics, Op. Res. and Comp. Meth.,
Univ of Vienna, Universitaetsstrasse 5/9 A-1010 Vienna, Austria,
Tel: 43-1407-635581, Fax: 43-1407-635588
E-mail: werthner@itc.it
Publisher: Cognizant Communication Corporation
3 Hartsdale Road, Elmsford NY 10523
Tel: 914-592-7720 Fax: 914-592-8981
ISSN: 1098-3058
Article Submission Format: APA

Journal of Quality Assurance In Tourism &Hospitality

Co-Editor: Sungsoo Pyo, PhD
Visiting scholar, Dept of Leisure Studies,
University of Illinois, Champaign
E-mail: pyos@chollian.net
Co-Editor: Timothy R. Hinkin, PhD
Professor, School of Hotel Administration, Cornell University
Cornell University, Ithaca, New York
E-mail: elizatse@cuhk.edu.hk
Tel: 607-255-2938
Publisher: Haworth Press Inc.,
10 Alice St.Binghamton NY 13904
Tel: 1-800-HAWORTH * Fax: 1-800-895-0582
Outside US/Canada: Tel: 1-607-722-5857 * Fax: 1-607-722-6362
E-mail: getinfo@haworthpressinc.com   ISSN: 1094-608X
Format for Article Submission: APA

Journal of Sport Tourism

Editor: Joseph Kurtzman
Sports Tourism International Council,
International Headquarters,
P.O. Box 5580-Station "F"
Ottawa Canada K2C 3M1

Tel: (613) 226-9447 Fax: (613) 226-9447
E-mail: sptourism@aol.com
ISSN 1029-5399
E-mail: stic@winning.com
Publsher: Taylor &Francis Group
London • New York • Philadelphia • Singapore
UK Head Office: 11 New Fetter Lane, London EC4P 4EE
Tel: 44 (0) 207 583 9855 Fax: 44 (0) 207 842 2298
ISSN 1029-5399
E-mail: stic@winning.com

Journal of Sustainable Tourism
Editors: Bill Bramwell
Sheffield Hallam University
School of Leisure and Food Management
Sheffield, S1 1WB,
Tel: 44 0114 225 2885
E-mail: W.M.Bramwell@shu.ac.uk
Bernard Lane
Department for Continuing Education
University of Bristol, 8-10 Berkeley Square
Bristol BS8 1HH, U.K.
Tel: 44 (0) 117 928 7136
E-mail: bernard.lane@bristol.ac.uk
Publisher: Channel View Publications, Frankfurt Lodge,
Clevedon Hall, Victoria Road, Clevedon, England BS21 7HH
E-mail: info@multilingual-matters.com
Fax to (+44)/(0)-1275-343096
ISSN 0966-9582
Format for Article Submission: Specific to the Journal

Journal of Tourism and Cultural Change
Editor in Chief: Mike Robinson, Ph. D
Professor, Centre for Tourism and Cultural Change,
Sheffield Hallam University
Publisher: Channel View Publications, Frankfurt Lodge,
Clevedon Hall, Victoria Road, Clevedon, England BS21 7HH

E-mail:info@channelviewpublications.com
Fax to (+44)/(0)-1275-343096
ISSN 1476-6825
Format for Article Submission: Specific to the Journal

Journal of Tourism Studies
Editor-in Chief: Philip Pearce
Dept of Tourism, James Cook University,
Townsville Qld Australia 4811
Tel: 61-77-815133 Fax: 61-77-25116
E-mail: philip.pearce@jcu.edu.au
Publisher: Subscription Section The Journal of Tourism Studies
School of Business - Tourism Program
James Cook University TOWNSVILLE 4811
QUEENSLAND, AUSTRALIA
Tel: (07) 4781 5134 International Tel: 61 7 4781 5134
E-mail: Robyn.Yesberg@jcu.edu.au
ISSN: 1035-4662
Format for Article Submission: APA

Journal of Travel Research
Editor-in Chief: Richard R. Perdue
Professor, College of Business and Administration
University of Colorado Boulder, CO 80309, USA
Tel: (303) 492-2923
E-mail: Richard.Perdue@Colorado.edu
  Publisher: Sage Publications, Inc.
2455 Teller Road Thousand Oaks, CA 91320
Tel: 1.805.499.0721Fax: 1.805.499.0871
E-mail:info@sagepub.co
ISSN: 0047-2875
Format for Article Submission: Chicago Manual of Style

Journal of Teaching in Travel &Tourism
Editor-in-Chief: Cathy H. C. Hsu, Ph D
Dept of Hotel and Tourism Management
The Hong Kong Polytechnic Universityng

Hung Hom, Kowloon, Hong Kong
Tel: +852-2766-4682
Fax: +852-2362-9362
Email: hmhsu@polyu.edu.hk

   Consulting Editor: Kaye Chon, Ph D, Chair Professor and Head
Dept of Hotel and Tourism Management
The Hong Kong Polytechnic University
Hung Hom, Kowloon, Hong Kong
Tel: +852-2766-6382
Fax: +852-2362-6422
Web-site: http://www.polyu.edu.hk/~htm/
E-mail: hmkchon@polyu.edu.hk
Publisher: Haworth Press
10 Alice St. Binghampton NY 13904-1580
Tel: 1-800-HAWORTH * Fax: 1-800-895-0582
Outside US/Canada: Tel: 1-607-722-5857 * Fax: 1-607-722-6362
E-mail: getinfo@haworthpressinc.com
ISSN 1531-3220
Format for Article Submission: APA

Journal of Travel &Tourism Marketing
Editor-in-Chief: Professor Kaye Chon, Chair Professor and Head
Dept of Hotel and Tourism Management
The Hong Kong Polytechnic University
Hung Hom, Kowloon, Hong Kong
Tel: +852-2766-6382
Fax: +852-2362-6422
Web-site: http://www.polyu.edu.hk/~htm/
E-mail: hmkchon@polyu.edu.hk
Publisher: Haworth Press Inc.,
10 Alice St. Binghamton NY 13904
Tel: 1-800-HAWORTH * Fax: 1-800-895-0582
Outside US/Canada: Tel: 1-607-722-5857 * Fax: 1-607-722-6362
E-mail: getinfo@haworthpressinc.com
ISSN: 1054-8408
Format for Article Submission: APA

Journal of Travel &Tourism Research
Editor-in-Chief: Osman Eralp Colakoglu
Adnan Memderes Universitesi
Turizm Isletmeciligi ve Otelcilik Yuksekokulu
Candan Tarhan Bulvari No:6
09400 Kusadasi/Aydin
Tel:90-256-6125503
Fax:90-256-6129842
E-mail:mailto:stad@adu.edu.tr
Format for Article Submission: Specific to the Journal
ISSN:1302-8545

Journal of Vacation Marketing
Editor-in-Chief: J.S. Perry Hobson
Southern Cross University
School of Tourism and Hospitality Management
PO Box 157 LISMORE NSW 2480 AUSTRALIA
Tel: 02 6620 3259 Fax:02 6622.2208
E-mail: phobson@scu.edu.au
Publisher: Henry Stewart Publications
USA/Canada: Subscriptions Office, PO Box
10812, Birmingham AL 35202-0812, USA
Tel: 800-633-4931 Fax: 205-995-1588
E-mail: hsp@ebsco.com
Rest of the World: Russell House, 28/30 Little Russell
Street, London WC1A 2HN, UK
Tel: 44 (0)171 404 2081
E-mail: gweny@henrystewart.demon.co.uk
Format for Article Submission: Vancouver referencing system
ISSN 1356-7667

Tourism and Hospitality Planning &Development
Co-Editor: Bob Brotherton, Ph.D.
Formerly Manchester Metropolitan
Co-Editor: Les Lumsdon
University of Central
Lancashire, UK

Tel: 01772 894912
Fax: 01772 892927
Email: lmlumsdon@uclan.ac.uk
ISSN: 1479-0548

Tourism Review International

Co-Editor-in-Chief: Laura Jane Lawton, Ph. D
Senior Lecturer
Department of Health, Fitness, and Recreation Resources,
George Mason University, 10900 University Boulevard, MS-4E5,
Manassas,
Virginia 20110-2203 USA.
Tel: (703) 993-2062; Fax: (703) 993-2025
E-mail: llawton@gmu.edu
Publisher: Cognizant Communication Corporation,
3 Hartsdale Road, Elmsford, NY 10523-3701
Tel: 914-592 7720 Fax: 914-592 8981
ISSN: 1088-4157
Format for Article Submission: APA

PASOS -Journal of Tourism and Cultural Heritage

Editor: Agustin Santana, Ph.D
Pasos On-Line
University of La Laguna, Tenerife
Canary Islands
Spain
E-mail: asantana@ull.es
ISSN 1695-7121
Article Submission Format: Specific to the journal

Problems of Tourism

Institute of Tourism
9a Merliniego st, 02-511 Warsaw, POLAND
Telephone +48 (22) 844 63 47
FAX +48 (22) 844 12 63
E-mail: it@intur.com.pl

Scandinavian Journal of Hospitality and Tourism
Chief Editors: Reidar J. Mykletun,
The Norwegian School of Hotel Management,
Stavanger University College, PO Box 2557,
Ullandhaug, N-4091 Stavanger, NORWAY
Tel: 47-51833717; Fax: 47-51833750
E-mail: reidar.j.mykletun@nhs.his.no
Second Chief Editor: Jan Vidar Haukeland
Institute of Transport Economics, Norway
E-mail: jvh@toi.no
E-mail for Electronic Submissions: Scandinavian.JHT@nhs.his.no
ISSN: 1502-2250
Format for Article Submission: Specific to the journal

Studies and Perspectives in Tourism
Centro de Investigaciones y Estudios en Turismo
Avenida Del Libertador 774 - 6º W
C 1001ABU Buenos Aires- Argentina
Tel/fax: (54-11) 4815-3222
Fax: (54-11) 4793-9639
E-mail: cietcr@sinectis.com.ar
http://www.ciet.org.ar

Teoros International
Directeur: Louis Jolin, professeur, UQAM
Département d'études urbaines et touristiques
Université du Québec à Montréal Case postale 8888,
Tel: 514 987-7041 Fax:514 987-7827
E-mail:jolin.louis@uqam.ca
Service des publications
Université du Québec à Montréal Case postale 8888,
Succursale centre-ville Montréal (Québec) H3C 3P8
Tél: (514) 987-3000, poste 4229# Fax: (514) 987-0307
ISSN 0712-8657

Tourism and Hospitality Research

Editors: Richard Butler and Andrew Lockwood
University of Surrey
School of Management Studies for the Service Sector
Guildford, Surrey GU2 5XH, UK
Prof R. Butler
Tel: 44 (0) 1483 259662
E-mail: R.Butler@surrey.ac.uk
Prof Andrew J Lockwood
Tel: 44 (0) 1483 300800 Extn 6351
E-mail: A.Lockwood@surrey.ac.uk
Publisher: Henry Stewart Publications
USA/Canada: Subscriptions Office, PO Box
10812, Birmingham AL 35202-0812, USA
Tel: 800-633-4931 Fax: 205-995-1588
E-mail: hsp@ebsco.com
Rest of the World: Russell House, 28/30 Little Russell
Street, London WC1A 2HN, UK
Tel: 44 (0)171 404 2081
E-mail: gweny@henrystewart.demon.co.uk
Article Submission Format: Specific to the journal
ISSN: 1467 3584
Format for Article Submission: Specific to the journal

The Tourism Review

Editor-in Chief: Peter Keller
Varnbuelstrasse 19, CH-9000 St. Gallen
Switzerland
Tel:41-71 30 224 25 30 Fax:41-71-224 25 36
E-mail: aiest@unisg.ch
Publisher: AIEST
Varnbuelstrasse 19, CH-9000 St. Gallen
Switzerland
Tel:41-71 30 224 25 30 Fax:41-71-224 25 36
E-mail: aiest@unisg.ch
ISSN: 0251-3102

Tourism Analysis
Editors-in Chief: Muzaffer Uysal and Geoffrey I. Crouch
Muzaffer Uysal
Department of Hospitality &Tourism Management
Virginia Tech 362 Wallace Hall
Blacksburg Virginia 24061
Tel: (504) 231-5514 Fax: (504) 231 8313
E-mail: samil@vt-edu
Geoffrey I. Crouch, Professor
School of Tourism and Hospitality
La Trobe University, Melbourne, Victoria 3086, Australia
Publisher: Cognizant Communication Corporation
3 Hartsdale Road, Elmsford NY 10523
Tel: 914-592-7720 Fax: 914-592-8981
ISSN: 1083-5423
Format for Article Submission: APA

Tourism :An International Interdisciplinary Journal
Editor: Dr. Sanda Weber
Institute for Tourism
Vrhovec 5
10000 Zagreb, Croatia
Tel: +385 1 3773-222; Fax: +385 1 3774-860
E-mail: sanda.weber@iztzg.hr
Publisher: Institue for Tourism
Vrhovec 5
10000 Zagreb, Croatia
Tel: +385 1 3773-222; Fax: +385 1 3774-860
ISSN 0494-2639
Format for Article Submission: Specific to the journal

Tourism, Culture &Communication
Editors-in Chief: Brian King and Lindsay Turner
Victoria University of Technology,
Department of Hospitality and Tourism Management,
P.O. Box, 14428, MCMC, Melbourne, Victoria 8001 Australia
Tel: 03 9688 4638

E-mail: BrianKing@vut.edu.au
E-mail: LindsayTurner@vut.edu.au
Publisher: Cognizant Communication Corporation
3 Hartsdale Road, Elmsford NY 10523
Tel:914-592-7720 Fax:914-592-8981
ISSN: 1098-304X
Format for Article Submission: APA

Tourism Economics
Editor-in Chief: Stephen Wanhill
School of Service Industries, Bournemouth
University, Talbot Campus, Fern Barrow,
Poole BH12 5BB, UK.
Tel: 44 1202 595 017. Fax: 44 1202 595 562.
E-mail: swanhill@bournemouth.ac.uk
In Print Publishing Ltd. Turpin Distribution Services Ltd.
Tel: 44-1273-682836 Fax: 44-1273-620958
E-mail: JEdmondson@ippublishing.com
ISSN: 1354-8166
Format for Article Submission: Specific to the Journal

Tourism Geographies
Editor-in-Chief: Alan A. Lew
Dept of Geography and Public Planning
Box 15016 Northern Arizona University Flagstaff
Arizona 86011-5016 USA
Tel:(520)523-6567 Fax:(520)523-1080
E-mail alan.lew@nau.edu
Routledge Journals Department
29 W 35th St. New York NY 10001-2299 USA
Tel: 212 216 7800
E-mail: journals@routledge-ny.com
ISSN: 1461-6688
Format for Article Submission:

Tourism in Marine Environments
EDITOR-IN-CHIEF: Michael Lück
Auckland University of Technology, New Zealand
Publisher: Cognizant Communication Corporation
3 Hartsdale Road, Elmsford NY 10523
Tel: 914-592-7720 Fax: 914-592-8981
ISSN: 0360-1293
Article Submission Format: APA

Tourism Management
Editor-in Chief: Chris Ryan
CIMS, Waikato Management School
University of Waikato Private Bag 3105
Hamilton New Zealand
Tel:64 7 838 4259 Fax: 64-7-838 4250
E-mail: caryan@waikato.ac.nz
North American Editor: Alastair M. Morrison
Hospitality and Tourism Management Department
Stone Hall - Purdue University
West, Lafayette, IN 47907
Tel: (765)494-7905 Fax:(765)494-0327
E-mail: Alastair@cfs.purdue.edu
Publisher: Butterworth-Heineman
Part of the Reed Elsevier Group,
Linacre House Jourdan Hill,
Oxford OX28DP England
Tel: 44-1865-310366 Fax: 44-1865-310898
ISSN: 0261-5177
Format for Article Submission: Harvard format

Tourism Recreation Research
Editor-in Chief: Tej Vir Singh
E-mail: tvsingh@lw1.vsnl.net.in
Centre for Tourism Research and Development,
A-965/6 Indira Nagar Lucknow 226016 India
Tel: 91-522 381586 Fax: 91-522 381586

ISSN: 0250-8281
Format for Article Submission: Specific to the journal

Tourism Research Journal (TJR)
Chief Editor: Sreekantan Nair, Ph. D
Professor,
Mahatma Gandhi University
Kerala, India
Tel: 91 – 471 – 574730
Fax: 91 –471 – 574730
E-mail: deputyeditor@tourismresearch.info
ISSN No: 0972-7191
Article Submission Format: Specific to the journal

Tourism Today
Editor-in Chief: Antonis Charalambides (Director)
E-mail: acharalambides@COTHM.ac.cy
College of Tourism &Hotel Management
Larnaka Ave, Aglangia
P.O.Box 20281
2150 Nicosia, Cyprus
Tel: +357 22 462846 Fax: +357 22 336295
Publisher: College of Tourism and Hotel Management, Cyprus
E-mail Submission: cothm@spidernet.com.cy
ISSN: 1450-0906
Format for Article Submission: Specific to the journal

Tourismus Journal
Editor: Professor Dr. Hans Elsasser
Geographie, Universitat Zurich-Irchel
Tel: 04131782677
E-mail tourjour@uni-lueneburg.de
Format for Article Submission:

Tourist Studies
Co- Editor: Adrian Franklin
School of Sociology and social Work

Uinversity of Tasmania
GPO Box 252-17, Hobart, Tasmania, Australia, 7001
E-mail Adrian.Franklin@utas.edu.au
Co-Editor: Mike Crang
Department of Geography
University of Durham, Science Laboratories
South Road
Durham, DH13LE, UK
E-mail M.A.Crang@durham.ac.uk
Sage Publications
6 Bonhill St, London EC2A 4PU, UK
Tel: 44-(0)20 7374 0645 Fax: 44-(0)20 7374 8741
E-mail market@sagepub.co.uk
ISSN: 1468-7976
Format for Article Submission: Harvard System, but check format specific
to the journal

호스피탈리티 · 식음료 관련 학술지

Australian Journal of Hospitality Management
Executive Editor: Paul Morrison, Ph.D
Professor, Centre for Hospitality and Tourism Management,
University of Queensland, Gatton College,
Lawes Queensland 4343 Australia
Tel: 61 7 5460 1371 Fax: 61 7 5460 1171
E-mail: p.morrison@htmp.uq.edu.au
Published by the Centre for Hospitality and Tourism Management,
University of Queensland, Gatton College,
Lawes Queensland 4343 Australia
Format for Article Submission: Specific to the journal

The Consortium Journal: Journal of HBCU
Hospitality Education and Others
Editor: Pender Noriega
Professor, School of Management

Delaware State University School of Management
Dover, Delaware
Tel: (302) 739 4971
E-mail: pnoriega@dsc.edu

Cornell Hotel and Restaurant Administration Quarterly
Editor: Michael C. Sturman, Ph.D
Associate Professor, School of Hotel Administration,
Cornell University, 541 Statler Hall, Ithaca NY 14853, USA.
Fax: +1 607 254-2971, Email:mcs5@cornell.edu
Executive Editor: Glenn Withiam,
Professor, School of Hotel Administration,
Cornell University Statler Hall, Ithaca NY 14853, USA.
Fax: +1 607 255-3025, Email: mailto:%20GRW4@cornell.edu
Managing Editor: Fred Conner,
Associate Professor, School of Hotel Administration,
Cornell University Statler Hall, Ithaca NY 14853, USA.
Fax: +1 607 255-5096, Email: FLC2@cornell.edu
Elsevier Science Inc. Box 945 NY
Tel:212-633-3730 Fax:212-633-3680
Format for Article Submission: Modified Harvard Style

FIU Hospitality Review
Editor: William G O'Brien
Associate Professor, Florida International University
Florida International University,
NE 151 1st St. and Biscayne Blvd. N Miami FL 33181
Tel:305-919-4553, E-mail: mail:obrien@servax.fiu.edu
Format for Article Submission: Chicago Manual of Style

International Journal of Contemporary Hospitality Management
Editor: Richard Teare, Ph D
President, Revans University
IMCA, Marriotts, Castle Street, Buckinghamshire, MK18 1BP, UK.
Tel: +44 (0) 1280 817222
Fax: +44 (0) 1280 813297

E-mail: rteare@globalnet.co.uk
ISSN: 0959-6119

Gaming Research &Review Journal
Editor: Robert H. Bosselman, Ph.D
E-mail: robert@nevada.edu
William F. Harrah College of Hotel Administration
4505 Maryland Parkway Las Vegas, NV 89154-6037
Tel:702-895-3413 Fax:702-895-4070
E-mail:igipubs@ccmail.nevada.edu
Format for Article Submission: APA

International Journal of Hospitality Management
Co-Editor-in-Chief's: John O'Connor,
4 Feilden Grove, Headington, Oxford OX3 0DU, UK.
Email:jandmoconnor@ntlworld.com
Co-Editor-in-Chief's: Abraham Pizam, Ph.D
Professor, School of Hospitality Management,
Univ. of Central Florida, PO Box 161450, Orlando FL 32816-1450, USA.
Tel: (407) 823-6202, Fax: (407) 823-5696
Email:apizam@mail.ucf.edu
Butterworth-Heineman Part of the Reed Elsevier Group
Linacre House Jouran Hill, Oxford OX28DP England
Tel:44-1865-310366 Fax:44-1865-310898
Format for Article Submission: Specific to the Journal

International Journal of Hospitality and Tourism Administration
Editor: Clayton Barrows, EdD
Professor, School of Hotel and Food Administration,
University of Guelph, Ontario N1G 2W1 Canada
Tel: 519-824-4120, extension 2592
Fax: 519-823-5512
Web site address: www.uoguelph.ca/HAFA/IJHTA/IJHTMindex2.html
Haworth Press
10 Alice Street,
Binghamton, NY 13904-1580 USA

Tel: 1-800-HAWORTH Fax: 1-800-895-0582
Outside US/Canada: Tel: 1-607-722-5857 * Fax: 1-607-722-6362
E-mail: getinfo@haworthpressinc.com
Article Submission Format: APA

Journal of Foodservice Business Research

Editor: H. G. Parsa, PhD, FMP
Associate Professor, Hospitality Management
The Ohio State University
313 Campbell Hall, 1787 Neil Avenue
Columbus, OH 43210
Tel: (614) 292-5034 Fax: (614) 292-4485
E-mail: parsa.1@osu.edu
Haworth Press Inc.,
10 Alice St. Binghamton NY 13904
Tel: 1-800-HAWORTH * Fax: 1-800-895-0582
Outside US/Canada: Tel: 1-607-722-5857 * Fax: 1-607-722-6362
E-mail: mailto:getinfo@haworthpressinc.com
Format for Article Submission: APA

Journal of Foodservice Research International

Editor: Peter Bordi, Ph.D
Pennsylvania State University
School of Hotel, Restaurant and Recreation Management
201 Mateer Bldg
University Park, PA 16802
Tel: (814) 863 3579, Fax: (814) 863 4257
Email: PLBJr@psu.edu
Food &Nutrition Press Inc.
2 Corporate Dr. Box 374 Trumbull CT 06611
Tel: 203-261-8587 Fax: 203-261-9724
Format for Article Submission: CBE Style Manual

Journal of Gambling Studies

Editor: Howard Shaffer
Human Services Press Inc.

233 Spring St. NY 10013-1578
Tel:212-620-8000 Fax:212-463-0742
Format for Article Submission: APA
mailto:jgsdoa@warren.med.harvard.edu

Journal of Hospitality &Leisure Marketing
Editor: Bonnie J. Knutson, Ph.D
Professor, School of Hotel, Restaurant, and Institutional Management,
Michigan State University, East Lansing
Tel: (517) 353-9211
Haworth Press Inc., Food Products Press
10 Alice St. Binghamton NY
Tel: 1-800-HAWORTH * Fax: 1-800-895-0582
Outside US/Canada: Tel: 1-607-722-5857 * Fax: 1-607-722-6362
E-mail:getinfo@haworthpressinc.com
Format for Article Submission: APA

Journal of Hospitality &Tourism
Editor: Mukesh Ranga, Ph.D
Culture and Environment Conservation Society
TH-2, Bundelkhand University Campus, Jhansi Pin - 284128, INDIA
Tel: 91 0517 2321082, Fax: 91 0517 2321082
E-mail:m_ranga@johat.com
ISSN : 0972-7787
Article Submission Format: Specific to the journal

Journal of Hospitality Financial Management
Editor: Atul Sheel, Ph.D
Assistant Professor, Department of Hotel, Restaurant and Travel
Administration,
University of Massachusetts,
Amherst MA 01003
Tel: (413) 545 4036 Fax: (413) 545 1235
E-mail: sheel@hrta.umass.edu
ISSN: 1091-3211
Format for Article Submission: APA

Journal of Hospitality, Leisure, Sport &tourism Education

Chair-Editor: John Tribe, Ph. D
Head of Research
Leisure and tourism
Buckinghamshire Chilterns University College
Telephone: +44 (0)1494 605163, Fax: +44 (0)1494 448601
Email: John.Tribe@bcuc.ac.uk
ISSN: 1473-8376
Article Submission Format: Specific to the journal

Journal of Hospitality &Tourism Education

Editor: Bob Woods
Harrah College of Hotel Administration
University of Nevada-Las Vegas
459 Beam Hall
Las Vegas, NV 8154-6021
E-mail: robert.woods@ccmail.nevada.edu
Council on Hotel, Restaurant and Institutional Education, 12001 7th St.
Washington DC 20036 Tel:202-331-5990 Fax:202-785-2511

Journal of Hospitality &Tourism Research

Executive Editor: Kaye Chon, Ph.D
Chair Professor and Head, Dept of Hotel and Tourism Management
The Hong Kong Polytechnic University
Hung Hom, Kowloon, Hong Kong
Tel: +852-2766-6382
Fax: +852-2362-6422
Web-site: http://www.polyu.edu.hk/~htm/
E-mail: hmkchon@polyu.edu.hk
Sage Publication Inc. P.O. Box 5084 Thousand Oaks CA 91359
Format for Article Submission: APA

Journal of Human Resources in Hospitality &Tourism

Editor: Howard Adler, PhD
Associate Professor, Dept. of Hospitality and Tourism Management,

Purdue University, West Lafayette, Indiana
Tel: (765) 494-5998 FAX: (765)494-0327
E-Mail:adlerh@cfs.purdue.edu
Haworth Press Inc.
10 Alice St.
Binghamton NY 13904
Tel: 1-800-HAWORTH * Fax: 1-800-895-0582
Outside US/Canada: Tel: 1-607-722-5857 * Fax: 1-607-722-6362
E-mail: getinfo@haworthpressinc.com
Format for Article Submission: APA

Journal of Nutrition for the Elderly
Editor: Annette B. Natow, PhD, RD
Professor Emerita, School of Nursing,
Adelphi University, Garden City, New York
Associate Editor: Jo-Ann Heslin, MA, RD
Nutrition Consultant, NRH Nutrition Consultants, Inc., Valley Stream,
New York
Haworth Press
10 Alice Street, Binghamton, NY 13904-1580 USA
Tel: 1-800-HAWORTH Fax: 1-800-895-0582
Outside US/Canada: Tel: 1-607-722-5857 * Fax: 1-607-722-6362
E-mail:getinfo@haworthpressinc.com
Article Submission Format: APA Haworth Press

Journal of Nutrition in Recipe &Menu Development

Co-Editors: Mary Gregoire, PhD, RD
Professor and Chair, Hotel, Restaurant, and Institutional Management,
Iowa State Iowa State University, Ames, Iowa
Tel: (515) 294-9740 Fax: (515) 294-8551
E-mail:mailto:%20mgregoir@iastate.edu
Co-Editors: Barbara A. Almanza, PhD, RD
Professor, HTM Department,
Purdue University, West Lafayette, Indiana
Tel: (765) 494-9847 Fax: (765)494-0327

E-mail: almanza@cfs.purdue.edu
Haworth Press Inc.
10 Alice St. Binghamton NY 13904
Tel: 1-800-HAWORTH * Fax: 1-800-895-0582
Outside US/Canada: Tel: 1-607-722-5857 * Fax: 1-607-722-6362
E-mail: mailto:getinfo@haworthpressinc.com
Format for Article Submission: APA

Journal of Restaurant &Foodservice Marketing

Editor: John Bowen, Ph.D
Professor, Department of Tourism &Convention Administration
William F. Harrah College of Hotel Administration
Box 456023, 4505 Maryland Parkway, Las Vegas, NV 89154-6023
Tel: (702) 895-0876 Fax: (702) 895-4870
E-mail: bowen@ccmail.nevada.edu
Haworth Press Inc., Food Products Press
10 Alice St. Binghamton NY 13904
Tel:607-722-5857 Fax:607-722-1424Vegas, NV 89154-6023,
Tel: (702) 895-0876, Fax: (702) 895-4870
Format for Article Submission: APA

Journal of the American Dietetic Association

Editor-in-Chief: Linda Van Horn, PhD, RD
Professor, Department of Nutrition and Medicine
University of Washington, Seattle
Tel: (206) 543-1849; Box 353410 FAX: (206) 543-6171
The American Dietetic Association
216 W Jackson Blvd, Chicago, IL 60606-6995.
Format for Article Submission: American Medical Association Style

Journal of the International Academy of Hospitality Research

Editor: Eliza Tse, Ph.D
Professor, Department of Hospitality and Tourism Management
Virginia Polytechnic Institute and State University
362 Wallace Hall, Blacksburg, VA 24061-0429

Tel: (540) 231-5515
E-mail: elizatse@cuhk.edu.hk
Scholarly Communications Project
Caryl Gray Reference Librarian
Virginia Polytechnic Institute and State University
E-mail: cegray@vt.edu
Tel: 540) 231-9229
ISSN: 1052 6099

NACUFS Journal (National Association of College &University Foodservices)

Editor-in-Chief: Thomas Walsh
National Association of Colleges and University Food Services
1405 S Harrison Ste 303 Manly Miles Bldg,
Michigan State University, East Lansing MI 48824
Tel:517-332-2494 Fax:517-332-8144

Praxis - The Journal of Applied Hospitality Management

Executive Editor: Debby Cannon, PhD
Professor, Cecil B. Day School of Hospitality Administration
Georgia State University
35 Broad Street , Suite 1218 Atlanta, Georgia
Tel: (404) 651-3672
E-Mail:mailto:hrtdfc@peachnet.campus.mci.net
Format for Article Submission: APA

School Foodservice Research Review

American School Food Service Association
1600 Duke St. 7th Fl. Alexandria, VA 22314
Tel:703-739-3900 Fax:703-739-3915
Format for Article Submission: Specific to the Journal
published 12 times a year

여가 · 위락관련 학술지

Annals of Leisure Research Affiliated with ANZALS
Editor: Tony Veal, Ph.D
Professor, Human Sciences Division
Lincoln University
P.O. Box 84, Canterbury, New Zealand
Tel: +64 3325 2811 Fax: +64 3325 3857
E-mail: simpson@lincoln.ac.nz
Editor: Clare Simpson, Ph.D
Associate Professor, School of Leisure, Sport and Tourism
University of Technology, Sydney
PO Box 222, Lindfield, NSW 2070, Australia
Tel: +61 (0)2 9514 5115 Fax: 61 (0)2 9514 5195
E-mail: tony.veal@uts.edu.au

Australian Leisure Mangement

PO Box 212 St. Pauls, NSW Australia 2031
Tel:02 9326 3444 Fax: 02 9399 8270
Editor: Karen Sweaney
mailto:leisure@spin.net.au

Human Dimensions of Wildlife
Co-Editors: Jerry J. Vaske
Associate Professor, , Dept. of Natural Resource Recreation &Tourism
Colorado State University
E-mail:jerryv@cnr.colostate.edu
Co-Editor: Michael J. Manfredo,
Associate Professor, , Dept. of Natural Resource Recreation &Tourism
Colorado State University
E-mail: manfredo@cnr.colostate.edu
Publsher: Taylor &Francis Group
London • New York • Philadelphia • Singapore

UK Head Office: 11 New Fetter Lane, London EC4P 4EE
Tel: 44 (0) 207 583 9855 Fax: 44 (0) 207 842 2298
ISSN Print 1087-1209
ISSN Online 1533-158X

Journal of the Canadian Association for Leisure Studies
Editor: Yoshi Iwasaki, Ph.D.
Associate Professor, Physical Education and Recreation Studies
Health, Leisure and Human Performance Research Institute
University of Manitoba
Winnipeg, Manitoba, Canada R3T 2N2
Telephone: (204) 474-8643 Fax: (204) 474-7634
E-Mail: iwasakiy@ms.umanitoba.ca
Wilfrid Laurier University Press
Waterloo, Ontario, Canada N2L 3C5
Tel: (519) 884-1970, ext. 6124 Fax: (519) 725-1399
Format for Article Submission: APA
Journal of Interpretation Research
Editor: Cem M. Basman, Ph.D
Assistant Professor, Department of Forestry
Southern Illinois University. Carbondale
Tel: 618-453-7476
E-mail: cbasman@siu.edu
Editorial Assistant: Pamela Rout
Research Assistant, Department of Forestry
Southern Illinois University. Carbondale
Tel: 618-453-3341
E-mail:proutjir@aol.com

Journal of Leisurability
Editor: Peggy Hutchinsonm Ph.D
Department of Recreation and Leisure Studies
Brock University
St.Catharines, Ontario L2S 3A1
Leisurability Publications Inc.
P.O. Box 507 Sta Q

Toronto ON M4T2M5 Ca
Tel:416-483-7282 Fax:416-489-1713

Journal of Leisure Property

Managing Editor: Sarah Soyce, Ph.D
Kingstone Univ.U.K.
E-mail: submissions@hspublications.co.uk
Publisher: Henry Stewart Publications
USA/Canada: Subscriptions Office, PO Box
10812, Birmingham AL 35202-0812, USA
Tel: 800-633-4931 Fax: 205-995-1588
Article Submission Format: Specific to the journal

Journal of Leisure Research

Editor: David Scott, Ph.D
Associate Professor, Dept. of Recreation, Park and Tourism Sciences,
Texas A&M University, TAMU 2261, College Station, TX 77843-2261.
Tel: (979) 845-5334 Fax: (979) 845-0446
E-mail: dscott@rpts.tamu.edu.
National Recreation and Parks Association
2775 S Quincy St. No 300 Arlington Va 22206
Tel:703-820-4940 Fax:703-671-6772
Format for Article Submission: APA

Journal of Park and Recreation Administration

Editor: Peter Witt, Ph.D
Professor, Dept. of Recreation, Park &Tourism Sciences
Texas A&M University
2261 TAMU College Station, TX 77843-2261
Tel:(979) 845-7325 Fax: (979) 845-0446
E-mail: pwitt@rpts.tamu.edu
Resource Review Editor: Ellen Drogin Rodgers, Ph.D
Professor, Dept. Health, Fitness &Rec. Resources
George Mason University
MS 4E5, 10900 University Blvd. Manassas, VA 20110
Tel: (703) 993-2085 FAX: (703) 993-2025

E-mail: erodger1@gmu.edu
Sagamore Publishing
P.O. Box 647, Champaign, IL 61824-0647 Tel:(217) 359-5940
Format for Article Submission: Specific to the Journal

Leisure Sciences

Editor-in-Chief: Karla Henderson, Ph.D., CPRP
Professor and Chair, Department of Recreation and Leisure Studies,
University of North Carolina at Chapel Hill,
NC 27599-3185
Tel: (919) 962-1222, Fax: (919) 962-1223
Email:karla@email.unc.edu
Editor-in-Chief: M. Deborah Bialeschki, Ph.D.
Professor, Department of Recreation and Leisure Studies,
University of North Carolina at Chapel Hill,
NC 27599-3185
Email: mailto:%20moon@email.unc.edu
Taylor and Francis Ltd.
11 New Fetter Lane
London EC4P 4EE, UK
Tel: +44 (0) 20 7583 9855
Fax: +44 (0) 20 7842 2298
ISSN: ISSN 0149-0400
Format for Article Submission: Specific to the Journal

Leisure Studies

Managing Editors: Eileen Green, Ph.D
Professor, School of Social Sciences,
University of Teesside, Middlesbrough, TS1 3BA, UK
E-mail: mailto:e.e.green@tees.ac.uk
Managing Editors: Sheila Scraton, Ph.D
Professor, Centre for Leisure and Sport Research
Leeds Metropolitan University,
Fairfax Hall, Beckett Park Campus, Headingley, Leeds LS6 3QS, UK
E-mail:s.j.scraton@lmu.ac.uk

Chapman &Hall Journals Dept
2-6 Boundary Row,London SE18HN
Tel:171-8650066 Fax:171-5229623
Taylor and Francis Ltd.
11 New Fetter Lane
London EC4P 4EE, UK
Tel: +44 (0) 20 7583 9855
Fax: +44 (0) 20 7842 2298
Format for Article Submission: Harvard format
Editor: Celia Brackenridge

Loisir et Societe/Society and Leisure
Presses de l'Universite du Quebec
2875 blvd Laurier, Ste-Foy Que G1V2M3
Tel:418-657-3551
Editorial Board President: Max D'Amours

Managing Leisure
Editor-in-Chief: Peter Taylor, Ph.D
Professor, Leisure Management Division, Management School,
University of Sheffield, Hicks Building,
Houndsfield Road, Sheffield, S3 7RH, UK.
Tel: (0114) 2222181 Fax: (0114) 275 1216
E-mail:p.taylor@sheffield.ac.uk
Taylor and Francis Ltd.
11 New Fetter Lane
London EC4P 4EE, UK
Tel: +44 (0) 20 7583 9855
Fax: +44 (0) 20 7842 2298
ISSN 1360-6719

Current Therapeutic Research
Editor-in-Chief : Michael Weintraub, MD
Uniformed Services University of the Health Sciences
Department of Pharmacology, Toxicology, and Medicine
E-mail: CurrTherRes@exmedica.com
Publisher: Current Therapeutic Research

강진령(1997). 『APA 논문작성법』. 양서원.

高東佑(2000). 관광심리학의 정체성: 회고와 전망 『관광학연구의 현황과 과제』(김사헌 외 8인 공저) 백산출판사.

고려대학교 출판부(1990). 『인문·사회계 논문작성법』. 고려대: 저자.

金璟東·李溫竹(1986). 『사회조사연구방법』. 박영사.

金光雄(1989). 『사회과학 연구방법론』. 박영사.

金光雄(1999). 『방법론 강의』. (중판). 박영사.

金東一外 12인(1997). 『사회과학방법론 비판』. (7刷). 청람문화사.

金民柱(2000). 우리나라 관광경영학 연구의 추세와 방향모색 『관광학연구의 현황과 과제』(김사헌 외 8인 공저) 백산출판사.

金思憲(1996b). 관광학 교육과정의 문제와 개선방향: 우리나라 관광교육 과정 분석. 한국관광학회 겨울 학술대회 발표 논문. 2월.

金思憲(1999b). 우리나라 관광학술지의 연구논문 성향 분석. 『관광학연구』誌의 成果를 중심으로. 『관광학연구』. 23(1): 189-211.

金思憲(1996a). A critical review of tourism researches and education in Korea A content analysis of *Journal of Tourism Sciences and Journal of Leisure and Recreation Studies*, 1977-95. 『관광학연구』. 19(1): 215-228

金思憲(1997). 『관광학연구』에 나타난 논문 주제분석과 향후 학회지의 발전방향. 『관광학연구』 21(1): 5-8.

金思憲(1999a). 『관광경제학신론』. (재판) 서울: 일신사.

金思憲(2003). 한국 관광학연구 30년의 회고와 향후 과제: 한국관광학회 창립 30주년에 즈음하여, 『관광학연구』. 27(1): 247-275.

박상곤·김상태·박석희(2004). 관광통계 수요조사 및 관리운영 방안. 한국문화관광정책연구원 보고서.

金正根(1990). 한국의 관광학 연구 성향에 관한 고찰. 『관광학연구』. 제14호: 5-13.

김홍범(1999). 2000년대 관광 교육의 방향과 과제. 『학술연구 발표 논문집』. 한국관광학회 제46 차 학술심포지엄 공개 대토론회 발제 논문. 대전시 배제대학교.

노형진(1990). 『다변량 해석』. 서울: 석정.

노형진(1999). 『한글 SPSSWIN에 의한 알기쉬운 다변량 분석』. 형설출판사.

논문작성법 편찬위원회(1990). 『논문작성법』. 단국대: 출판부.

뒤베르제, M. (1996). 『사회과학방법론: 이론과 실제』. 〔Duverger, M. *Methodes des sciences sociales*. Paris: Presses Universitaires de Frances. 1964〕(이동윤 역). 유풍출판사.

뮈르달, G. (1990). 사회과학은 어느 정도 과학적인가? 『사회과학방법론』. 〔Myrdal, G. . *How scientific are the social science? Against the stream: Critical essays on* 〕서울: 일신사.

박용호(1983). 관광과학의 명명에 관하여. 『관광학연구』. 제7호: 3-16.

박이문(1991). 사회현상이라는 개념. 『사회과학방법론』(김광웅 外 편저). 박영사.

박이문(1993). 『과학철학이란 무엇인가?』. 서울: 민음사.

박호표(1999). 한국과 외국의 관광학 연구 동향에 관한 비교 연구. 『호텔경영학연구』8(1): 243-269

버날, J. D. (1997). 『사회과학의 역사』. 박정호 역, 한울〔J. D. Bernal. *Social science, past and present*. M. I. T. Press, 1979〕.

베버, 막스(1997). 『막스 베버의 사회과학 방법론①』 (전성우 역). 사회비평사.

베커, 하워드 S. (1999). 『사회과학자의 글쓰기: 책이나 논문을 쓸 때, 어떻게 시작하고 어떻게 끝낼 것인가』〔Howard S. Becker. *Writing for social scientists: How to start and finish your thesis, book or article*. Univ. of Chicago. 1986〕(이성용 · 이철우 역) 서울: 일신사.

김찬경外(1999). 『알기쉬운 조사방법론』. 경희대학교: 저자.

蘇興烈(1991). 실증주의와 사회과학. 『사회과학방법론』(김광웅 外 편저). 박영사.

송현호(1997). 『논문작성의 이론과 실제』. 국학자료원.

신경림 · 조명옥 · 양진향 外(2005). 『질적연구밥법론』. 이화여자대학교 출판부.

安瑛燮(1996). 『사회과학방법론총설』. 법문사.

安鍾允(1995). 한국에 있어서 관광연구의 현황과 과제. 『관광학연구』. 19(1).

에코, 움베르토(1994). 『논문 잘 쓰는 방법』〔Come si fa una Tesi di Laurea. Gruppo Editoriale Fabbri, Milano, 1977〕(김운찬 역), 열린 책들.

鹽田正志(1974), 『觀光學研究』. 日本 東京: 學術選書.

吳益根(1999. 7). 『관광학연구』의 새로운 방향 모색. (김영국外 編) 「제46차 학술심포지엄학술연구 발표 논문집」 한국관광학회 발제논문. 배제대학교.

옥치상(1996). 『연구방법론과 논문작성법』. 지구문화사.

월러스테인, I. (1997). 『사회과학의 개방: 사회과학 구조화에 대한 괼벤키안 위원회 보고서』.
　　〔Wallerstein, I. *et al*. *Open social sciences*, 1996〕. (이수훈 역) 서울: 도서출판 당대.

尹明老・車仁錫(1990). 『현상학이란 무엇인가』. 한국현상학회 편. (重版) 심설당.

윤택림(2005). 『문화와 역사연구를 위한 질적연구밥법론』아르케.

李奎浩(1984). 『사회과학방법론』. 현암사.

李奎浩(1984). 사회과학 방법론의 철학적 반성. 이규호 편저. 『사회과학의 방법론』. 玄岩社.

이종원(1997). 『계량경제학』. (중판). 박영사.

이종원・이상동(1995). 『RATS를 이용한 계량경제분석』. 박영사.

李海盈(1999). 『사회과학 연구방법론』. 學現社.

임인재(1999). 『논문작성법』. 서울대학교 출판부.

정수영(1996) 『신경영학원론』. (제8판). 박영사.

조명환(2001. 2). 우리나라 관광학 교과과정 체계화 방안. (정의선外 編) 「제49차 학술심포지엄
　　학술연구발표논문집」 한국관광학회주관. 한양대학.

조민호(1997). 한국관광학 연구문헌 발전에 기여한 공헌자와 대학. 『관광학연구』20(2) : 24-40.

조영남(2001). 질적 연구와 양적 연구. 『초등교육 연구논총』. 대구교육대학교. 17(2).

조용환(2002). 『질적 연구: 방법과 사례』. 교육과학사.

車吉洙(1995). 호텔경영교육의 당면과제와 개선방향: 대학 교육과정을 중심으로『호텔경영학연
　　구』. 제3호: 93-110.

차석빈・김홍범・김우곤・윤지환・오홍철((2001).『다변량분석의 이론과 실제』. 학현사

車仁錫(1980). 사회과학의 과학론. 『사회과학의 철학』. 민음사.

채서일(1999). 『사회과학 조사방법론』. (제2판) 학현사.

채서일(2000). 『마케팅조사론』. (제3판) 학현사.

컬린저, F. N. (1992). 『사회・행동과학 연구방법의 기초』.〔F. N. Kerlinger, *Foundation of
behavioral research*. 1985〕. (고홍화 外 역). 서울: 성원사.

폴킹혼, D. (1998). 『사회과학방법론』.〔 Polkinghorne, D. *Methodology for the human
sciences: Systems of inquiry*. State Univ. of New York. 1983 〕 (김승현外 3인 역). 서울:
일신사.

한국관광공사(1994). 「개방화・세계화 시대의 관광교육」. 서울: 저자.

한의영(1988). 『경영학원론』. (개정판). 다산출판사.

한범수・김사헌(2001). 관광학 연구 연구논문의 조사설계 방법에 대한 비판적 고찰: 한국관광학

회간행 관광학 연구지를 중심으로.『관광학연구』25(2) : 351-361.

한범수·박세종(2003). 관광학연구지와 ATR지 게재논문의 가설 유형분석『관광학연구』27(1)

American Psychological Association(1994). *Publication manual of the American Psychological Association*. (4th ed.). Washington, D C. : Author.

Athiyaman, A. (1997). Knowledge development in tourism: Tourism demand analysis. *Tourism Management*. 18(4) : 221-228.

Babbie, E. R. (1982). *Social research for consumers*. California: Wardsworth Publishing.

Babbie, E. R. (1995). *The Practice of social research*. (7th ed.). Wardsworth Publishing.

Bailey, K. D. (1994). *Methods of social research*. (4th ed.). The Free Press.

Baltagi, B. H. (2001). *Econometric Analysis of Panel Data*. (2nd. ed.) John Wiley & Sons.

Clark, M. , Riley, M, Wilkie, E. & Wood, R. C. (1998). *Researching and writing dissertations in hospitality and tourism*. International Thomson Business Press.

Cleverdon, R. (1982). The economic and social impact of international tourism on developing countries. In R. Cleverdon and A. Edwawards (eds.) *International Tourism to 1990*. EIU Special Sries 4, Abt Associates Inc.

Cochran, W. G. (1963). *Sampling Statistics*, 2nd Ed. New York: John Wiley and Sons, Inc.

Cooper, C. , Fletcher, J., Gilbert, D. and Wanhill, S. (1993). *Tourism: principles and practices*, London: Pitman.

Dann G. , Nash, D. and Pearce, P. (1998). Methodolodgy in tourism research. *Annals of Tourism Research*. 15(1) : 1-28.

Dare, B. , Welton, G. and Coe, W. (1987). *Concept of leisure in western thought*. Dubuque, Iowa: Kendall Hunt.

Day, R. A. (1979). *How to write and publish a scientific paper*. Philadelphia: ISI Press.

Denzin, N. K., & Lincoln, Y. S.(2000). *Handbook of Qualitative Research* (2nd. ed.), Thousand Oaks, CA: Sage.

Deutsch, K. W. *et al.* (eds.) (1986). *Advances in the social sciences, 1900-1980: Who, where, how?* Cambridge, Mass: University Press of America.

Doren, C. S. , Holland, S. M. & Crompton, J. L. (1984), Publishing in the primary leisure journals: Insight into the structure and boundaries of our research. *Leisure Science* 6(2) : 239-256.

Echtner, C. M. and Jamal, T. B. (1997). The disciplinary dilemma of tourism studies. *Annals of Tourism Research*. 24(4) : 868-883.

Ellis, Lee (1994). *Research methods in the social sciences.* WCB Brown and Benchmark

Encyclopaedia Britannica (1979). Micropaedia (15th ed. Vol. 1, p. 934). Chicago: Author.

Gibaldi, J. (1999). *MLA handbook for writers of research papers.* (5th ed.). The Modern
Language Association of America.

Goeldner, C. R. (1988). The evaluation of tourism as an industry and a discipline. *International
Conference for Tourism Education.* (Mimeo.) Guildford: Univ. of Surrey.

Goeldner, C. R. (1999). Directions and trends in tourism research: Past, present and future.
In V. C. Heung, J. App and K. F. Wong (eds.), *Proceedings of Asia Pacific Tourism
Association Fifth Annual Conference,* Hong Kong, pp. 33-43.

Goeldner, C. R. (2001). Tourism education: North American Experiences. *Journal of Teaching
in Travel & Tourism* 1 (1): 97-107.

Goodson, L., & Philimore, J.(2004). The Inquiry Paradigm in Qualitative
Tourism Research. In Philimore, J. & Goodson, L.(eds), *Qualitative
Research in Tourism: Ontologies, Epistemologies and Methodologies,*
London: Loutledge.

Graburn, N. H. & Jafari, J. (1991). Introduction: tourism social science. *Annals of Tourism
Research.* 18 (1): 1-11.

Gunn, C. A. (1988). *Tourism planning.* (2nd ed.). New York: Taylor and Francis.

Gunn, C. A. (1994). A perspective on the purpose and nature of tourism research methods. In
J. R. Brent Ritchie and Charles R. Goeldner (eds.) *Travel, tourism and hospitality
research:* A handbook for managers and researchers. John Wiley & Sons, Inc.

Hirst, P. (1974). *Knowledge and curriculum.* London: Routledge.

Israel, Glenn D. (1992). Determining sample size. Florida Cooperative Extension Service Fact
Sheet PEOD-6, University of Florida

Jafari, J. (1989). *Structure of tourism.* In *Tourism marketing and management handbook,*
Stephen F. Witt and Lou Moutinho, (eds.), pp. 437-442. London: Prentice Hall.

Jafari, J. (1990). Research and scholarship: The basis of tourism education. *Journal of Tourism
Studies.* 1: 33-41.

Jafari, J. (2001). Scientification of Tourism, In Valende Smith and Maryann Brent (eds.), *Host
and Guest Revisited: Tourism Issue,* New York: Cognizant Communication Corporations
of the 21st Century, 2001

Jafari J. & Ritchie, B. (1981). Towards a Framework for Tourism Education: Problems and

Prospects. *Annals of Tourism Research* 8; 13-34.

Jovicic, Z. (1988). A plea for tourismological theory and methodology. *Revue de Tourisme* 43(3)： 2-5.

Koontz, H. and Weihrich, H. (1988). *Management.* (9th ed.). McGraw-Hill.

Kuhn, T. (1970). *The structure of scientific revolution.* (2nd ed.) Chicago： University of Chicago Press.

Leiper, Neal(1979). The framework of tourism： Towards a definition of tourism, tourist and the tourist industry, *Annals of Tourism Research.* 6(4).

Leiper, Neal(1981). Towards a cohesive curriculum in tourism： The case for a distinct discipline. *Annals of Tourism Research.* 7： 69-84.

Leiper, Neal(1990). Tourism systems： An interdisciplinary study. Occasional Paper No. 2, Department of Management System, Massey University, almerston, New Zealand.

Leiper, Neal(2000). An emerging discipline. *Annals of Tourism Research* 27(3)： 805-809

Meeth, L. R. (1978). Interdisciplinary studies： A matter of definition, *Change.* 10(August).

Modern Language Association of America(1988). *MLA style manual and guide to scholarly publishing.* New York： MLA Book Publications.

Morley, C. (1990). What is tourism? definition, concepts and characteristics. *Journal of Tourism Studies.* 1： 3-8.

Parasuraman, A., Zeithaml, V. A. & Berry, L. L. (1991). Refinement and reassessment of the SERVQUAL scale. *Journal of Retailing.* Spring： 12-40.

Pearce, D. and Butler, R. (1993). *Tourism research： Critiques and challenges.* London： Routledge.

Pearce, P., Morrisson, A. and Rutledge, L. (1998)： *Tourism： Bridges across Continets.* Sydney： McGraw-Hill Componies, Inc.

Philimore, J., & Goodson, L.(2004). Qualitative Research in Tourism In Philimore, J. & Goodson, L.(eds), *Qualitative Research in Tourism： Ontologies, Epistemologies and Methodologies,* London： Loutledge.

Popper, K. (1968). *The Logic of scientific discovery.* (2nd ed.) New York： Harper & Row.

Przeclawski, K. (1993). Tourism as the subject of interdisciplinary research. In D. Pearce & R. Butler(eds). *Tourism research： Critiques and challenges.* London： Routledge.

Ritchie, J. R. B. & Goeldner, C. R. (1994). Introduction. In J. R. Brent Ritchie and Charles

R. Goeldner (eds.) *Travel, tourism and hospitality research*: A handbook for managers and researchers. John Wiley & Sons, Inc.

Sheldon, P. J. (1991). An Authorship analysis of tourism research. *Annals of Tourism Research* 18 (3): 473-484.

Smith, V. (1998). War and Tourism: An American Ethnography. *Annals of Tourism Research*, 25 (1), 202-227.

Sorenson, S. (1998). *How to write research papers*. USA: Macmillan.

Tribe, J. (1997). The indiscipline of tourism. *Annals of Tourism Research*. 24 (3): 638-657.

Tribe, J. (2000). Indisciplined and unsubstantiated. *Annals of Tourism Research* 27 (3): 809-813

Veal, A. J. (1992). *Research methods for leisure and tourism: A practical guide*. Longman Group.

Veal, A. J. (1997). *Research methods for leisure and tourism: A practical guide*. (2nd. edition), Pearson Professional Limited.

Walle, A. H. (1997). Quantitative versus qualitative tourism research. *Annals of Tourism Research*. 24 (3): 524-536.

Walle, A. H. (1998). Cultural tourism: A strategic focus. Westview Press

Weiler, Betty (2001). Tourism research and theories: a review. In Lockwood a. and S. Medlik (eds.), *Tourism and hospitality in the 21st century*. Oxford: Butterworth-Heinemann

Witt, S., Brooke, M. and Buckley, P. (1991). The management of international *tourism*. London: Unwin Hyman.

Wonnacott, T. H. & Wonnacott, R. J. (1990). *Introductory statistics*. (5th ed.) John Wiley & Sons.

Wood, R. C. (1995). Assessing publishing output as an indicator of academic productivity. *Tourism Management* 16 (3): 171-173.

Zikmund, W. G. (1997). *Business research method*. (5th ed.). The Dryden.

INDEX

지은이 소개 : **김사헌 · 한범수**
....

김사헌(金思憲)은 1972년 고려대학교 농업경제학과를 졸업하고 서울대학교 환경대학
원 도시 및 지역계획학과(도시계획학 석사)와 필리핀 국립대 경제학부 대학원(경제학
석사) 그리고 필리핀 聖토마스 대학교 대학원(경제학 박사)에서 수학하였다. 그는 한국
개발연구원(KDI) 주임연구원을 거쳐 경기대학교에서 교수로 재직하는 동안 학술진흥원
장, 초대 연구교류처장, 관광대학 학장, 관광전문대학원 및 교육대학원 원장 등을 역임
하였다. 전자메일: sahu@kyonggi.ac.kr

한범수(韓凡洙)는 경기대학교 관광경영학과를 졸업하고 동대학 관광개발학과에서 석
사 및 박사과정(관광학 박사)을 이수하였다. 교통개발연구원 관광연구실(한국 문화관광
연구원의 전신) 연구위원 · 전산실장 등을 거쳐, 현재 여가관광개발학과 대학원 주임교
수 등으로 재직하면서, 사단법인 한국관광학회 편집위원장, 제20대 학회장 등을 역임하
였다. 전자메일: bshan@kyonggi.ac.kr

관광학연구방법론

2007년 9월 10일 초 판 1쇄 발행
2013년 1월 16일 개정신판 2쇄 발행

저 자 김 사 헌 · 한 범 수
발행인 寅製진 욱 상

발행처 📙 백산출판사

서울시 성북구 정릉3동 653-40
   등록 : 1974. 1. 9. 제 1-72호
   전화 : 914-1621, 917-6240
   FAX : 912-4438
   http://www.ibaeksan.kr
   editbsp@naver.com

값 20,000원
ISBN 978-89-6183-460-5